U0806070

道路与桥梁专业“十一五”高职高专应用型规划教材

工程力学

（第2版）

主　编　蒋丽珍　王爱兰
副主编　夏锦红　杜建华
主　审　李俊彬

黄河水利出版社
·郑　州·

内 容 提 要

本书是道路与桥梁专业“十一五”高职高专应用型规划教材，是根据教育部2003年2月审定的高职高专土建类专业通用《工程力学教学大纲》编写的。

全书内容分上、下两篇。上篇：静力学，内容有绪论、静力学基础和物体的受力分析、基本力系的合成与平衡、一般力系的合成与平衡。下篇：材料力学，内容有材料力学的基本知识、轴向拉伸和压缩、扭转、截面的几何性质、梁的应力、梁的内力、梁的变形、应力状态和强度理论、组合变形、压杆稳定。本书增强了对工程力学基本内容的内在联系及基本公式应用条件的阐述，为了便于学生自学和教学，各章都有小结、思考题、习题，书末附有型钢规格表。

本书为高职高专土建类工程力学教材，教学时节数为60~80学时，也可供中专学生和土建类工程技术人员参考。为了适应教学上的不同要求，编有带＊号章节，供选学用。

图书在版编目(CIP)数据

工程力学/蒋丽珍，王爱兰主编.—2版.—郑州：黄河水利出版社，2012.2 （2018.1 修订重印）

道路与桥梁专业“十一五”高职高专应用型规划教材

ISBN 978-7-5509-0202-2

Ⅰ.工… Ⅱ.①蒋… ②王… Ⅲ.工程力学-成人高等教育-教材 Ⅳ.①TB12

中国版本图书馆CIP数据核字(2012)第012078号

出 版 社：黄河水利出版社

地址：河南省郑州市顺河路黄委会综合楼14层　　邮政编码：450003

发行单位：黄河水利出版社

发行部电话：0371-66026940、66020550、66028024、66022620(传真)

E-mail：hhslcbs@126.com

承印单位：河南承创印务有限公司

开本：787 mm×1 092 mm　1/16

印张：18.75

字数：434千字　　印数：8 101—12 100

版次：2008年3月第1版　　印次：2018年1月第3次印刷

2012年2月第2版

定价：32.00元

前　言

本书是根据教育部2003年2月审定的高职高专土建类专业通用《工程力学教学大纲》编写的。为了适应教学上的不同要求,编有带＊号章节,供选学用。

本书增强了对工程力学基本内容的内在联系及基本公式应用条件的阐述,为了便于学生自学和教学,各章都有小结、思考题,选编了习题,在书后有部分习题答案。

本书编写的指导思想:以培养工程应用型人才为宗旨,在工程实践中挖掘力学概念和示例,培养学生在工程实践中发现力学问题、运用力学知识解决工程实际问题的能力。

参加本书编写工作的有:开封大学刘俊华(绪论和第一章),山东交通职业学院王爱兰(第二章和第三章),平原大学夏锦红(第四章、第五章和第六章),江西交通职业技术学院蒋丽珍(第七章、第八章、第九章和第十章),石家庄铁路职业技术学院杜建华(第十一章、第十二章和第十三章)。

本书由蒋丽珍、王爱兰担任主编,由夏锦红、杜建华担任副主编,由江西交通职业技术学院李俊彬担任主审。

本书在编写中虽然经历了集体讨论、分工、选题、编写、初审、修改、复审和定稿等过程,但由于编者水平有限,不足之处在所难免,对于书中的缺点和错误,热诚地欢迎读者批评和建议。

作　者

2007年12月

前言

目　录

前　言
绪　论 …………………………………………………………………… (1)

上篇　静力学

第一章　静力学基础和物体的受力分析 ………………………………… (3)
第一节　静力学的基本概念 …………………………………………… (3)
第二节　静力学公理 …………………………………………………… (5)
第三节　约束和约束力 ………………………………………………… (8)
第四节　物体的受力分析和受力图 …………………………………… (11)
本章小结 ………………………………………………………………… (14)
思考题 …………………………………………………………………… (15)
习　题 …………………………………………………………………… (16)
第二章　基本力系的合成与平衡 ……………………………………… (21)
第一节　力学中两项基本运算 ………………………………………… (21)
第二节　平面汇交力系 ………………………………………………… (26)
第三节　平面力偶理论 ………………………………………………… (31)
本章小结 ………………………………………………………………… (35)
思考题 …………………………………………………………………… (36)
习　题 …………………………………………………………………… (38)
第三章　一般力系的合成与平衡 ……………………………………… (41)
第一节　平面一般力系向作用面内任一点简化 ……………………… (41)
第二节　平面一般力系的平衡条件及应用 …………………………… (46)
第三节　物体系统的平衡 ……………………………………………… (55)
第四节　摩　擦 ………………………………………………………… (58)
第五节*　空间力系在直角坐标轴上的投影 …………………………… (67)
第六节*　空间汇交力系的合成与平衡 ………………………………… (69)
第七节*　空间一般力系的合成与平衡 ………………………………… (72)
第八节　物体重心和形心的坐标公式 ………………………………… (78)
本章小结 ………………………………………………………………… (82)
思考题 …………………………………………………………………… (86)
习　题 …………………………………………………………………… (88)

下篇　材料力学

第四章　材料力学的基本知识 …………………………………………………… (94)
　第一节　材料力学的任务 …………………………………………………… (94)
　第二节　变形固体的基本假设 ……………………………………………… (96)
　第三节　杆件变形的基本形式 ……………………………………………… (98)
　本章小结 …………………………………………………………………… (99)
　思考题 ……………………………………………………………………… (99)
　习　题 ……………………………………………………………………… (99)
第五章　轴向拉伸和压缩 …………………………………………………… (100)
　第一节　轴向拉伸和压缩的概念 ………………………………………… (100)
　第二节　轴向拉伸和压缩的内力及内力图 ……………………………… (101)
　第三节　拉(压)杆的应力 ………………………………………………… (104)
　第四节　拉(压)杆的变形计算 …………………………………………… (107)
　第五节　材料在拉伸与压缩时的力学性质 ……………………………… (110)
　第六节　拉压杆的强度计算 ……………………………………………… (118)
　本章小结 …………………………………………………………………… (121)
　思考题 ……………………………………………………………………… (122)
　习　题 ……………………………………………………………………… (122)
第六章　扭　转 ……………………………………………………………… (124)
　第一节　扭转轴的内力及内力图 ………………………………………… (124)
　第二节　圆轴扭转时应力和强度计算 …………………………………… (128)
　第三节　圆轴扭转时的变形与刚度条件 ………………………………… (132)
　本章小结 …………………………………………………………………… (135)
　思考题 ……………………………………………………………………… (136)
　习　题 ……………………………………………………………………… (136)
第七章　梁的内力 …………………………………………………………… (138)
　第一节　工程中常见的弯曲问题 ………………………………………… (138)
　第二节　梁的内力 ………………………………………………………… (139)
　第三节　梁的剪力图和弯矩图 …………………………………………… (145)
　第四节　弯矩、剪力、荷截集度间的关系 ………………………………… (149)
　第五节　简易法作剪力图和弯矩图 ……………………………………… (150)
　第六节　叠加法作梁的弯矩图 …………………………………………… (156)
　本章小结 …………………………………………………………………… (157)
　思考题 ……………………………………………………………………… (158)
　习　题 ……………………………………………………………………… (158)

第八章　截面的几何性质 …………………………………… (162)
第一节　静　矩 ………………………………………………… (162)
第二节　惯性矩 ………………………………………………… (164)
第三节　惯性矩的平行移轴公式 ……………………………… (165)
第四节　组合截面惯性矩的计算 ……………………………… (166)
本章小结 ………………………………………………………… (168)
思考题 …………………………………………………………… (168)
习　题 …………………………………………………………… (168)
第九章　梁的应力 …………………………………………… (170)
第一节　梁的正应力 …………………………………………… (170)
第二节　梁的正应力强度计算 ………………………………… (176)
第三节　矩形截面的剪应力 …………………………………… (179)
第四节　其他形状截面梁的剪应力 …………………………… (183)
第五节　梁的剪应力强度条件 ………………………………… (185)
第六节*　梁的合理截面形状及变截面梁 …………………… (187)
本章小结 ………………………………………………………… (189)
思考题 …………………………………………………………… (190)
习　题 …………………………………………………………… (190)
第十章　梁的变形 …………………………………………… (193)
第一节　挠度和转角 …………………………………………… (193)
第二节　挠曲线近似微分方程 ………………………………… (194)
第三节　积分法计算梁的位移 ………………………………… (195)
第四节　叠加法计算梁的位移 ………………………………… (199)
第五节　梁的刚度计算 ………………………………………… (202)
本章小结 ………………………………………………………… (203)
思考题 …………………………………………………………… (204)
习　题 …………………………………………………………… (204)
第十一章*　应力状态和强度理论 ………………………… (206)
第一节　应力状态的概念 ……………………………………… (206)
第二节　平面应力状态分析 …………………………………… (209)
第三节　三向应力状态分析 …………………………………… (217)
第四节　广义虎克定律 ………………………………………… (219)
第五节　强度理论及其应用 …………………………………… (221)
本章小结 ………………………………………………………… (233)
思考题 …………………………………………………………… (234)
习　题 …………………………………………………………… (234)

第十二章　组合变形 ……………………………………………………………… (240)
第一节　概　述 ……………………………………………………………… (240)
第二节　斜弯曲 ……………………………………………………………… (241)
第三节　拉伸(压缩)与弯曲的组合变形 ……………………………………… (246)
第四节　偏心压缩(拉伸) …………………………………………………… (249)
本章小结 ……………………………………………………………………… (253)
思考题 ………………………………………………………………………… (254)
习　题 ………………………………………………………………………… (254)
第十三章　压杆稳定 ……………………………………………………………… (258)
第一节　压杆稳定的概念 …………………………………………………… (258)
第二节　细长压杆临界力的欧拉公式 ……………………………………… (260)
第三节　压杆稳定性计算 …………………………………………………… (265)
本章小结 ……………………………………………………………………… (271)
思考题 ………………………………………………………………………… (271)
习　题 ………………………………………………………………………… (272)
习题答案 …………………………………………………………………………… (274)
附　录　型钢规格表 ……………………………………………………………… (281)
参考文献 …………………………………………………………………………… (292)

绪 论

在土建工程中,有大量的建筑物和工程设施,如道路、房屋、水工建筑。建筑物和工程设施中,承受和传递荷载起骨架作用的部分称为工程结构,简称为结构。公路和铁路上的桥梁和隧道,房屋中的梁柱体系,水工建筑中的闸门和水坝等,都是工程结构的典型例子。结构是建筑物的骨架,它的质量好坏,对建筑物的安全和使用寿命起决定性的作用。

工程力学是为结构提供受力分析方法和计算理论依据的一门科学,是道路、桥梁和土建等各专业的一门专业基础课。

一、工程力学的研究对象

工程结构是由工程构件(梁、柱、桁架、拱等)所组成的,工程构件简称为构件,它们是工程力学研究的对象。

按构件的几何尺寸,构件可分为三类:

杆——这类构件也称杆件,几何特征是它的横截面尺寸要比它的长度尺寸小得多。梁、柱是杆的典型例子,它是工程力学研究的主要对象。由杆件组成的结构称为杆件结构,它是结构力学的主要研究对象。

壳——这类构件也称为薄壳,它的厚度要比长度和宽度小得多。水工结构中的拱坝、房屋中的楼板和壳体屋盖都是壳。这类结构称为板壳结构。

块体——这类构件也称为实体,它的长、宽、高 3 个尺寸大小相仿。水工结构中的重力坝属于实体。这类结构称为块体结构或实体结构。板壳结构和块体结构是弹塑性力学的主要研究对象。

实际结构或构件是很复杂的,完全按照实际情况进行力学分析是不可能的,也是不必要的。因此,对实际结构进行力学计算以前,必须加以简化,略去不重要的细节,显示其基本特点,科学地抽象出力学模型。

构件在力的作用下都将发生变形,一般在工程问题中这种变形是极其微小的。在研究物体平衡时,将它略去,而认为构件没有发生变形,其计算结果不影响工程的精确性。这种认为形状、大小不变的物体称为刚体。它是静力学的主要研究对象。

分析构件的强度、刚度和稳定性时,它们与变形密切相关,因而即使是微小的变形也得加以考虑,这时就必须把构件抽象成变形固体。变形固体是材料力学的主要研究对象。

二、课程的任务

工程力学有两个基本任务。一是研究物体受力后的平衡条件以及它在工程中的应用。物体在空间的位置随时间的改变,称为机械运动。它是物质运动形式中最简单的一种运动。例如,星球的运动,车辆、船只的行驶以及各种机器的转动等。平衡是机械运动的特殊形式,所以在工程力学中首先要研究物体受力的平衡条件及其在工程中的应用,这是静力学部分的主要任务。二是研究构件的强度、刚度及稳定性。结构和构件在外力作用下丧失正常功能的现象称为失效或破坏。在工程中,要保证构件不发生失效而能安全正常工作的条件是:

(1)构件在外力作用下,不发生不可恢复的塑性变形或不发生断裂,即具有足够的强度;

(2)构件在外力作用下,不产生过量的弹性变形,即具有足够的刚度;

(3)构件在某种外力作用下,其平衡形式不发生改变,即具有足够的稳定性。

三、工程力学的教学内容

本书的内容包括静力学部分和材料力学部分。静力学部分主要研究力系的简化和物体的平衡条件,它是研究物体的机械运动和构件强度、刚度及稳定性的基础。材料力学部分主要研究构件的强度、刚度和稳定性,为结构选取适当的材料、合理的截面形状和尺寸提供理论基础。

上篇　静力学

第一章　静力学基础和物体的受力分析

【内容要点】

(1)力的定义、力和力系的分类。

(2)静力学公理。

(3)约束与约束反力。

(4)建筑结构的受力分析与受力图。

【知识链接】

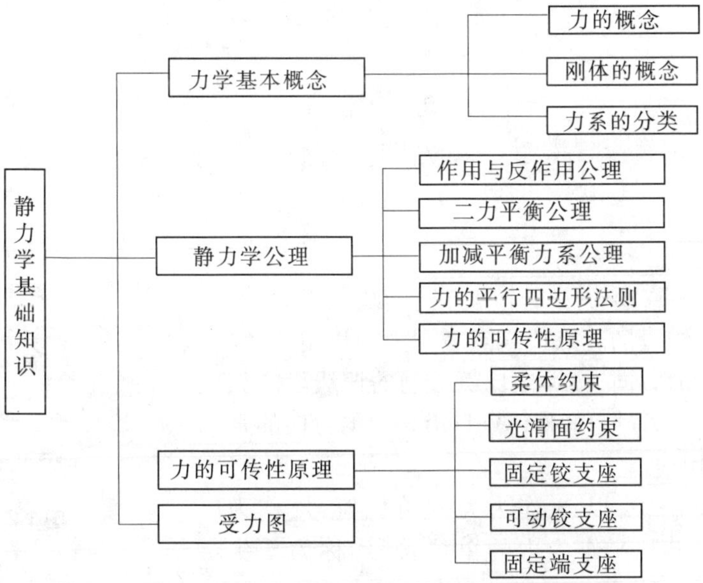

第一节　静力学的基本概念

一、力的概念

力的概念是从实践中产生的。人类在与自然的抗争中，通过自身肌肉伸缩最先感觉到力的作用。在生产和生活中又逐渐地认识到，这种作用不仅存在于人与物体之间，而且广泛地存在于物体与物体之间。实践证明：物体的机械运动状态的改变（包括变形）都是由于其他物体对该物体施加力的结果。这样，人们建立起了抽象的力的概念。

（一）力的定义

力是物体间的相互机械作用。物体之间的作用一般可分为两类：一类是接触作用，如车辆对桥面的压力，楼板对梁的压力；另一类是“场”对物体的作用等，如地球对月球的引力，电场对电荷的引力和斥力等。这些作用使物体的运动状态和形状发生变化。前者是力对物体的运动效应或外效应，后者是力的变形效应或内效应。

（二）力的三要素及表示方法

如图 1-1（a）所示的力 $\boldsymbol{F}$，其作用线通过物体的质心，此力只能使物体产生移动（平动）；如图 1-1（b）所示的力 $\boldsymbol{F}$，其方向与轴线 AB 既不相交也不平行，此力仅能使物体产生定轴转动；如图 1-1（c）所示的力 $\boldsymbol{F}$，其作用线不通过物体的质心，此力使物体既移动又转动。由此可见，力对物体的作用，同时取决于力的大小、方向、作用点，将这称为力的三要素。能同时反映这三个要素的量在数学上称为矢量（向量），矢量符号一般以黑体字印刷，如 $\boldsymbol{F}$、$\boldsymbol{P}$ 等；非黑体字，如 F、P 等，表示相应矢量的大小（模）。

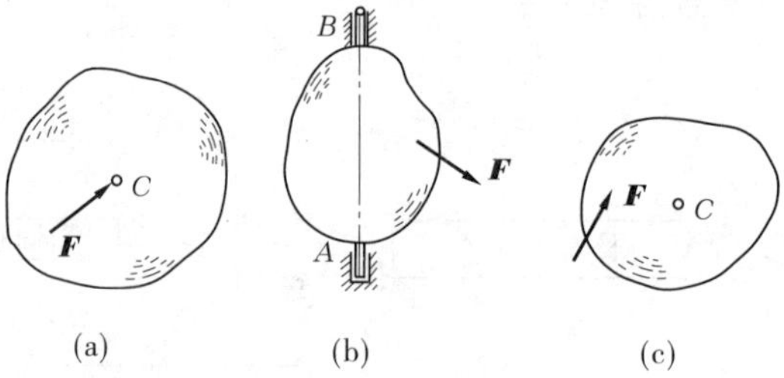

图 1-1

因此，力是矢量，通常用一个有方向的线段来表示，如图 1-2 所示。线段的起点或终点表示力的作用点，线段的方向表示力的方向，按一定比例绘制的该线段的长度代表力的大小。通过力的作用点且沿该力的方向的直线，称为力的作用线。

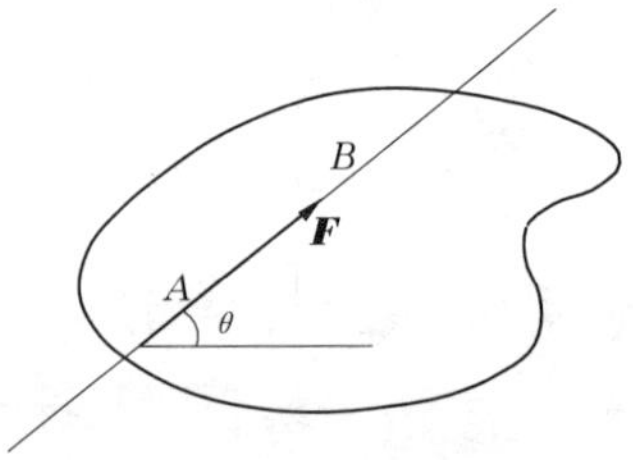

图 1-2

在国际单位制中，以 N 作为力的单位符号，称为牛［顿］。有时也以 kN 作为力的单位符号，称为千牛［顿］。

二、力系和平衡力系的概念

作用于一个物体上的若干个力，称为力系。若两个力系对物体的运动效应完全相同，则这两个力系互称为等效力系。若一个力与一个力系等效，则称该力为这个力系的合力，而力系中的各力称为该合力的分力。若物体在力系的作用下处于平衡状态，则称该力系为平衡力系。使一个力系成为平衡力系的条件，称为力系的平衡条件。

三、刚体和质点的概念

（一）刚体的概念

刚体是指在任何力的作用下其几何形状和尺寸保持不变的物体，即受力后刚体中任意两点之间的距离保持不变。实际上，自然界并不存在刚体，一切物体在力的作用下都会产生不同程度的变形。在实际工程问题中，物体的变形极其微小，当研究物体的某些规律如平衡、运动等时，这种变形的影响很小。当忽略这种变形的影响时，不但不会影响力对物体的作用效应，而且使问题大为简化。这种略去次要因素、抓住主要矛盾的方法，便是科学的抽象。所以，刚体是一个经过简化后抽象出来的力学模型，是一个相对的概念。

因此，在应用刚体这一概念时，应注意所研究问题的条件和范围。例如，对同一根钢管，当两人抬，计算每人的受力时，可以将钢管看成刚体；当三人同时抬，要计算每个人的受力时，尽管钢管此时变形很小，但变形在此时为解决问题的主要因素，这时的钢管应看做另一种模型——变形体。

（二）质点的概念

如果物体的形状和尺寸对运动的影响很小，则可以将物体抽象为质点。质点是指具有质量而无形状和大小的理想力学模型。由有限个或无限个质点构成的系统称为质点系。质点系中各质点有确定的质量，它们之间的相互位置可以是固定不变的，如刚体即为不变质点体系；质点系中各质点之间的位置也可以是变化的，如机器内部各互相影响而转动的零部件构成的可变质点系。

第二节　静力学公理

静力学公理是人们在长期的生活和生产中，经过反复观察和试验总结出来，被实践所证明的客观规律，它反映了作用在物体上的力的基本性质，是研究力系及其平衡等问题的最基本的规律。

一、二力平衡公理

作用在同一刚体上的两个力，使该刚体保持平衡的必要和充分条件是：这两个力的大小相等，方向相反，且作用在同一直线上（即二力等值、反向、共线）。

这个公理揭示了刚体受到最简单力系（二力）作用平衡时的充分必要条件，是静力学中最基本的平衡条件。但对于变形体来说，这个条件是充分条件，但不是必要条件，如图 1-3所示，已知 $\boldsymbol{F}_A = -\boldsymbol{F}_B$，图 1-3（a）所示绳索受到等值、反向的拉力作用时保持平衡，图 1-3（b）所示绳索受到等值、反向的压力作用时不能保持平衡。

(a)平衡　　(b)不平衡

图 1-3

在两个力作用下处于平衡的构件称为二力构件，也称为二力杆。如图 1-4 所示，已知 $\boldsymbol{F}_1 = -\boldsymbol{F}_2$，如图 1-4 (a) 、(b)所示为拉杆，如图 1-4(c)所示为压杆，二力构件上的力必满足二力平衡条件。

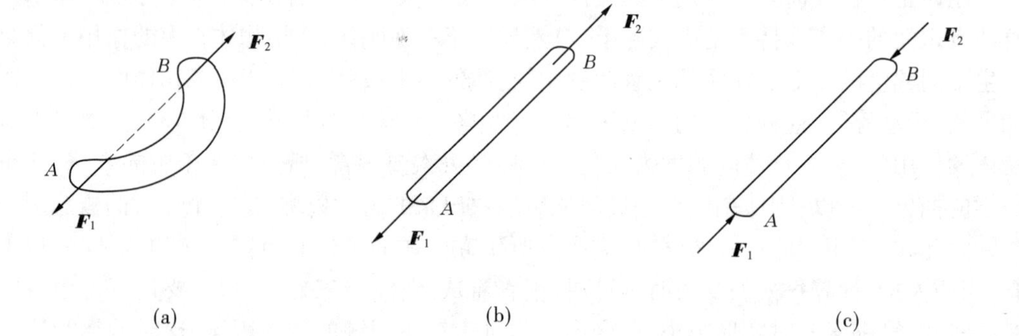

图 1-4

二、加减平衡力系公理

作用在刚体上的任意力系中，加上或减去一个平衡力系并不改变原力系的作用效应。也就是说，如果两个力系只相差一个平衡力系或几个平衡力系，那么它们对刚体的作用效应完全相同（这是因为平衡力系对刚体的作用效应等于零），可以互相等效替换，这一性质称为加减平衡力系公理。

这个公理不适用于变形体，因为加减的平衡力系会影响物体的变形。它是力系等效代换的基础。

三、力的平行四边形法则

作用在物体上同一点的两个力，可以合成为作用于该点的一个合力，合力的大小和方向由这两个力为邻边构成的平行四边形的对角线确定，如图 1-5(a)所示 。

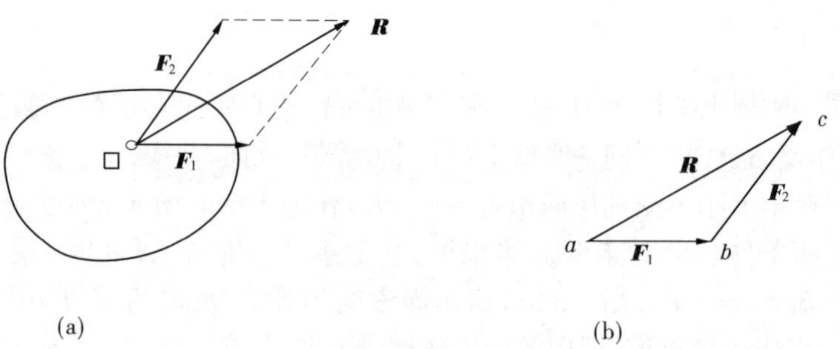

图 1-5

以 $\boldsymbol{R}$ 表示 $\boldsymbol{F}_1$ 和 $\boldsymbol{F}_2$的合力，则按平行四边形法则相加得

$$\boldsymbol{R} = \boldsymbol{F}_1 + \boldsymbol{F}_2$$

即合力矢等于这两个分力矢的几何合力。

当用平行四边形法则求合力时，不用画出整个平行四边形，只要做出一半就可以了。

从任意点 a 作力 $\boldsymbol{F}_1$ 的矢量 $\boldsymbol{ab}$，如图 1-5(b)所示，再以力 $\boldsymbol{F}_1$ 的末端 b 作力 $\boldsymbol{F}_2$ 的矢量 $\boldsymbol{bc}$（即两分力首尾相连），连接 a、c 两点，即得合力 $\boldsymbol{R}$ 的矢量 $\boldsymbol{ac}$，分力和合力所构成的三角形称为力三角形，这种求合力的方法称为力三角形法则。

四、作用与反作用定律

物体间的作用力与反作用力总是成对出现的，一对作用力和反作用力总是大小相等、方向相反、分别作用在这两个相互作用的物体上的。

这个定律概括了物体间的作用关系。对于一切相互作用的力学现象都适用。有作用力，必有反作用力；反之，没有作用力，必定没有反作用力。即作用力与反作用力总是成对出现的。

当对多个物体组成的系统受力分析时，运用这个定律，可以从一个物体的受力分析过渡到相邻物体的受力分析。

注意，二力平衡公理和作用力与反作用力定律的区别是：在二力平衡公理中，两个力也是大小相等，方向相反，但它们是作用在同一个物体上，而作用力与反作用力则是分别作用在两个相互作用的物体上。

五、力的可传性定理

作用在刚体上某点的力，可沿其作用线移到刚体上任意一点，而不改变该力对刚体的作用效应。

证明：设力 $\boldsymbol{F}$ 作用在刚体的 A 点，如图 1-6(a)所示。在其作用线上任选一点 B，并加上两个等值、反向、共线的力 $\boldsymbol{F}_1$ 和 $\boldsymbol{F}_2$，使 $\boldsymbol{F} = -\boldsymbol{F}_1 = \boldsymbol{F}_2$，如图 1-6(b)所示，由加减平衡力系公理知，这并不影响 $\boldsymbol{F}$ 的作用效应，即力系($\boldsymbol{F}$,$\boldsymbol{F}_1$,$\boldsymbol{F}_2$)与原力 $\boldsymbol{F}$ 等效。再在该力系中去掉平衡力系($\boldsymbol{F}$,$\boldsymbol{F}_1$)，则剩下的力 $\boldsymbol{F}_2$ 与原力 $\boldsymbol{F}$ 等效，如图 1-6(c)所示，即力 $\boldsymbol{F}$ 沿它的作用线移到了 B 点。

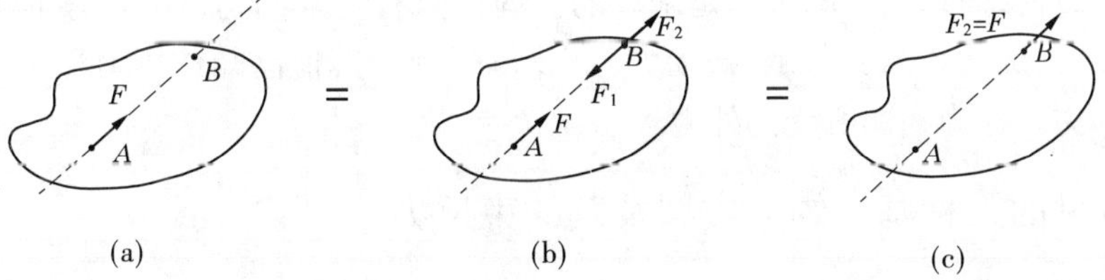

图 1-6

对于刚体来说，决定力的作用效应的要素是力的作用线，而不是力的作用点。因此，作用于刚体上的力的三要素是：力的大小、方向和作用线。

六、三力平衡汇交定理

作用于刚体上三个相互平衡的力，若其中两个力交于一点，则此三力必在同一平面内，且第三个力的作用线必通过该交点。

证明：如图 1-7(a)所示，在刚体上作用三个相互平衡的力 $\boldsymbol{F}_1$、$\boldsymbol{F}_2$、$\boldsymbol{F}_3$。由力的可传性

原理，F_1 和 F_2 移到它们的交点 O，合成一个合力 F_{12}，F_3 与 F_{12} 平衡，由二力平衡公理知此二力必共线，所以 F_1、F_2、F_3 必共面，如图 1-7(b)所示。

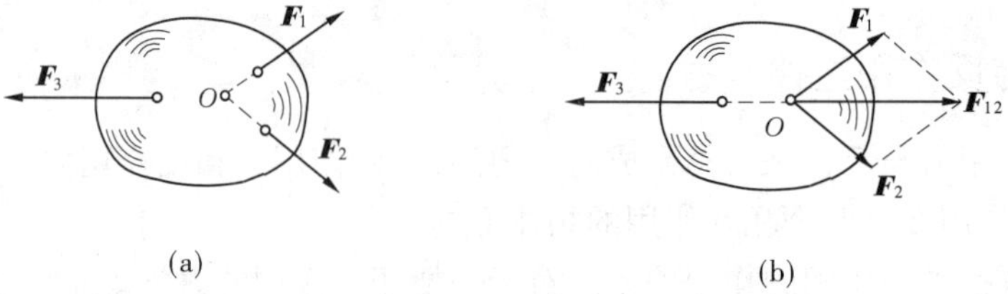

图 1-7

第三节　约束和约束力

一、约束

(一)约束的概念

在自然界和工程中，向空间任意方向运动，位移不受限制的物体称为自由体，如工人上抛的砖块和瓦块，在空中自由飞行的飞机等。位移受到限制的物体称为非自由体，如火车运动时受到铁轨的限制，桥梁受到桥墩的限制。对非自由体的某些位移起限制作用的物体称为约束，如铁轨对于火车，桥墩对于桥梁，都是约束。

(二)约束力

约束限制着物体的位移，即约束改变了物体的运动状态，因此约束对物体的作用就是力，我们称它为约束反力或约束力。所以，约束反力的方向总是与约束所能阻碍的物体的运动或运动趋势的方向相反，其作用点就是接触点。应用这一规律可以确定约束力的作用线位置和方向，而约束力的大小是未知的。约束只有在限制物体的位移时才对该物体产生约束反力，因此约束反力是“被动力”。物体受到的其他已知作用力称为主动力。被动力和主动力统称为物体所受的外力。

二、常见的几种基本约束类型及其约束反力

(一)柔体约束

绳索、链条、钢绞绳、胶带等都是柔体，由于柔体只能承受沿着柔体中心线方向的拉力，即只能限制物体沿着柔体中心线伸长方向的运动，所以柔体对物体的约束反力必定是沿着柔体中心线而背离物体的，常用字母 T 表示，如图 1-8 所示。

(二)光滑接触面约束

当物体接触面上的摩擦力很小，可以忽略不计时，即可认为是光滑接触面。如图 1-9 所示，物体搁置在光滑支撑面上，不论支承面的形状如何，这种约束只限制物体沿着接触面公法线指向接触面方向的运动，而不限制物体沿着接触面公切线或离开接触面方向的运动。因此，光滑接触面的约束力通过接触点，方向沿接触面的公法线并指向被约束的物

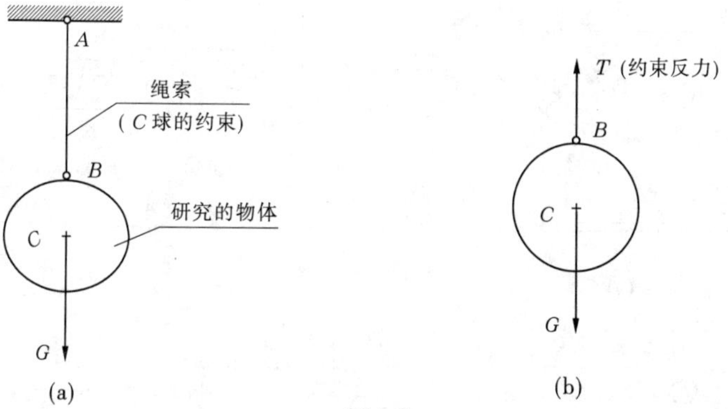

图 1-8

体,常用字母 $\boldsymbol{N}$ 表示,如图 1-9 所示。

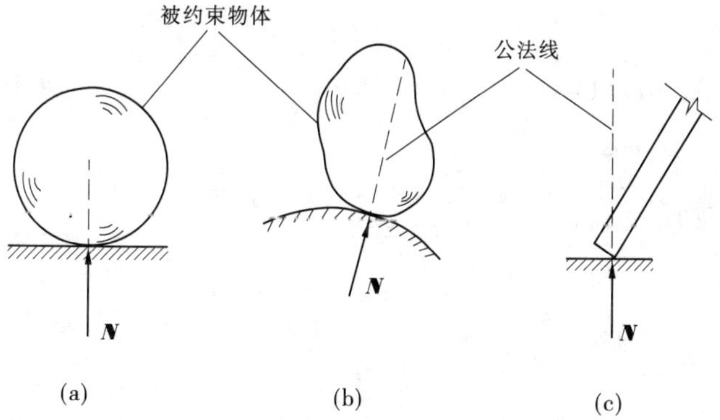

图 1-9

(三)圆柱铰链约束

圆柱铰链约束(简称铰链)由一圆柱形销钉将两个或更多的构件连接在一起构成,即在各构件连接处各用一直径相同的圆孔,将销钉穿入而结合在一起。如图 1-10(a)、(b)所示,A、B 两个构件用销钉 C 连接在一起。这种铰链用途比较广泛。例如,门窗的合页和起重机动臂与机座的连接。在力学计算中,圆柱铰链常简化成如图 1-10(c)、(d)所示的简图。

销钉与圆孔的接触若是光滑的,则这种约束只能限制物体在垂直于销钉轴线的平面内沿任意方向移动,而不能限制物体绕销钉转动或沿其轴线方向移动。因此,铰链的约束反力作用在圆孔与销钉的接触点 K 上,通过销钉中心,作用线沿接触点处的公法线,如图 1-10(e)所示的反力 $\boldsymbol{R}_C$。由于接触点 K 的位置一般不能预先确定,所以铰链约束反力的作用线方向 θ 和指向也不能预先确定。如图 1-10(f)所示,在实际计算中,通常用互相垂直且通过铰链中心的两个分力 $\boldsymbol{R}_{Cx}$、$\boldsymbol{R}_{Cy}$ 来代替 $\boldsymbol{R}_C$。

1. 固定铰支座

用圆柱铰链连接的两个构件中,如果有一个固定不动,就构成固定铰支座,如图 1-11(a)所示。这种支座能限制构件沿圆柱销钉半径方向的移动,而不能限制其转动,其约束反力与圆柱铰链相同。固定铰支座的计算简图如图 1-11(b)、(c)、(d)、(e)所

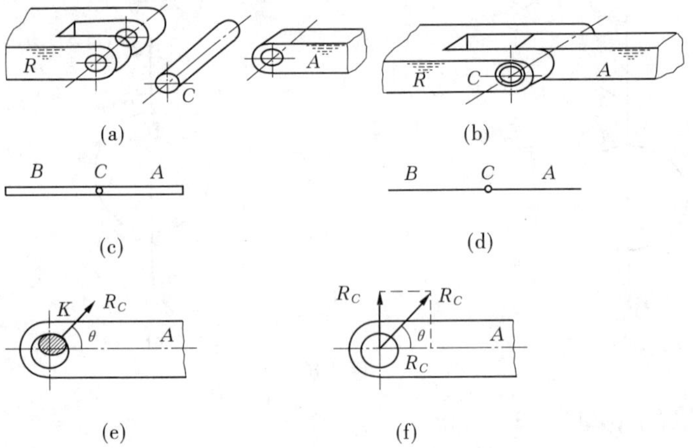

图 1-10

示，其约束反力如图 1-11(f)所示。

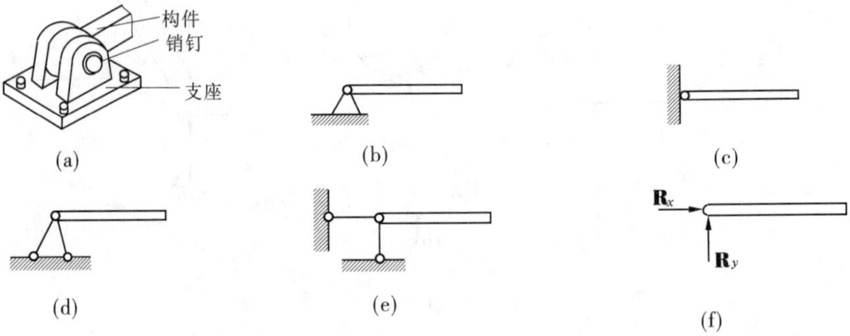

图 1-11

2. 可动铰支座

在铰链支座的下部，安装几个滚轴在水平支承面上，构成可动铰支座，也称为辊轴支座，如图 1-12(a)所示。由于可动铰支座沿滚动方向无约束，其约束反力只能沿支承平面的法线方向，形成平面平行力系，可简化为一个通过铰链中心的合力。其简图如图 1-12(b)、(c)、(d)所示；约束反力用符号 $\boldsymbol{R}$ 表示，如图 1-12(e)所示。

因此，可动铰支座的约束反力是一个大小未知、垂直支承面、指向不确定的力。它是有一个未知量的约束。

(四)二力杆约束

杆的两端用光滑销钉与物体相连而中间不受任何力的这种约束称为二力杆约束或称为链杆约束，显然这样的杆是二力杆，如图 1-13(a)所示，二力杆 *AB* 只能限制物体沿其中心线方向的运动，而不能限制其他方向的运动。因此，二力杆的约束反力沿着二力杆的中心线，而指向未定。如图 1-13(b)、(c)所示分别为二力杆约束的简图及其约束反力的表示法。

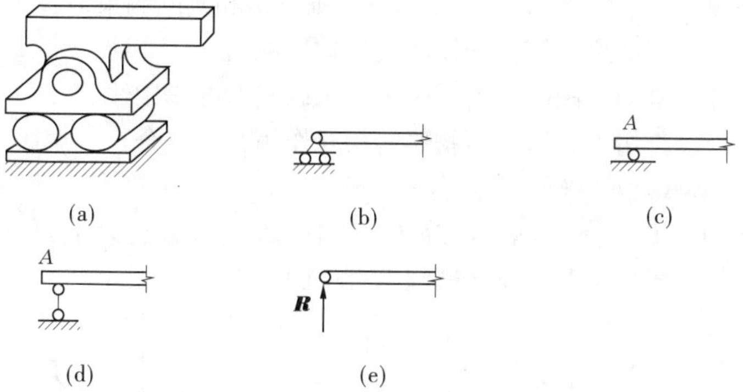

图 1-12

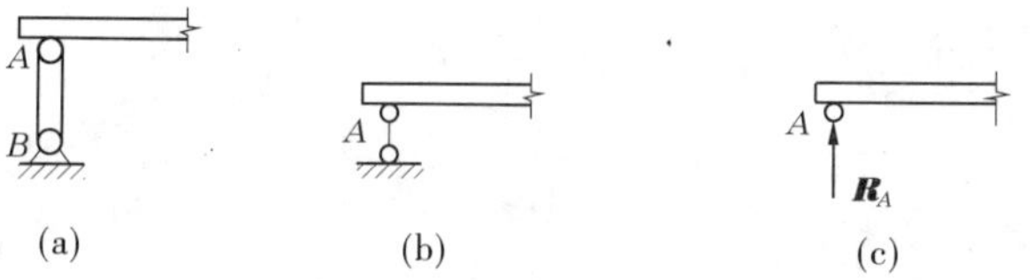

图 1-13

（五）固定端支座

在房屋建筑中的挑梁，如图 1-14（a）所示，它的一端嵌固在墙壁内，墙壁对挑梁的约束既限制它沿任何方向移动，又限制它的转动，这样的约束称为固定端约束。它的计算简图如图 1-14（b）所示。由于这种约束既限制构件的移动，又限制构件的转动，所以它除产生水平约束力和竖向约束力外，还产生一个阻止转动的约束反力偶，如图 1-14（c）所示。

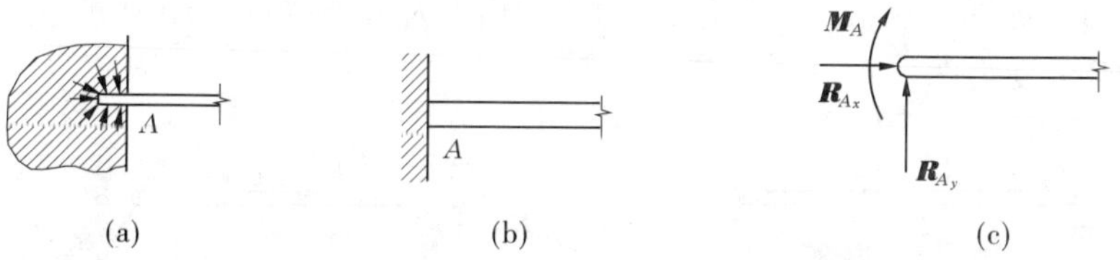

图 1-14

第四节　物体的受力分析和受力图

工程上分析物体的受力是解决各种力学问题的基础。无论是研究静止着的物体还是运动着的物体，都可根据力系简化的方法和典型约束的受力形式，进行物体的受力分析。

在受力分析时，把所研究的物体从与它相联系的物体系统中分离出来，单独画出它的简图，这一过程称为取研究对象。分离出来的研究对象称为分离体。在分离体上画出它受到的全部作用力（包括主动力和约束反力）。这种表示物体受力的简化图形就是研究对象的受力分析图，简称受力图，它能直观地反映出物体的受力情况。

确定研究对象，取分离体，分析并画受力图，这一全过程总称为“受力分析”，其中关键在于分析约束力。一般情形下可根据以下原则分析和判断约束力：

(1)约束性质。即约束的结构和接触面的物理性质。

(2)平衡条件。画受力图时应用平衡条件来确定力的作用线。

(3)作用力与反作用力定律。两物体的相互作用必须符合这一规律。

下面举例来说明受力分析的全过程。

【例 1-1】 如图 1-15(a)所示,重为 P 的直杆 AB 搁置在台阶上,与台阶上 A、D 两点光滑接触,在 E 点用绳与墙壁相连。试画出直杆的受力图。

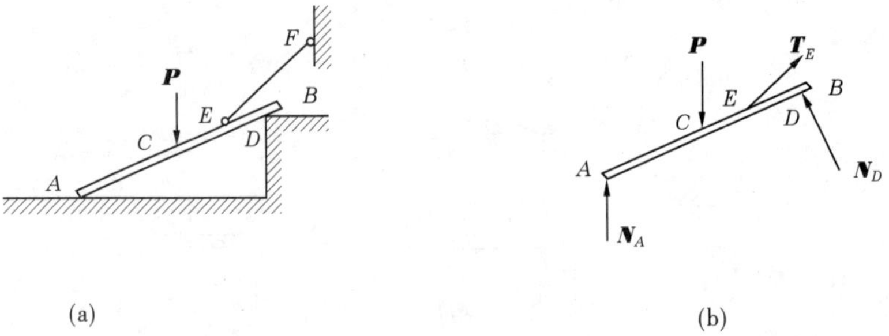

图 1-15

解:(1)取直杆 AB 为研究对象,单独画出直杆 AB,即把直杆 AB 从周围的约束中分离出来。

(2)画主动力。主动力只有重力 P 作用在杆中点。

(3)画约束反力。直杆 AB 在 A、D 两点为光滑接触约束,且都是点、面接触形式,则约束力就通过点而垂直于面,指向研究对象,用 $\boldsymbol{N}_A$、$\boldsymbol{N}_D$ 表示。E 点为柔软体约束,约束反力就沿绳索方向,背离研究物体,用 $\boldsymbol{T}_E$ 表示,如图 1-15(b)所示。

【例 1-2】 如图 1-16(a)所示梁 AB 的支承情况及其所受的主动力 $\boldsymbol{F}$,设梁自重不计。试画出梁 AB 的受力图。

图 1-16

解:(1)取梁 AB 为研究对象,单独画出梁 AB。

(2)画主动力。由于梁自重不计,主动力只有 $\boldsymbol{F}$。

(3)画约束力。梁 AB 在 A 点处受固定铰支座的约束反力作用,但由于方向未知,可用两个大小未定的正交力 $\boldsymbol{R}_{Ax}$ 和 $\boldsymbol{R}_{Ay}$ 来代替;梁 AB 在 B 点处受有可动铰支座给它的垂直于支承面的约束反力 $\boldsymbol{R}_B$ 的作用。梁的受力情况如图 1-16(b)所示。

【例 1-3】 如图 1-17(a)所示的三铰拱桥,由左、右两拱铰接而成。设各拱的自重不计,$\boldsymbol{F}$ 作用在拱 AC 上。试分别画出拱 CB 和拱 AC 及整体的受力图。

解:1. 分析拱 CB 的受力

(1)取拱 CB 为研究对象,单独画出拱 CB。

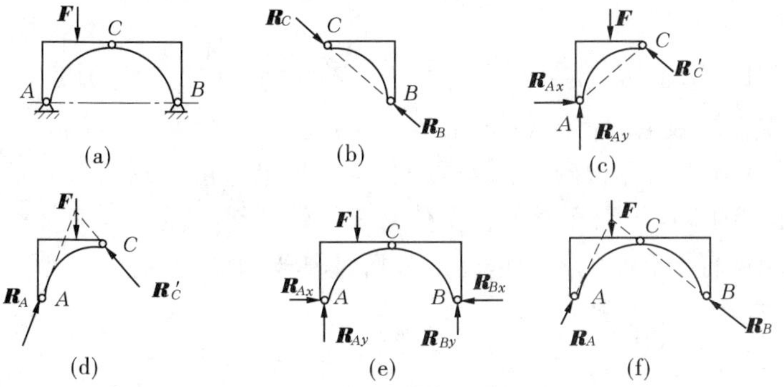

图 1-17

(2)画主动力。拱 CB 自重不计,所以无主动力。

(3)画约束力。在 C、B 两处受到铰链约束,因此拱 BC 为二力构件。在铰链中心 C、B 处分别受 $\boldsymbol{R}_C$、$\boldsymbol{R}_B$ 两力的作用,且 $\boldsymbol{R}_C=-\boldsymbol{R}_B$,这两个力的方向如图 1-17(b)所示。

2. 分析拱 AC 的受力

(1)取拱 AC 为研究对象,单独画出拱 AC。

(2)画主动力。由于自重不计,因此主动力只有 $\boldsymbol{F}$。

(3)画约束力。拱在铰链 C 处受到拱 BC 给它的约束反力 $\boldsymbol{R}'_C$的作用,根据作用和反作用定律,$\boldsymbol{R}_C=-\boldsymbol{R}'_C$。拱在 A 处受到固定铰支座给它的约束反力 $\boldsymbol{R}_A$ 的作用,由于方向未定,可用两个大小未知的正交分力 $\boldsymbol{R}_{Ax}$ 和 $\boldsymbol{R}_{Ay}$ 代替。拱 AC 的受力如图 1-17(c)所示,或应用三力平衡汇交定理画出受力图,如图 1-17(d)所示。

3. 分析拱 ACB 的受力

(1)取拱 ACB(整体)为研究对象,画出拱 ACB。

(2)画主动力。由于自重不计,因此主动力只有 $\boldsymbol{F}$。

(3)画约束力。在 C 处的约束力对整体而言是内力,不必画出。约束反力 $\boldsymbol{R}_B$ 的作用,也可以两个大小未知的正交分力 $\boldsymbol{R}_{Bx}$和 $\boldsymbol{R}_{By}$代替,其他各部分的受力可参照 AC、CB 拱确定。拱 ACB 的受力图如图 1-17(e)所示,或应用三力平衡汇交定理画出受力图,如图 1-17(f)所示。

通过以上实例,现在归纳出物体受力分析时应注意的问题。

(1)取出隔离体后,观察隔离体与周围物体的机械作用,分清哪些力是周围物体(施力物体)施加给隔离体的,哪些力是隔离体反作用给周围物体的。隔离体的受力图上的所有的力,是周围物体对隔离体的作用力。即受力图上的所有的力的施力物体,都是隔离体以外的与隔离体有接触的其他物体。

(2)若研究对象不是单独一个物体,而是由几个物体组成,那么研究对象内各物体之间的相互作用力是内力,不必画出。这里也说明内力和外力是相对的。

(3)当作复杂系统中某一局部的受力分析时,应单独画出该局部的隔离体图,对该局部进行受力分析。

(4)约束对应的约束力,必须按约束的性质分析。

(5)作用力与反作用力的方向只需假定其中一个,另一个的方向应用作用与反作用定律来确定。

(6)一个系统中,当同一约束的约束力在几个不同的隔离体的受力图上出现时,各受力图上对同一约束力所假定的指向必须相同。

(7)要画出作用在隔离体上的全部外力,不能多画也不得少画。除分布力代之以等效的集中力、未知的约束反力可用它的正交分力表示外,所有其他力一般不合成,不分解,并画在其真实作用位置上。平衡对象的受力分析及其受力图的画法,必须通过具体实践反复练习,以求得技巧的熟练和巩固。

本章小结

1. 静力学的基本概念

(1)力是物体间相互的机械作用,这种作用使物体的运动状态发生改变(外效应)或使物体变形(内效应)。力对物体的外效应取决于力的三要素:大小、方向和作用点(或作用线)。

平衡物体相对于地球保持静止或作匀速直线运动的状态。

(2)力系和平衡力系的概念。作用于一个物体上的若干个力称为力系。等效力系的作用效应完全相同。平衡力系作用下物体处于平衡状态。使一个力系成为平衡力系的条件是合力为零。

(3)刚体是指在任何外力的作用下,大小和形状保持不变的物体。

(4)质点是指具有质量而无形状和大小的理想力学模型。

2. 静力学公理

(1)二力平衡公理说明了作用在一个刚体上的两个力的平衡条件。二力杆上的力必满足二力平衡条件。

(2)加减平衡力系公理是力系等效代换的依据。

(3)力的平行四边形法则反映了力的合成规则。

(4)作用与反作用定律说明了物体间相互作用的关系。

(5)力的可传性定理说明力对刚体的作用与刚体的大小无关。

(6)三力平衡汇交定理说明了作用在一个刚体上的三个力的平衡条件。

3. 常见的约束类型及其约束力分析

约束是阻碍物体运动的限制物。约束反力的方向根据约束的类型来确定,它总是与约束所能阻碍物体的运动方向相反。

(1)柔体约束只产生沿着柔索方向的拉力,方向背离被约束物体。

(2)光滑接触面约束与被约束物刚性接触,忽略了接触面的摩擦。这种接触约束的约束力沿着两接触面的公法线方向,指向被约束物体。

(3)圆柱铰链约束是由圆孔和销钉构成的约束,只提供一个方向不确定的约束力,该约束力可以分解为互相垂直的两个分力。

(4)二力杆约束只能限制物体沿其中心线方向的运动,而不能限制其他方向的运动。因此,它的约束反力沿着二力杆的中心线而指向未定。

(5)固定端约束不允许被约束物在约束处有任何相对运动——包括移动和转动。它有两个互相垂直的约束反力分量和一个约束力偶。

4. 受力图的画法及步骤

物体的受力分析是将物体从系统中分离出来,根据约束的性质(类型)分析约束反力,并应用作用与反作用定律分析隔离体上所受各力的位置、作用线及可能方向,并画出受力图。步骤如下:

(1)选取研究对象。根据题意选取研究对象,用尽可能简明的轮廓单独画出隔离体。

(2)画主动力。画出该研究对象所受的全部主动力。

(3)画约束力。在研究对象上所有原来存在约束(即与其他物体相接触和相连)的地方,根据约束的性质画出约束反力。对于方向不能预先独立确定的约束反力(例如圆柱铰链的约束反力),可用它的两个正交分力表示,指向可以假设。有时可根据作用在分离体上的力系特点,如利用二力平衡时共线、不平行三力平衡时汇交于一点等原理,确定某些约束反力的方向,从而简化受力图。

(4)检查。不要多画、错画、漏画了力。注意作用与反作用关系。作用力的方向一旦确定,反作用力的方向必定与它相反,不能再随意假设。此外,当以几个物体构成的物体系统为研究对象时,系统中各物体间成对出现的相互作用力不再画出。

思考题

1-1 力有哪三要素?大小相等、方向不同和作用点(作用线)相同或大小相等、方向相同和作用点(作用线)不同或大小不等、方向相同和作用点(作用线)相同的力对同一物体的作用效果是否相同?为什么?

1-2 什么是等效力系?什么是平衡力系?

1-3 什么是刚体?哪种情况下可以看做刚体?为什么在静力学中要将物体看做刚体?

1-4 二力平衡公理与作用和反作用定律都是指两个力等值、反向、共线,二者有什么区别?

1-5 什么是二力构件?指出如图1-18所示的结构中的二力构件,并讨论二力构件受力时与构件的形状是否有关系?(图1-18中未画重力的物体,其重力均不计)

1-6 为什么二力平衡公理、加减平衡力系公理以及力的可传性定理等不适用于变形体?

1-7 什么是约束?什么是约束力?约束力的方向怎样确定?

1-8 工程中常见的约束有哪些?各类约束有什么特点?

1-9 什么是受力图?画受力图的目的是什么?

1-10 画受力图时应注意哪些问题?

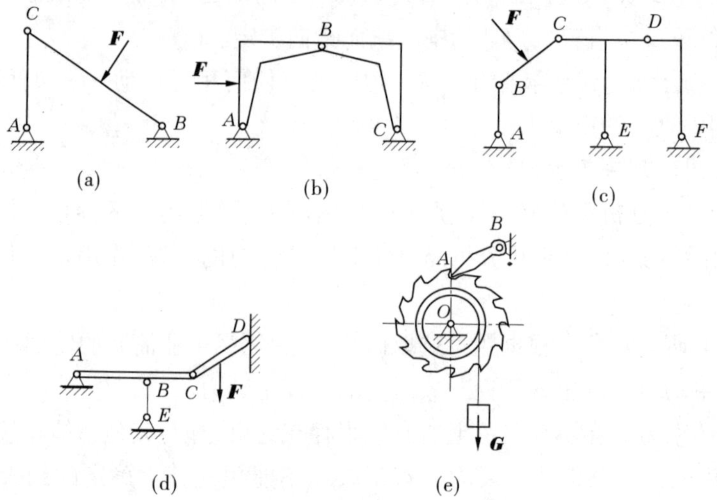

图 1-18

习 题

1-1 判断下列各命题的正误，并解释错误命题的错误原因。

(1)凡是分力都比合力要小。( )

(2)两个力等效的条件是这两个力相等。( )

(3)凡是大小相等、方向相反、作用线在同一直线的两个力，都是二平衡力。( )

(4)只要是两点受力的刚体，都为二力构件。( )

(5)对于任意一个力系，都可以按照加减平衡力系公理，加上或减去任意的平衡力系而不改变原力系的作用效果。( )

(6)如图 1-19 所示，两个力的合力可以写为 $\boldsymbol{R}=\boldsymbol{F}_1+\boldsymbol{F}_2$。( )

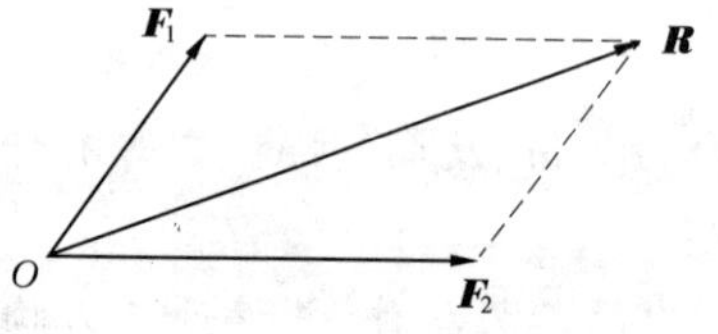

图 1-19

(7)作用力与反作用力满足二力平衡条件中所说的两力大小相等、方向相反、作用线沿同一直线，所以它也同样是一对平衡力。( )

(8)力可沿其作用线移动。( )

(9)如果作用在刚体上的三个力的作用线汇交于同一点，则该刚体一定处于平衡状态。( )

(10)柔体约束的约束反力，其指向沿着离开的柔体方向而不能任意假定。( )

1-2 选择题。

(1)二力平衡条件适用于( )。

A. 刚体　　B. 刚体系统

C. 变形体　　D. 任何物体或物体系统

(2)力的可传性适用于( )。

A. 同一刚体　　　　　　　B. 刚体和变形体

C. 刚体系统　　　　　　　D. 单个刚体和刚体系统

(3)平行四边形法则适用于(　)。

A. 刚体系统　　　　　　　B. 单个刚体

C. 变形体上的力均适用　　D. 仅对变形体才适用

(4)如图 1-20 所示,两种结构中,哪一种可将力 **F** 沿其作用线移到 *BC* 部分上去(　)。

A. 图(a)、(b)都可以

B. 图(a)、(b)都不可以

C. 仅图(a)可以

D. 仅图(b)可以

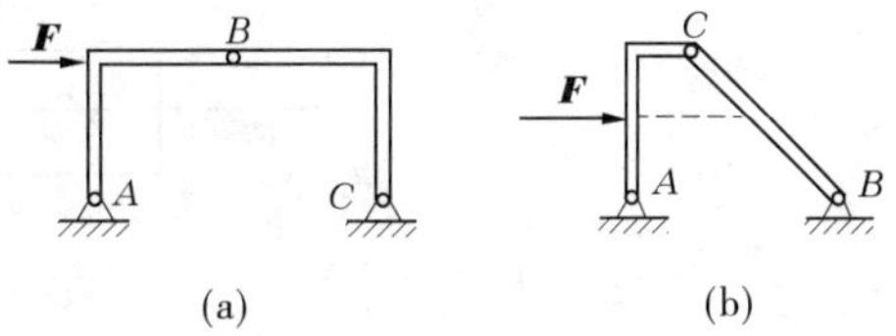

图 1-20

(5)如图 1-21 所示,力 **F** 的作用点沿其作用线,由 *AC* 杆滑移 *BC* 杆上,则 *A*、*B*、*C* 三铰处的约束反力(　)。

A. 都不变　　　　　　　　B. 都改变

C. 只有 *C* 铰反力不变　　D. 只有 *C* 铰反力改变

(6)如图 1-22 所示,刚体受三力作用,并且三力均不为零,则(　)。

A. 情况(a)刚体不可能平衡　　　B. 情况(b)刚体不可能平衡

C. 两种情况都不能平衡　　　　　D. 两种情况都可能平衡

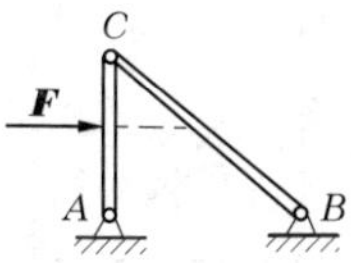

图 1-21

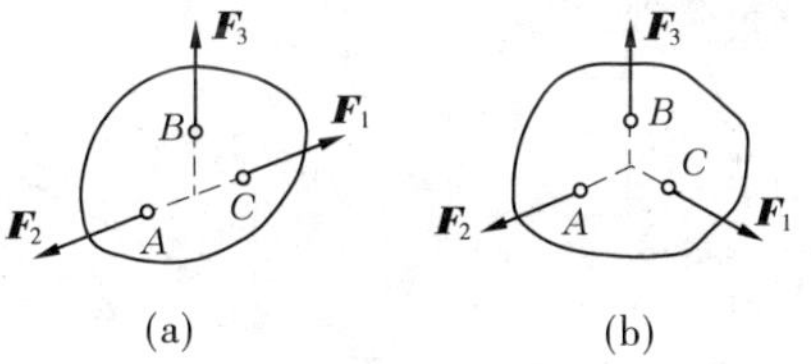

图 1-22

(7)在下面的公理、法则、定理、定律中,仅适用于刚体的有(　)。

A. 二力平衡公理　　　　　B. 力的平行四边形法则

C. 加减平衡力系公理　　　D. 力的可传性定理

E. 作用力与反作用力定律

(8)作用于刚体上的平衡力系,如果作用在变形体上,则变形体(　)。

A. 一定平衡

B. 不一定平衡

C. 不平衡

(9)如图 1-23(a)所示,球重为 **P**,置于光滑的水平面上,图 1-23(a)和图 1-23(b)为所画受力图,则(　)。

A. **N** 与 **N′** 是一对平衡力系

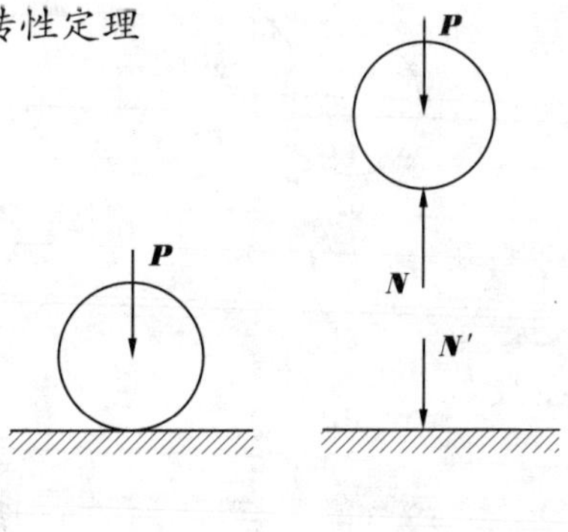

图 1-23

B. N 与 P 是作用力与反作用力

C. N 与 N' 是作用力与反作用力

D. N' 与 P 是作用力与反作用力

(10) 如图 1-24 所示,楔形块 B、C 自重不计,在光滑斜面上 I—I 处相接触,若 F_1 和 F_2 的大小相等、方向相反且沿同一直线,则( )。

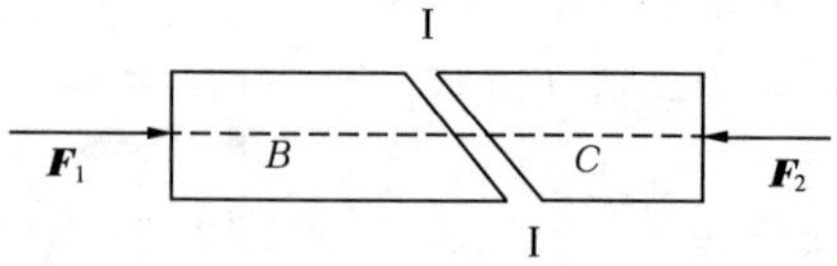

图 1-24

A. B 和 C 都处于平衡状态

B. F_1 与 F_2 是一对平衡力

C. F_1 和 F_2 不是一对平衡力

D. 若将力 F_1 沿其作用线移到楔形块 C 上去,则 C 便可处于平衡状态

1-3 如图 1-25 所示,画出各指定物体的受力图。除图中已给出的重力外,物体的自重均不计,且设铰链以及各接触处都是光滑的。

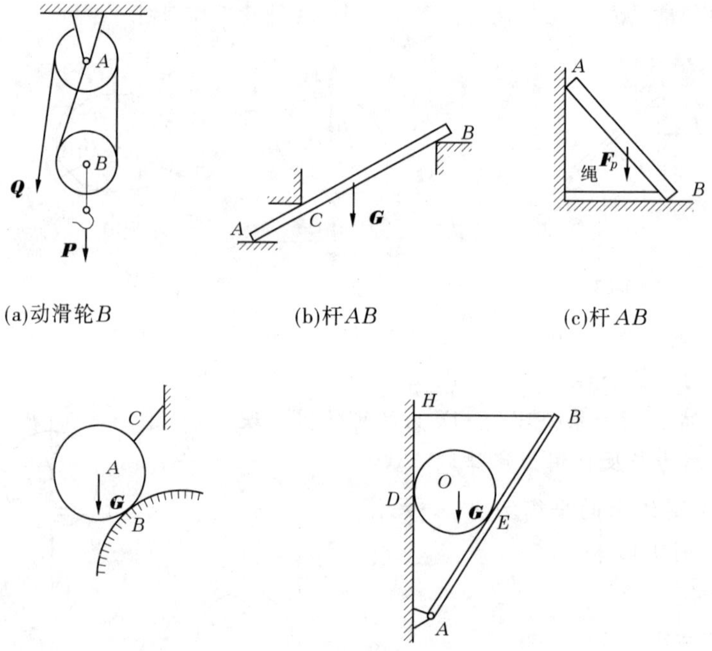

(a)动滑轮 B　(b)杆 AB　(c)杆 AB

(d)球 A　(e)球 O、杆 AB

图 1-25

1-4 如图 1-26 所示,分析物体系统中各物体的受力情况,并画出其受力图。除图中已给出的重力外,各构件自重均不计,且设铰链和各接触处都是光滑的。

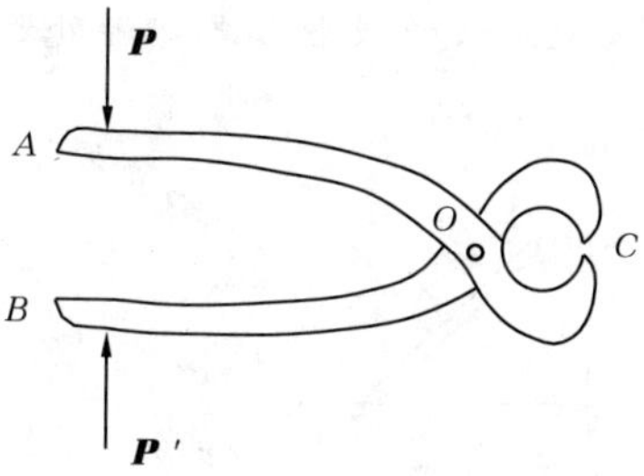

(a)半片AOC、半片BOC、销钉O

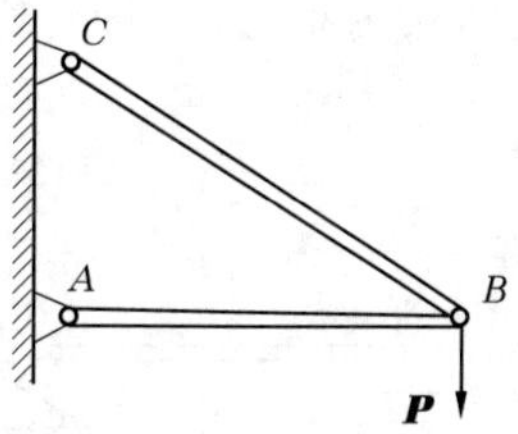

(b)杆AB、杆BC、销钉B

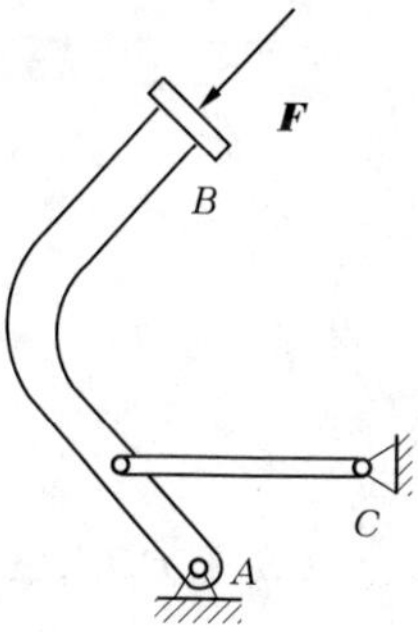

(c)曲杆AB

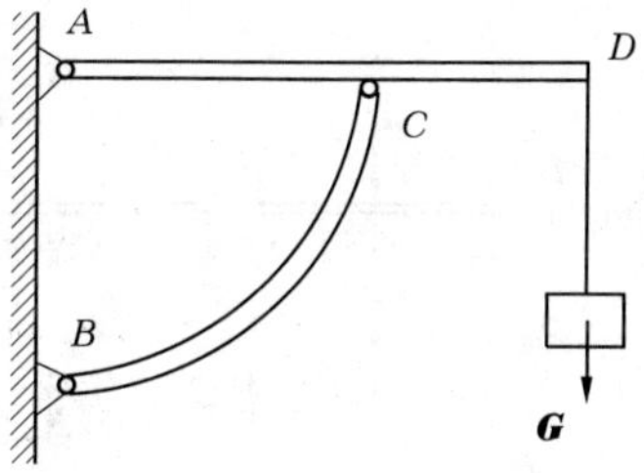

(d)曲杆BC、杆AD、整体

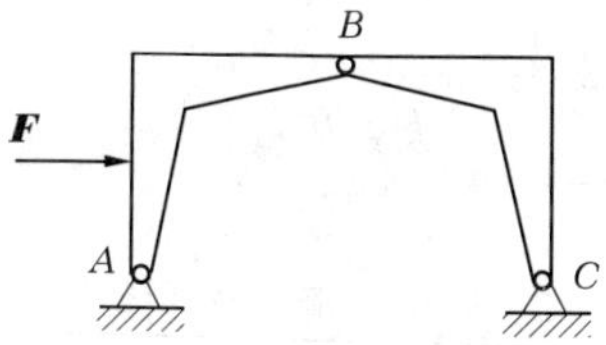

(e)构件AB、整体

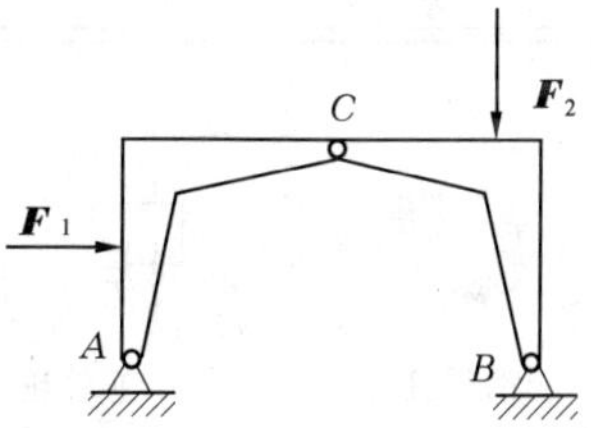

(f)构件AC、构件 BC、整体

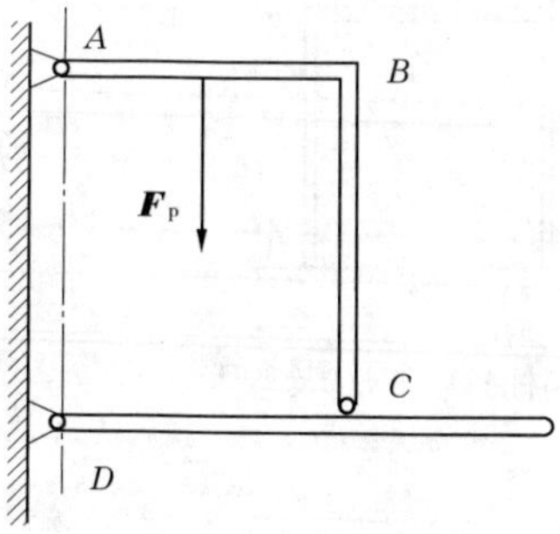

(g)折杆、直杆

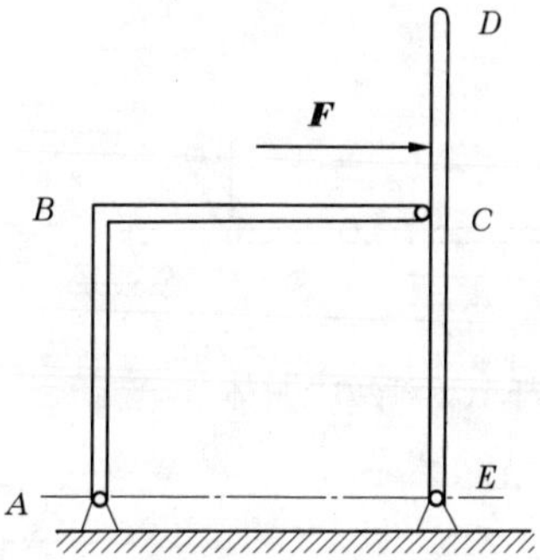

(h)折杆ABC、直杆

图 1-26

1-5　如图 1-27 所示,画出指定物体的受力图。假定铰链及物体各接触处都是光滑的,物体的重力除图中已注明外,均略去不计。

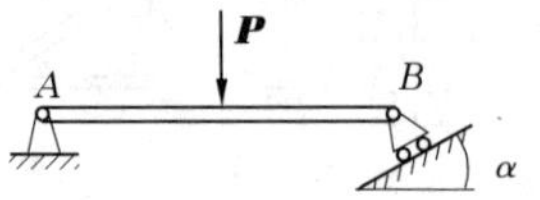

(a)杆AB

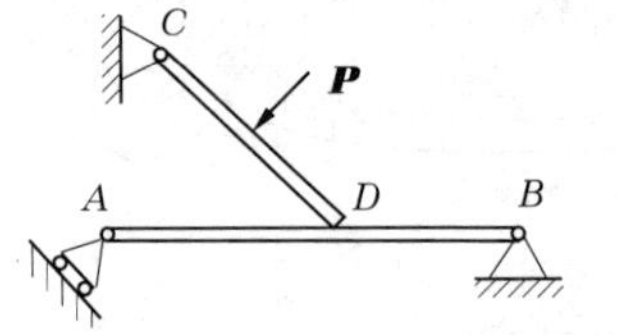

(b)杆CD、杆AB、整体

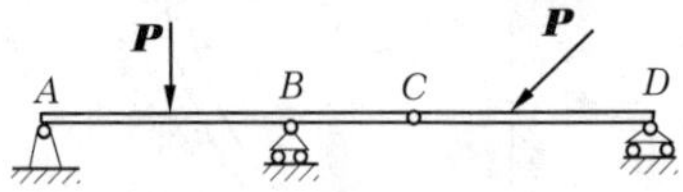

(c)杆ABC、杆CD、整体

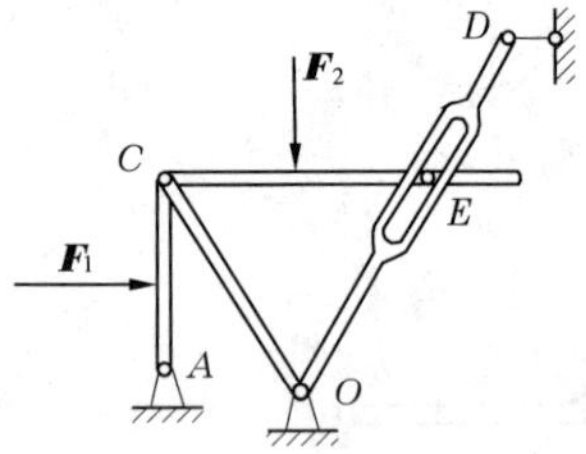

(d)杆AC、杆CO、杆CE、杆DO及整体

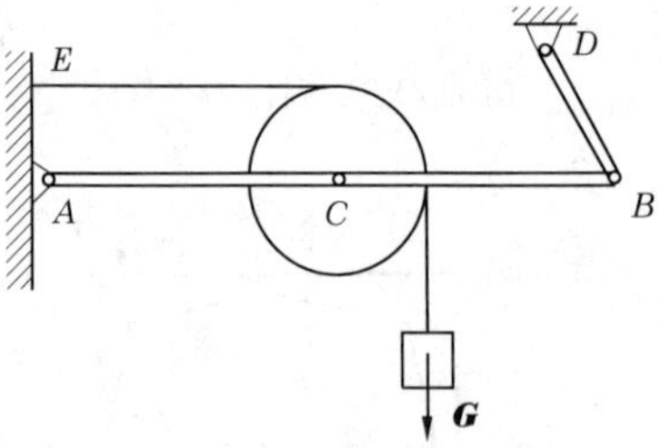

(e)杆AB(连滑轮)、杆AB(不连滑轮)及整体

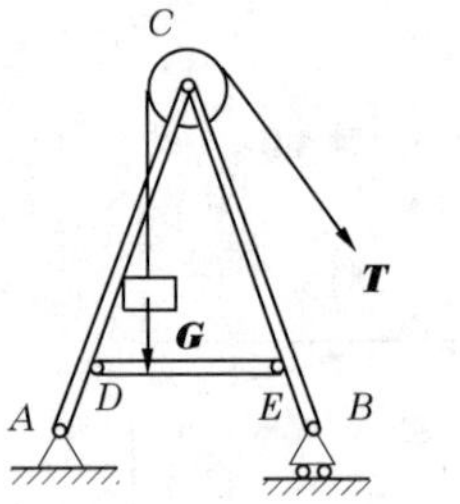

(f)杆AC、杆BC、滑轮及整体

图 1-27

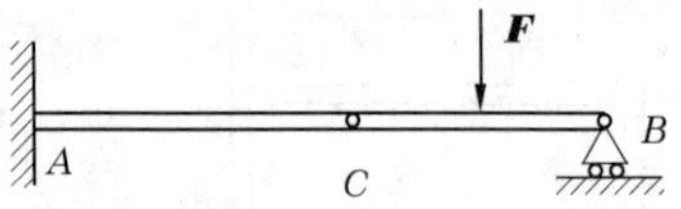

(a)杆AC、杆CB及整体

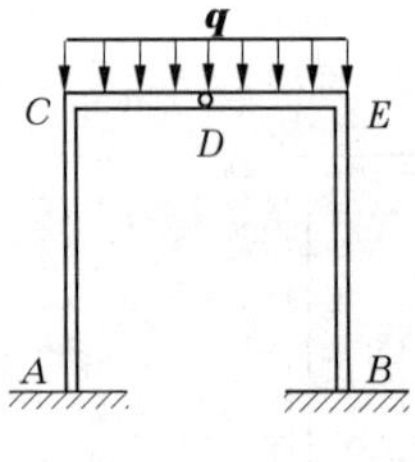

(b)杆AD、杆DB及整体

图 1-28

1-6　如图 1-28 所示,画出指定物体的受力图。假定铰链及物体各接触处都是光滑的,物体的重力除图中已注明外,均略去不计。

第二章 基本力系的合成与平衡

【内容要点】

(1)力沿坐标轴的投影。

(2)力矩和力偶的概念与性质。

(3)平面汇交力系合成的方法与平面汇交力系平衡条件及应用。

(4)力偶与力偶矩的概念,力偶系的合成与平衡条件的应用。

【知识链接】

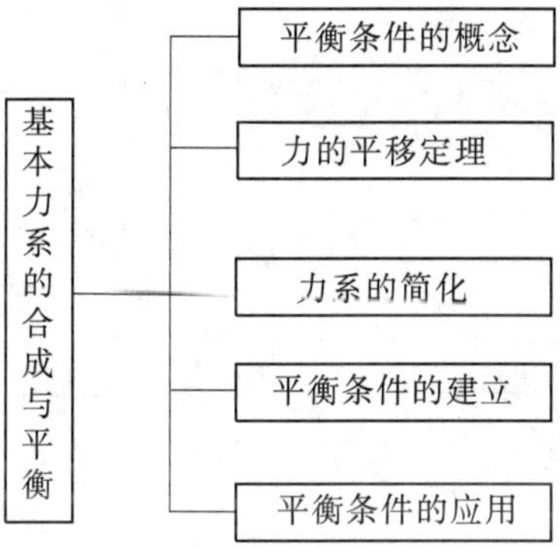

为便于研究问题,我们将力系按其各力作用线的分布情况进行分类:如果作用在物体上各力的作用线都在同一平面内,则这种力系称为平面力系。在平面力系中,各力的作用线交于同一点的力系,称为平面汇交力系;各力的作用线相互平行的力系,称为平面平行力系;各力作用线任意分布的力系,称为平面一般力系。如果作用在物体上各力的作用线不在同一个平面内,则称为空间力系。

作用在物体上的力系若使物体处于平衡状态,那么这个力系就称为平衡力系。平衡力系中的各个力必定存在某种关系,称为平衡关系或平衡条件。静力学的目的就是揭示各种简单和复杂力系的平衡关系并建立相应的平衡条件。要建立平衡条件,必须对力系进行简化。简化的手段包括分解、合成和等效替换。简化必须以基本公理、推理和定理为依据来进行,同时要依靠力学的基本运算来证明。

第一节 力学中两项基本运算

一、力的投影计算

设力 $\boldsymbol{F}$ 作用在物体 A 点,如图 2-1 所示。取直角坐标系 Oxy,使力 $\boldsymbol{F}$ 在 xy 坐标面内。从力 $\boldsymbol{F}$ 的两端点 A 和 B 分别作坐标轴 x 的垂线,从两根垂线在 x 轴上所截得线段 ab 并加上正号或负号，称为力 $\boldsymbol{F}$ 在 x 轴上的投影，用 X 表示。规定：当从力 $\boldsymbol{F}$ 始端的投影 a 到终端的投影 b 的方向与投影的正向一致时，力的投影取正值；反之，取负值。同样，在图 2-1(a)、(b)中线段 $a'b'$ 加上正号或负号是力 $\boldsymbol{F}$ 在 y 轴上的投影，用 Y 表示。

通常采用力 $\boldsymbol{F}$ 与坐标轴 x 所夹的锐角来计算投影，其正号或负号可根据上述规定直观判断得出。由图 2-1(a)、(b)可见，投影 X 和投影 Y 可用下列式子计算

$$\left.\begin{aligned}\sum X &= \pm F\cos\alpha \\ \sum Y &= \pm F\sin\alpha\end{aligned}\right\} \tag{2-1}$$

式中 α——力 $\boldsymbol{F}$ 与 x 轴所夹的锐角。

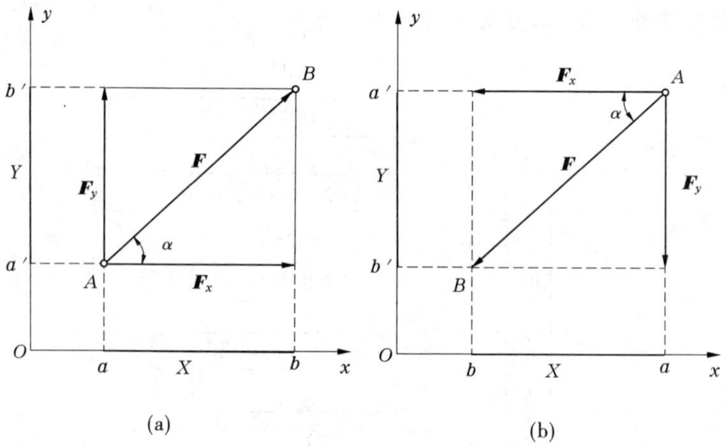

图 2-1

图 2-1(a)、(b)中还画出了力 $\boldsymbol{F}$ 沿直角坐标轴方向的分力 $\boldsymbol{F}_x$ 和 $\boldsymbol{F}_y$。应当注意：力的投影 X、Y 与力的分力 $\boldsymbol{F}_x$、$\boldsymbol{F}_y$ 是不同的，力的投影只有大小和正负，它是标量，而力的分力是矢量，有大小，有方向，其作用效果还与作用点或作用线有关。引入力在轴上的投影的概念后，就可将力的矢量计算转化为标量计算。

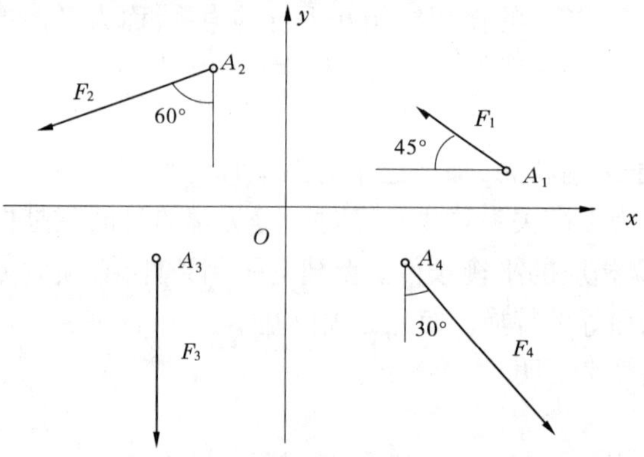

图 2-2

【例 2-1】 试分别求出如图 2-2 所示各力在 x 轴和 y 轴上的投影。已知 $F_1 = 100$ N，$F_2 = F_3 = 150$ N，$F_4 = 200$ N，各力方向如图 2-2 所示。

解：由式(2-1)可得出各力在 x、y 轴上的投影为

$$X_1 = -F_1\cos 45° = -100 \times 0.707 = -70.7\ (\text{N})$$

$$Y_1 = F_1\sin 45° = 100 \times 0.707 = 70.7\ (\text{N})$$

$$X_2 = -F_2\cos 30° = -150 \times 0.866 = -129.9\ (\text{N})$$

$$Y_2 = -F_2\sin 30° = -150\times 0.5 = -75\ (\mathrm{N})$$

$$X_3 = F_3\cos 90° = 150\times 0 = 0$$

$$Y_3 = -F_3\sin 90° = -150\times 1 = -150\ (\mathrm{N})$$

$$X_4 = F_4\cos 60° = 200\times 0.5 = 100\ (\mathrm{N})$$

$$Y_4 = -F_4\sin 60° = -200\times 0.866 = -173.2\ (\mathrm{N})$$

由本例可知,当力与坐标轴垂直时,力在该轴上的投影为零。当力与坐标轴平行时,力在该轴上的投影的绝对值等于力的大小。

二、力对点的矩计算

从实践中知道,力除能使物体移动外,还能使物体发生转动。如用扳手拧紧螺母时,加力可使扳手绕螺母中心转动;杠杆、滑轮加力可使它产生转动效应的实例。力使物体产生转动效应与哪些因素有关呢?现以扳手拧紧螺母为例说明。如图 2-3 所示,力 $\boldsymbol{F}$ 使扳手绕螺母中心 O 转动的效应,不仅与力的大小成正比,而且与螺母中心到该力作用线的垂直距离 d 成正比。因此,可用两者的乘积 $F\cdot d$ 来度量力 $\boldsymbol{F}$ 对扳手的转动效应。转动中心 O 称为矩心,矩心到力作用线的垂直距离 d 称为力臂。此外,扳手的转向可能是逆时针方向,也可能是顺时针方向。所以,用力的大小与力臂的乘积 $F\cdot d$ 再加上正号或负号来表示力 $\boldsymbol{F}$ 使物体绕 O 点转动的效应,称为力 $\boldsymbol{F}$ 对 O 点的矩,简称力矩,用符号 $M_O(\boldsymbol{F})$ 或 M_O 表示,即

$$M_O(\boldsymbol{F}) = \pm F\cdot d \tag{2-2}$$

一般规定:力使物体绕矩心逆时针转动时力矩为正;反之,为负。所以,力对点的矩是代数量。

由图 2-4 可见,力 $\boldsymbol{F}$ 对 O 点的矩的大小还可用该力的矢量 $\overrightarrow{AB}$ 为底边、矩心 O 为顶点所构成的 $\triangle OAB$ 面积的两倍来表示,即

$$M_O(\boldsymbol{F}) = \pm 2\triangle OAB \tag{2-3}$$

力矩在下列两种情况下等于零:①力等于零;②力的作用线通过矩心,即力臂等于零。

力矩的单位是力与长度的乘积,在我国法定的计量单位中用 N·m 或 kN·m。

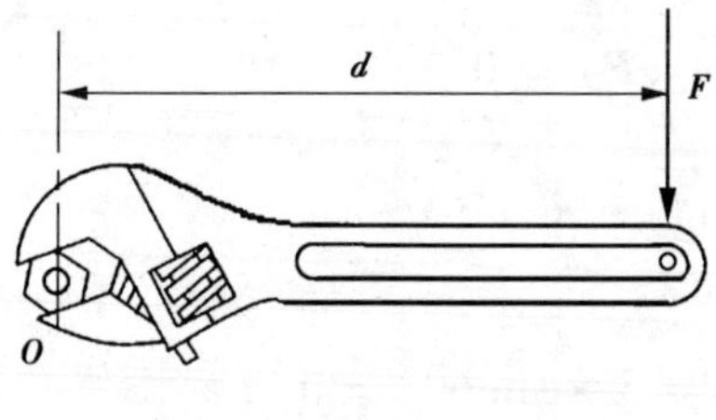

图 2-3

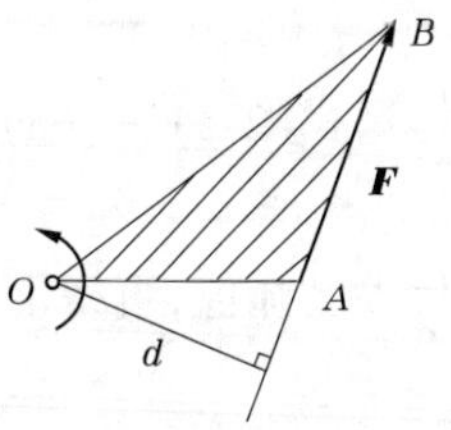

图 2-4

【例 2-2】 一齿轮受到与它啮合的另一齿轮的作用力 $F=1$ kN,如图 2-5 所示。已知压力角 $\theta=20°$,节圆直径 $D=0.16$ m,求力 $\boldsymbol{F}$ 对齿轮轴心 O 之矩。

解:用两种方法计算力 $\boldsymbol{F}$ 对 O 点的矩。

方法一 $$M_O(\boldsymbol{F}) = -F\frac{D}{2}\cos\theta = -75.2\ (\mathrm{N\cdot m})$$

负号表示力 $\boldsymbol{F}$ 使齿轮绕 O 点顺时针转动。

方法二　将力 $\boldsymbol{F}$ 分解为圆周力 $F_t = F\cos\theta$ 和径向力 $F_r = F\sin\theta$。由合力矩定理,得

$$M_O = M_O(\boldsymbol{F}_t) + M_O(\boldsymbol{F}_r)$$

因力 $\boldsymbol{F}_r$ 通过矩心 O,故 $M_O(\boldsymbol{F}_r)=0$,于是

$$M_O = M_O(\boldsymbol{F}_t) = -F_t\frac{D}{2} = -(F\cos\theta)\frac{D}{2} = -75.2\ (\text{N}\cdot\text{m})$$

【例 2-3】　如图 2-6 所示为提升建筑材料的装置,横杆 AB 与立柱在 C 点用铰链连接。已知材料的重量 $G=6$ kN。当横杆 AB 与立柱间的夹角为 60°时,试求:

(1)力 $\boldsymbol{P}$ 方向铅垂向下,能将材料刚刚提升时力 $\boldsymbol{P}$ 的大小;

(2)力 $\boldsymbol{P}$ 沿哪个方向作用最省力?求提升力 $\boldsymbol{P}$ 的最小值。

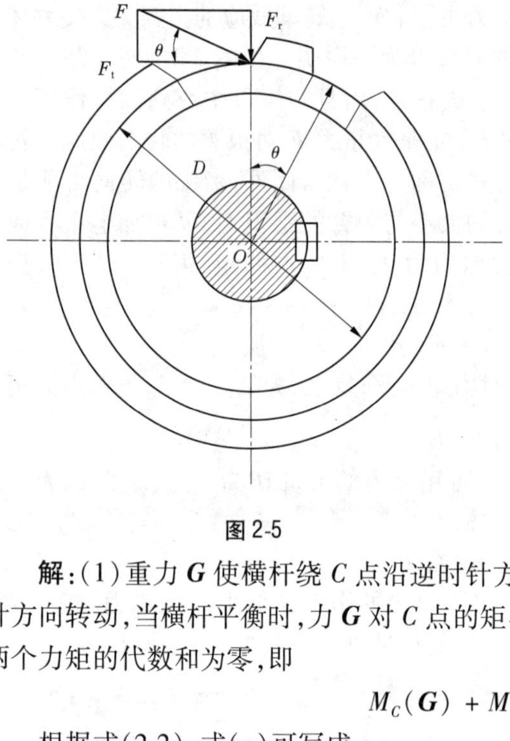

图 2-5

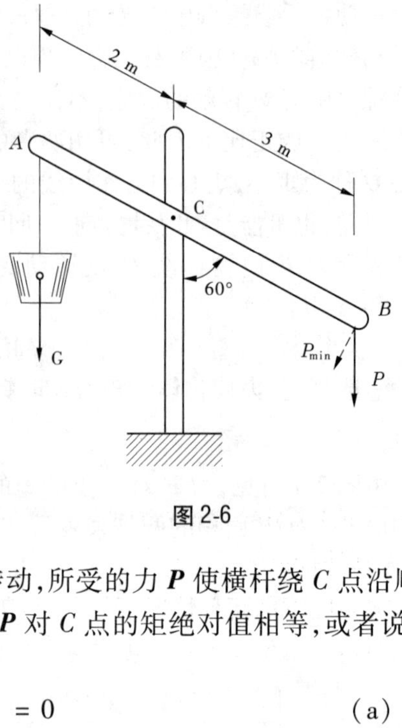

图 2-6

解:(1)重力 $\boldsymbol{G}$ 使横杆绕 C 点沿逆时针方向转动,所受的力 $\boldsymbol{P}$ 使横杆绕 C 点沿顺时针方向转动,当横杆平衡时,力 $\boldsymbol{G}$ 对 C 点的矩与力 $\boldsymbol{P}$ 对 C 点的矩绝对值相等,或者说,这两个力矩的代数和为零,即

$$M_C(\boldsymbol{G}) + M_C(\boldsymbol{P}) = 0 \qquad \text{(a)}$$

根据式(2-2),式(a)可写成

$$Gd_1 - Pd_2 = 0$$

代入已知值,可得

$$6\times 2\times\sin 60° - P\times 3\times\sin 60° = 0$$

解得　　$P = 4$ kN

当所加得力 P 略大于 4 kN 时就可将材料提升。

(2)当力矩为定值时,要使所加的力的值最小,就要使力臂最长,也就是加力的方向垂直于杆 AB 时最省力,如图 2-6 所示虚线。

由式(a)可得

$$G\times 2\times\sin 60° - P_{\min}\times 3 = 0$$

代入已知值并解得

$$P_{\min} = \frac{6 \times 2 \times 0.866}{3} = 3.46\ (\text{kN})$$

计算力对某点之矩时，在有些问题中力臂不易求出，因而力矩不便计算，考虑到合力的作用应与其分力的作用之和等效，如果分力及其力臂易于求出，则可应用合力矩定理来计算合力的力矩。

合力矩定理：平面汇交力系合力对平面内任一点的矩，等于力系中所有各分力对同一点的矩的代数和，即

$$M_O(\boldsymbol{R}) = M_O(\boldsymbol{F}_1) + M_O(\boldsymbol{F}_2) + \cdots + M_O(\boldsymbol{F}_n) = \sum M_O(\boldsymbol{F}_i) \tag{2-4}$$

证明：如图 2-7 所示，设 $\boldsymbol{F}_1$、$\boldsymbol{F}_2$ 作用于物体上的 A 点，$\boldsymbol{R}$ 为其合力。任选一点 O 为矩心，通过点 O 并垂直于 OA 作 y 轴。令 Y_1、Y_2 和 R_y 分别表示力 $\boldsymbol{F}_1$、$\boldsymbol{F}_2$ 和 $\boldsymbol{R}$ 在 y 轴上的投影。由图可见

$$Y_1 = Ob_1, Y_2 = -Ob_2, R_y = Ob$$

各力对点 O 的矩分别为

$$\left.\begin{aligned} M_O(\boldsymbol{F}_1) &= 2\triangle AOB_1 = Ob_1 \cdot OA = Y_1 \cdot OA \\ M_O(\boldsymbol{F}_2) &= -2\triangle AOB_2 = -Ob_2 \cdot OA = Y_2 \cdot OA \\ M_O(\boldsymbol{R}) &= 2\triangle AOB = Ob \cdot OA = R_y \cdot OA \end{aligned}\right\} \tag{a}$$

根据合力投影定理有

$$R_y = Y_1 + Y_2$$

上式两边同乘以 OA，可得

$$R_y \cdot OA = Y_1 \cdot OA + Y_2 \cdot OA$$

将式(a)代入上式可得

$$M_O(\boldsymbol{R}) = M_O(\boldsymbol{F}_1) + M_O(\boldsymbol{F}_2)$$

以上证明可以推广到几个汇交力的情形，因此定理可得。

【例 2-4】 如图 2-8 所示每 1 m 长挡土墙所受土压力的合力为 $\boldsymbol{R}$，它的大小 $R = 150$ kN，方向如图 2-8 所示。求土压力 $\boldsymbol{R}$ 使墙倾覆的力矩。

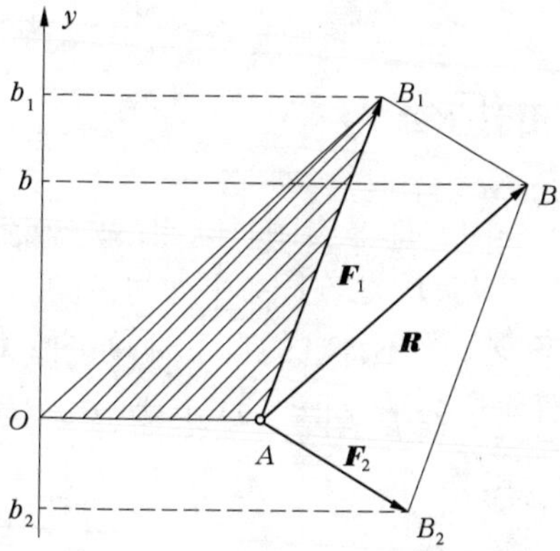

图 2-7

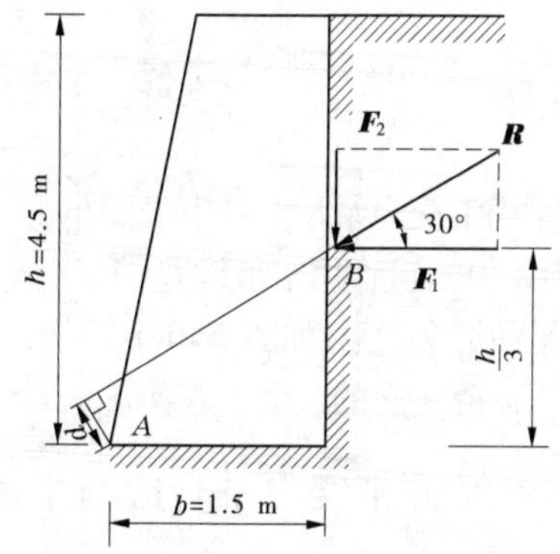

图 2-8

解:土压力 $\boldsymbol{R}$ 可使挡土墙绕点 A 倾覆,故求 $\boldsymbol{R}$ 使墙倾覆的力矩,就是求 $\boldsymbol{R}$ 对点 A 的力矩。由已知尺寸求力臂 d 不方便,但如果将 $\boldsymbol{R}$ 分解为两分力 $\boldsymbol{F}_1$ 和 $\boldsymbol{F}_2$,则两分力的力臂是已知的,故由式(2-4)可得

$$\begin{aligned} M_A(\boldsymbol{R}) &= M_A(\boldsymbol{F}_1) + M_A(\boldsymbol{F}_2) = F_1 \cdot h/3 - F_2 \cdot b \\ &= 150 \times \cos 30° \times 1.5 - 150 \times \sin 30° \times 1.5 \\ &= 82.4\ (\mathrm{kN \cdot m}) \end{aligned}$$

【例 2-5】 放在地面上的板条箱如图 2-9 所示,受到 $R = 120$ N 的力作用。试求该力对点 A 的矩:

(1)根据力臂计算;

(2)根据该力在作用点 B 处的分力计算;

(3)根据该力在作用线上其他某一适当点处的分力计算。

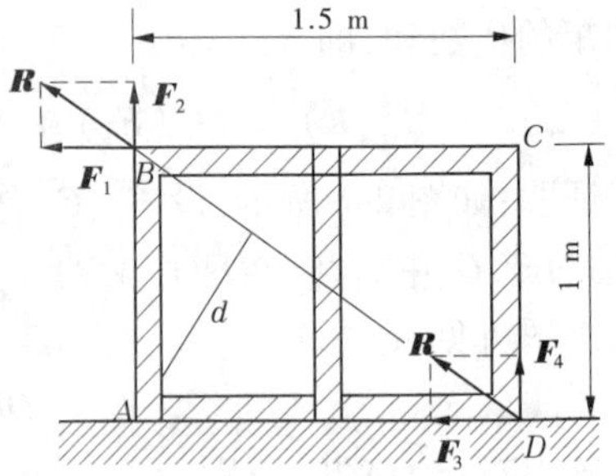

图 2-9

解:(1)由式(2-2)可得

$$\begin{aligned} M_A(\boldsymbol{R}) &= R \cdot d = 120 \times 1.5 \times \frac{1}{\sqrt{1.5^2 + 1^2}} \\ &= 99.8\ (\mathrm{N \cdot m}) \end{aligned}$$

(2)将力 $\boldsymbol{R}$ 在点 B 分解为两分力 $\boldsymbol{F}_1$ 和 $\boldsymbol{F}_2$,由式(2-4)可得

$$\begin{aligned} M_A(\boldsymbol{R}) &= M_A(\boldsymbol{F}_1) + M_A(\boldsymbol{F}_2) = F_1 \times 1 + F_2 \times 0 = R \times \frac{1.5}{\sqrt{1.5^2 + 1^2}} \\ &= 120 \times \frac{1.5}{\sqrt{1.5^2 + 1^2}} = 99.8\ (\mathrm{N \cdot m}) \end{aligned}$$

(3)将力 $\boldsymbol{R}$ 在点 D 分解为两分力 $\boldsymbol{F}_3$ 和 $\boldsymbol{F}_4$,由式(2-4)可得

$$\begin{aligned} M_A(\boldsymbol{R}) &= M_A(\boldsymbol{F}_3) + M_A(\boldsymbol{F}_4) = F_3 \times 0 + F_4 \times 1.5 = R \times \frac{1}{\sqrt{1.5^2 + 1^2}} \times 1.5 \\ &= 120 \times \frac{1.5}{\sqrt{1.5^2 + 1^2}} = 99.8\ (\mathrm{N \cdot m}) \end{aligned}$$

第二节 平面汇交力系

平面汇交力系是力系中最简单的一种,在工程中有许多实例。例如,起重机起吊重物时(见图 2-10(a))作用于吊钩 C 的三根绳索的拉力 $\boldsymbol{T}$、$\boldsymbol{T}_A$、$\boldsymbol{T}_B$ 都在同一平面内,且汇交于一点,就组成平面汇交力系,如图 2-10(b)所示。又如三角支架当不计杆的自重时,如图 2-11(a)所示,作用于铰链 A 上的三个力 $\boldsymbol{N}_{BA}$、$\boldsymbol{N}_{CA}$、$\boldsymbol{T}$ 也组成平面汇交力系,如图 2-11(b)所示。

一、平面汇交力系合成与平衡的几何法

(一)平面汇交力系合成的几何法——力多边形法则

设一刚体受到平面汇交力系 $\boldsymbol{F}_1$、$\boldsymbol{F}_2$、$\boldsymbol{F}_3$、$\boldsymbol{F}_4$ 的作用,各力作用线汇交于点 A,根据刚体

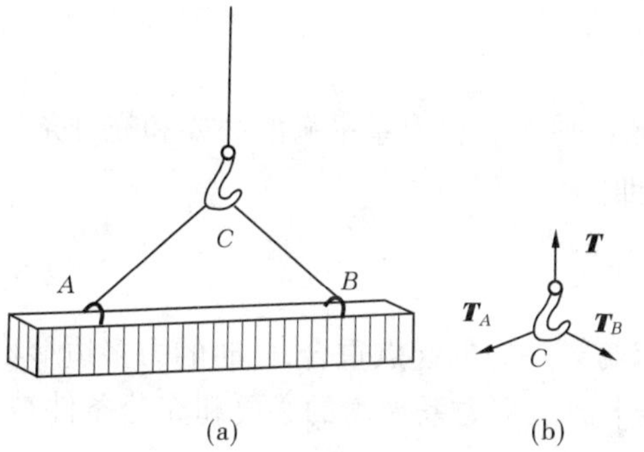

图 2-10

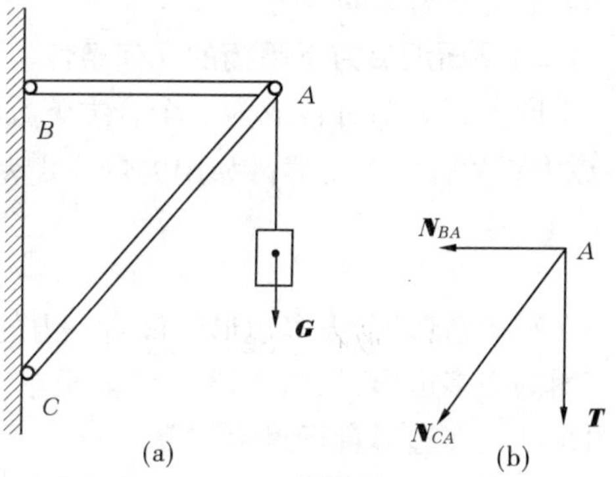

图 2-11

内部力的可传性,可将各力沿其作用线移至汇交点 A,如图 2-12(a)所示。

为合成此力系,根据力的平行四边形法则,逐步两两合成各力,最后求得一个通过汇交点 A 的合力 $\boldsymbol{F}_R$;还可以用更简单的方法求此合力 $\boldsymbol{F}_R$ 的大小与方向。先作力三角形求出 $\boldsymbol{F}_1$ 与 $\boldsymbol{F}_2$ 的合力大小与方向 $\boldsymbol{F}_{R_1}$,再作力三角形合成 $\boldsymbol{F}_{R_1}$ 与 $\boldsymbol{F}_3$ 得 $\boldsymbol{F}_{R_2}$,最后合成 $\boldsymbol{F}_{R_2}$ 与 $\boldsymbol{F}_4$ 得 $\boldsymbol{F}_R$,如图 2-12(b)所示。多边形 $abcde$ 称为此平面汇交力系的力多边形,矢量 $\boldsymbol{ae}$ 称此力多边形的封闭边。封闭边矢量 $\boldsymbol{ae}$ 即表示此平面汇交力系合力 $\boldsymbol{F}_R$ 的大小与方向(即合力矢),而合力的作用线仍应通过原汇交点 A,如图 2-12(a)所示的 $\boldsymbol{F}_R$。

必须注意,此力多边形的矢序法则为:各分力的矢量沿着环绕力多边形边界的同一方向首尾相接。由此组成的力多边形 $abcde$ 有一缺口,故称为不封闭的力多边形,而合力矢则应沿相反方向连接此缺口,构成力多边形的封闭边。多边形法则是一般矢量相加(几何和)的几何解释。根据矢量相加的交换律,任意变换各分力矢的作图次序,可得形状不同的力多边形,但其合力矢仍然不变,如图 2-12(c)所示。

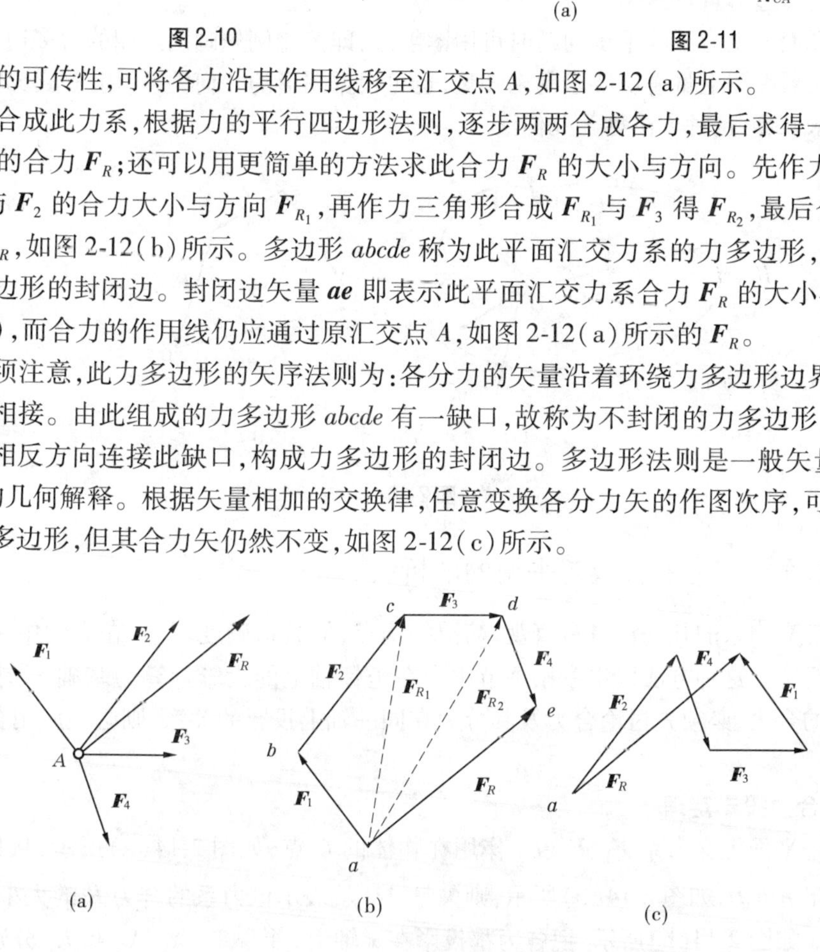

图 2-12

总之,平面汇交力系可简化为一合力,其合力的大小与方向等于各分力的矢量和(几何和),合力的作用线通过汇交点。设平面汇交力系包括 n 个力,以 $\boldsymbol{F}_R$ 表示它们的合力矢,则有

$$\boldsymbol{F}_R = \boldsymbol{F}_1 + \boldsymbol{F}_2 + \cdots + \boldsymbol{F}_n = \sum_{i=1}^{n} \boldsymbol{F}_i \tag{2-5}$$

合力 $\boldsymbol{F}_R$ 对刚体的作用与原力系对该刚体的作用等效。如果一力与某一力系等效,

则此力称为该力系的合力。

(二)平面汇交力系平衡的几何条件

平面汇交力系可合成为一个合力 $\boldsymbol{F}_R$,即显然,平面汇交力系平衡的必要和充分条件是:该力系的合力等于零。如用矢量等式表示,即

$$\sum_{i=1}^{n} \boldsymbol{F}_i = 0 \tag{2-6}$$

在平衡情形下,力多边形中最后一力的终点与第一力的起点重合,此时的力多边形称为封闭的力多边形,如图 2-13 所示。于是,可得平面汇交力系平衡的必要和充分条件是:该力系的力多边形自行封闭。

求解平面汇交力系的平衡问题时可用图解法,即按比例先画出封闭的力多边形,然后用尺和量角器在图上量得所要求的未知量,也可根据图形的几何关系,用三角公式计算出所要求的未知量,这种方法称为几何法。

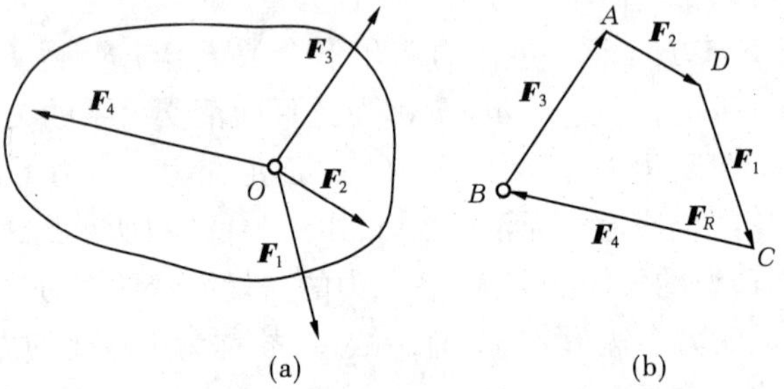

图 2-13

二、平面汇交力系合成与平衡的解析法

平面汇交力系的几何法具有直观、简捷的优点,但其精确度较差,在力学中用得较多的还是解析法。这种方法以本章第一节中力在坐标轴上的投影计算为基础,要求出平面汇交力系的合力,必须先讨论合力及其分力在同一轴上投影的关系,则必须应用合力投影定理。

(一)合力投影定理

设有一平面汇交力系 $\boldsymbol{F}_1$、$\boldsymbol{F}_2$、$\boldsymbol{F}_3$ 作用在物体的 O 点,如图 2-14(a)所示,从任一点 A 作力多边形 $ABCD$,如图 2-14(b)所示,则矢量 $\boldsymbol{AD}$ 就表示该力系的合力 $\boldsymbol{R}$ 的大小和方向。取任一轴 x 如图 2-14(b)所示,把各力都投影在 x 轴上,并令 X_1、X_2、X_3 和 R_x 分别表示各分力 $\boldsymbol{F}_1$、$\boldsymbol{F}_2$、$\boldsymbol{F}_3$ 和合力 $\boldsymbol{R}$ 在 x 轴上的投影,由图 2-14(b)可见

$$X_1 = ab, X_2 = bc, X_3 = -cd, R_x = ad$$

而
$$ad = ab + bc - cd$$

因此可得
$$R_x = X_1 + X_2 + X_3$$

这一关系可推广到任意个汇交力的情形,即

$$R_x = X_1 + X_2 + \cdots + X_n = \sum X_i \tag{2-7}$$

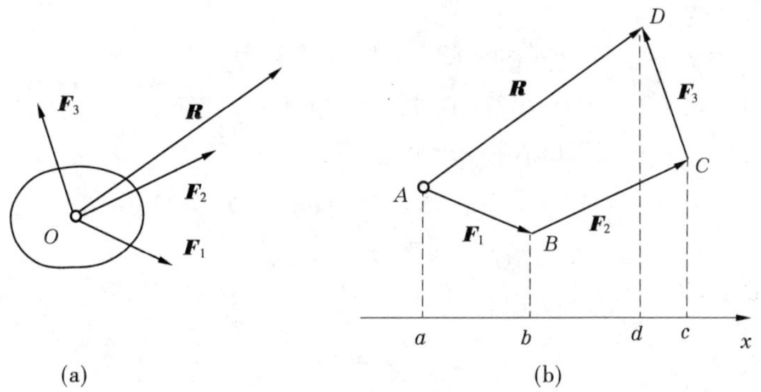

图 2-14

由此可见，合力在任一轴上的投影，等于各分力在同一轴上投影的代数和。这就是合力投影定理。

（二）用解析法求平面汇交力系的合力

当平面汇交力系为已知时，如图 2-15 所示，我们可选直角坐标系，求出力系中各力在 x 轴和 y 轴上的投影，再根据合力投影定理求得合力 $\boldsymbol{R}$ 在 x、y 轴上的投影 R_x、R_y，从图 2-15中的几何关系可见，合力 $\boldsymbol{R}$ 的大小和方向可由下式确定：

$$\left.\begin{aligned} R &= \sqrt{R_x^2 + R_y^2} = \sqrt{(\sum X)^2 + (\sum Y)^2} \\ \tan\alpha &= \frac{|R_y|}{|R_x|} = \frac{\left|\sum Y\right|}{\left|\sum X\right|} \end{aligned}\right\} \tag{2-8}$$

式中　α——合力 $\boldsymbol{R}$ 与 x 轴所夹的锐角，α 角在哪个象限由 $\sum X$ 和 $\sum Y$ 的正负号来确定，具体详见图 2-16。

合力的作用线通过力系的汇交点 O。

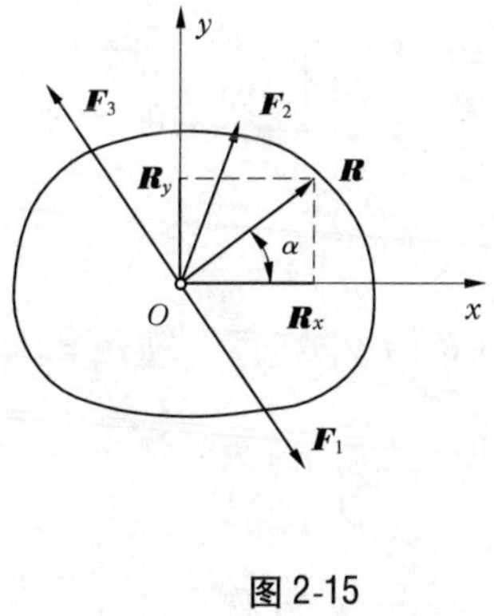

图 2-15

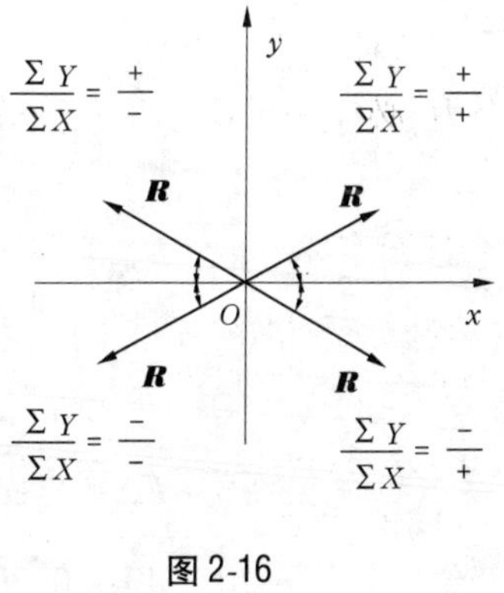

图 2-16

【例 2-6】　在起吊装置的螺栓环眼上，作用有平面汇交力系 $\boldsymbol{T}_1$、$\boldsymbol{T}_2$、$\boldsymbol{T}_3$ 和 $\boldsymbol{T}_4$，如图 2-17所示。已知 $T_1 = 1.5$ kN，$T_2 = 0.8$ kN，$T_3 = 2$ kN，$T_4 = 1$ kN，各力的方向如图 2-17 所示，用解析法求其合力。

解：设直角坐标系 Oxy 如图 2-17 所示。由式(2-8)计算合力 R 在 x、y 轴上的投影为

$$R_x = \sum X = T_1\cos 45° - T_2\cos 60° + 0 + T_4\cos 30°$$
$$= 1.5 \times 0.707 - 0.8 \times 0.5 + 1 \times 0.866$$
$$= 1.527\ (\text{kN})$$
$$R_y = \sum Y = T_1\sin45° + T_2\sin60° - T_3 - T_4\sin30°$$
$$= 1.5 \times 0.707 + 0.8 \times 0.866 - 2 - 1 \times 0.5$$
$$= -0.747\ (\text{kN})$$

故合力 $\boldsymbol{R}$ 的大小为

$$R = \sqrt{R_x^2 + R_y^2} = \sqrt{1.527^2 + (-0.747)^2} = 1.700\ (\text{kN})$$

合力 $\boldsymbol{R}$ 的方向为

$$\tan\alpha = \frac{|R_y|}{|R_x|} = \frac{0.747}{1.527} = 0.490, \alpha = 26.07°$$

因 R_x 为正、R_y 为负,故 α 应在第四象限,合力 $\boldsymbol{R}$ 的作用线通过力系的汇交点 O,如图 2-17所示。

【例 2-7】 如图 2-18 所示,已知 $F_1 = 20$ kN,$F_2 = 40$ kN,如果 3 个力 $\boldsymbol{F}_1$、$\boldsymbol{F}_2$、$\boldsymbol{F}_3$ 的合力 $\boldsymbol{R}$ 沿铅垂向下,试求力 $\boldsymbol{F}_3$ 和 $\boldsymbol{R}$ 的大小。

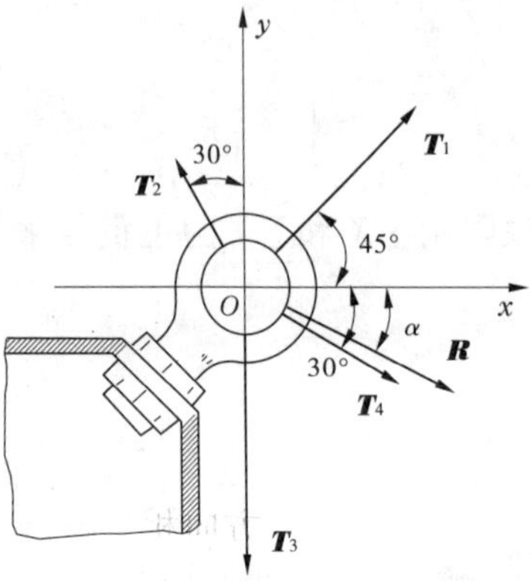

图 2-17

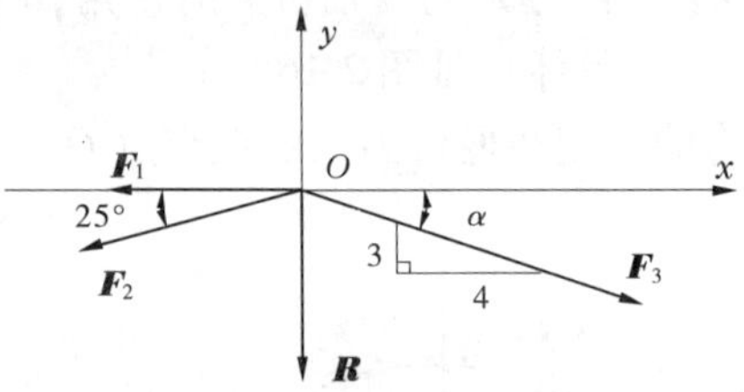

图 2-18

解:取直角坐标系如图 2-18 所示。因已知合力 $\boldsymbol{R}$ 沿 y 轴向下,故 $R_x = 0$,$R_y = -R$。

因
$$R_x = \sum X = 0$$

即
$$-F_1 - F_2\cos25° + F_3\cos\alpha = 0$$
$$-20 - 40 \times 0.906 + F_3 \times \frac{4}{\sqrt{3^2 + 4^2}} = 0$$

解得
$$F_3 = 70.3\ (\text{kN})$$

又因
$$R_y = \sum Y$$
$$-R = 0 - F_2\sin25° - F_3\sin\alpha$$

$$-R = -40 \times 0.423 - 70.3 \times \frac{3}{\sqrt{3^2 + 4^2}}$$

解得
$$R = 59.1 \text{ (kN)}$$

第三节　平面力偶理论

一、力偶

在生活中，我们常常见到汽车司机用双手转动方向盘驾驶汽车（见图 2-19（a）），钳工用丝锥攻螺纹（见图 2-19（b）），人们用两个手指拧动水龙头、旋转钥匙开门等，在方向盘、丝锥、水龙头、钥匙等物体上作用两个大小相等、方向相反、不共线的平行力。这两个等值、反向的平行力不能合成为一个力。该两力不共线，所以也不能平衡。事实上，这样的两个力能使物体产生转动效应。这种由大小相等、方向相反、作用线平行但不共线的两个力组成的力系，称为力偶，如图 2-20 所示，用符号（$\boldsymbol{F}, \boldsymbol{F}'$）表示。力偶的两力之间的垂直距离 d 称为力偶臂，力偶所作用的平面称为力偶作用面。

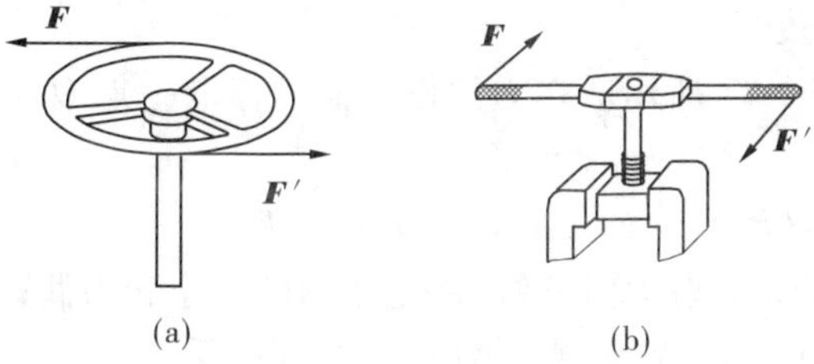

图 2-19

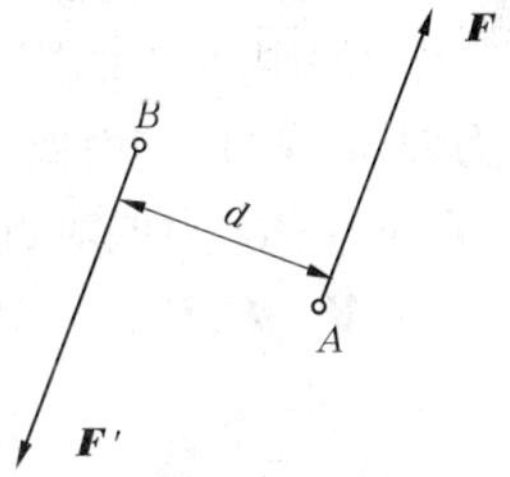

图 2-20

二、力偶的性质

力偶与单力比较具有不同的性质，现分述如下：

（1）力偶不能简化为一个合力。由于力偶中的两个力大小相等、方向相反、作用线平行，如果求它们在任一轴 x 上的投影，如图 2-21 所示。设力与轴 x 的夹角是 α，由图 2-21 可得

$$\sum X = F\cos\alpha - F'\cos\alpha = 0$$

由此可得：力偶在任意轴上的投影等于零。

既然力偶在轴上的投影为零，可见力偶对于物体不会产生移动效应，只产生转动效应。一般说一个力可以使物体产生移动和转动两种效应。例如，一块矩形平板的质量中心是 C 点，当力 $\boldsymbol{F}$ 的作用线通过 C 点时，平板沿力的方向移动，如图 2-22（a）所示；当力 $\boldsymbol{F}$ 的作用线不通过 C 点时，平板将

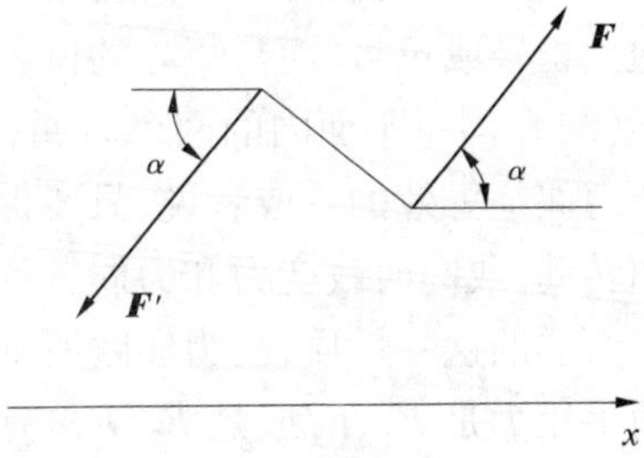

图 2-21

同时产生移动和转动，如图 2-22(b)所示；当平板面上作用力偶时，则只产生转动，如图 2-22(c)所示。

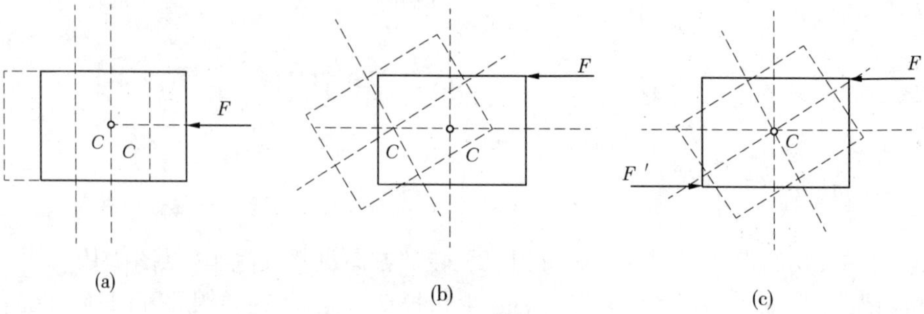

图 2-22

力偶和力对物体作用的效应不同，说明力偶不能用同一个力来代替，即力偶不能转化为一个力，因而力偶也不能和一个力平衡，力偶只能与力偶平衡。

(2)力偶对其作用面内任一点的矩都等于力偶矩，而与矩心位置无关。由于力偶由两个力组成，它的作用是使物体产生转动效应，因此力偶对物体的转动效应可以用力偶的两个力对其作用面内某点的矩的代数和来度量。

设有力偶($\boldsymbol{F},\boldsymbol{F}'$)，其力偶臂为 d，如图 2-23 所示。在力偶作用面内任取一点 O 为矩心，以 $M_O(\boldsymbol{F},\boldsymbol{F}')$ 表示力偶对点 O 的矩，则

$$M_O(\boldsymbol{F},\boldsymbol{F}') = M_O(\boldsymbol{F}) + M_O(\boldsymbol{F}') = F(d + h) - F'h = Fd$$

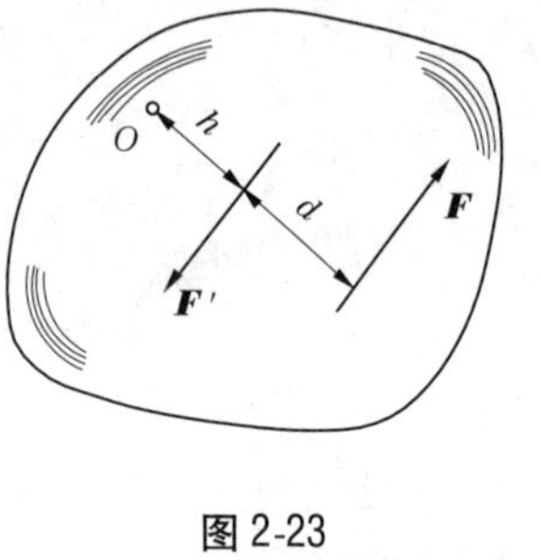

图 2-23

由此可知，力偶的作用效应决定于力的大小和力偶臂的长短，而与矩心的位置无关。力与力偶臂的乘积称为力偶矩。

力偶在平面内的转向不同，作用效应也不相同。一般规定：若力偶使物体作逆时针方向转动，则力偶矩为正；反之，则为负。所以，力偶矩为代数量，用符号 $M(\boldsymbol{F},\boldsymbol{F}')$ 或 M 表示，则

$$M = \pm F \cdot d \tag{2-9}$$

于是可得：力偶对物体的转动效应可用力偶矩来度量，力偶矩等于力与力偶臂的乘积并加上正号或负号，而与矩心的位置无关。

(3)在同一平面内的两个力偶，如果它们的力偶矩大小相等、力偶的转向相同，则这两个力偶是等效的。或者说，只要保持力偶矩的代数值不变，力偶可在其作用面内任意移动和转动，或同时改变力和力偶臂的大小，它对物体的转动效应不变。

力偶的这一性质，已为实践所证实。例如，如图 2-24 所示司机加在方向盘上的力，不管两手用力是 $\boldsymbol{F}_1$、$\boldsymbol{F}_1'$或是 $\boldsymbol{F}_2$、$\boldsymbol{F}_2'$，只要力的大小不变，此时力偶臂不变，因而力偶矩相等，转动方向盘的效应就一样。又如攻螺纹时，双手施加在扳手上的力不论是如图 2-25 所示的(a)还是(b)，虽然所加力的大小和力偶臂不同，但它们的力偶矩相等，因此它们对扳手的转动效应意义相同。

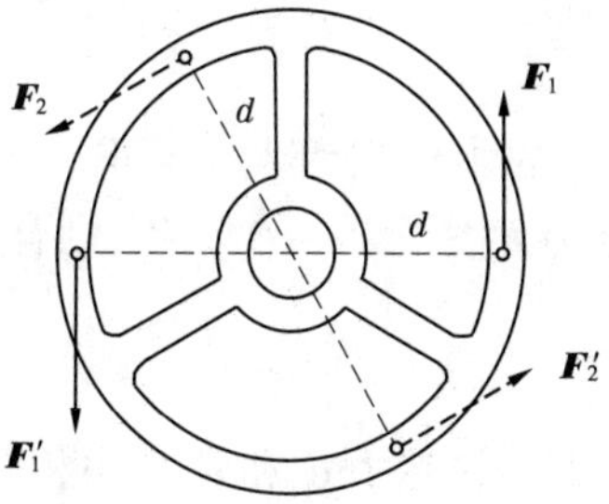

图 2-24

从以上分析可知，力偶对于物体的转动效应完全取决于力偶矩的大小、力偶的转向及力偶作用面，这就是力偶的三要素。因此，力偶在其作用面内除可用两个力表示外，通常还可用一带箭头的弧线来表示，如图 2-26 所示。其中，箭头表示力偶的转向，M 表示力偶矩的大小。

三、平面力偶系的合成和平衡

在物体的某一平面内同时作用有两个或两个

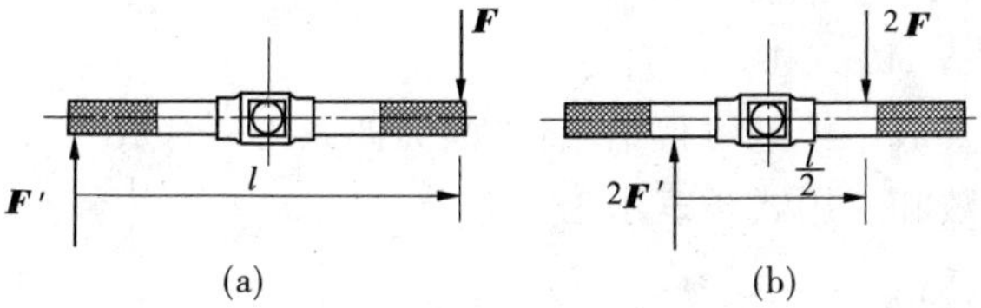

图 2-25

图 2-26

以上的力偶时，这群力偶就称为平面力偶系。

（一）平面力偶系的合成

设有三个力偶（$\boldsymbol{F}_1, \boldsymbol{F}_1'$）、（$\boldsymbol{F}_2, \boldsymbol{F}_2'$）、（$\boldsymbol{F}_3, \boldsymbol{F}_3'$）作用在物体的同一平面内，其力偶矩分别为 $M_1 = F_1 d_1$、$M_2 = F_2 d_2$、$M_3 = -F_3 d_3$，如图 2-27 所示，现求它们的合成结果。根据力偶的等效性质，将上述力偶进行变换，使它们具有相同的力偶臂。为此，在力偶作用面内任取一线段 $AB = d$，使各力偶的力偶臂都变换为 d，得到等效力偶（$\boldsymbol{P}_1, \boldsymbol{P}_1'$）、（$\boldsymbol{P}_2, \boldsymbol{P}_2'$）、

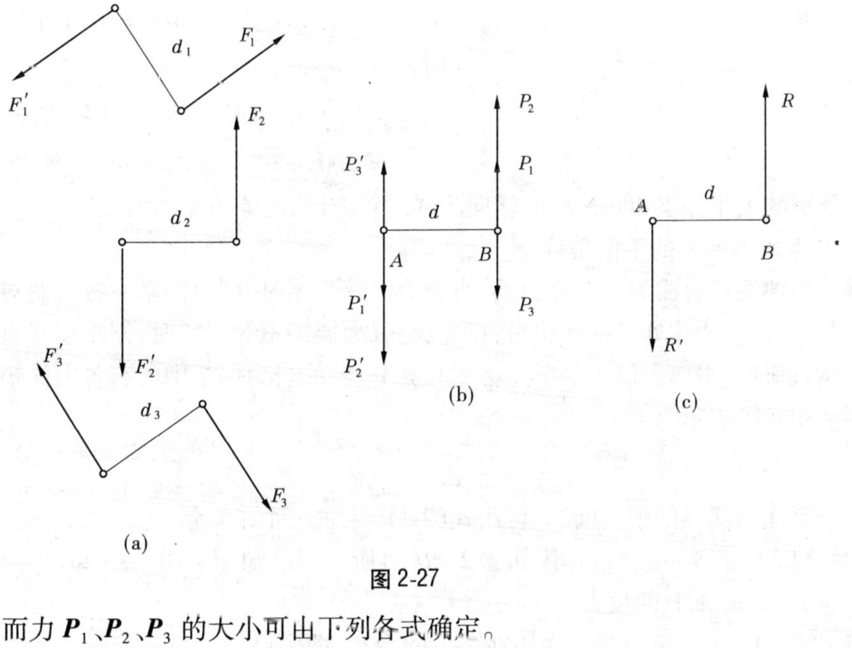

图 2-27

（$\boldsymbol{P}_3, \boldsymbol{P}_3'$），而力 $\boldsymbol{P}_1$、$\boldsymbol{P}_2$、$\boldsymbol{P}_3$ 的大小可由下列各式确定。

$$P_1 = \frac{M_1}{d},\ P_2 = \frac{M_2}{d},\ P_3 = \frac{|M_3|}{d}$$

再将变换后的各力偶在作用面内移动和转动,使它们的力偶臂都与 AB 重合,如图 2-27(b)所示。将作用在 B 点的三个共线力合成,可得合力 $\boldsymbol{R}$。设 $P_1 + P_2 > P_3$,则合力 $\boldsymbol{R}$ 的大小为

$$R = P_1 + P_2 - P_3$$

其方向与 $\boldsymbol{P}_1$ 相同。同样,作用在 A 点的三个力也合成得力 $\boldsymbol{R}'$。显然力 $\boldsymbol{R}$ 和 $\boldsymbol{R}'$ 大小相等、方向相反,作用线平行而不重合,因此,力 $\boldsymbol{R}$ 和 $\boldsymbol{R}'$ 组成一个力偶($\boldsymbol{R},\boldsymbol{R}'$),如图 2-27(c)所示这个力偶与原来的三个力偶等效,称为原来三个力偶的合力偶,其力偶矩等于

$$M = Rd = (P_1 + P_2 - P_3)d = P_1 d + P_2 d - P_3 d$$

即

$$M = M_1 + M_2 + M_3$$

若有 n 个力偶,同样用上述方法合成。于是可得结论:平面力偶系可以合成为一个合力偶,其力偶矩等于各分力偶矩的代数和。用式子表示为

$$M = M_1 + M_2 + \cdots + M_n = \sum M_i \tag{2-10}$$

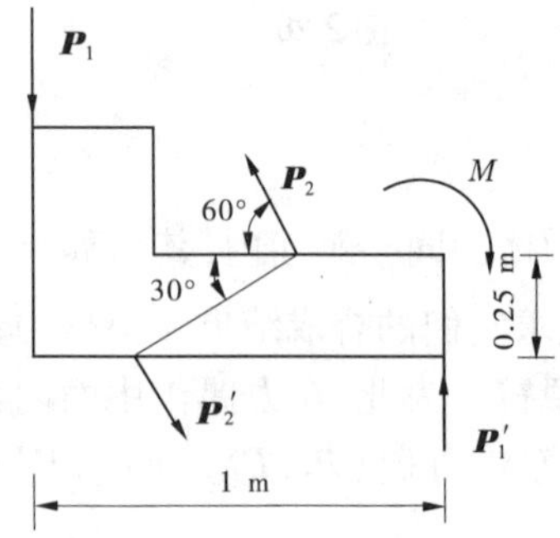

图 2-28

【例 2-8】 如图 2-28 所示,在物体的某一平面内受到三个力偶作用。已知 $P_1 = 200$ N,$P_2 = 600$ N,$M = 100$ N·m,求其合成结果。

解:三个共面力偶合成的结果是一个合力偶。

各分力偶矩为

$$M_1 = P_1 d_1 = 200 \times 1 = 200\ (\text{N}\cdot\text{m})$$

$$M_2 = P_2 d_2 = 600 \times \frac{0.25}{\sin 30^\circ} = 300\ (\text{N}\cdot\text{m})$$

$$M_3 = -M = -100\ (\text{N}\cdot\text{m})$$

由式(2-10)得合力偶矩为

$$M = \sum M_i = M_1 + M_2 + M_3$$
$$= 200 + 300 - 100 = 400\ (\text{N}\cdot\text{m})$$

即合力偶矩的大小等于 400 N·m,转向为逆时针方向,与原力偶系共面。

(二)平面力偶系的平衡条件

平面力偶系可合成为一个合力偶,当合力偶等于零时,则力偶系中各力偶对物体的转动效应相互抵消,物体处于平衡状态;反之,当合力偶矩不等于零时,则物体必有转动效应而不平衡。所以,平面力偶系平衡的必要和充分条件是:力偶系中所有各力偶矩的代数和等于零。用式子表示为

$$\sum M_i = 0 \tag{2-11}$$

对于平面力偶系的平衡问题,可用式(2-11)求解一个未知量。

【例 2-9】 梁 AB 受荷载作用如图 2-29(a)所示。已知 $M = 10$ kN·m,$P = P' = 5$ kN,梁重不计,求支座 A、B 的反力。

解:取梁 AB 为研究对象。作用在梁上的力有:两个已知力偶和支座 A、B 的反力 $\boldsymbol{R}_A$、

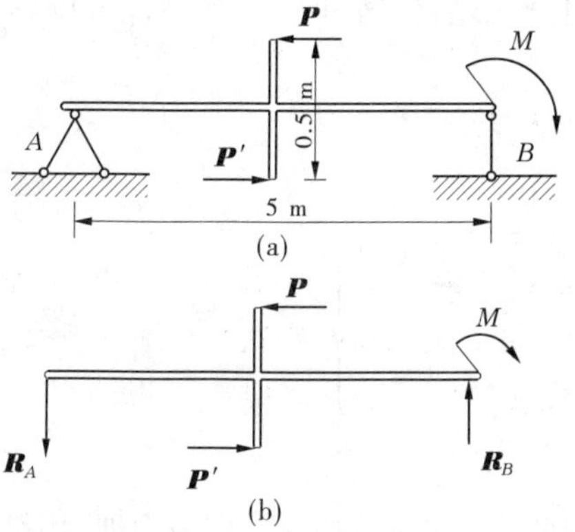

图 2-29

$\boldsymbol{R}_B$。B 处为可动铰支座，$\boldsymbol{R}_B$ 的作用线沿铅垂线；A 处为固定铰支座，$\boldsymbol{R}_A$ 的作用线本来未定，但因梁上的荷载只有力偶，根据力偶只能与力偶平衡的性质，可知 $\boldsymbol{R}_A$ 与 $\boldsymbol{R}_B$ 必组成一个力偶，所以 $\boldsymbol{R}_A$ 的作用线也应是铅垂的。假设 $\boldsymbol{R}_A$ 和 $\boldsymbol{R}_B$ 的指向如图 2-29(b) 所示。由平面力偶系的平衡条件

$$\sum M = 0, \quad P \times 0.5 - M + R_A \times 5 = 0$$

得 $$R_A = \frac{M - 0.5P}{5} = \frac{10 - 0.5 \times 5}{5} = 1.5\ (\text{kN})(\downarrow)$$

故 $$R_B = 1.5\ \text{kN}(\uparrow)$$

本章小结

本章讨论力在坐标轴上的投影、合力投影定理、合力矩定理、平面汇交力系的合成与平衡以及平面力偶系的合成与平衡。

1. 力的投影计算

自力矢量的始端和末端分别向某一确定轴上作垂线，得到两个交点(垂足)，两垂足之间的距离称为力在该轴上的投影。力的投影是代数量。

投影 X 和投影 Y 可用下列式子计算

$$\left.\begin{aligned}\sum X &= \pm F\cos\alpha \\ \sum Y &= \pm F\sin\alpha\end{aligned}\right\}$$

式中　α——力 $\boldsymbol{F}$ 与 x 轴所夹的锐角。

2. 力对点的矩

力的大小与力臂的乘积 $F \cdot d$，再加上正号或负号来表示力 $\boldsymbol{F}$ 使物体绕 O 点转动的效应，称为力 $\boldsymbol{F}$ 对 O 点的矩，简称力矩，用符号 $M_O(\boldsymbol{F})$ 或 M_O 表示，即

$$M_O(\boldsymbol{F}) = \pm F \cdot d$$

当力使物体绕矩心逆时针转动时，力矩为正；反之，为负。

3. 合力矩定理

合力之矩等于各分力对同一点之矩的代数和。

4. 平面汇交力系合成的几何法——力多边形法则

平面汇交力系可简化为一合力，其合力的大小与方向等于各分力的矢量和(几何和)，合力的作用线通过汇交点。

5. 平面汇交力系平衡的几何条件

平面汇交力系平衡的必要和充分条件是：该力系的力多边形自行封闭，这就是平面汇交力系平衡的几何条件。

6. 合力投影定理

合力在任一轴上的投影等于各分力在同一轴上投影的代数和。这就是合力投影定理。

7. 用解析法求平面汇交力系的合力

合力 **R** 的大小和方向可由下式确定:

$$\left.\begin{aligned} R &= \sqrt{R_x^2 + R_y^2} = \sqrt{(\sum X)^2 + (\sum Y)^2} \\ \tan\alpha &= \frac{|R_y|}{|R_x|} = \frac{|\sum Y|}{|\sum X|} \end{aligned}\right\}$$

8. 力偶

由大小相等、方向相反、作用线平行但不共线的两个力组成的力系,称为力偶,用符号(***F***,***F′***)表示。力偶的两力之间的垂直距离 d 称为力偶臂,力偶所作用的平面称为力偶作用面。

9. 力偶的性质

(1)力偶不能简化为一个合力。

(2)力偶对其作用面内任一点的矩都等于力偶矩,而与矩心位置无关。

(3)在同一平面内的两个力偶,如果它们的力偶矩大小相等、力偶的转向相同,则这两个力偶是等效的。

10. 平面力偶系的合成和平衡

应用力偶的性质,可对平面力偶系进行简化(合成)。简化结果得到一合力偶,其力偶矩等于力偶系中所有力偶矩的代数和,即

$$M = \sum M_i$$

平面力偶系平衡的必要和充分条件是力偶系中所有各力偶矩的代数和等于零。

$$\sum M_i = 0$$

思考题

2-1 已知三个力 $\boldsymbol{F}_1$、$\boldsymbol{F}_2$、$\boldsymbol{F}_3$ 交于一点,如图 2-30 所示三角形中三个力的关系是否一样?

2-2 如图 2-31 所示,力偶($\boldsymbol{F}_1$,$\boldsymbol{F}_1'$)作用在平面 Oxy 内,力偶($\boldsymbol{F}_2$,$\boldsymbol{F}_2'$)作用在平面 Oyz 内,它们的力偶矩的大小相等,问这两个力偶是否等效?

2-3 试判断下列说法是否正确,为什么?

(1)力多边形各边分别是平面汇交力系的各力及其合力。

(2)对任意一个平面汇交力系都可以列出两个独立的平衡方程。

2-4 用解析法求平面汇交力系的合力时,若选取不同的直角坐标轴,计算出的合力的大小有无变化?合力与坐标轴的夹角有无变化?为什么?

2-5 若平面汇交力系的各力在任意两个不平行的轴上的投影的代数和均为零,该力

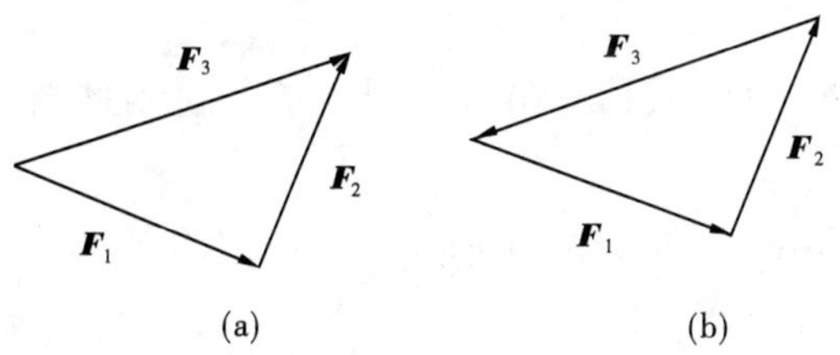

图 2-30

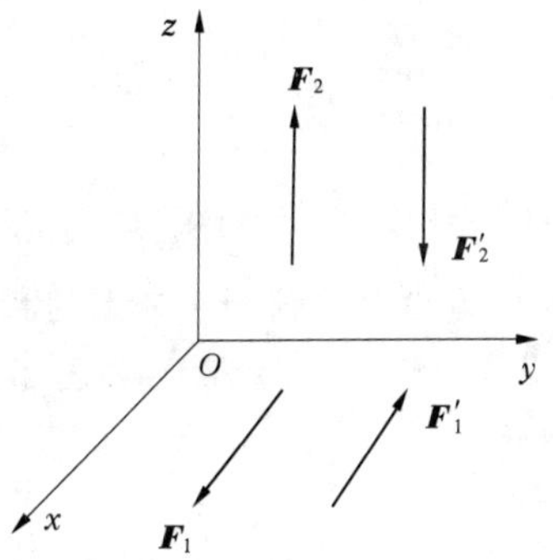

图 2-31

系是否平衡？为什么？

2-6　比较力矩和力偶矩的异同点。

2-7　在图 2-32 中，力或力偶对点 A 的矩都相等，它们引起的支座约束力是否相同？

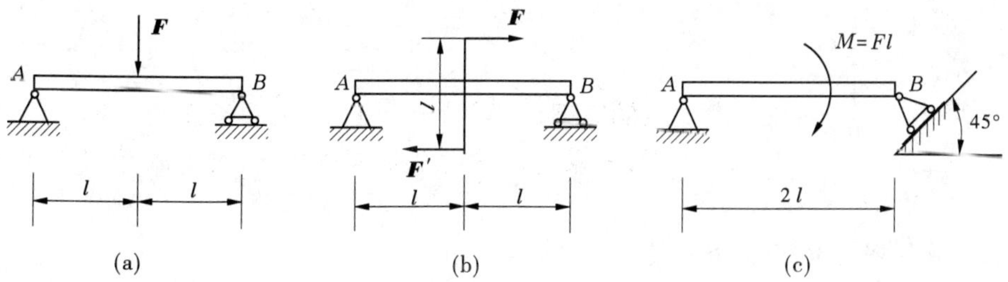

图 2-32

2-8　从力偶理论知道，一力不能与力偶平衡。但是为什么螺旋压榨机上（见图 2-33(a)），力偶却似乎可以用被压榨物体的反抗力 $\boldsymbol{F}_N$ 来平衡？为什么如图 2-33(b) 所示的轮子上的力偶 M 似乎与重物的力 $\boldsymbol{P}$ 相平衡呢？这种说法错在哪里？

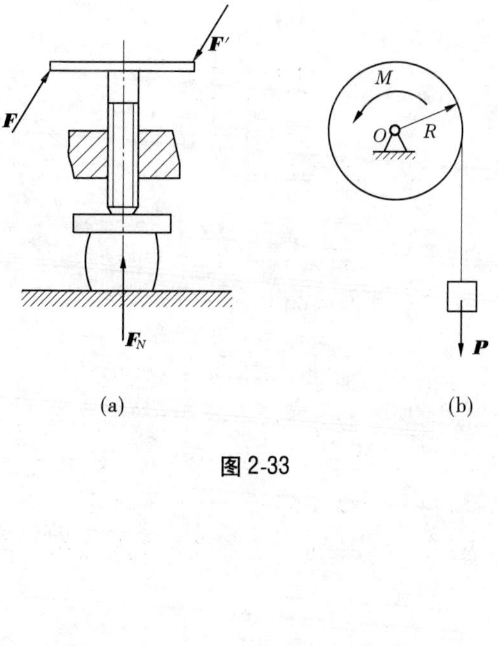

图 2-33

习　题

2-1　已知 $F_1=100\ \text{N}$，$F_2=50\ \text{N}$，$F_3=60\ \text{N}$，$F_4=80\ \text{N}$，各力方向如图 2-34 所示。试分别求出各力在 x 轴和 y 轴上的投影。

2-2　小环受一拉力 $\boldsymbol{F}$，如图 2-35 所示。已知它在 y 轴上的投影是 200 N，求它在 x 轴上的投影。

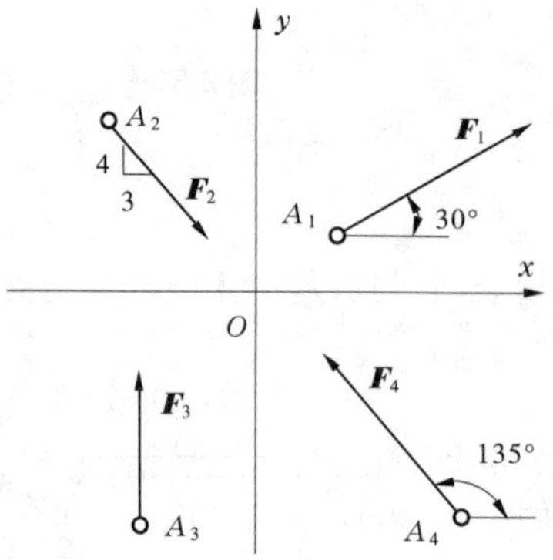

图 2-34

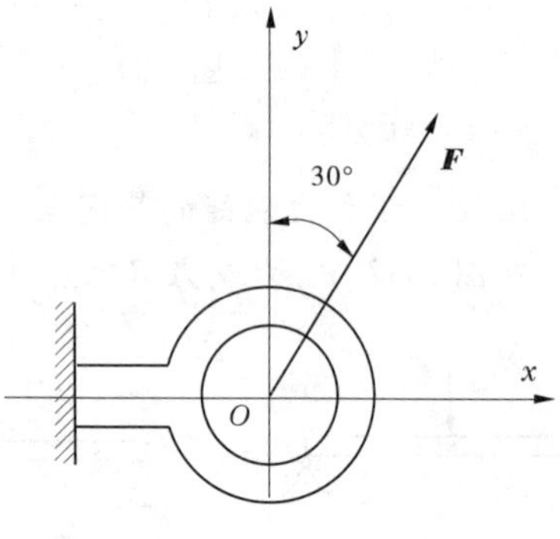

图 2-35

2-3　计算图 2-36 中力 $\boldsymbol{P}$ 对点 O 的矩。

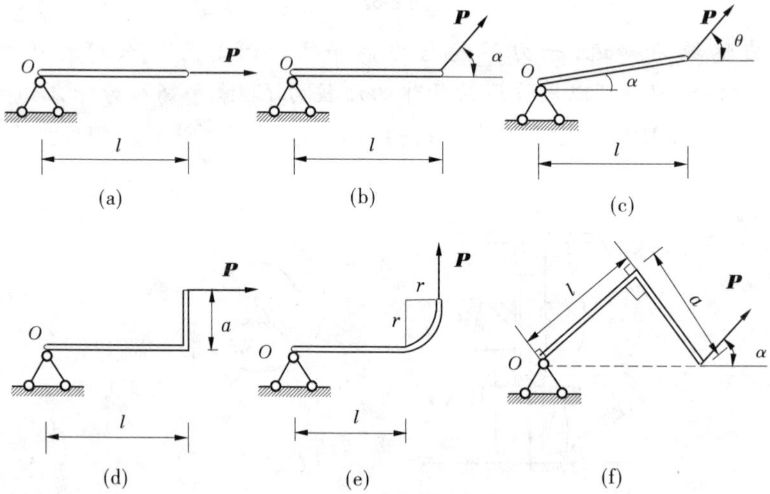

图 2-36

2-4　铆接薄板的孔心 A、B 和 C 处受三力作用，如图 2-37 所示。$F_1=100\ \text{N}$，沿铅直方向；$F_3=50\ \text{N}$，沿水平方向；$F_2=50\ \text{N}$，三力的作用线都通过点 A，尺寸如图 2-37 所示，用几何法求此三力的合力。

2-5　如图 2-38 所示，固定在墙壁上的圆环受三条绳索的拉力作用，力 $\boldsymbol{F}_1$ 沿水平方向，力 $\boldsymbol{F}_3$ 沿铅直方向，力 $\boldsymbol{F}_2$ 与水平方向成40°角。三力的大小分别为 $F_1 = 2\ 000$ N，$F_2 = 2\ 500$ N，$F_3 = 1\ 500$ N。用几何法求此三力的合力。

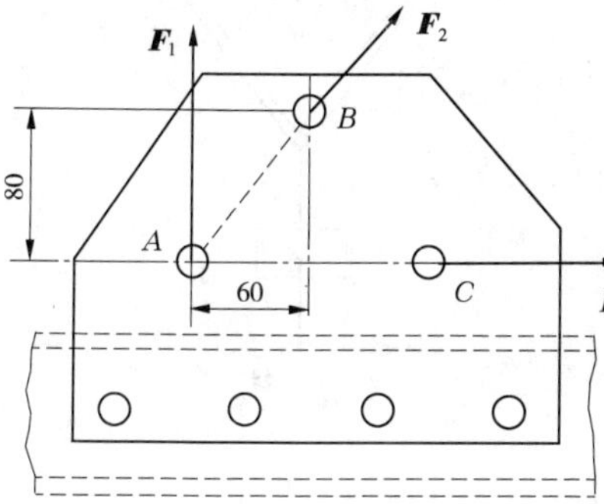

图 2-37

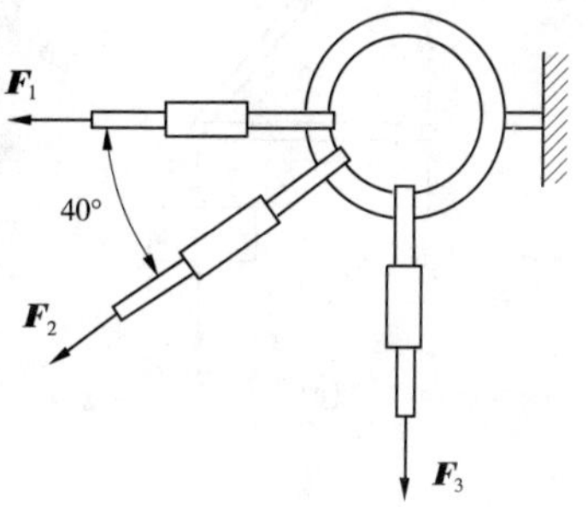

图 2-38

2-6　刚架如图 2-39 所示，作用一力 $\boldsymbol{F}$，其大小 $F = 20$ kN，刚架自重不计，用几何法求 A、D 支座的反力。

2-7　梁 AB 支承和受力情况如图 2-40 所示，求支座 A、B 的反力。

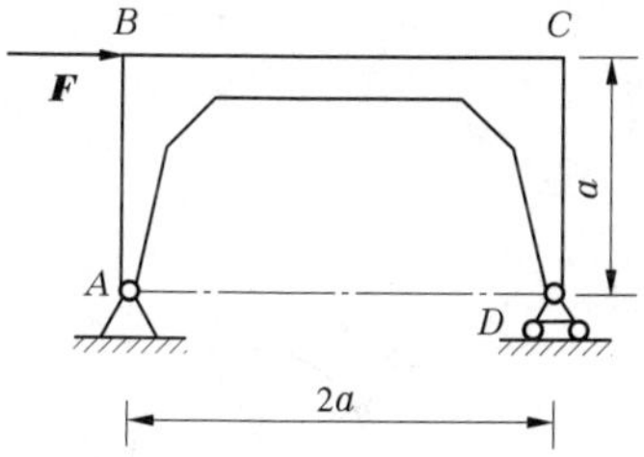

图 2-39

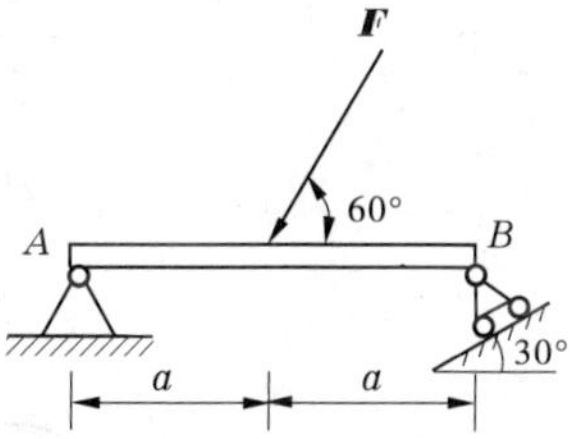

图 2-40

2-8　用解析法计算习题 2-4。

2-9　用解析法计算习题 2-5。

2-10　用解析法计算习题 2-6。

2-11　支架由杆 AB、AC 构成，A、B、C 三处都是铰链，在 A 点悬挂重量为 G 的重物，求如图 2-41 所示 3 种情况下，杆 AB、AC 所受的力。杆的自重不计。

2-12　三铰拱的左半部 A 上作用一力偶，其矩为 M，转向如图 2-42 所示，求铰 A 和铰 B 处的反力。

2-13　如图 2-43 所示，已知 $F = 10$ kN，杆 AC、BC 及滑轮重均不计，试求杆 AC、BC 对轮的约束力。

2-14　直径相等的两均质混凝土圆柱放在斜面 AB 与 BC 之间，如图 2-44 所示，柱重 $W_1 = W_2 = 40$ kN。设圆柱与斜面接触处是光滑的，试求圆柱对斜面 D、E、G 处的压力。

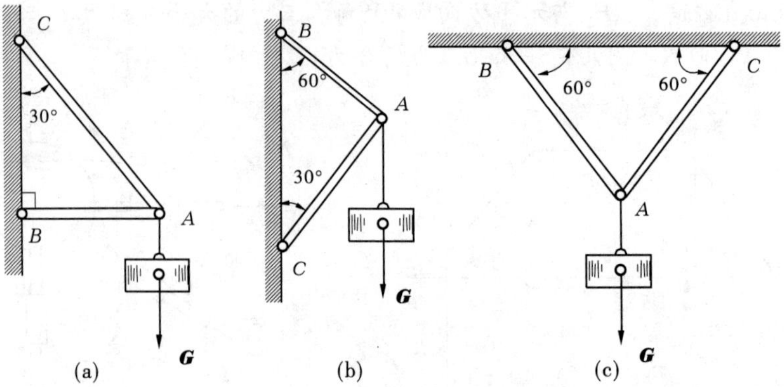

图 2-41

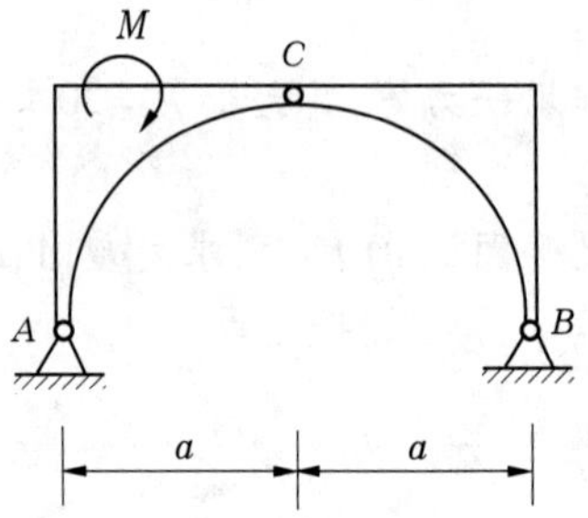

图 2-42

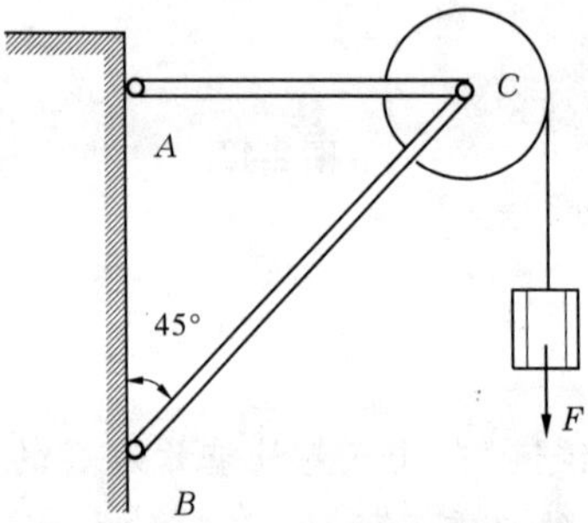

图 2-43

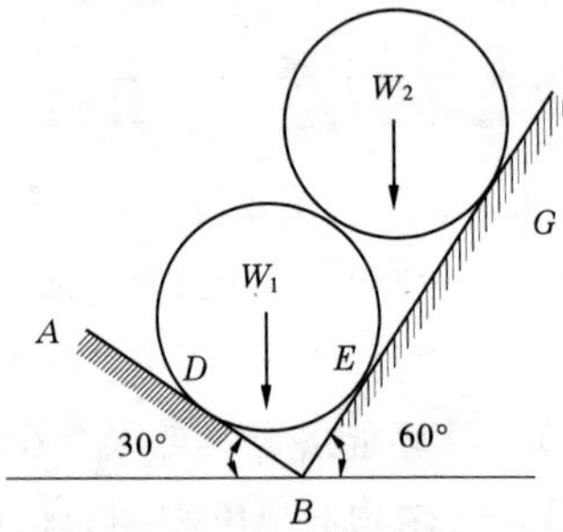

图 2-44

第三章　一般力系的合成与平衡

【内容要点】

(1)力的平移定理。

(2)平面任意力系简化。

(3)平面一般力系的平衡条件平衡方程及应用。

(4)重心的概念,组合法求物体的重心。

【知识链接】

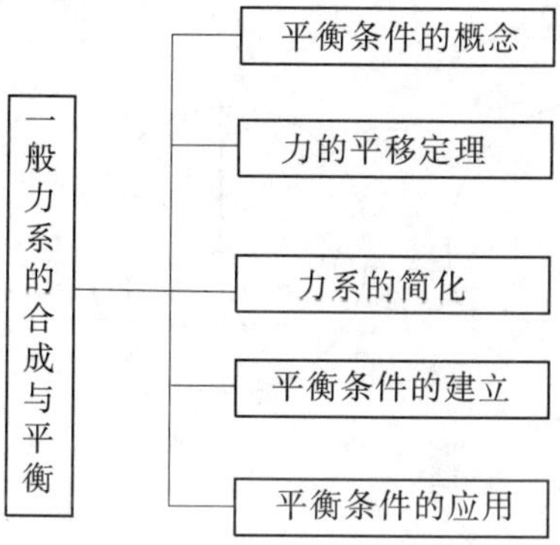

第一节　平面一般力系向作用面内任一点简化

平面一般力系是各力的作用线在同一平面内但不全部汇交于一点也不全部互相平行的力系。

在工程实际中,有些结构的厚度比其他两个方向的尺寸小得多,这种结构称为平面结构。在平面结构上作用的各力,一般都在同一平面内,组成平面一般力系。如图 3-1(a)所示的三角形屋架,它受到屋面传来的竖向荷载 $\boldsymbol{P}$、风荷载 $\boldsymbol{Q}$ 以及两端支座的约束反力 $\boldsymbol{X}_A$、$\boldsymbol{Y}_A$、$\boldsymbol{R}_E$,这些力组成平面一般力系,如图 3-1(b)所示。

前面已经研究了平面汇交力系和平面力偶系的合成与平衡问题。平面一般力系能否简化为这两种简单力系呢?要使平面一般力系各力的作用线都汇交于一点,这就需要将力的作用线平移。

一、力的平移定理

将力的作用线平移,会不会改变它对物体的转动效应呢?让我们先看一个实例。如图 3-2(a)所示,设一力 $\boldsymbol{F}$ 作用在轮缘上的 A 点,此力可使轮子转动,如果将它平移到轮心 O 点,如图 3-2(b)所示的力 $\boldsymbol{F}'$,则它就不能使轮子转动,可见力的作用线是不能随便平移的。但是当我们将力 $\boldsymbol{F}$ 平移到 O 点的同时,再在轮上附加一个适当的力偶,如图 3-2(c)

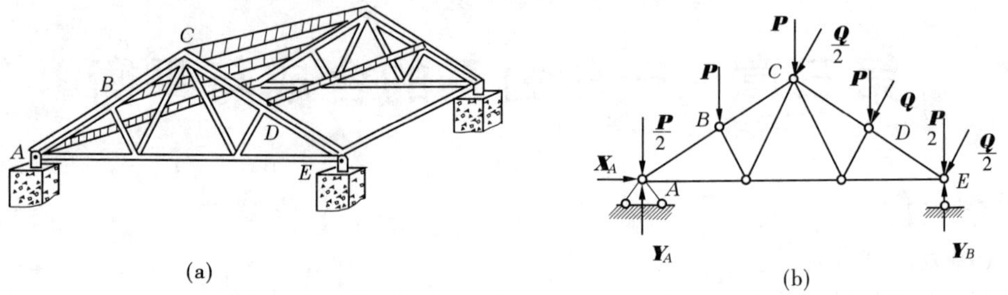

图 3-1

所示，就可以使轮子转动的效应和力 $\boldsymbol{F}$ 没有平移时一样。可见，要将力平移，需要附加一个力偶才能和平移前等效。

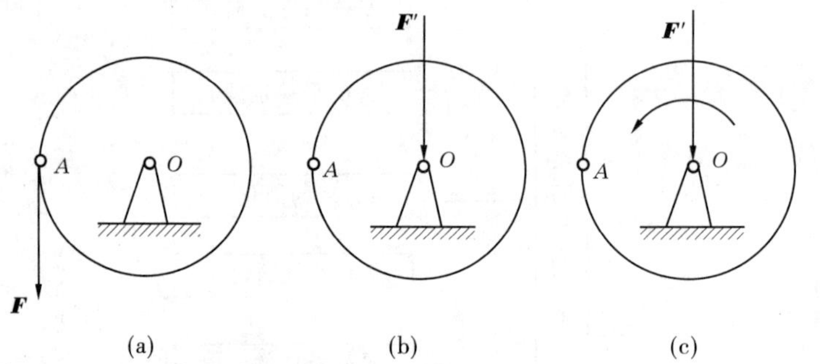

图 3-2

在一般情况下，设在物体的 A 点作用一个力 $\boldsymbol{F}$，如图 3-3(a)所示，要将此力平移到物体的任一点 O。为此，在点 O 加上两个共线、反向、等值的力 $\boldsymbol{F}'$ 和 $\boldsymbol{F}''$，且其作用线与力 $\boldsymbol{F}$ 平行，大小与力 $\boldsymbol{F}$ 的大小相等，如图 3-3(b)所示，显然，这样并不影响原力 $\boldsymbol{F}$ 对物体的运动效果。力 $\boldsymbol{F}$ 与 $\boldsymbol{F}''$ 组成一个力偶，其力偶矩为

$$M = Fd = M_O(\boldsymbol{F})$$

而作用在点 O 的力 $\boldsymbol{F}'$，其大小和方向与原力 $\boldsymbol{F}$ 相同，即相当于把原力 $\boldsymbol{F}$ 从点 A 平移到点 O，如图 3-3(c)所示。

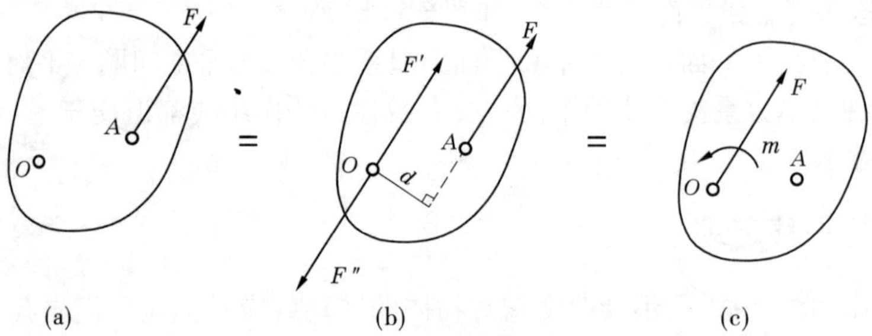

图 3-3

于是，得到力的平移定理：作用于物体上的力 $\boldsymbol{F}$，可以平移到同一物体上的任一点 O，

但必须同时附加一个力偶，其力偶矩等于原力 $\boldsymbol{F}$ 对于新作用点 O 的矩。

力的平移定理是将一个力化为一个力和一个力偶。反之，在同平面内的一个 $\boldsymbol{F}'$ 和一个力偶矩为 M 的力偶可化为一个合力，即由图 3-3(c)化为图 3-3(a)，这个力 $\boldsymbol{F}$ 与 $\boldsymbol{F}'$ 大小相等、方向相同，作用线间的垂直距离为

$$d = \frac{|M|}{F'}$$

【例 3-1】 如图 3-4(a)所示，在柱子的 A 点受有吊车梁传来的荷载 $P = 100$ kN。求将这力 $\boldsymbol{P}$ 向柱子轴线上 B 点平移。

解：根据力的平移定理，力 $\boldsymbol{P}$ 由 A 点平移到 B 点得力 $\boldsymbol{P}'$，同时必须附加一力偶，如图 3-4(b)所示，它的力偶矩 M 等于原力 $\boldsymbol{P}$ 对 B 点的矩，即

$$M = M_B(\boldsymbol{P}) = -100 \times 0.4 = -40\ (\text{kN} \cdot \text{m})$$

负号表示附加力偶的转向是顺时针方向。力 $\boldsymbol{P}$ 经平移后，它对柱子的变形效果就可以明显看出，力 $\boldsymbol{P}'$ 使柱子轴向受压，力偶 M 使柱子弯曲。

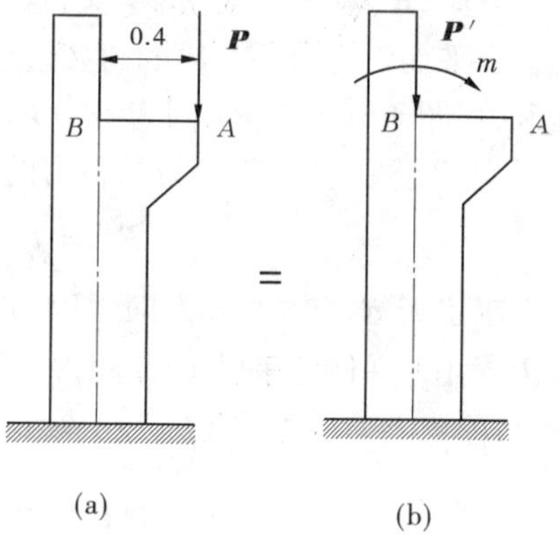

图 3-4

二、平面一般力系简化方法和结果

设在物体上作用有平面一般力系 $\boldsymbol{F}_1$、$\boldsymbol{F}_2$、…、$\boldsymbol{F}_n$，如图 3-5(a)所示。为了将这力系简化，在其作用面内取任意点 O，根据力的平移定理，将力系中各力都平移到 O 点，就得到平面汇交力系 $\boldsymbol{F}_1'$、$\boldsymbol{F}_2'$、…、$\boldsymbol{F}_n'$ 和力偶矩为 M_1、M_2、…、M_n 的附加的平面力偶系，如图 3-5(b)所示。平面汇交力系可合成为作用在 O 点的一个力，附加的平面力偶系可合成为一个力偶，如图 3-5(c)所示。

任选的 O 点称为简化中心。将平面一般力系中各力向简化中心平移，同时附加上一个力偶系，这称为力系向任一点简化。

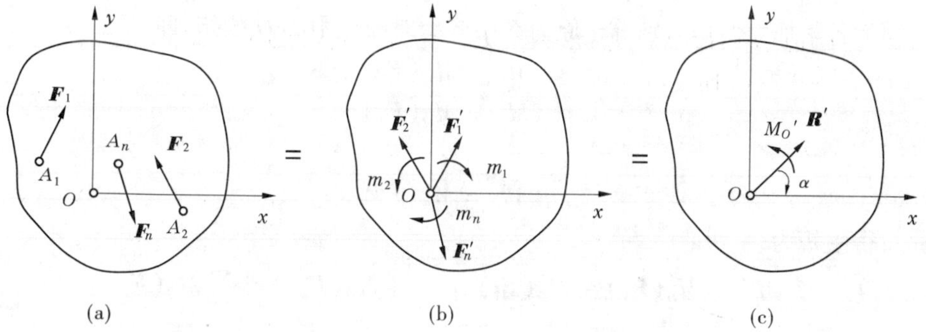

图 3-5

三、主矢和主矩

平面一般力系简化为作用于简化中心的一个力和一个力偶。这个力的矢量(力的大小和方向)$\boldsymbol{R}'$称为原力系的主矢,这个力偶的力偶矩 M_O' 称为原力系对简化中心的主矩。

由平面汇交力系合成的力多边形法则,可知主矢 $\boldsymbol{R}'$等于汇交力系 $\boldsymbol{F}_1'$、$\boldsymbol{F}_2'$、…、$\boldsymbol{F}_n'$的矢量和,如图 3-5(b)所示,因为各力 $\boldsymbol{F}_1'$、$\boldsymbol{F}_2'$、…、$\boldsymbol{F}_n'$分别与各力 $\boldsymbol{F}_1$、$\boldsymbol{F}_2$、…、$\boldsymbol{F}_n$ 大小相等、方向相同,所以主矢就等于原力系各力的矢量和,即

$$\boldsymbol{R}' = \boldsymbol{F}_1 + \boldsymbol{F}_2 + \cdots + \boldsymbol{F}_n = \sum \boldsymbol{F}_i \tag{3-1}$$

求主矢 $\boldsymbol{R}'$的大小和方向可应用解析法。通过 O 点取直角坐标系 Oxy,如图 3-5 所示,主矢 $\boldsymbol{R}'$在 x 轴和 y 轴上的投影为

$$\left.\begin{aligned} R_x' &= X_1' + X_2' + \cdots + X_n' = X_1 + X_2 + \cdots + X_n = \sum X \\ R_y' &= Y_1' + Y_2' + \cdots + Y_n' = Y_1 + Y_2 + \cdots + Y_n = \sum Y \end{aligned}\right\} \tag{3-2}$$

式中 X_i'、X_i——力 $\boldsymbol{F}_i'$ 和力 $\boldsymbol{F}_i$ 在坐标轴 x 上的投影;

Y_i'、Y_i——力 $\boldsymbol{F}_i'$ 和力 $\boldsymbol{F}_i$ 在坐标轴 y 上的投影。

由于力 $\boldsymbol{F}_i'$和 $\boldsymbol{F}_i$ 大小相等,方向相同,所以它们在同一轴上的投影相等。

由式(2-8)可得主矢 $\boldsymbol{R}'$的大小和方向为

$$\left.\begin{aligned} R' &= \sqrt{R_x'^2 + R_y'^2} = \sqrt{(\sum X)^2 + (\sum Y)^2} \\ \tan\alpha &= \frac{|R_y'|}{|R_x'|} = \frac{|\sum Y|}{|\sum X|} \end{aligned}\right\} \tag{3-3}$$

式中 α——合力 $\boldsymbol{R}'$与 x 轴所夹的锐角,$\boldsymbol{R}'$指向哪个象限由$\sum X$ 和$\sum Y$ 的正负号来确定。

由式(3-3)知,当求主矢的大小和方向时,只要求出原力系中各力在两个坐标轴上的投影就可得出,而不必将力平移后再求投影。

由平面力偶系的合成知,主矩为

$$M_O' = M_1 + M_2 + \cdots + M_n$$

因为各附加力偶矩分别等于原力系中各力对简化中心 O 的矩,即

$$\begin{aligned} M_1 &= M_O(\boldsymbol{F}_1) \\ M_2 &= M_O(\boldsymbol{F}_2) \\ &\vdots \\ M_n &= M_O(\boldsymbol{F}_n) \end{aligned}$$

于是可得主矩为

$$M_O' = M_O(\boldsymbol{F}_1) + M_O(\boldsymbol{F}_2) + \cdots + M_O(\boldsymbol{F}_n) = \sum M_O(\boldsymbol{F}_i) \tag{3-4}$$

四、结论

综上所述可知:平面一般力系向作用面内任一点简化的结果是一个力和一个力偶。这个力作用在简化中心,它的矢量称为原力系的主矢,且等于原力系中各力的矢量和;这个力偶的力偶矩称为原力系对简化中心的主矩,它等于原力系中各力对简化中心的力矩

的代数和。

由于主矢等于原力系各力的矢量和,所以它与简化中心的选择无关。而主矩等于原力系各力对简化中心的力矩的代数和,取不同的点为简化中心,各力的力臂将会改变,则各力对简化中心的矩也会改变,所以在一般情况下,主矩与简化中心的选择有关。因此对于主矩,必须标明力系对于哪一点的主矩。

主矢描述原力系对物体的平移作用,主矩描述原力系对物体绕简化中心的转动作用,二者的作用总和才能代表原力系对物体的作用。因此,单独的主矢 $\boldsymbol{R}'$ 或主矩 M_O' 并不与原力系等效,即主矢 $\boldsymbol{R}'$ 不是原力系的合力,主矩 M_O' 也不是原力系的合力偶矩,而主矢 $\boldsymbol{R}'$ 和主矩 M_O' 二者才能与原力系等效。

【例 3-2】 如图 3-6(a)所示,梁 AB 的 A 端是固定端支座,受荷载作用,试用力系向某点简化的方法说明固定端支座反力情况。

解:梁的 A 端嵌固在墙内,墙能限制梁沿任何方向的移动,又能限制梁的转动,墙可视为梁的固定端支座。当梁受荷载作用时,墙对插入其内的那段梁上作用的约束反力实际上是一个平面一般力系,如图 3-6(b)所示。将这力系向梁上 A 点简化就得到一个力 $\boldsymbol{R}_A$ 和一个力偶矩为 M_A 的力偶,如图 3-6(c)所示。一般情况下,反力 $\boldsymbol{R}_A$ 的大小和方向都是未知量,可用两个未知分力 $\boldsymbol{X}_A$、$\boldsymbol{Y}_A$ 来代替。因此,在平面力系情况下,固定端支座的约束反力可简化为两个约束反力 $\boldsymbol{X}_A$、$\boldsymbol{Y}_A$ 和一个力偶矩为 M_A 的约束反力偶,它们的指向都是假定的,如图 3-6(d)所示。

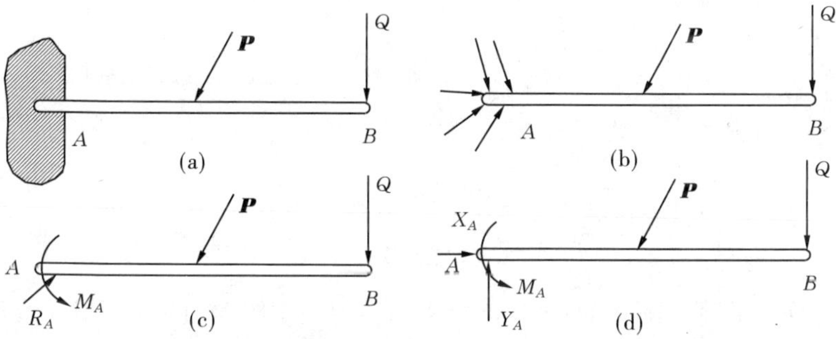

图 3-6

五、平面一般力系简化结果讨论

平面一般力系向平面内一点简化,一般可以得到一个力和一个力偶,但这不是简化的最后结果,必须进一步合成,以便得到最简单的结果。根据主矢和主矩是否存在,可能出现下列 4 种情况:

(1)$R'=0, M_O'\neq 0$;

(2)$R'\neq 0, M_O'=0$;

(3)$R'\neq 0, M_O'\neq 0$;

(4)$R'=0, M_O'=0$。

下面对这几种情况作进一步的分析讨论。

(一)平面一般力系合成为一个力偶的情形

当 $R'=0$,$M_O'\neq 0$ 时,说明力系与一个力偶等效,即原力系合成为一个合力偶,合力偶的力偶矩就等于原力系对简化中心的主矩,即

$$M_O' = \sum M_O(\boldsymbol{F})$$

由于力偶对于平面内任意一点的矩都相同,因此当力系合成为一个力偶时,主矩与简化中心的选择无关。

(二)平面一般力系合成为一个力的情形

当 $R'\neq 0$,$M_O'=0$ 时,说明力系与通过简化中心的一个力等效,即原力系合成为一个合力,合力的大小、方向和原力系的主矢 $\boldsymbol{R}'$相同,作用线通过简化中心。

当 $R'\neq 0$,$M_O'\neq 0$ 时,如图 3-7(a)所示,将力偶矩为 M_O'的力偶用两个反向平行力 $\boldsymbol{R}$、$\boldsymbol{R}''$表示,且使力的大小 $R=R''=R'$,如图 3-7(b)所示,力 $\boldsymbol{R}''$和 $\boldsymbol{R}'$方向相反,所以力系合成为一个合力 $\boldsymbol{R}$,如图 3-7(c)所示。合力 $\boldsymbol{R}$ 的大小、方向与原力系的主矢 $\boldsymbol{R}'$相同,合力的作用线到简化中心 O 的距离 d 为

$$d = \frac{|M_O'|}{R'} = \frac{|M_O'|}{R}$$

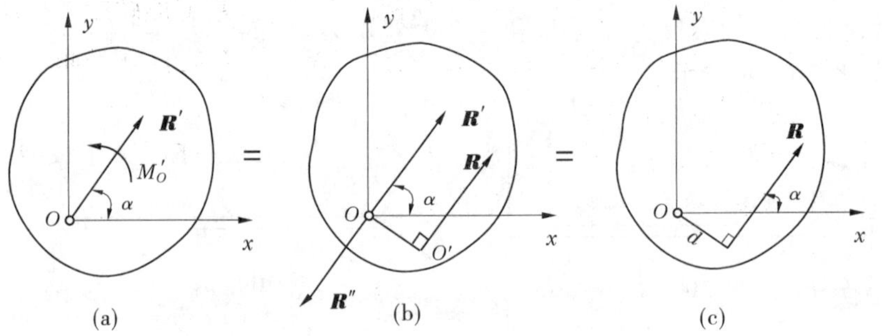

图 3-7

合力 $\boldsymbol{R}$ 在 O 点的哪一侧由 $\boldsymbol{R}$ 对 O 点的矩的转向与主矩 M_O'的转向相一致来确定。

(三)平面一般力系平衡的情形

当 $R'=0$,$M_O'=0$ 时,力系平衡,这种情形将在本章第二节详细讨论。

第二节 平面一般力系的平衡条件及应用

一、平衡方程的基本形式

平面一般力系向任一点简化得到主矢 $\boldsymbol{R}'$和主矩 M_O',如果主矢和主矩都等于零,表明简化后的汇交力系和附加力偶系都自成平衡,则原力系一定平衡,所以主矢和主矩都等于零是平面一般力系平衡的充分条件。反之,如果主矢和主矩中有一个量或两个量不为零,原力系可合成为一个合力或一个力偶,力系就不平衡,所以主矢和主矩都等于零也是力系平衡的必要条件。

于是，平面一般力系平衡的必要和充分条件是：力系的主矢和力系对任一点的主矩都等于零，即

$$R' = 0, M_O' = 0$$

由于

$$R' = \sqrt{(\sum X)^2 + (\sum Y)^2}, M_O' = \sum M_O(\boldsymbol{F}) = \sum M_O$$

于是，平面一般力系的平衡条件为

$$\left.\begin{aligned} \sum X = 0 \\ \sum Y = 0 \\ \sum M_O = 0 \end{aligned}\right\} \tag{3-5}$$

式(3-5)说明平面一般力系平衡的必要和充分条件可陈述为：力系中所有各力在两个坐标轴中每一轴上的投影的代数和都等于零，力系中所有各力对于任一点的力矩的代数和等于零。

式(3-5)称为平面一般力系平衡方程的基本形式。其中，前两式称为投影方程，后一式称为力矩方程。对于投影方程可以理解为物体在力系作用下沿 x 轴和 y 轴方向不可能移动，对于力矩方程可以理解为物体在力系作用下绕任一矩心都不能转动。当满足平衡方程时，物体既不能移动，也不能转动，物体就处于平衡状态。当物体在平面一般力系作用下处于平衡时，就可以应用这 3 个平衡方程求解 3 个未知量。

【例 3-3】 钢筋混凝土刚架，受荷载及支承情况如图 3-8(a)所示。已知 $P=5$ kN，$M=2$ kN·m，刚架自重不计，求支座 A、B 的反力。

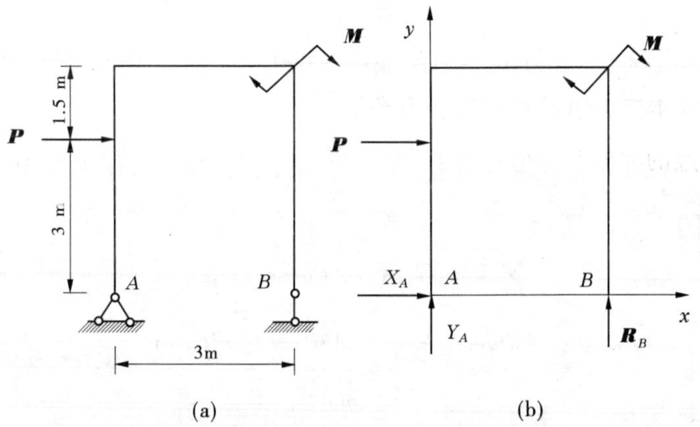

图 3-8

解：取刚架为研究对象，画其受力图如图 3-8(b)所示。刚架上作用有集中力 $\boldsymbol{P}$ 和力偶矩为 M 的力偶，以及支座反力 $\boldsymbol{X}_A$、$\boldsymbol{Y}_A$、$\boldsymbol{R}_B$，各反力的指向都是假定的，它们组成平面一般力系。应用 3 个平衡方程可以求解 3 个未知反力。

本题有一个力偶荷载，由于力偶在任一轴上投影都为零，故力偶在投影方程中不出

现;由于力偶对平面内任一点之矩都等于力偶矩,而与矩心的位置无关,故在力矩方程中可直接将力偶矩列入。

设坐标系如图 3-8(b)所示,由

$$\sum X = 0,\ P + X_A = 0$$

得
$$X_A = -P = -5\ \text{kN}(\leftarrow)$$

由
$$\sum M_A = 0,\ -P \times 3 - M + R_B \times 3 = 0$$

得
$$R_B = \frac{3P + M}{3} = \frac{3 \times 5 + 2}{3} = 5.67\ (\text{kN})(\uparrow)$$

由
$$\sum Y = 0,\ Y_A + R_B = 0$$

得
$$Y_A = -R_B = -5.67\ (\text{kN})(\downarrow)$$

得数为正,说明原假设的指向与实际指向相同;得数为负,说明原假设的指向与实际指向相反,最后可将各反力正确的指向表示在答案后面的括号内。

【例 3-4】 梁 AB 一端是固定端支座,另一端无约束,这样的梁称为悬臂梁。它承受荷载作用,如图 3-9(a)所示。已知 $P = ql$,$\alpha = 45°$,梁自重不计,求支座 A 的反力。

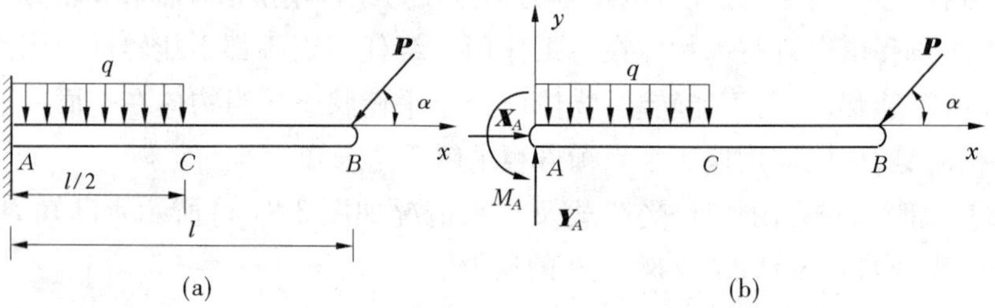

图 3-9

解:取梁 AB 为研究对象,画其受力图如图 3-9(b)所示,支座反力的指向是假定的。梁上所受荷载和支座反力组成平面一般力系。

梁上的均布荷载可先合成得合力 $\boldsymbol{Q}$。$Q = \frac{ql}{2}$,方向铅垂向下,作用在 AC 段的中点。

设坐标系如图 3-9(b)所示,由

$$\sum X = 0,\ X_A - P\cos\alpha = 0$$

得
$$X_A = P\cos\alpha = ql\cos 45° = \frac{\sqrt{2}}{2}ql(\rightarrow)$$

由
$$\sum Y = 0,\ Y_A - \frac{ql}{2} - P\sin\alpha = 0$$

得
$$Y_A = \frac{ql}{2} + P\sin\alpha = \frac{ql}{2} + ql \cdot \frac{\sqrt{2}}{2} = \frac{1 + \sqrt{2}}{2}ql(\uparrow)$$

由
$$\sum M_A = 0,\ M_A - \frac{ql}{2} \cdot \frac{l}{4} - P\sin\alpha \cdot l = 0$$

得
$$M_A = \frac{ql^2}{8} + \frac{\sqrt{2}}{2}ql^2 = \frac{1 + 4\sqrt{2}}{8}ql^2(\text{逆时针})$$

力系既然平衡，则力系中各力在任一轴上的投影代数和必然等于零，力系中各力对于任一点的力矩代数和也必然等于零，因此我们可再列出其他的平衡方程，用以校核计算有无错误。

校核：$\sum M_B = \frac{ql}{2} \cdot \frac{3l}{4} + M_A - Y_A \cdot l = \frac{3}{8}ql^2 + \frac{1+4\sqrt{2}}{8}ql^2 - \frac{1+\sqrt{2}}{2}ql^2 = 0$

可见 $\boldsymbol{Y}_A$ 和 M_A 计算无误。

【例 3-5】 如图 3-10(a)所示混凝土浇灌器连同物料共重 $G=60$ kN，作用于 C 点，用绳索沿铅垂导轨匀速吊起。已知 $a=300$ mm，$b=600$ mm，$\alpha=10°$，不计摩擦，求导轨对每对导轮 A 和导轮 B 的约束反力及绳索中的拉力。

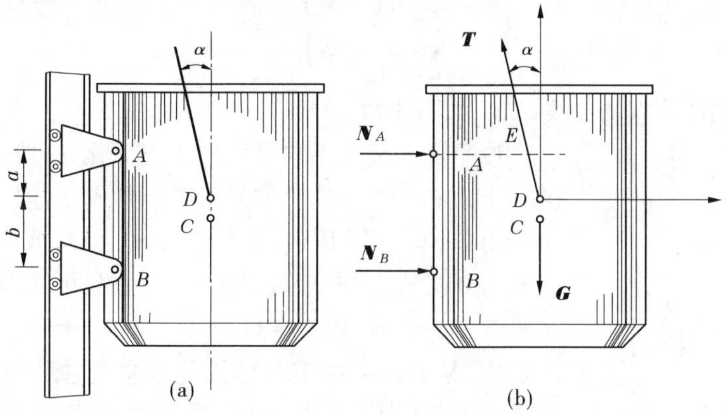

图 3-10

解：取混凝土浇灌器为研究对象。其受力图如图 3-10(b)所示，在 A、B 处所受的约束相当于可动铰支座，故反力 $\boldsymbol{N}_A$、$\boldsymbol{N}_B$ 都与导轨垂直，绳索的拉力 $\boldsymbol{T}$ 沿绳索中心线，在 C 点还作用有重力 $\boldsymbol{G}$，这些力组成平面一般力系。

设坐标系如图 3-10(b)所示，由

$$\sum Y = 0,\ T\cos\alpha - G = 0$$

得
$$T = \frac{G}{\cos\alpha} = \frac{60}{\cos 10°} = 60.9\ (\text{kN})$$

取 $\boldsymbol{T}$ 和 $\boldsymbol{N}_A$ 两力的作用线的交点 E 为矩心，列力矩方程

$$\sum M_E = 0,\quad N_B(a+b) - G(a\tan\alpha) = 0$$

得
$$N_B = \frac{a\tan\alpha}{a+b}G = \frac{0.3 \times 0.176\ 3}{0.3+0.6} \times 60 = 3.53\ (\text{kN})$$

由
$$\sum X = 0, N_A + N_B - T\sin\alpha = 0$$

得
$$N_A = T\sin\alpha - N_B = 60.9 \times 0.173\ 6 - 3.53 = 7.04\ (\text{kN})$$

校核：
$$\sum M_D = N_B b - N_A a = 3.53 \times 60 - 7.04 \times 30 \approx 0$$

说明求得的 N_A 和 N_B 是正确的。

木题选投影轴 y 与两个未知力 $\boldsymbol{N}_A$、$\boldsymbol{N}_B$ 成垂直，使得投影方程 $\sum Y=0$ 中包含一个未知

量 $\boldsymbol{T}$,选 $\boldsymbol{T}$ 与 $\boldsymbol{N}_A$ 的交点 E 为矩心,在力矩方程 $\sum M_E=0$ 中就只有一个未知量 N_B,这样选取投影轴和矩心,使得所列每个平衡方程中只包含一个未知量,便于计算。

二、平衡方程的其他形式

前面我们通过平面一般力系的平衡条件导出了平面一般力系平衡方程的基本形式,根据平衡条件还可以导出平衡方程的其他两种形式。

(一)二力矩形式的平衡方程

$$\left.\begin{aligned}\sum X&=0\\\sum M_A&=0\\\sum M_B&=0\end{aligned}\right\}\tag{3-6}$$

式中 x 轴不与 A、B 两点的连线垂直,如图 3-11 所示。

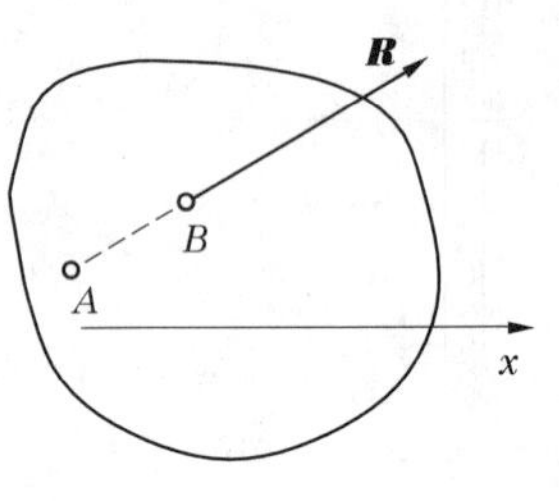

图 3-11

设平面一般力系向平面内 A 点简化,一般可得到过 A 点的一个力和一个力偶。如果 $\sum M_A=0$ 成立,则力系不可能合成为力偶,只可能是通过 A 点的一个力,或者平衡。如果 $\sum M_B=0$ 又成立,同理可以确定,力系只可能合成为通过 A、B 两点的一个力,如图 3-11 所示,或者平衡。再加上 $\sum X=0$ 又成立,且 x 轴不与 A、B 两点连线垂直,则力系也不能合成为一个力,因为一个力不可能既通过 A、B 两点而又垂直于 x 轴。因此,力系必然平衡。

(二)三力矩形式的平衡方程

$$\left.\begin{aligned}\sum M_A&=0\\\sum M_B&=0\\\sum M_C&=0\end{aligned}\right\}\tag{3-7}$$

式中 A、B、C 三点不在同一直线上,如图 3-12 所示。

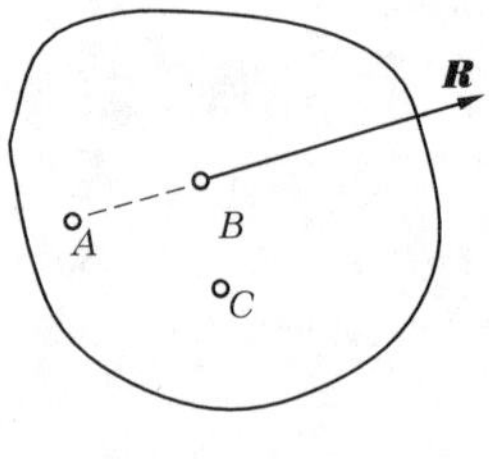

图 3-12

与上面讨论一样,如果 $\sum M_A=0$ 和 $\sum M_B=0$ 同时成立,则力系合成结果只可能是通过 A、B 两点的一个力,如图 3-12 所示,或者平衡。如果 $\sum M_C=0$ 又成立,则 C 点不在 A、B 两点连线上,则力系就不可能合成为一个力,因为一个力不可能同时通过不在一直线上的三点,因此力系必然平衡。

平衡方程虽然有 3 种形式,但不论采用哪种形式,都只能写出 3 个独立的平衡方程。因为当力系满足式(3-5)、式(3-6)或式(3-7)的 3 个平衡方程时,则力系一定平衡。因此,应用平面一般力系的平衡方程,只能求解 3 个未知量。

应用平面一般力系平衡方程解题的步骤如下:

(1)确定研究对象。根据题意分析已知量和未知量,选取适当的研究对象。

(2)画受力图。在研究对象上画出它受到的所有主动力和约束反力。约束反力根据约束类型来画。当约束反力的方向未定时,一般可用两个互相垂直的分反力表示;当约束反力的指向未定时,可以先假设其指向。如果计算结果为正,则表示假设的指向正确;如果计算结果为负,则表示实际的指向与假设的相反。

(3)列平衡方程。选取适当的平衡方程形式、投影轴和矩心。选取哪种形式的平衡方程,完全取决于计算的方便与否。通常力求在一个平衡方程中只包含一个未知量,以免求解联立方程。当应用投影方程时,投影轴尽可能选取与较多的未知力的作用线垂直;当应用力矩方程时,矩心往往取两个未知力的交点。计算力矩时,要善于运用合力矩定理,以便使计算简单。

(4)解平衡方程,求得未知量。

(5)校核。列出非独立的平衡方程,以检查解题的正确与否。

【例3-6】 梁 AB 的两端支承在墙内,受荷载如图3-13(a)所示。不计梁自重,求墙壁对梁 A、B 端的约束反力。

解: 先考虑墙壁对梁的约束应简化为哪种形式的支座。当梁端伸入墙内的长度较小时,墙壁可限制梁沿水平方向和铅直方向的移动,而对梁端转动约束的能力很小,一般就不考虑阻止转动的约束性能,而将它简化为固定铰支座。在工程上,为了方便计算,通常又将两端墙体之一视为可动铰支座。同时,近似地取支承长度的中点作为支座处,这种两端分别支承在固定铰支座和可动铰支座上的梁,称为简支梁,如图3-13(b)所示。

再求梁的支座反力。取梁 AB 为研究对象,并画其受力图如图3-13(c)所示。梁上荷

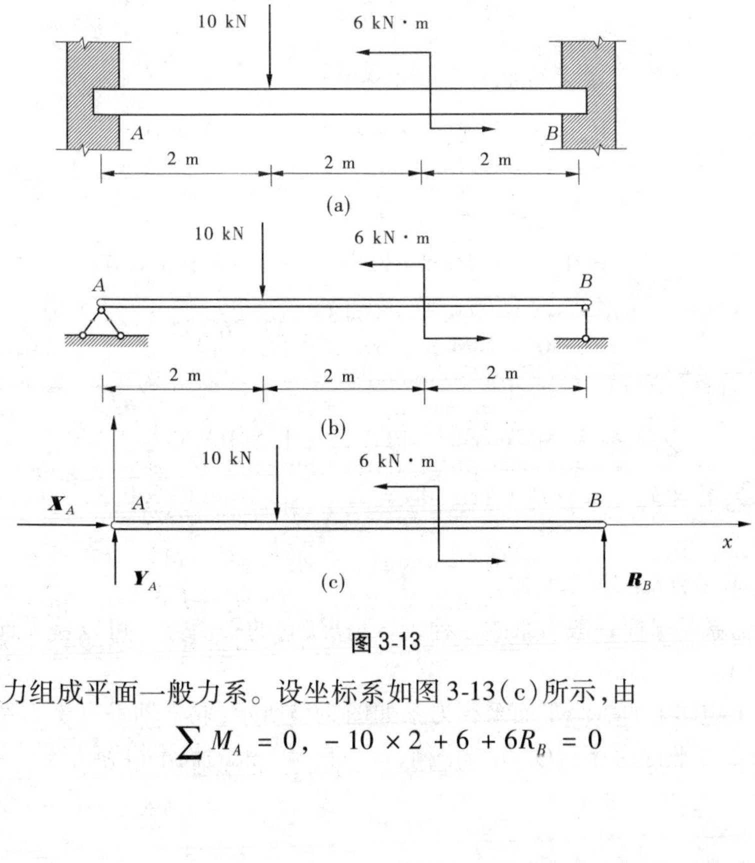

图3-13

载和支座反力组成平面一般力系。设坐标系如图3-13(c)所示,由

$$\sum M_A = 0,\ -10 \times 2 + 6 + 6R_B = 0$$

得 $$R_B=\frac{20-6}{6}=2.33\ (\text{kN})(\uparrow)$$

由 $$\sum M_B=0,\ 10\times4+6-6Y_A=0$$

得 $$Y_A=\frac{40+6}{6}=7.67\ (\text{kN})(\uparrow)$$

由 $$\sum X=0$$

得 $$X_A=0$$

校核: $$\sum Y=Y_A+R_B-10=7.67+2.33-10=0$$

可见,Y_A、R_B 计算无误。

本题采用二力矩形式得平衡方程,所选 x 轴与两矩心 A、B 连线不垂直,符合平衡方程的限制条件,因而能将所有未知力求出。

【例 3-7】 如图 3-14(a)所示为一悬臂式起重机,A、B、C 处都是铰链连接。梁 AB 自重 $G=1$ kN,作用在梁的中点,提升重量 $P=8$ kN,杆 BC 自重不计,求支座 A 的反力和杆 BC 所受的力。

解:取梁 AB 为研究对象,画其受力图如图 3-14(b)所示。A 处为固定铰支座,其反力用两分反力 $\boldsymbol{X}_A$、$\boldsymbol{Y}_A$ 表示;杆 BC 为二力杆,它的约束反力沿 BC 线,并假设受拉。

梁 AB 所示各力组成平面一般力系,3 个未知力两两相交于 A、B、C 三点,用三力矩形式的平衡方程可以求解这 3 个未知力。

由 $$\sum M_A=0,\ -G\times2-P\times3+T\sin30^\circ\times4=0$$

得 $$T=\frac{2G+3P}{4\times\sin30^\circ}=\frac{2\times1+3\times8}{4\times0.5}=13\ (\text{kN})$$

由 $$\sum M_B=0,\ -Y_A\times4+G\times2+P\times1=0$$

得 $$Y_A=\frac{2G+P}{4}=\frac{2\times1+8}{4}=2.5\ (\text{kN})$$

由 $$\sum M_C=0,\ X_A\times4\times\tan30^\circ-G\times2-P\times3=0$$

得 $$X_A=\frac{2G+3P}{4\times\tan30^\circ}=\frac{2\times1+3\times8}{4\times0.577}=11.26\ (\text{kN})(\rightarrow)$$

校核:设坐标系如图 3-14(b)所示,由

$$\sum X=X_A-T\cos30^\circ=11.26-13\times0.866=0$$

$$\sum Y=Y_A-G-P+T\sin30^\circ=2.5-1-8+13\times0.5=0$$

可见计算无误。

(三)平面平行力系的平衡方程

平面平行力系是平面一般力系的一种特殊情况,它的平衡方程可以从平面一般力系的平衡方程导出。

设有作用于物体上的一个平面平行力系如图 3-15所示,取 x 轴垂直于力系中各力的作用线,y 轴与各力平行,不论力系是否平衡,各力在 x 轴上的投影恒等于零,即 $\sum X=0$ 成

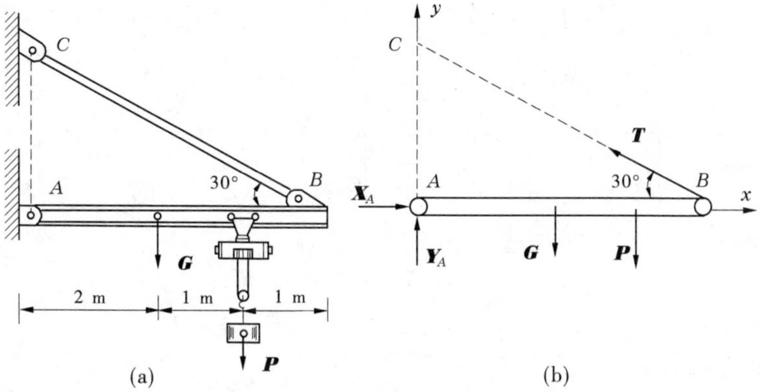

图 3-14

为恒等式,这一方程就可以从平面一般力系的平衡方程中除去。因此,由式(3-6)就可以导出平面平行力系的平衡方程为

$$\left.\begin{aligned}\sum Y &= 0\\ \sum M_O &= 0\end{aligned}\right\} \tag{3-8}$$

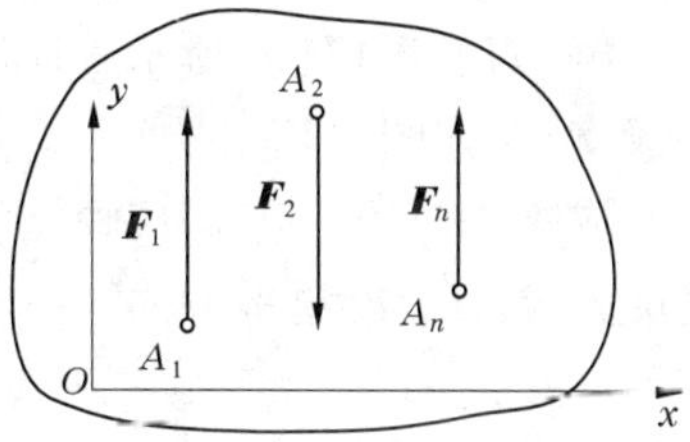

图 3-15

因为各力与 y 轴平行,所以 $\sum Y=0$ 就表明各力的代数和等于零。这样,平面平行力系平衡的必要和充分条件是:力系中所有各力的代数和等于零。力系中各力对任一点的力矩的代数和等于零。

同理,由平面一般力系平衡方程的二矩式形式式(3-6),可导出平面平行力系平衡方程的另一种形式为

$$\left.\begin{aligned}\sum M_A &= 0\\ \sum M_B &= 0\end{aligned}\right\} \tag{3-9}$$

式中 A、B 两点的连线不与各力的作用线平行。

平面平行力系只有 2 个独立的平衡方程,只能求解 2 个未知量。

【例 3-8】 一个桥梁桁架所受荷载如图 3-16(a)所示,求支座 A、B 的反力。

解:取整个桁架为研究对象,画其受力图如图 3-16(b)所示。桁架上作用有集中荷载及支座反力 $\boldsymbol{R}_A$、$\boldsymbol{R}_B$,由于荷载与 $\boldsymbol{R}_B$ 相互平行,故 $\boldsymbol{R}_A$ 必与各力平行,才能保持该力系为平衡力系,这样荷载与支座反力组成平面平行力系。可应用 2 个平衡方程求解 2 个未知量。

设坐标系如图 3-16(b)所示,由

$$\sum M_B = 0,\ 30 \times 12 + 10 \times 6 - R_A \times 15 = 0$$

得

$$R_A = \frac{360 + 60}{15} = 28\ (\text{kN})(\uparrow)$$

由

$$\sum Y = 0,\ R_A + R_B - 30 - 10 = 0$$

得

$$R_B = 30 + 10 - R_A = 40 - 28 = 12\ (\text{kN})(\uparrow)$$

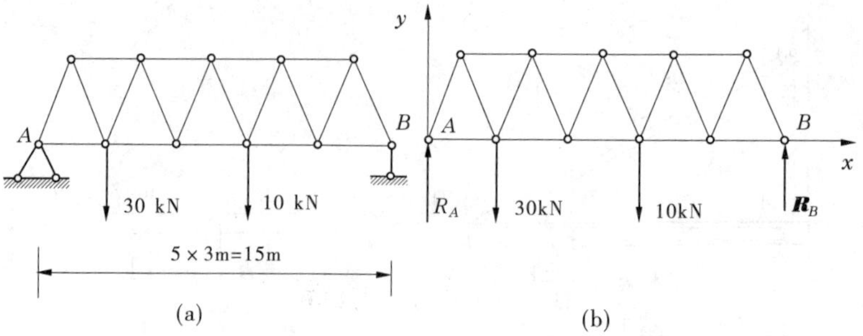

图 3-16

【例 3-9】 某房屋外伸梁的尺寸如图 3-17(a)所示。该梁的 AB 段受均布荷载 $q_1=20$ kN/m,BC 段受均布荷载 $q_2=25$ kN/m,求支座 A、B 的反力。

解:如图 3-17(a)所示,外伸梁 AC 在 A、B 处的约束一般可以简化为固定铰支座和可动铰支座,如图 3-17(b)所示。

取梁 AC 为研究对象,画其受力图如图 3-17(c)所示。在竖向荷载 $\boldsymbol{q}_1$ 和 $\boldsymbol{q}_2$ 作用下,支座反力 $\boldsymbol{R}_A$、$\boldsymbol{R}_B$ 沿铅垂方向,它们组成平面平行力系。

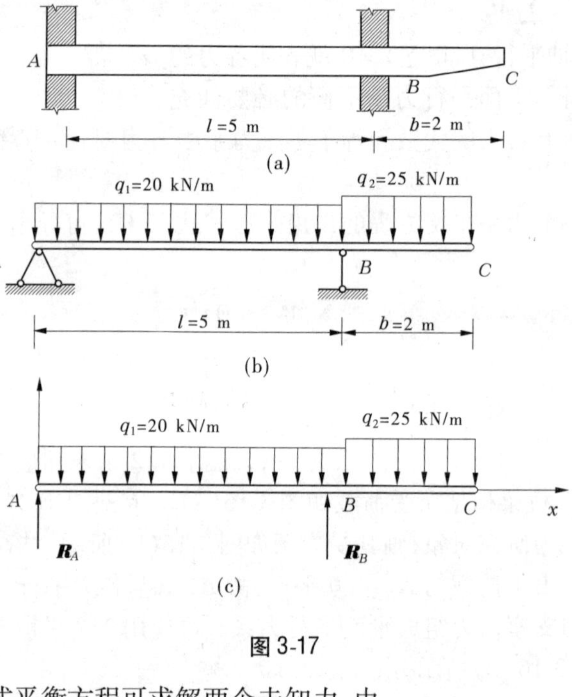

图 3-17

应用两个力矩式平衡方程可求解两个未知力,由

$$\sum M_B=0, q_1\times5\times2.5-q_2\times2\times1-R_A\times5=0$$

得
$$R_A=\frac{12.5q_1-2q_2}{5}=\frac{12.5\times20-2\times25}{5}=40\ (\text{kN})(\uparrow)$$

由
$$\sum M_A=0, R_B\times5-q_1\times5\times2.5-q_2\times2\times6=0$$

得 $$R_B = \frac{12.5q_1 + 12q_2}{5} = \frac{12.5 \times 20 + 12 \times 25}{5} = 110\ (\mathrm{kN})(\uparrow)$$

校核:设坐标系如图 3-17(c)所示

$$\sum Y = R_A + R_B - q_1 \times 5 - q_2 \times 2 = 40 + 110 - 20 \times 5 - 25 \times 2 = 0$$

说明计算无误。

第三节 物体系统的平衡

一、物体系统的平衡

工程机械和结构都是由若干个物体通过一定形式的约束(连接)组合在一起,称为物体系统,简称物系。系统外的物体作用于物系上的力,称为物系的外力。物系内各个物体相互作用的力,称为物系的内力。由于物系的内力总是成对出现,在研究物系的平衡时,可不考虑其内力。若单独研究物系中某个物体的平衡,则必须同时考虑作用其上的物系外力及其他物体对它的作用力,即物系的内力。

当物体系统处于平衡时,组成该物系的每一个物体也必然处于平衡状态。因此,在研究物系的平衡时,可选取物系整体、几个物体的组合或单个物体为研究对象,应根据具体问题恰当地选取研究对象。对于 n 个物体组成的物系,若每个物体均受平面任意力,则每个物体均可为选取的研究对象,则可以建 $3n$ 个独立的平衡方程,即可求解 $3n$ 个未知量。若系统中的物体有受平面汇交力系或平面平行力系的作用,则独立平衡方程的总数目相应地减少。

二、静定与超静定问题

在研究单个物体或物系平衡问题时,若未知量的数目等于或少于独立平衡方程的数目,全部未知量都能由静力平衡方程求得,这类问题称为静定问题。在工程实际中,考虑构件和结构的安全,采用了增加约束的方法,以提高其强度和可靠性,因而未知量的数目超过了独立平衡方程的个数,仅用静力平衡方程不能求出全部未知量,这类问题称为超静定问题。

图 3-18(a)所示的平面汇交力系有 3 个未知量;图 3-18(b)所示的平面平行力系有 3 个未知量;图 3-18(c)所示的平面任意力系有 4 个未知量,这些问题中未知量的数目超过了能列出的独立平衡方程的数目,均是超静定问题。

在静力学中只研究静定问题,对于超静定问题,则应考虑物体的变形,根据力与变形的关系建立补充方程,与静力平衡方程联立求解,这将在结构力学中加以讨论。

三、物体系统平衡问题的解法

在求解物系平衡问题时,要对问题进行认真分析,确定适当的解题方法,尽量避免解联立方程,简化计算过程。一般情况下,应从分析已知量和未知量入手,通过适当地选取研究对象,恰当地列平衡方程,把未知量和已知量联系起来,迅速而准确地求出未知量。

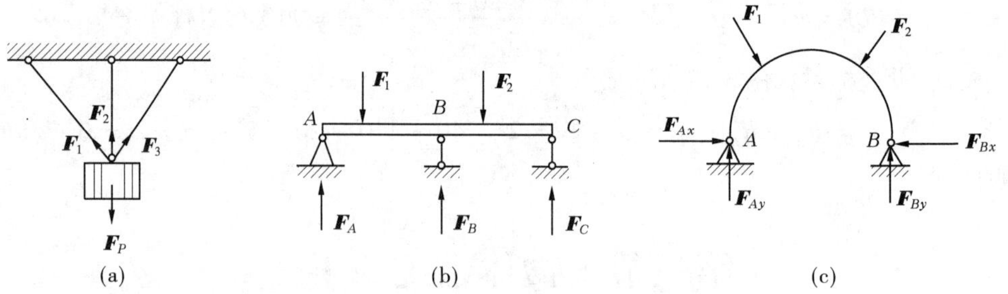

图 3-18

应注意，在整体、部分物体或单个物体的受力图中，同一处的约束反力的画法必须一致，物体间的约束拆开后其彼此相互的作用力应符合作用与反作用定律。

下面通过实例说明物系平衡问题的解法。

【例 3-10】 折梯由 AB、AC 两部分在 A 处铰接构成，如图 3-19(a)所示。梯子置于光滑的水平面上，DE 是一不计质量的绳子，重力为 G 的人站在梯子的 H 处，若已知 $AC=AB=l$，$HC=a$，$\angle ABC=\angle ACB=\alpha$，绳至梯顶距离 h，不计梯重，试求绳子拉力及铰链 A 处反力。

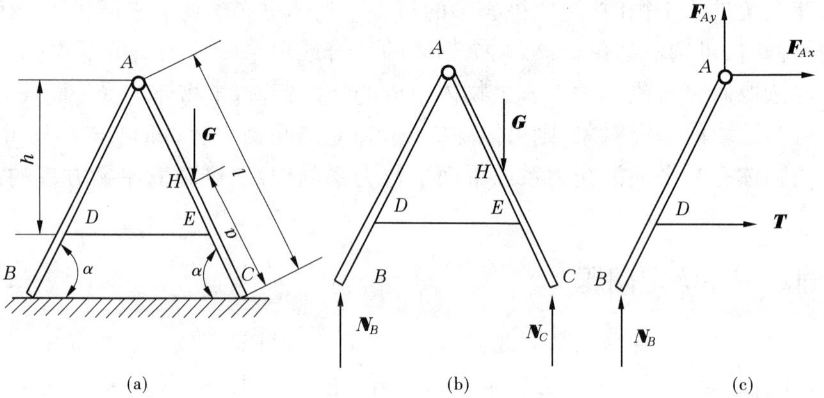

图 3-19

解：(1)以整个系统为研究对象，受力如图 3-19(b)所示。系统受平面平行力系作用，故

$$\sum M_C(\boldsymbol{F}) = 0, Ga\cos\alpha - N_B 2l\cos\alpha = 0$$

得

$$N_B = Ga/(2l)$$

(2)以左半折梯 AB 为研究对象，受力如图 3-19(c)所示。AB 受平面任意力系作用，列平衡方程

$$\sum F_y = 0, N_B + F_{Ay} = 0$$

$$F_{Ay} = -N_B = -Ga/(2l)$$

$$\sum M_A(\boldsymbol{F}) = 0, Th - N_B l\cos\alpha = 0$$

$$T = N_B l\cos\alpha/h = Ga\cos\alpha/(2h)$$

$$\sum F_x = 0, T + F_{Ax} = 0$$

$$F_{Ax} = -T = -Ga\cos\alpha/(2h)$$

力 $\boldsymbol{F}_{Ax}$、$\boldsymbol{F}_{Ay}$ 为负值，表明其实际方向与图中所设方向相反。

【例 3-11】 静定多跨梁由 AB 梁和 BC 梁用中间铰 B 连接而成，支承和载荷情况如图 3-20(a)所示。已知 $F=20$ kN，$q=5$ kN/m，$\alpha=45°$。试求支座 A、C 的反力和中间铰 B 处的反力。

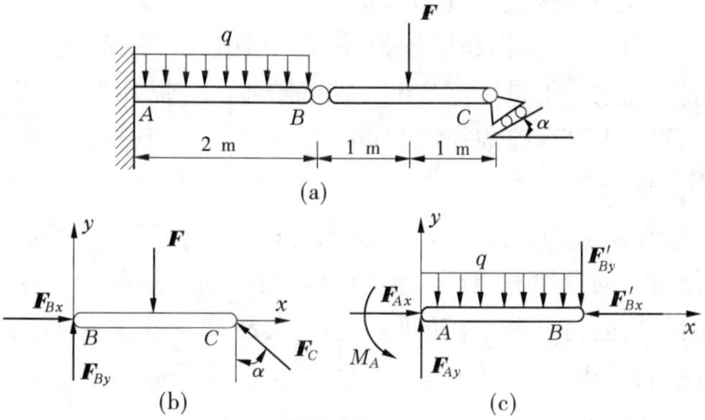

图 3-20

解：静定多跨梁由两部分梁组成。单靠本身能承受载荷并保持平衡的部分称为基本部分，单靠本身不能承受载荷并保持平衡的部分称为附属部分。本题中 AB 梁是基本部分，BC 梁是附属部分。解题时通常先研究附属部分，再计算基本部分。

(1)取 BC 段为研究对象，受力如图 3-20(b)所示，列平衡方程

$$\sum M_B(F) = 0, F_C\cos\alpha \times 2 - F \times 1 = 0$$

$$\sum F_x = 0, F_{Bx} - F_C\sin\alpha = 0$$

$$\sum F_y = 0, F_{By} - F + F_C\cos\alpha = 0$$

解得

$$F_C = F/(2 \times \cos\alpha) = 20/(2 \times \cos45°) = 14.14(\text{kN})$$

$$F_{Bx} = F_C\sin\alpha = 14.14 \times \sin45° = 10(\text{kN})$$

$$F_{By} = F - F_C\cos\alpha = 20 - 14.14 \times \cos45° = 10(\text{kN})$$

(2)取 AB 段为研究对象，受力如图 3-20(c)所示，列平衡方程

$$\sum M_A(F) = 0, M_A - q \times 2 \times 1 - F'_{By} \times 2 = 0$$

$$\sum F_x = 0, F_{Ax} - F'_{Bx} = 0$$

$$\sum F_y = 0, F_{Ay} - q \times 2 - F'_{By} = 0$$

解得

$$M_A = 2q + 2F'_{By} = 2 \times 5 + 2 \times 10 = 30(\text{kN}\cdot\text{m})$$

$$F_{Ax} = F'_{Bx} = 10(\text{kN})$$

$$F_{Ay} = 2q + F'_{By} = 2 \times 5 + 10 = 20(\text{kN})$$

以上计算结果是否正确，可取整体为研究对象进行验算。

第四节　摩　擦

在前面研究物体平衡问题时,把物体间的接触面视为绝对光滑的。但是,实际上绝对光滑的表面并不存在。对于接触面比较光滑或有良好的润滑条件,摩擦力很小或摩擦力不成为主要因素时,忽略摩擦是工程上允许的。但有些实际问题就不能不考虑摩擦的影响,甚至摩擦力已成为主要因素。例如,带传动就是完全靠带与轮之间的摩擦力实现的,人靠摩擦力行走,电工的脚套钩靠摩擦力使人体沿电线杆运动,机床的卡盘靠摩擦力卡紧工作,机器靠摩擦力制动等,是摩擦有利的一面。但是,损坏机件、降低效率、消耗能量等是摩擦有害的一面。认识摩擦规律的目的,就是为了应用有关知识,利用其有利方面,减少或消除其有害方面。

摩擦的本质比较复杂,但可按具体的现象进行分类。按照物体的接触部分相互运动的情况分类,可以分为滑动摩擦和滚动摩擦两类。当两物体接触处有相对滑动或相对滑动趋势时,在接触处的公切面将受到一定的阻力阻碍其滑动,这种现象称为滑动摩擦。当两物体有相对滚动或滚动的趋势时,物体间产生的对滚动的阻碍称为滚动摩擦(简称滚阻)。

一、滑动摩擦

(一)静滑动摩擦力的概念

观察图 3-21(a)所示的简单试验。重为 $\boldsymbol{G}$ 的物块,放在固定的水平面上,用一条重量可以不计的细绳跨过滑轮,绳的一端系在物块上,另一端悬挂一个可以放砝码的平盘。

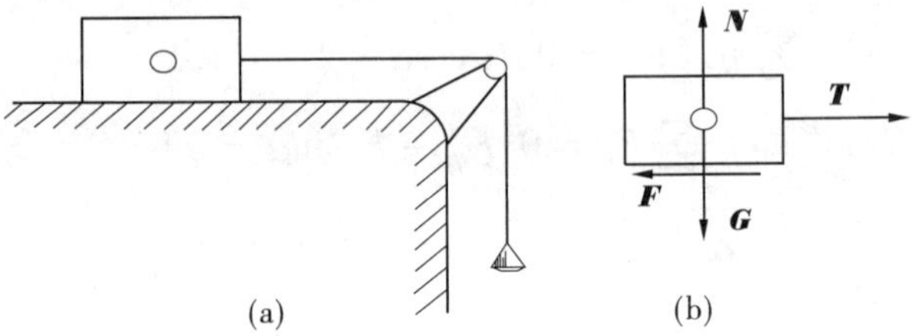

(a)　　(b)

图 3-21

当 $T=0$ 时,物块在自重 $\boldsymbol{G}$ 与法向反力 $\boldsymbol{N}$ 作用下静止,滑动摩擦力为零;当 $\boldsymbol{T}$ 逐渐增大,只要不超过一定限度时,物块仍然保持静止。这一事实说明:固定平面对物块的约束反力除法向反力外,还有一个与物块运动趋势方向相反的沿接触面的力 $\boldsymbol{F}$ 阻止物块滑动。力 $\boldsymbol{F}$ 就是静滑动摩擦力(简称静摩擦力)。在不考虑物块尺寸的条件下,物块的受力情况如图 3-21(b)所示。静摩擦力与一般的约束反力一样,其大小需用平衡方程确定,即

$$\sum F_x = 0, F = T$$

上式说明:当物块静止时,静摩擦力 $\boldsymbol{F}$ 随力 $\boldsymbol{T}$ 的变化而变化。这是静摩擦力与一般约束反力的共同点。

但是,静摩擦力还有它自己的特征。通过上述试验可以看出,静摩擦力并不随力 $\boldsymbol{T}$ 的增加而无限地增大。当 $\boldsymbol{T}$ 的大小达到一定数值时,物块便处于即将开始滑动但仍然保

持静止的临界平衡状态，这时只要力 $\boldsymbol{T}$ 的值再增加一点，即使极其微小，物块即开始滑动。这一事实说明：当物块处于临界平衡状态时，静摩擦力达到最大值，称为最大静摩擦力 $\boldsymbol{F}_{max}$ 或极限摩擦力。此时若 $\boldsymbol{T}$ 增大，静摩擦力不再随之增大。

由上述可知，静摩擦力的大小需由平衡方程确定，但必介于零与最大静摩擦力之间。静摩擦力 $\boldsymbol{F}$ 的大小变化范围为

$$0 \leqslant F \leqslant F_{max} \tag{3-10}$$

（二）静摩擦定律

最大静摩擦力与许多因素有关。根据大量的试验结果可知，最大静摩擦力的方向与相对滑动趋势方向相反，其大小与两物体间的法向反力成正比，即

$$F_{max} = f_s N \tag{3-11}$$

上式为静摩擦定律。式中 f_s 是无量纲的比例系数，称为静滑动摩擦系数，简称静摩擦系数，其大小需由试验测定，它不仅与接触物体的材料和接触面的状况（如粗糙度、温度和湿度等）有关，而且与法向反力的大小及其作用时间的长短等因素有关。也就是说，对于确定的材料，静摩擦系数并不是常数，但在许多情况下，与常数接近，这里只讨论 f_s 为常数的情形。

（三）动滑动摩擦力

继续上述的试验，当拉力 $T > F_{max}$ 时，物体将开始加速滑动，此时出现的阻碍物体相对滑动的摩擦力就是动滑动摩擦力。大量试验证明，动摩擦力的方向与接触物体间的相对速度方向相反，其大小与两物体间的法向反力成正比，即

$$F' = fN \tag{3-12}$$

这就是动摩擦定律。式中 f 也是无量纲的比例系数，称为动滑动摩擦系数，简称动摩擦系数。动摩擦系数除与接触物体的材料和接触面的状况有关外，还与两物体的相对速度有关。在一般的工程计算中，当精度要求不高时，可近似地认为 $f = f_s$。常用材料的摩擦系数可从工程手册中查得，表 3-1 列出了常用材料的滑动摩擦系数，以供参考。

表 3-1　常用材料的滑动摩擦系数

材料名称	摩擦系数			
	静摩擦系数		动摩擦系数	
	无润滑剂	有润滑剂	无润滑剂	有润滑剂
钢 - 钢	0.15	0.10 ~ 0.12	0.15	0.05 ~ 0.10
钢 - 铸铁	0.30		0.18	0.05 ~ 0.15
钢 - 青铜	0.15	0.10 ~ 0.15	0.15	0.10 ~ 0.15
铸铁 - 铸铁		0.18	0.15	0.07 ~ 0.12
铸铁 - 青铜			0.15 ~ 0.20	0.07 ~ 0.15
青铜 - 青铜		0.10	0.20	0.07 ~ 0.10
皮革 - 铸铁	0.30 ~ 0.50	0.15	0.60	0.15
橡皮 - 铸铁			0.80	0.50
木材 - 木材	0.40 ~ 0.60	0.10	0.20 ~ 0.50	0.07 ~ 0.15

二、摩擦角和自锁

（一）摩擦角

摩擦角是研究滑动摩擦问题的另一个重要物理量。现在仍以图 3-21 所示的试验为

例来说明其概念。当两物体有相对运动趋势时，支承面对物体的约束反力包括法向反力 $\boldsymbol{N}$ 和摩擦力 $\boldsymbol{F}$，这两个力的合力 $\boldsymbol{F}_R$ 就称为全约束反力，简称全反力。全反力 $\boldsymbol{F}_R$ 与接触面的公法线的夹角 φ 如图 3-22(a)所示。显然 φ 角随静摩擦力的变化而变化，当静摩擦力达到最大值 $F_{\max}$ 时，夹角 φ 也达到最大值 φ_m，如图 3-22(b)所示，φ_m 称为摩擦角，由图 3-22(b)可知

$$\tan\varphi_m = \frac{F_{\max}}{N} = \frac{f_s N}{N} = f_s \tag{3-13}$$

式(3-13)表明，摩擦角的正切等于静摩擦系数，可见 φ 与 f_s 一样，也是表示材料摩擦性质的物理量。

若过接触点在不同的方向作出临界平衡状态下的全约束反力的作用线，则这些作用线将形成一个锥面，称为摩擦锥。若沿接触面的各个方向的摩擦系数均相同，则摩擦锥是一个顶角为 $2\varphi_m$ 的圆锥，如图 3-22(d)所示。

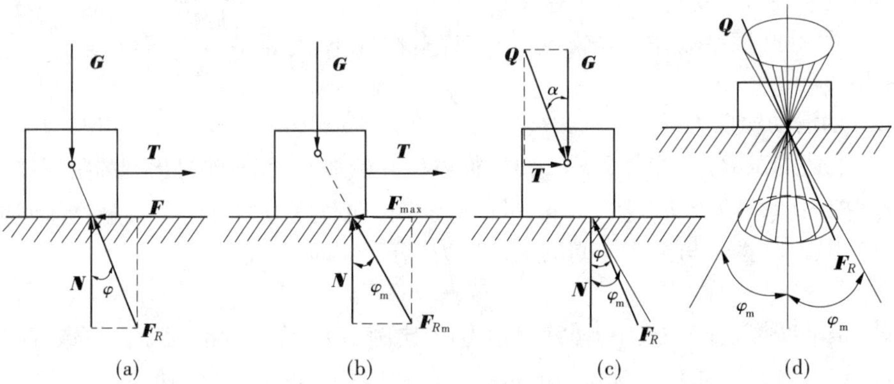

图 3-22

(二) 自锁

当物体平衡时，静摩擦力可在零与最大静摩擦力 $\boldsymbol{F}_{\max}$ 之间变化，所以全约束反力 $\boldsymbol{F}_R$ 与法线的夹角 φ 在零与摩擦角 φ_m 之间变化，即

$$0 \leqslant \varphi \leqslant \varphi_m \tag{3-14}$$

式(3-14)说明全约束反力的作用线不可能越出摩擦角或摩擦锥。

若将作用于物体上的主动力 $\boldsymbol{G}$ 与力 $\boldsymbol{T}$ 合成为力 $\boldsymbol{Q}$，其与接触面公法线间的夹角为 α，如图 3-22(c)所示。当物体平衡时，有 $Q = -F_R$，则有

$$\alpha = \varphi \tag{3-15}$$

由式(3-14)、式(3-15)知，当物体平衡时，应满足下述条件：

$$\alpha \leqslant \varphi_m$$

由上式可知，作用于物体上的主动力的合力 $\boldsymbol{Q}$，不论其大小如何，只要其作用线与接触面公法线间的夹角 α 不大于摩擦角 φ_m，物体必保持静止，这种现象称为自锁现象。工程实际中，常利用自锁原理设计一些机构和夹具。如螺旋千斤顶、圆锥销等，电工的脚套钩在电线杆上不会自行下滑也是自锁现象。

如果全部主动力的合力 $\boldsymbol{Q}$ 的作用线位于摩擦锥之外，则不论该力 $\boldsymbol{Q}$ 的值多么小，物

体都会滑动。这是因为，此时支承面的全约束反力 $\boldsymbol{F}_R$ 和主动力的合力 $\boldsymbol{Q}$ 不能满足二力平衡条件。应用这个道理,可以避免发生自锁。

三、静摩擦系数的测定

对于一般的工程问题,静摩擦系数可以从有关工程手册中查得,但是对于一些重要工程,必须由试验精确地测定静摩擦系数的值,用于设计计算。

静摩擦系数可用如下的简单方法来测定。将要测定的两种材料制成平板和物块,并使接触表面的情况符合预定的要求,将物块放在平板上,如图 3-23(a)所示。当平板的倾斜角 α 较小时,物块处于静止状态,逐渐增大平板的倾斜角,当 $\alpha=\alpha_m$ 时,物块处于将动而未动的临界平衡状态,此时摩擦力达到最大值,但物块仍处于平衡。其受力如图 3-23(b)所示,由平衡条件可知,重力 $\boldsymbol{G}$、法向反力 $\boldsymbol{N}$ 和摩擦力 $\boldsymbol{F}_{max}$ 三力组成的力三角形闭合,作力三角形如图 3-23(c)所示,得

$$\tan\alpha_m=\frac{F_{max}}{N}=\frac{f_sN}{N}=f_s \tag{3-21}$$

还可以利用物体处于临界平衡状态时,$\alpha_m=\varphi_m$ 来求出 f_s,即 $f_s=\tan\varphi_m=\tan\alpha_m$。

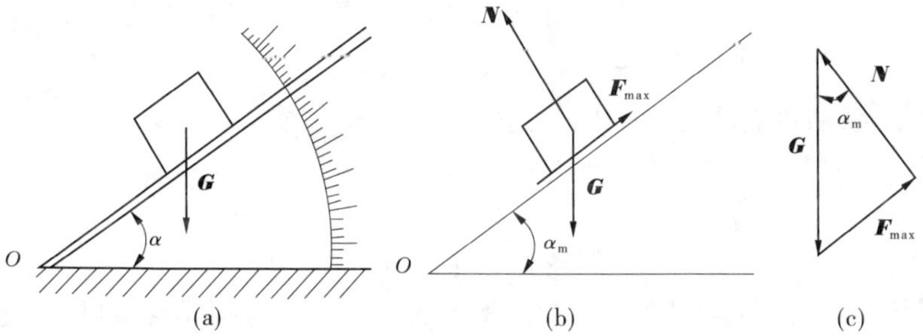

图 3-23

四、考虑摩擦时的平衡问题

考虑摩擦时的平衡问题与忽略摩擦时的平衡问题,在解题方法上是相同的,也是用平衡条件来求解,只是在受力分析时必须考虑摩擦力。

由于静摩擦力的方向永远与相对滑动的趋向相反,它的大小又在一定范围内变化,即 $0\leqslant F\leqslant F_{max}$,这样就允许主动力在一定范围内变化,因此问题的解答具有一定的范围,称为平衡范围。这正是考虑摩擦时物体平衡的一个特点。在求解时,通常可以假设物体处于平衡的临界状态,这时 $F=F_{max}=f_sN$,求出平衡范围的极值,然后确定。

考虑摩擦时物体的平衡问题,大致有如下两种类型:

(1)已知物体所受的主动力,判断物体处于静止还是滑动状态。

(2)要物体保持静止,求有关未知量的值或所具有的范围。

下面分别举例说明。

【例 3-12】 物体重 $G=980$ N,放在一倾斜角 $\alpha=30°$ 的斜面上。已知接触面的静摩擦系数 $f_s=0.2$。有一大小为 $Q=588$ N 的力沿斜面推物体如图 3-24(a)所示,问物体在斜

面上处于静止还是滑动？若静止，此时摩擦力多大？

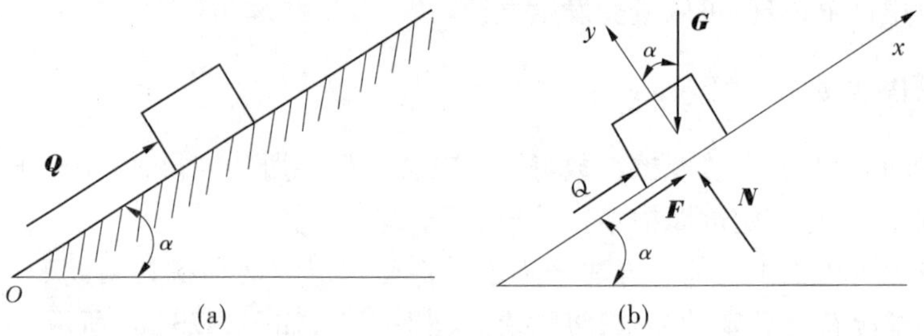

图 3-24

解：遇到这类问题，可先假定物体处于静止，然后由平衡方程求出物体处于静止状态时所需的静摩擦力 $\boldsymbol{F}$，并计算出可能产生的最大静摩擦力 $\boldsymbol{F}_{\max}$，将两者进行比较，确定力 $\boldsymbol{F}$ 是否满足方程 $F \leqslant F_{\max}$，从而确定物体是静止还是滑动。

设物体沿斜面有下滑的趋势，受力图及坐标系如图 3-24(b)所示。列平衡方程

由
$$\sum F_x = 0, Q - G\sin\alpha + F = 0$$
得
$$F = G\sin\alpha - Q = -98(\mathrm{N})$$
由
$$\sum F_y = 0, N - G\cos\alpha = 0$$
得
$$N = G\cos\alpha = 848.7(\mathrm{N})$$

根据静摩擦定律，可能产生的最大静摩擦力为

$$F_{\max} = f_s N = 169.7(\mathrm{N})$$

将 $|F|$ 与 $F_{\max}$ 比较，即

$$|F| < F_{\max}$$

结果说明物体在斜面上保持静止。静摩擦力为负值，说明其实际指向与假设方向相反，故物体沿斜面有上滑的趋势。

【例 3-13】 如图 3-25(a)所示，斜面上放一重为 $\boldsymbol{G}$ 的重物，它与斜面的摩擦角为 φ_m，斜面的倾角为 α，设 $\alpha > \varphi_m$。在物体上作用一水平力 $\boldsymbol{Q}$。问物体处于平衡时，力 $\boldsymbol{Q}$ 的取值范围是什么？

解：因 $\alpha > \varphi_m$，若力 $\boldsymbol{Q}$ 过小，则物体将下滑；若力 $\boldsymbol{Q}$ 过大，则物体将上滑。

(1)求力 $\boldsymbol{Q}$ 的最小值。

此时物体处于下滑的临界平衡状态，物体的受力如图 3-25(b)所示。由于物体有向下滑动的趋势，所以摩擦力应向上，且达到最大值，即

$$F_{\max} = f_s N \tag{a}$$

设坐标轴沿斜面向上，列平衡方程

$$\sum F_x = 0, Q_{\min}\cos\alpha - G\sin\alpha - F_{\max} = 0 \tag{b}$$

$$\sum F_y = 0, N - Q_{\max}\sin\alpha - G\cos\alpha = 0 \tag{c}$$

解方程组(a)、(b)、(c)，得

$$Q_{\min} = \frac{G(\sin\alpha - f_s\cos\alpha)}{\cos\alpha + f_s\sin\alpha} = G\tan(\alpha - \varphi_m)$$

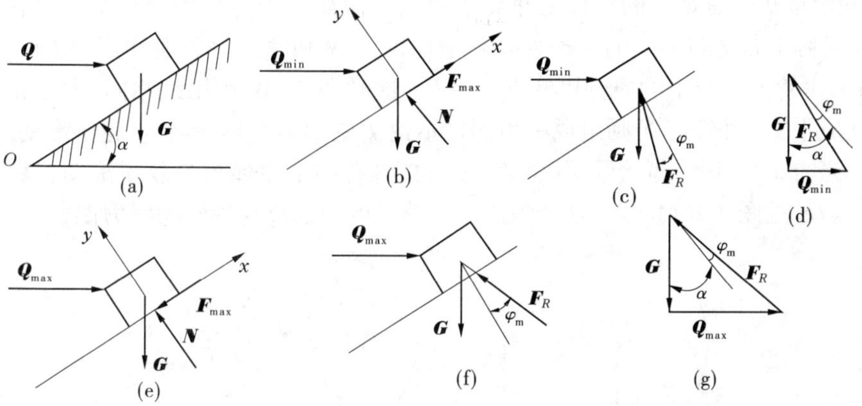

图 3-25

(2)求力 $\boldsymbol{Q}$ 的最大值。

此时物体处于上滑的临界平衡状态,其受力图如图 3-25(e)所示,由于物体有向上滑动的趋势,所以摩擦力应沿斜面向下,并达到最大值,即

$$F_{max} = f_s N \tag{d}$$

列平衡方程

$$\sum F_x = 0, Q_{max}\cos\alpha - G\sin\alpha - F_{max} = 0 \tag{e}$$

$$\sum F_y = 0, -Q_{max}\sin\alpha - G\cos\alpha + N = 0 \tag{f}$$

解方程组(d)、(e)、(f),得

$$Q_{max} = \frac{G(\sin\alpha + f_s\cos\alpha)}{\cos\alpha - f_s\sin\alpha} = G\tan(\alpha + \varphi_m)$$

可见,要使物体在斜面上保持静止,力 $\boldsymbol{Q}$ 的取值应满足

$$G\tan(\alpha - \varphi_m) \leqslant Q \leqslant G\tan(\alpha + \varphi_m)$$

本题还可以用几何法求解,步骤如下所述。

当力 $\boldsymbol{Q}$ 取最小值时,物体受力如图 3-25(c)所示,其中 $\boldsymbol{F}_R$ 是全约束反力。物体在 $\boldsymbol{Q}_{min}$、$\boldsymbol{G}$、$\boldsymbol{F}_R$ 3 个力作用下平衡,三力组成的力三角形应自行封闭,作力三角形如图 3-25(d)所示,得

$$Q_{min} = G\tan(\alpha - \varphi_m)$$

同理,当力 $\boldsymbol{Q}$ 取最大值时,物体受力如图 3-25(f)所示,力三角形如图 3-25(g)所示,得

$$Q_{max} = G\tan(\alpha + \varphi_m)$$

五*、滚动摩擦

当两物体有相对滚动或有相对滚动趋势时,物体间产生的对滚动的阻碍称为滚动摩擦。如车轮在地面上滚动,滚动轴承中的滚珠在轴承中滚动,都是滚动摩擦。

将一半径为 r、重为 $\boldsymbol{W}$ 的轮子放在水平面上,在轮心 O 加一水平力 $\boldsymbol{T}$(见图 3-26

(a)),并假定接触处有足够的摩擦阻止轮子滑动。假如轮子与平面都是刚体,则两者接触于 I 点(实际上是通过 I 点的一条直线);法向反力 $\boldsymbol{N}$ 和摩擦力 $\boldsymbol{F}$ 都作用于 I 点。显然 $\boldsymbol{N} = -\boldsymbol{W}$;又由轮子不滑动的条件可知 $\boldsymbol{F} = -\boldsymbol{T}$。这时 $\boldsymbol{N}$ 与 $\boldsymbol{W}$ 作用线相同、大小相等、方向相反,互成平衡,而 $\boldsymbol{T}$ 与 $\boldsymbol{F}$ 则组成一力偶。不论 $\boldsymbol{T}$ 的值多么小,都将使轮子滚动。但由经验可知,当力 $\boldsymbol{T}$ 较小时,轮子并不滚动,可见必另有一个力偶阻碍轮子滚动,该力偶的矩应为 $M = Tr$(见图 3-26(b))。这个阻碍轮子滚动的力偶称为滚动摩擦力偶。

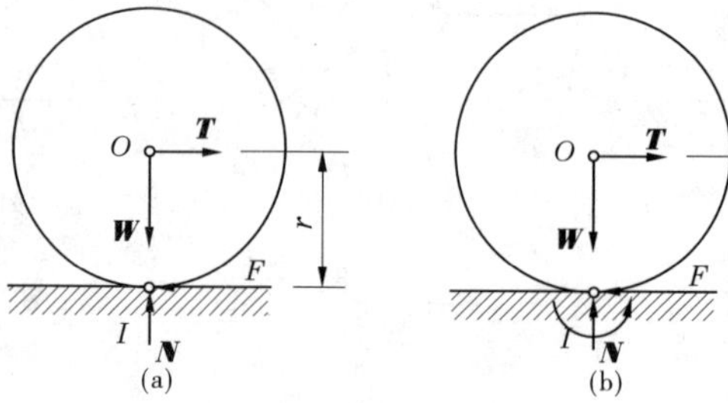

图 3-26

滚动摩擦力偶的产生主要由于接触物体(轮子与水平面)并非刚体,受力后产生了微小变形,使接触处不是一直线,而是偏向轮子滚动前方的一小块面积,水平面对轮子作用的力就分布在这一小块面积上,如图 3-27(a)所示(图中假设只是水平面变形)。将分布力合成为一个力 $\boldsymbol{F}_R$,则 $\boldsymbol{F}_R$ 的作用线也稍稍偏于轮子前方,再将 $\boldsymbol{F}_R$ 沿水平与铅直两个方向分解,则水平方向的分力即摩擦力 $\boldsymbol{F}$,铅直方向的分力即法向反力 $\boldsymbol{N}$,如图 3-27(b)所示。可见,$\boldsymbol{N}$ 向轮子前方偏移了一小段距离 d,使 $\boldsymbol{N}$ 与 $\boldsymbol{W}$ 组成一个力偶,这个力偶就是滚动摩擦力偶。我们也可以不用图 3-27(b)的表示法,而令 $\boldsymbol{N}$ 及 $\boldsymbol{F}$ 作用于 I 点(向 I 点简化),并附加一个力偶,如图 3-27(b)所示,当然力偶矩 $M_f = Nd$。

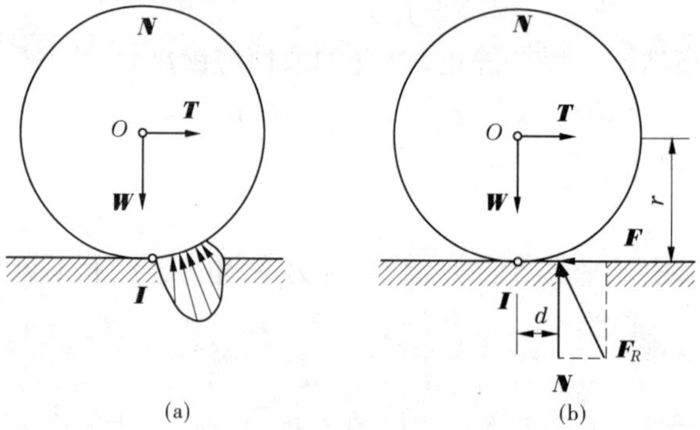

图 3-27

当 $\boldsymbol{T}$ 增大时,若轮子仍处于静止,显然滚动摩擦力偶矩也随着增大。但是滚动摩擦力偶矩不能无限增大,而有一最大值。当主动力偶的矩超过该最大值时,轮子就要开始滚动。滚动摩擦力偶矩的最大值称为极限滚动摩擦力偶矩。根据试验结果:极限滚动摩擦力偶矩与法向反力成正比。如用 $\boldsymbol{M}_{fmax}$ 代表极限滚动摩擦力偶矩,则

$$M_{fmax} = \delta N \tag{3-16}$$

式中 δ——滚动摩擦系数,是一个以长度为量纲的系数,常用的单位是毫米(mm)。

显然 δ 起着力偶臂的作用，它是法向反力偏离轮子最低点的最大距离。滚动摩擦因数 δ 的大小与接触体材料性质有关，可由试验测定。某些材料的 δ 值也可在工程手册中查到。表 3-2 为几种材料的滚动摩擦系数的大约值。

表 3-2　几种材料的滚动摩擦系数

材料	滚动摩擦系数	材料	滚动摩擦系数
木－木	0.5～0.8 mm	木－钢	0.35～0.4 mm
软钢－软钢	0.05 mm	轮胎－路面	2～10 mm

轮子滚动后，滚动摩擦力偶仍存在。通常认为滚动后的滚动摩擦力偶矩与极限摩擦力偶矩的大小相等。

现在来讨论为什么使轮子滚动比滑动省力。如图 3-27(b)所示，要使重为 $\boldsymbol{W}$ 的轮子滚动，所需最小的水平拉力为

$$T_1 = F = \frac{\delta N}{r} = \frac{\delta}{r}W$$

而使该轮子滑动，所需最小的水平拉力为

$$T_2 = F_{max} = f_s N = f_s W$$

式中　f_s——轮子与水平面间的静摩擦系数。

通常 $\frac{\delta}{r} \ll f_s$，所以

$$T_1 \ll T_2, F \ll F_{max}$$

可见，使轮子滚动比滑动省力。在生产实践中，为了省力常以滚动代替滑动，例如，在水利工程中，启闭水闸闸门以轮子在钢轨上的滚动代替滑动；在机器中以滚珠轴承代替滑动轴承等，就是这个道理。

【例 3-14】　在半径为 r、重为 $\boldsymbol{W}_1$ 的两个滚子上放一木板，木板上放一重物，板与重物共重 $\boldsymbol{W}_2$(见图 3-28(a))，在水平力 $\boldsymbol{F}$ 的作用下，木板与重物以匀速沿直线缓慢运动。设木板与滚子之间及滚子与地面之间的滚动摩擦系数分别为 δ' 及 δ，并且无相对滑动，试求力 $\boldsymbol{F}$ 的大小。

解：因为木板和重物以匀速沿直线缓慢运动，所以滚子以匀速缓慢滚动，因而作用在整个系统上的力必成平衡。由于接触处的变形，所有接触处的法向反力都向相对滚动的一边偏移一微小距离——等于滚动摩擦系数。

分别考虑木板和重物以及两个滚子的平衡，作受力图如图 3-28(b)、(c)、(d)所示(也可令 N_A、N_B…作用于接触点，另加相应的滚阻力偶)。取 x 轴水平向右，y 轴铅直向上，由图 3-28(b)得

$$\sum F_x = 0, F - F_A - F_B = 0 \qquad \text{(a)}$$

$$\sum F_y = 0, N_A + N_B - W_2 = 0 \qquad \text{(b)}$$

由图 3-28(c)得

$$\sum M_C'(F) = 0, N_B'(\delta + \delta') + W_1\delta - F_B'2r = 0 \qquad \text{(c)}$$

由图 3-28(d)得

$$\sum M_D'(F) = 0, N_A'(\delta + \delta') + W_1\delta - F_A' 2r = 0 \qquad \text{(d)}$$

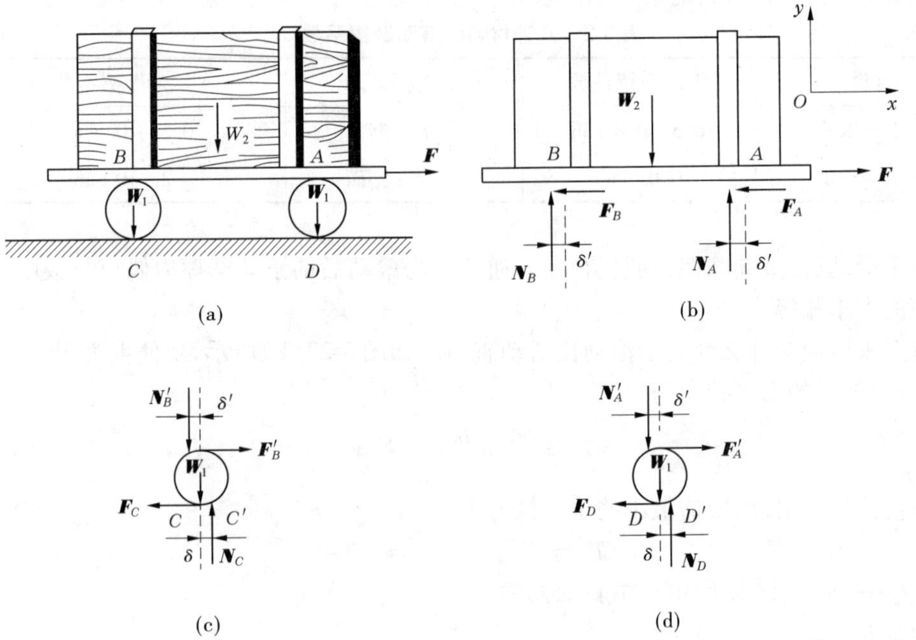

图 3-28

将式(c)、式(d)相加,得$(N_A' + N_B')(\delta + \delta') + 2W_1\delta - (F_A' + F_B')2r = 0$ (e)

因 $N_A' = N_A, N_B' = N_B, F_A' = F_A, F_B' = F_B$,由式(a)、式(b)得

$$F_A + F_B = F, N_A + N_B = W_2$$

代入式(e),则

$$W_2(\delta + \delta') + 2W_1\delta - 2rF = 0$$

解得

$$F = \frac{W_2(\delta + \delta') + 2W_1\delta}{2r}$$

当 W_1 远比 W_2 小时,可以略去不计,于是得

$$F = \frac{W_2(\delta + \delta')}{2r}$$

设 $W_2 = 10$ kN,$r = 30$ mm,$\delta = 0.3$ mm,$\delta' = 0.4$ mm,滚子重 W_1 略去不计,代入 $F = \frac{W_2(\delta + \delta')}{2r}$,得

$$F = \frac{10 \times (0.3 + 0.4)}{2 \times 30} = \frac{7}{60} = 0.117(\text{kN})$$

如将木板下滚子移去,使木板与地面接触,设木板与地面的滑动摩擦系数 $f_s = 0.6$,则刚能拖动木板和重物的水平力 $F' = f_s N$。因为 $N = W_2$,所以 $F' = f_s W_2 = 0.6 \times 10 = 6(\text{kN})$。对比 F 与 F'的值,可知滚动所需的力仅为滑动所需力的 1.95%。

第五节* 空间力系在直角坐标轴上的投影

作用于刚体上的力系中各力的作用线不在同一平面内,这种力系称为空间力系。空间力系根据各力作用线的相对位置又可以分为3类:

(1)力系中各力的作用线都汇交于一点的,称为空间汇交力系,如图3-29所示。

(2)作用在刚体上的若干个力偶不都位于同一平面内,组成的力系称为空间力偶系,如图3-30所示。

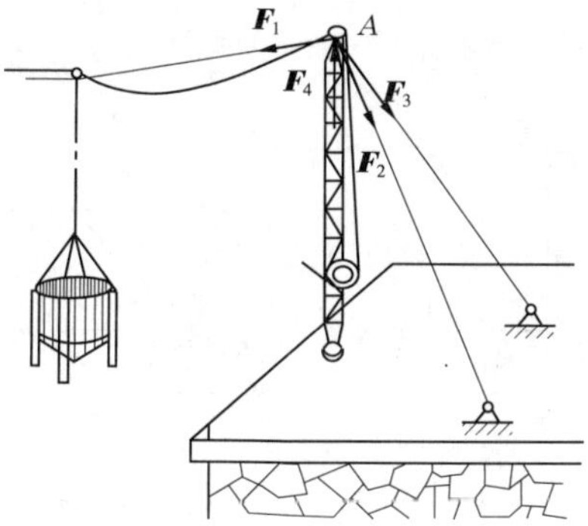

图3-29

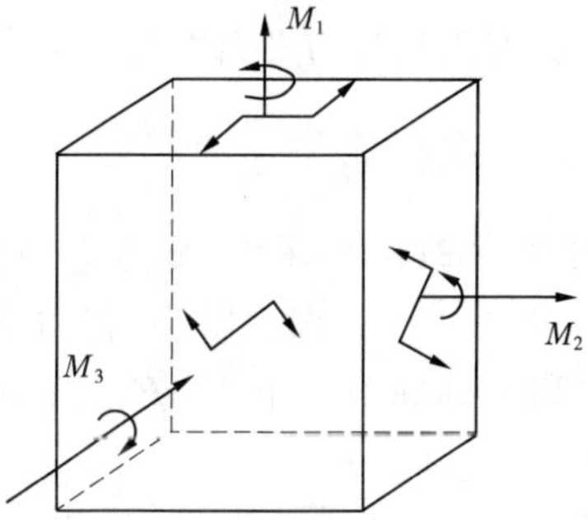

图3-30

(3)力系中各力的作用线在空间中是任意分布的,称为空间一般力系,如图3-31所示。

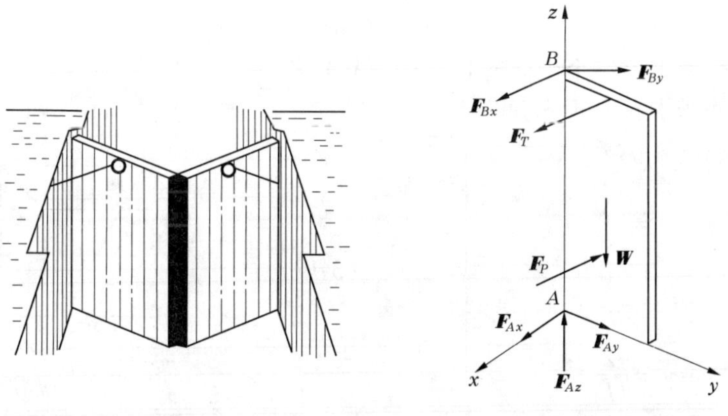

(a) (b)

图3-31

在工程实际中,物体所受的力系都是空间力系。在很多情况下,我们可将实际的空间力系简化为平面力系来处理。但对有些工程问题,却必须按空间力系来计算。前几章所介绍的各种力系实际上都是空间力系的特例。本章讨论力在空间坐标轴上的投影、空间力系的合成与平衡及重心等问题。

用解析法讨论空间力系的合成和平衡问题，必须会计算力在空间直角坐标轴上的投影。因此，我们先讨论这个问题。

一、直接投影法

若已知力 $\boldsymbol{F}$ 及空间坐标系 $Oxyz$，如图 3-32(a)所示。力 $\boldsymbol{F}$ 与 x 轴、y 轴、z 轴正向的夹角分别为 α、β、γ，则力在轴上的投影等于力的大小乘以该夹角的余弦，即

$$X = F\cos\alpha$$
$$Y = F\cos\beta$$
$$Z = F\cos\gamma$$

投影的正负号与平面力系的规定相同。

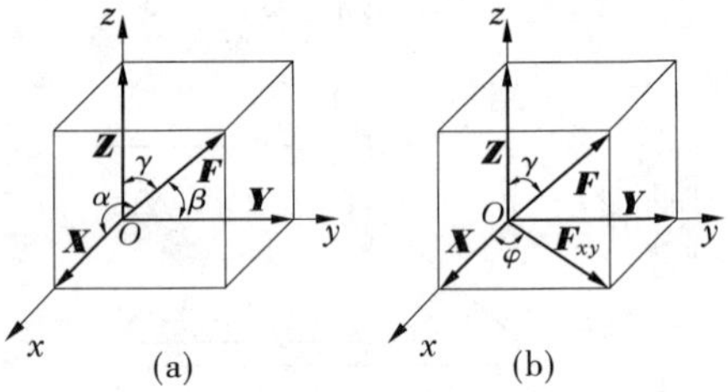

图 3-32

二、二次投影法

如图 3-32(b)所示，已知力 $\boldsymbol{F}$ 与 z 轴的夹角为 γ，则可采用二次投影法：将力 $\boldsymbol{F}$ 先投影到 z 轴和坐标面 Oxy 上，力 $\boldsymbol{F}$ 在 Oxy 面上的投影为

$$F_{xy} = F\sin\gamma$$

然后将 $\boldsymbol{F}_{xy}$ 投影到 x 轴、y 轴上。设 $\boldsymbol{F}_{xy}$ 与 x 轴的夹角为 φ，则力 $\boldsymbol{F}$ 在三个坐标轴上的投影分别为

$$X = F\sin\gamma\cos\varphi$$
$$Y = F\sin\gamma\sin\varphi$$
$$Z = F\cos\gamma$$

若已知一个力 $\boldsymbol{F}$ 在三个坐标轴上的投影 X、Y、Z，则由图 3-32 可求得 $\boldsymbol{F}$ 的大小和方向

$$\left.\begin{aligned} F &= \sqrt{X^2 + Y^2 + Z^2} \\ \cos\alpha &= \frac{X}{F} \\ \cos\beta &= \frac{Y}{F} \\ \cos\gamma &= \frac{Z}{F} \end{aligned}\right\} \tag{3-17}$$

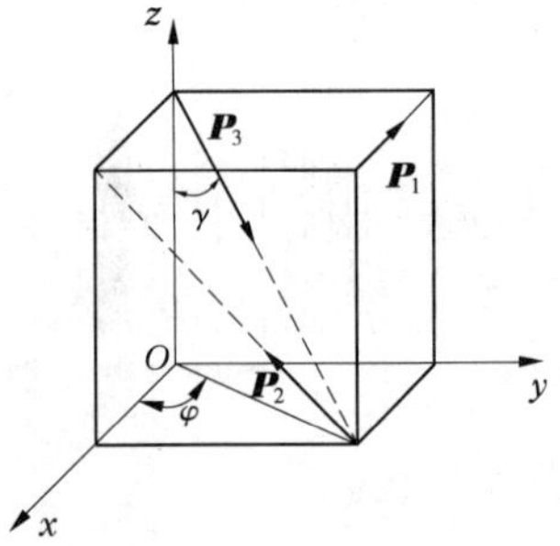

图 3-33

【例 3-15】 在一边长为 a 的立方体上作用有 3 个力 $\boldsymbol{P}_1$、$\boldsymbol{P}_2$、$\boldsymbol{P}_3$，如图 3-33 所示。已知 $P_1 = 2$ kN，$P_2 = 1$ kN，$P_3 = 5$ kN，试分别计算这 3 个力在坐标轴上的投影。

解： 力 $\boldsymbol{P}_1$ 的作用线与 x 轴平行，与坐标面 Oyz 垂直，与 y 轴、z 轴也垂直，于是可得

$$X_1 = -P_1 = -2(\text{kN})$$
$$Y_1 = 0$$

$$Z_1 = 0$$

力 $\boldsymbol{P}_2$ 的作用线与 x 轴垂直,与坐标面 Oyz 平行,先将 $\boldsymbol{P}_2$ 投影在 x 轴和平面 Oyz 面上,在 x 轴上的投影为零,在 Oyz 面上的投影 $\boldsymbol{P}_{2yz}$ 就是 $\boldsymbol{P}_2$ 本身,于是可得

$$X_2 = 0$$

$$Y_2 = -P_{2yz}\cos45° = -P_2\cos45° = -1 \times 0.707 = -0.707(\text{kN})$$

$$Z_2 = P_{2yz}\sin45° = P_2\sin45° = 1 \times 0.707 = 0.707(\text{kN})$$

设力 $\boldsymbol{P}_3$ 与 z 轴的夹角为 γ,它在 Oxy 面上的投影与 x 轴的夹角为 φ,则由两次投影法可得

$$X_3 = P_3\sin\gamma\cos\varphi = 5 \times \frac{\sqrt{2}a}{\sqrt{3}a} \times \frac{a}{\sqrt{2}a} = \frac{5}{\sqrt{3}} = 2.89(\text{kN})$$

$$Y_3 = P_3\sin\gamma\sin\varphi = 5 \times \frac{\sqrt{2}a}{\sqrt{3}a} \times \frac{a}{\sqrt{2}a} = \frac{5}{\sqrt{3}} = 2.89(\text{kN})$$

$$Z_3 = -P_3\cos\gamma = -5 \times \frac{a}{\sqrt{3}a} = -\frac{5}{\sqrt{3}} = -2.89(\text{kN})$$

三、力沿空间直角坐标轴的分解

设有一力 $\boldsymbol{F}$ 作用于物体的 O 点,取坐标系如图 3-34 所示,求力 $\boldsymbol{F}$ 沿三个坐标轴方向的分力。应用力的平行四边形法则,先作力的平行四边形 $OEAD$,将力 $\boldsymbol{F}$ 分解为沿 z 轴方向以及在 Oxy 面上的两个分力 $\boldsymbol{F}_z$ 和 $\boldsymbol{F}'$,然后作力的平行四边形 $OBEC$,将力 $\boldsymbol{F}'$ 分解为沿 x 轴和 y 轴方向的两个分力 $\boldsymbol{F}_x$ 和 $\boldsymbol{F}_y$。显然,$\boldsymbol{F}_x$、$\boldsymbol{F}_y$、$\boldsymbol{F}_z$ 就是力 $\boldsymbol{F}$ 沿空间直角坐标轴方向的三个分力。

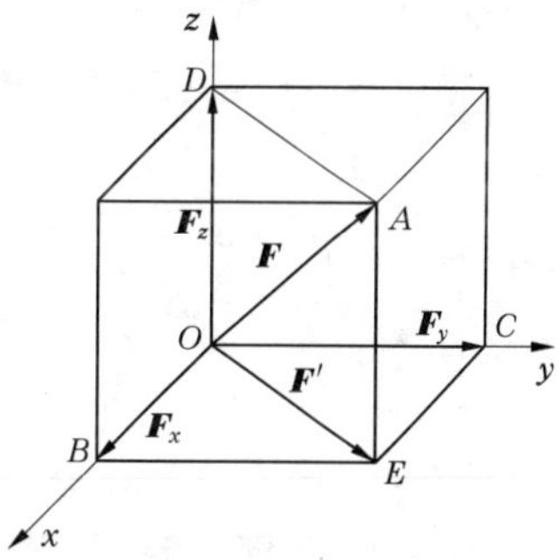

图 3-34

将力沿三个坐标轴的分力与力在该三个轴上的投影比较可知,力 $\boldsymbol{F}$ 沿直角坐标轴分力的大小分别等于该力在相应坐标轴上的投影绝对值,即

$$F_x = |X|, F_y = |Y|, F_z = |Z|$$

而且,当投影为正时,相应的分力就指向坐标轴的方向;当投影为负时,则指向负向。因此,力沿直角坐标轴的分力可以通过该力在相应轴上的投影来求,但对分力要明确其作用线位置。

第六节* 空间汇交力系的合成与平衡

一、空间汇交力系的合成

设在物体上作用有空间汇交力系($\boldsymbol{F}_1, \boldsymbol{F}_1, \cdots, \boldsymbol{F}_n$),如图 3-35(a)所示,现求其合成的

结果。

用解析法求空间汇交力系的合成，同平面汇交力系一样也是以合理投影定理为依据的。第二章介绍的合力投影定理可以推广到空间汇交力系，即合力在任一轴上的投影等于力系中所有各力在同一轴上的投影的代数和。取空间直角坐标系如图3-35(a)所示，根据合力投影定理有

$$\left.\begin{aligned} R_x &= \sum X \\ R_y &= \sum Y \\ R_z &= \sum Z \end{aligned}\right\} \tag{3-18}$$

式中 $\sum X$——力系中各力在 x 轴上的投影代数和；

$\sum Y$——力系中各力在 y 轴上的投影代数和；

$\sum Z$——力系中各力在 z 轴上的投影代数和；

R_x——合力在 x 轴上的投影；

R_y——合力在 y 轴上的投影；

R_z——合力在 z 轴上的投影。

如果已知 R_x、R_y、R_z（见图3-35(b)），应用式(3-18)就可以求得合力 $\boldsymbol{R}$ 的大小和方向余弦为

$$\left.\begin{aligned} R &= \sqrt{R_x^2 + R_y^2 + R_z^2} = \sqrt{(\sum X)^2 + (\sum Y)^2 + (\sum Z)^2} \\ \cos\alpha &= \frac{R_x}{R} = \frac{\sum X}{R} \\ \cos\beta &= \frac{R_y}{R} = \frac{\sum Y}{R} \\ \cos\gamma &= \frac{R_z}{R} = \frac{\sum Z}{R} \end{aligned}\right\} \tag{3-19}$$

合力的作用线通过原力系的汇交点 O。

二、空间汇交力系的平衡条件

由于空间力系可以合成为一个合力，因此空间汇交力系平衡的必要和充分条件是：该力系的合力等于零，即

$$R = \sqrt{(\sum X)^2 + (\sum Y)^2 + (\sum Z)^2} = 0$$

要使上式成立，必须同时满足

$$\left.\begin{aligned} \sum X &= 0 \\ \sum Y &= 0 \\ \sum Z &= 0 \end{aligned}\right\} \tag{3-20}$$

于是可得结论：空间汇交力系平衡的必要和充分条件是：力系中所有各力在三个坐标

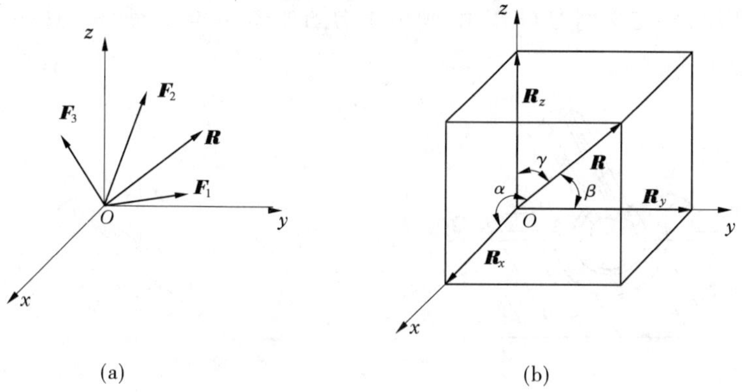

图 3-35

轴中每一轴上的投影的代数和分别等于零。式(3-20)称为空间汇交力系的平衡方程。利用这三个平衡方程,可求解三个未知量。求解空间汇交力系平衡问题的步骤,与平面汇交力系问题相同。

【例 3-16】 空间支架如图 3-36(a)所示。杆 CD 自重不计,D 端用球形铰链与铅直墙连接,C 端用两根水平绳 AC、BC 拉住。A、B、D 三点在同一铅直面内,D 点在 AB 中点 E 的正下方。如在 C 点挂重物 $G=1$ kN,求两根绳子和杆 CD 所受的力。已知 $AE=EB=120$ mm,$EC=ED=240$ mm。

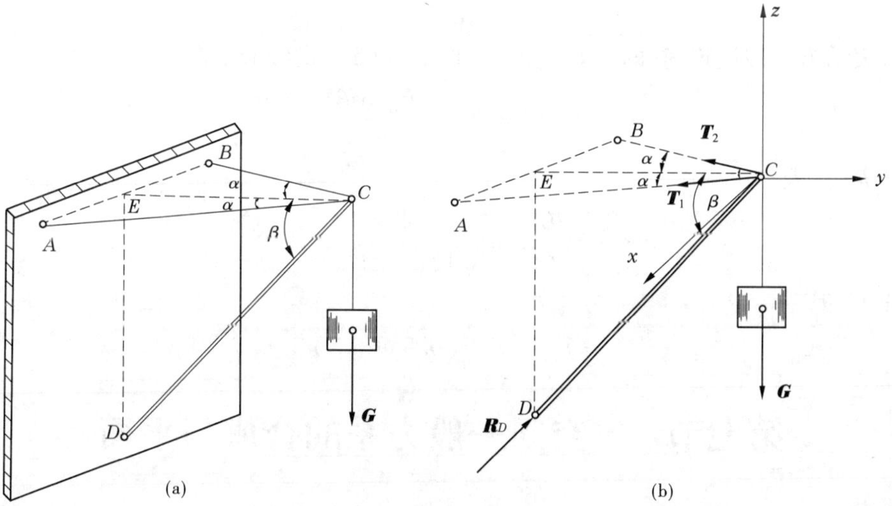

图 3-36

解:先讨论球形铰链约束,它的结构简图如图 3-37 所示,由固定于一物体上的圆球嵌入球窝内而构成,且接触光滑。这种约束只能限制物体沿任何方向的移动,而不能限制物体绕球心的转动,因此它的约束反力通过球心,而方向未定,通常用沿空间直角坐标轴的三个分反力 $\boldsymbol{X_A}$、$\boldsymbol{Y_A}$、$\boldsymbol{Z_A}$ 表示,如图 3-38 所示。

现在讨论图 3-36(a)的支架,取杆 CD 为研究对象。因为杆 CD 的重量不计,又只在两端受力，所以杆 CD 为二力杆，球铰 D 对杆 CD 的反力 $\boldsymbol{R}_D$ 必沿 CD 直线，杆在 C 端受绳拉力 $\boldsymbol{T}_1$、$\boldsymbol{T}_2$ 作用，重物受重力 $\boldsymbol{G}$ 作用，画出受力图如图 3-36(b)所示，这四个力组成空间汇交力系。

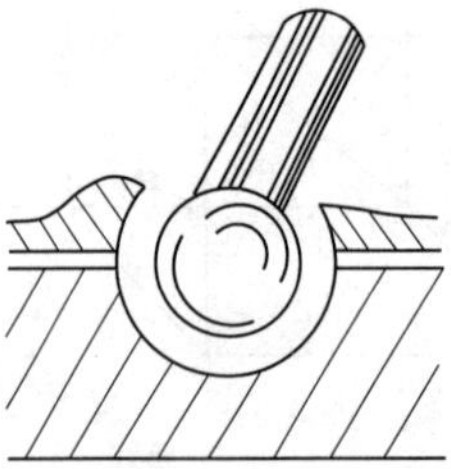

图 3-37

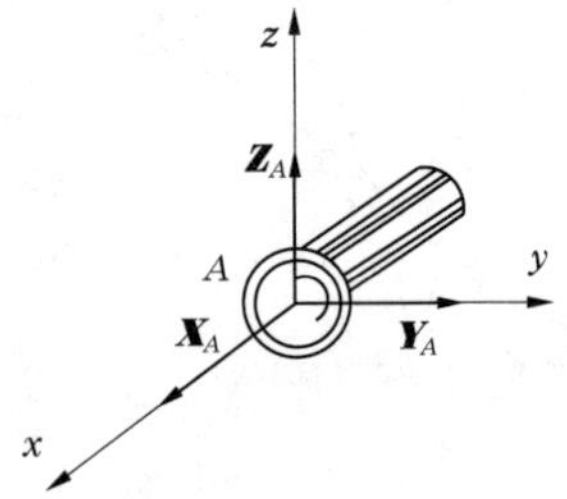

图 3-38

设坐标系如图 3-36(b)所示。已知 $\angle ECD=\beta=45°$，并令 $\angle ACE=\angle ECB=\alpha$，列出平衡方程

$$\sum X=0, T_1\sin\alpha-T_2\sin\alpha=0 \tag{a}$$

$$\sum Y=0, R_D\cos\beta-T_1\cos\alpha-T_2\cos\alpha=0 \tag{b}$$

$$\sum Z=0, R_D\sin\beta-G=0 \tag{c}$$

由式(c)解得

$$R_D=\frac{G}{\sin\beta}=\frac{1}{\sin45°}=1.414(\mathrm{kN})$$

得正号表示方向假设正确，即杆 CD 受压。联立式(a)、式(b)求得

$$T_1=T_2=\frac{R_D\cos\beta}{2\cos\alpha}$$

将 R_D、β 及

$$\cos\alpha=\frac{CE}{AC}=\frac{24}{\sqrt{12^2+24^2}}=0.894$$

的值代入，得

$$T_1=T_2=0.559(\mathrm{kN})$$

第七节* 空间一般力系的合成与平衡

一、空间一般力系的合成

(一) 空间力系向一点简化

设在刚体上作用有空间一般力系($\boldsymbol{F}_1,\boldsymbol{F}_2,\cdots,\boldsymbol{F}_n$)，如图 3-39(a)所示。为了将这力系简化，在其作用面内取任意点 O，根据力的平移定理，将力系中各力都平移到 O 点，就得到空间汇交力系 $\boldsymbol{F}_1'$、$\boldsymbol{F}_2'$、…、$\boldsymbol{F}_n'$ 和力偶矩为 M_1、M_2、…、M_n 的附加的空间力偶系，如图 3-39(b)所示。

(二)主矢和主矩

同平面一般力系相同,空间一般力系可合成为作用线通过简化中心 O 点的一个力,称为主矢;附加的力偶系可合成为一个力偶,称为主矩。与平面一般力系一样,主矢与简化中心的位置无关,主矩一般与简化中心的位置有关,主矩大小为 $M_O = \sum M_O(F_i)$,如图 3-39(c)所示。

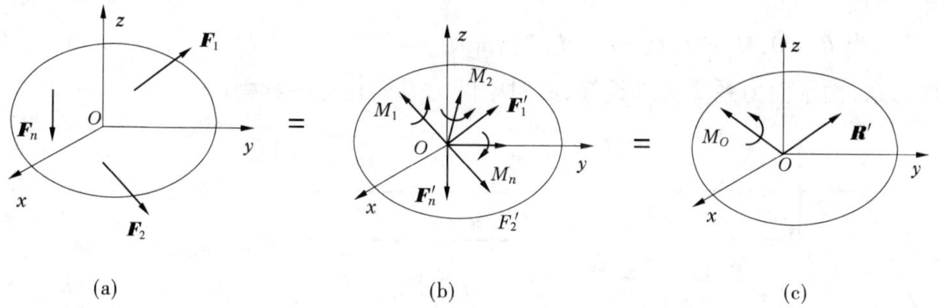

图 3-39

主矢的求解同空间汇交力系的合成方法,取空间直角坐标系,根据合力投影定理有

$$\left.\begin{aligned} R_x &= \sum X \\ R_y &= \sum Y \\ R_z &= \sum Z \end{aligned}\right\} \tag{3-21}$$

式中 $\sum X$——力系中各力在 x 轴上的投影代数和;

$\sum Y$——力系中各力在 y 轴上的投影代数和;

$\sum Z$——力系中各力在 z 轴上的投影代数和;

R_x———合力在 x 轴上的投影;

R_y———合力在 y 轴上的投影;

R_z———合力在 z 轴上的投影;

如果已知 $\boldsymbol{R}_x$、$\boldsymbol{R}_y$、$\boldsymbol{R}_z$,应用式(3-17),就可以求得合力 $\boldsymbol{R}'$的大小和方向余弦为

$$\left.\begin{aligned} R' &= \sqrt{R_x^2 + R_y^2 + R_z^2} = \sqrt{(\sum X)^2 + (\sum Y)^2 + (\sum Z)^2} \\ \cos\alpha &= \frac{R_x}{R} = \frac{\sum X}{R} \\ \cos\beta &= \frac{R_y}{R} = \frac{\sum Y}{R} \\ \cos\gamma &= \frac{R_z}{R} = \frac{\sum Z}{R} \end{aligned}\right\} \tag{3-22}$$

(三)空间一般力系的简化结果分析

空间任意力系向一点可能出现下列 4 种情况,即①$R' = 0, M_O \neq 0$;②$R' \neq 0, M_O = 0$;③$R' \neq 0, M_O \neq 0$;④$R' = 0, M_O = 0$。现分别加以讨论。

1. 空间一般力系简化为一合力偶的情形

当 $R'=0$ 时，$M_O\neq0$ 时，此空间力系可简化为一合力偶，这力偶与原力系等效，合力偶矩等于力系主矩 M_O，与简化中心的位置无关。

2. 空间一般力系简化为一合力的情形

(1) 当 $R'\neq0$，$M_O=0$ 时，此空间力系可简化为过 O 点的一合力，合力的大小和方向与主矢相同。

(2) 当 $R'\neq0$，$M_O\neq0$，且 $R'\perp M_O$ 时，如图 3-40 所示。这时，R' 与 M_O 共面，可看做一平面力系，由平面力系简化理论知，此时空间力系简化为一合力。

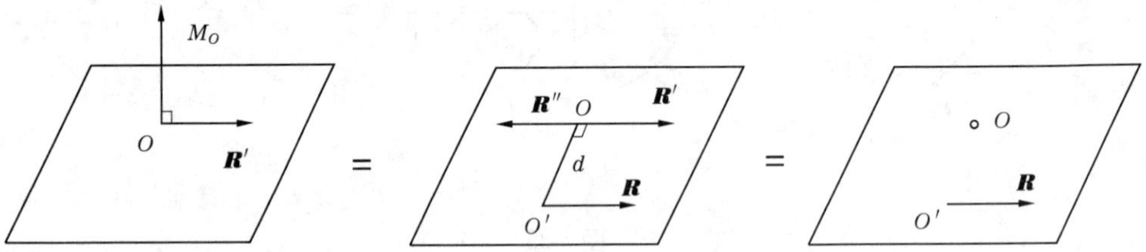

图 3-40

此合力 $\boldsymbol{R}$ 的作用线过 O' 点，大小和方向取决于主矢，其作用线到 O 点的距离

$$d=\frac{M_O}{R} \tag{3-23}$$

3. 空间力系简化为力螺旋的情形（由一力和在该力垂直的平面内的一力偶组成的力系）

当 $R'\neq0$，$M_O\neq0$，且 $R'/\!/M_O$ 时，无法进一步合成，这就是简化的最后结果。这种力与力偶作用面垂直的情形称为力螺旋。当 R' 与 M_O 同方向时，称为右手螺旋，如图 3-41 所示；当 R' 与 M_O 反向时，称为左手螺旋。

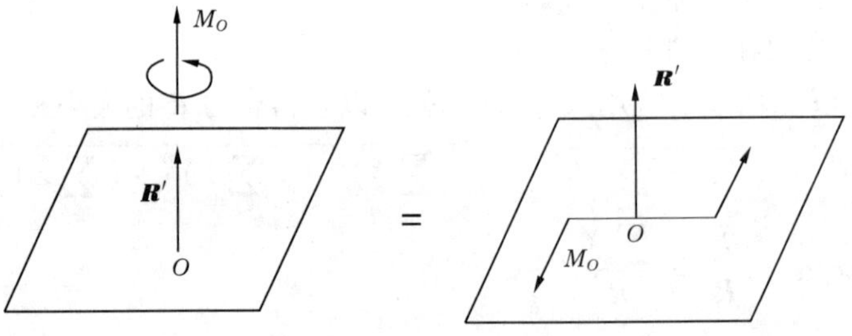

图 3-41

当 $R'\neq0$，$M_O\neq0$，且两者既不平行，又不垂直时，可将 M_O 分解为两个分力偶 M_O'' 和 M_O'，它们分别垂直于 $\boldsymbol{R}'$ 和平行于 $\boldsymbol{R}'$，则 M_O'' 和 R' 可用作用于点 O' 的力 $\boldsymbol{R}$ 来代替，最终得一通过点 O' 的力螺旋，如图 3-42 所示。

4. 空间一般力系平衡

当 $R'=0$，$M_O=0$ 时，此空间力系为平衡力系，将在下面详细讨论。

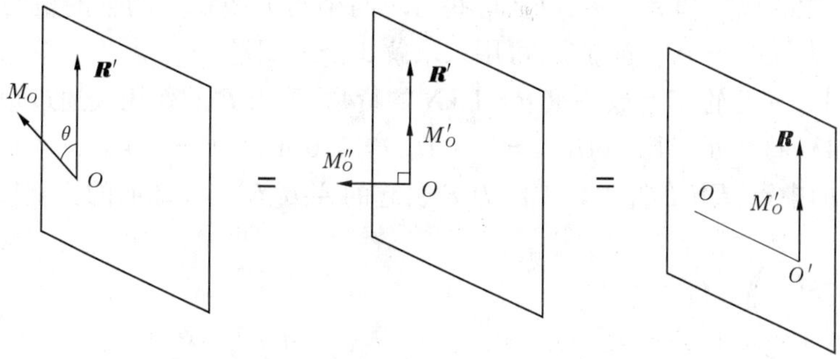

图 3-42

二、空间力系的平衡方程及其应用

从空间力系的简化结果可知，要使物体在空间不移动也不转动，就是使物体沿三个坐标轴的方向都不能移动，同时，绕三个坐标轴也不能转动，这就需要力系中所有各力在三个坐标轴中每一轴上的投影的代数和都等于零，以及力系的各力在这三个坐标轴的矩的代数和也都等于零。所以，空间力系平衡的必要和充分条件是：力系的主矢和对任一点的主矩为零，即

$$R' = 0, M_O = 0 \tag{3-24}$$

其解析式为

$$\left.\begin{aligned}\sum X &= 0\\ \sum Y &= 0\\ \sum Z &= 0\\ \sum M_x(\boldsymbol{F}) &= 0\\ \sum M_y(\boldsymbol{F}) &= 0\\ \sum M_z(\boldsymbol{F}) &= 0\end{aligned}\right\} \tag{3-25}$$

如果力系满足式(3-25)6 个条件，则物体一定处于平衡状态。所以，式(3-25)是空间一般力系平衡的必要和充分条件，称为空间一般力系的平衡方程。

当应用这 6 个平衡方程求解空间一般力系的平衡问题时，可以解出 6 个未知量。

空间一般力系是力系的一般情形，其他力系都是它的特例。所以，这些力系的平衡方程都可以由空间一般力系的平衡方程式(3-25)导出。下面推导空间平行力系的平衡方程。一物体受空间平行力系作用，取 z 轴与各力平行，则 $\sum x \equiv 0$，$\sum y \equiv 0$，$\sum M_z \equiv 0$，即不论力系是否平衡，上列 3 式总是满足的。因此，空间平行力系的平衡方程为

$$\left.\begin{aligned}\sum Z &= 0\\ \sum M_x(\boldsymbol{F}) &= 0\\ \sum M_y(\boldsymbol{F}) &= 0\end{aligned}\right\} \tag{3-26}$$

即空间平行力系平衡的必要和充分条件是：力系中所有各力在与力的作用线平行的

坐标轴上的投影的代数和等于零,以及这些力对两个与力线垂直的轴的矩的代数和等于零。空间平行力系的 3 个平衡方程,可用来求解 3 个未知量。

【例 3-17】 在三轮车上放一重 $P=1$ kN 的货物,重力 $\boldsymbol{P}$ 的作用线通过矩形底板上的点 M,如图 3-43(a)所示。已知 $O_1O_2=1$ m,$O_3D=1.6$ m,$O_1E=0.4$ m,$EM=0.6$ m,D 点是线段 O_1O_2 的中点,$EM\perp O_1O_2$。求由力 $\boldsymbol{P}$ 引起的 A、B、C 三处地面的铅直反力。

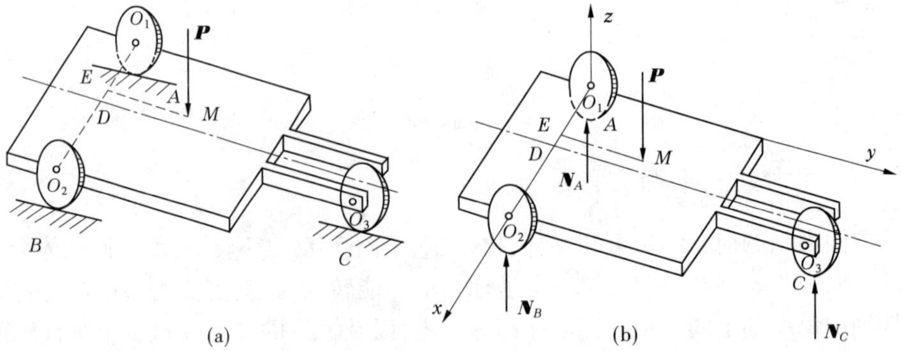

图 3-43

解:取三轮车为研究对象,画其受力图如图 3-43(b)所示,三轮车受重力 $\boldsymbol{P}$ 与地面铅直反力 $\boldsymbol{N}_A$、$\boldsymbol{N}_B$、$\boldsymbol{N}_C$ 作用而处于平衡,这 4 个力组成空间平行力系。应用 3 个平衡方程,可以求解 3 个未知量。

设坐标系如图 3-43(b)所示,列出平衡方程

$$\sum Z=0, N_A+N_B+N_C-P=0 \tag{a}$$

$$\sum M_x=0, N_C\times 1.6-P\times 0.6=0 \tag{b}$$

$$\sum M_y=0,\ P\times 0.4-N_B\times 1-N_C\times 0.5=0 \tag{c}$$

由式(b)解得

$$N_C=\frac{0.6}{1.6}P=\frac{0.6}{1.6}\times 1=0.375(\text{kN})$$

将 N_C 值代入式(c)得

$$N_B=P\times 0.4-N_C\times 0.5=1\times 0.4-0.375\times 0.5=0.213(\text{kN})$$

将 N_C、N_B 值代入式(a)得

$$N_A=P-N_B-N_C=1-0.213-0.375=0.412(\text{kN})$$

【例 3-18】 装有两个带轮 C 和轮 D 的水平传动轴 AB,支承于径向轴承 A、B 上,如图 3-44(a)所示,轮的半径 $r_1=200$ mm,$r_2=250$ mm,距离 $a=b=500$ mm,$c=1\ 000$ mm。已知轮 C 上胶带拉力的方向成水平,其大小 $T_2=2T_1=5$ kN;轮 D 上两边的胶带互相平行,并与铅垂线夹角 $\theta=30°$,其拉力大小 $T_3=2T_4$。不计轮和轴的重量,试求在平衡状态下胶带拉力 $\boldsymbol{T}_3$、$\boldsymbol{T}_4$ 及轴承 A、B 的约束反力。

解:取轴与轮整体作为研究对象。作用在研究对象上有胶带拉力 $\boldsymbol{T}_1$、$\boldsymbol{T}_2$、$\boldsymbol{T}_3$、$\boldsymbol{T}_4$ 和 A、B 轴承反力 $\boldsymbol{X}_A$、$\boldsymbol{Z}_A$、$\boldsymbol{X}_B$、$\boldsymbol{Z}_B$,其受力图如图 3-44(b)所示。

取坐标系如图 3-44(b)所示,由于所有的力都与 y 轴垂直,故 $\sum Y\equiv 0$,根据空间一般

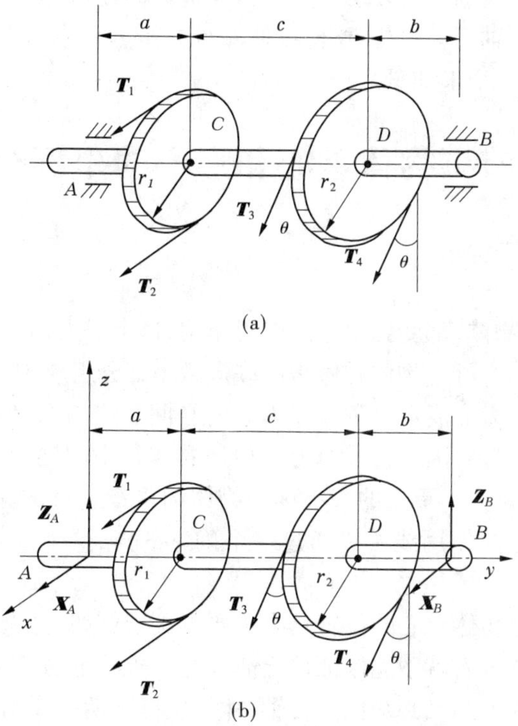

图 3-44

力系的平衡条件可写出 5 个独立的平衡方程,连同关系式 $T_3 = 2T_4$,可求解 6 个未知量 X_A、Z_A、X_B、Z_B、T_3 及 T_4。列平衡方程

$$\sum X = 0, X_A + X_B + T_1 + T_2 + (T_3 + T_4)\sin\theta = 0 \quad \text{(a)}$$

$$\sum Z = 0, Z_A + Z_B - (T_3 + T_4)\cos\theta = 0 \quad \text{(b)}$$

$$\sum M_x = 0, Z_B(a + b + c) - (T_3 + T_4)\cos\theta(a + c) = 0 \quad \text{(c)}$$

$$\sum M_y = 0, (T_3 - T_4)r_2 - (T_2 - T_1)r_1 = 0 \quad \text{(d)}$$

$$\sum M_z = 0, -X_B(a + b + c) - (T_2 + T_1)a - (T_3 + T_4)\sin\theta(a + c) = 0 \quad \text{(e)}$$

$$T_3 = 2T_4 \quad \text{(f)}$$

由式(d)与式(f)联立解得

$$T_3 = 4\ \text{kN}, T_4 = 2\ \text{kN}$$

将 T_3、T_4 值代入式(e)与式(c)解得

$$X_B = -4.13\ \text{kN}, Z_B = 3.90\ \text{kN}$$

再由式(a)、式(b)得

$$X_A = -6.37\ \text{kN}, Z_A = 1.30\ \text{kN}$$

X_A、X_B 得负值,表明反力 $\boldsymbol{X}_A$、$\boldsymbol{X}_B$ 的指向应与图示的相反。

通过以上例题的分析可知,空间力系平衡问题的解题步骤与平面力系相同。为了计算的方便,解题时投影轴应选取与较多的未知力成垂直,力矩轴应选取与较多的未知力相交或平行,投影轴与力矩轴不一定要重合,以便减少一个方程中所含的未知量的个数,尽量做到一个方程只包含一个未知量。

第八节　物体重心和形心的坐标公式

一、重心的概念

在地球表面附近的物体,都受到地球的引力作用,这个引力称为物体的重力。

进一步分析这种引力,可将物体看做是由许多微小部分组成的,每一微小部分都受到地球的引力作用,这些引力形成汇交于地球中心的空间汇交力系,但是,由于一般物体的尺寸远比地球的半径小得多,因此这些引力近似地看成是空间同向平行力系。这个平行力系的合力就是物体的重力。重力的大小称为物体的重量。由试验可知,不论物体在空间的方位如何,物体重力的作用线始终通过一个确定的点,这个点就是物体重力的作用点,称为物体的重心。

在工程实践中,确定物体重心的位置具有重要意义。例如,挡土墙或起重机重心的位置若超出某一范围,受荷载后就不能保证挡土墙或起重机的平衡。又如混凝土振捣器、振动打桩机等,转动部分的重心又必须偏离转轴,才能发挥预期的作用。至于求平面图形的形心,更是力学中常遇到的问题。

二、重心和形心的坐标公式

(一)一般物体重心的坐标公式

设有一物体如图 3-45 所示,将它分成许多微小部分,各微小部分受到的重力以 $\Delta\boldsymbol{G}_1$、$\Delta\boldsymbol{G}_2$、…、$\Delta\boldsymbol{G}_n$ 表示,则物体的重量为

$$G = \Delta G_1 + \Delta G_2 + \cdots + \Delta G_n$$

即
$$G = \sum \Delta G_i$$

取坐标系 $Oxyz$,各微小部分重力作用点的坐标为 (x_1, y_1, z_1)、(x_2, y_2, z_2)、…、(x_n, y_n, z_n),物体重心 C 点的坐标为 (x_C, y_C, z_C)。对 y 轴应用合力矩定理有

$$M_y(G) = \sum M_y(\Delta G)$$

即
$$Gx_C = \Delta G_1 x_1 + \Delta G_2 x_2 + \cdots + \Delta G_n x_n = \sum \Delta G_i x_i$$

故
$$x_C = \sum \Delta G_i x_i / G$$

同理对 x 轴取矩可得

$$y_C = \sum \Delta G_i y_i / G$$

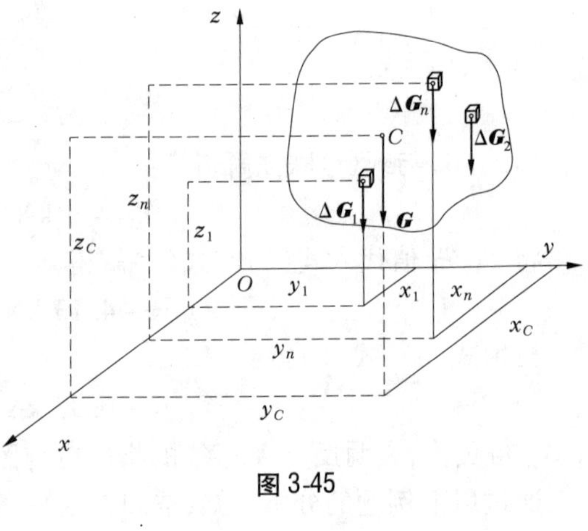

图 3-45

将物体连同坐标轴转过 90°而使坐标面 Oxz 成为水平面,由重心的概念可知,此

时物体重心的位置 C 不变。再对 x 轴应用合力矩定理，可得

$$z_C = \sum \Delta G_i z_i / G$$

因此，一般物体重心的坐标公式为

$$\left.\begin{aligned} x_C &= \frac{\sum \Delta G_i x_i}{G} \\ y_C &= \frac{\sum \Delta G_i y_i}{G} \\ z_C &= \frac{\sum \Delta G_i z_i}{G} \end{aligned}\right\} \tag{3-27}$$

（二）均质物体重心的坐标公式

许多物体可以看成是均质的，则物体密度 ρ 是常量。设均质物体各微小部分的体积为 ΔV_1、ΔV_2、…、ΔV_n，整个物体的体积为 V，则有

$$\Delta G_1 = \rho g \cdot \Delta V_1, \Delta G_2 = \rho g \cdot \Delta V_2, \cdots, \Delta G_n = \rho g \cdot \Delta V_n$$

$$G = \rho g \cdot V$$

消去分子、分母中共同的因子 ρg，就得均质物体的重心的坐标公式为

$$\left.\begin{aligned} x_C &= \frac{\sum \Delta V_i x_i}{V} \\ y_C &= \frac{\sum \Delta V_i y_i}{V} \\ z_C &= \frac{\sum \Delta V_i z_i}{V} \end{aligned}\right\} \tag{3-28}$$

由式(3-28)可知，均质物体的重心位置完全取决于物体的几何形状，而与物体的重量无关。由物体的几何形状和尺寸所决定的物体的几何中心，称为形心，所以式(3-28)也是体积形心的坐标公式。对于均质物体来说，重心与形心是重合的。

（三）均质薄板重心的坐标公式

如果物体为均质等厚的薄平板，取平板对称面为坐标面 Oxy，如图 3-46 所示，因为每一微小部分的 z_i 为零，所以 z_C 也等于零。薄平板的重心就在其对称面内，因此其重心坐标只有 x_C 和 y_C 两值，又因等厚平板的面积与体积成正比，故式(3-28)中的体积可以面积来代换，由此可得均质薄板重心的坐标公式为

$$\left.\begin{aligned} x_C &= \frac{\sum \Delta A_i x_i}{A} \\ y_C &= \frac{\sum \Delta A_i y_i}{A} \end{aligned}\right\} \tag{3-29}$$

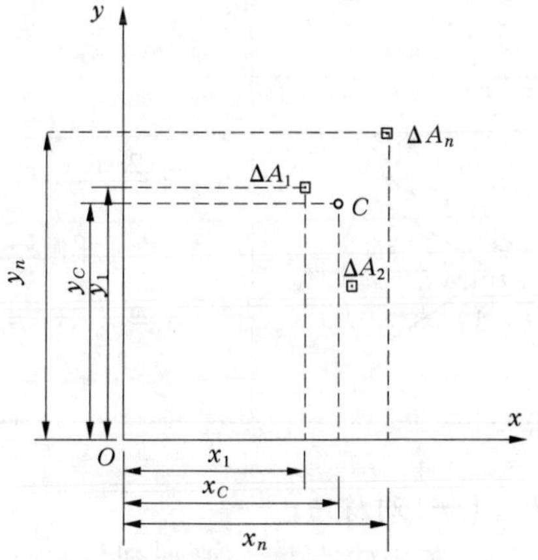

图 3-46

三、均质物体重心的求法

确定均质物体的重心位置，也就是确定其形心位置。工程上常见的均质物体很多是简单图形，或由几个简单形体组成的组合形体。简单形体的形心位置可从有关工程手册中查到，现将几种常见的简单形体的形心位置列成表 3-3，以供参考。组合形体的形心求法介绍如下。

表 3-3　简单形体的形心

图形	形心坐标	图形	形心坐标
圆 弧 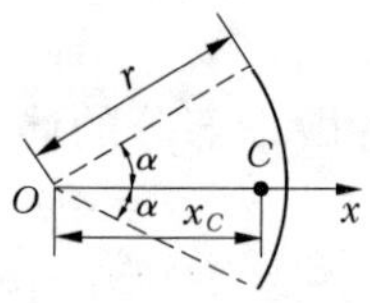	$x_C = \dfrac{r\sin\alpha}{\alpha}$ （α 以弧度计，下同） 半圆弧 $\alpha = \dfrac{\pi}{2}$， $x_C = \dfrac{2r}{\pi}$	椭圆形 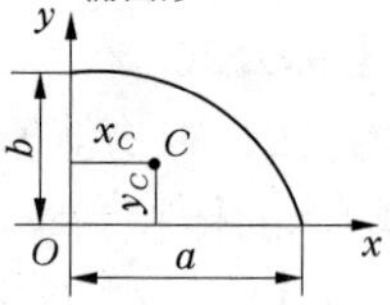	$x_C = \dfrac{4a}{3\pi}$ $y_C = \dfrac{4b}{3\pi}$ $\left(A = \dfrac{1}{4}\pi ab\right)$
三角形 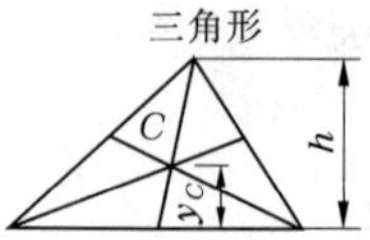	在中线交点 $y_C = \dfrac{1}{3}h$	抛物线形 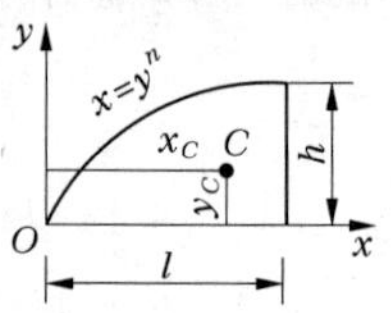	$x_C = \dfrac{n+1}{2n+1}l$ $y_C = \dfrac{n+1}{2(n+2)}h$ $\left(A = \dfrac{n}{n+1}h_1\right)$ 当 $n = 2$ 时 $x_C = \dfrac{3}{5}l$ $y_C = \dfrac{3}{8}h$
梯形 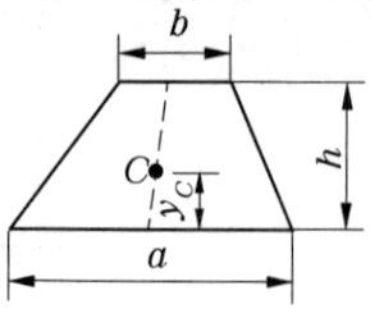	在上、下底中点的连线上 $y_C = \dfrac{h(a+2b)}{3(a+b)}$	半球体 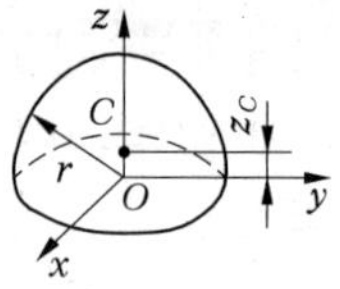	$z_C = \dfrac{3}{8}r$ $\left(V = \dfrac{2}{3}\pi r^3\right)$
扇形 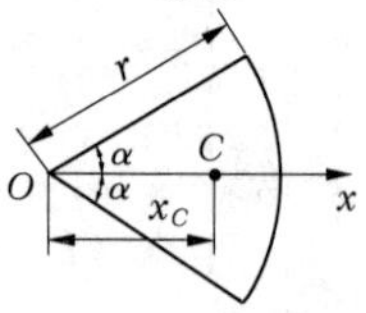	$x_C = \dfrac{2r\sin\alpha}{3\alpha}(A = r^2\alpha)$ 半圆 $\alpha = \dfrac{\pi}{2}, x_C = \dfrac{4r}{3\pi}$	锥体 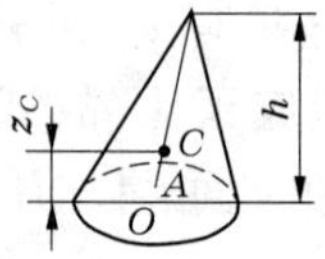	在顶点与底面中心 O 的连线上 $z_C = \dfrac{1}{4}h$ $\left(V = \dfrac{1}{3}Ah, A\text{ 是底面积}\right)$

（一）对称法

在工程实践中，经常遇到具有对称面或对称轴或对称中心的形体，这种形体的形心一定在对称面或对称轴或对称中心上。例如，圆球的形心在其对称中心（球心）上（见

图 3-47(a)),T 形薄板的形心在其对称轴上(见图 3-47(b))。

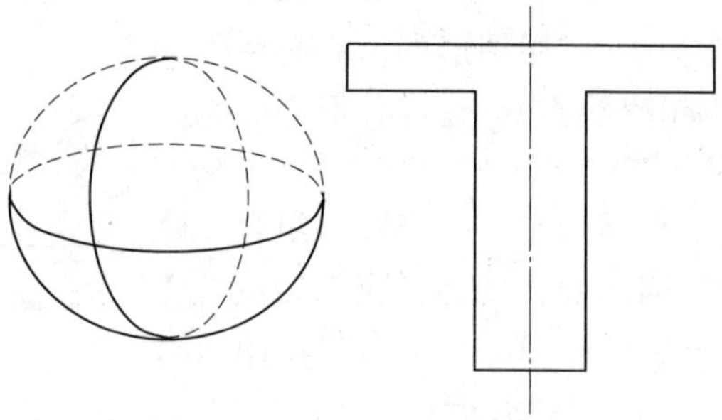

图 3-47

(二)分割法和负面积法(负体积法)

求组合图形的形心时,可将其分割成几个简单的形体,而各简单形体的形心容易确定,则组合形体的形心可按式(3-28)、式(3-29)求得。这时,公式中的 ΔV 或 ΔA 为所分割的简单形体的体积或面积,而 x、y、z 为其相应的形心坐标。这种求形心的方法称为分割法。

【例 3-19】 试求图 3-48 所示 Z 形平面图形的形心。

解:将 Z 形图形分割成三个矩形,以 C_1、C_2、C_3 分别表示这些矩形的形心。取坐标系如图 3-48 所示,各矩形的面积和形心坐标为

$$A_1 = 30 \times 10 = 300(\text{mm}^2)$$

$$A_2 = 50 \times 10 = 500(\text{mm}^2)$$

$$A_3 = 20 \times 10 = 200(\text{mm}^2)$$

$$x_1 = -15\ \text{mm}, x_2 = 5\ \text{mm}, x_3 = 20\ \text{mm}$$

$$y_1 = 45\ \text{mm}, y_2 = 25\ \text{mm}, y_3 = 5\ \text{mm}$$

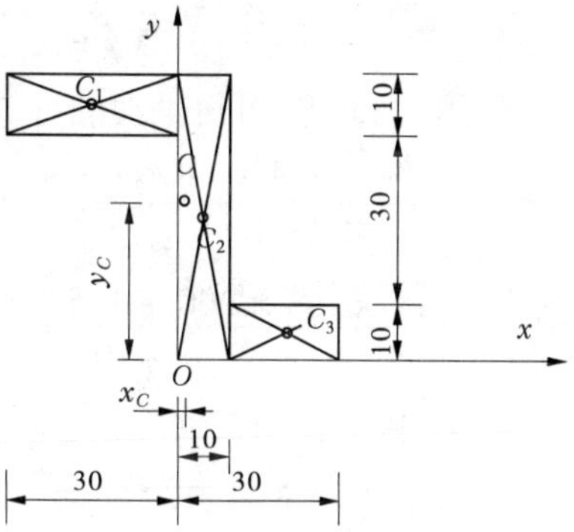

图 3-48

应用公式(3-29)可得 Z 形图形的形心坐标为

$$x_C = \frac{A_1x_1 + A_2x_2 + A_3x_3}{A_1 + A_2 + A_3} = \frac{300 \times (-15) + 500 \times 5 + 200 \times 20}{300 + 500 + 200} = 2(\text{mm})$$

$$y_C = \frac{A_1y_1 + A_2y_2 + A_3y_3}{A_1 + A_2 + A_3} = \frac{300 \times 45 + 500 \times 25 + 200 \times 5}{300 + 500 + 200} = 27(\text{mm})$$

有些组合形体,可以看做从某个简单形体挖去另一个简单形体而成。当求这类组合形体的形心时,仍可应用分割法,不过挖去的面积(或体积)应作为负值。这种求形心的方法称为负面积法(负体积法)。

【例3-20】 求图3-49所示平面图形的形心。已知 $a=400$ mm，$b=300$ mm，$r_1=100$ mm，$r_2=50$ mm。

解：取图形的对称轴为 x 轴，则图形的形心必在 x 轴上。y 轴与图形左侧铅直线重合，这样各形心的 x 坐标都是正值。

将平面图形看做由一个矩形和一个半圆形组合后再挖去一个圆孔而成。因而圆孔的面积应作为负值。各简单图形的形心分别为 C_1、C_2、C_3。各简单图形的面积和形心坐标为

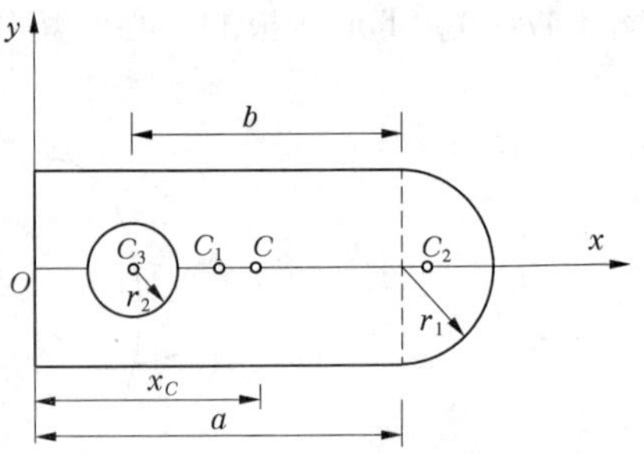

图3-49

$$A_1 = a \cdot 2r_1 = 400 \times 2 \times 100 = 8 \times 10^4 (\text{mm}^2)$$

$$A_2 = \frac{\pi}{2} \cdot r_1^2 = \frac{\pi}{2} \times 100^2 = 1.57 \times 10^4 (\text{mm}^2)$$

$$A_3 = -\pi \cdot r_2^2 = -\pi \times 50^2 = -0.785 \times 10^4 (\text{mm}^2)$$

$$x_1 = \frac{a}{2} = 200(\text{mm})$$

$$x_2 = a + \frac{4r_1}{3\pi} = 400 + \frac{4 \times 100}{3\pi} = 443(\text{mm})$$

$$x_3 = a - b = 400 - 300 = 100(\text{mm})$$

应用式(3-29)可得平面图形的形心坐标为

$$x_C = \frac{A_1x_1 + A_2x_2 + A_3x_3}{A_1 + A_2 + A_3}$$

$$= \frac{8 \times 10^4 \times 200 + 1.57 \times 10^4 \times 443 + (-0.785 \times 10^4) \times 100}{8 \times 10^4 + 1.57 \times 10^4 - 0.785 \times 10^4} = 252(\text{mm})$$

$$y_C = 0$$

本章小结

本章主要讲述了平面一般力系的合成与平衡、平面一般力系平衡方程的应用、滑动摩擦定律、空间汇交力系和空间一般力系的合成与平衡，以及重心的求解。

1. 力的平移定理

作用于物体上的力 $\boldsymbol{F}$，可以平移到同一物体上的任一点 O，但必须同时附加一个力偶，其力偶矩等于原力 $\boldsymbol{F}$ 对于新作用点 O 的矩。

2. 平面一般力系向平面内任一点简化

平面一般力系向作用面内任一点简化的结果，是一个力和一个力偶。这个力作用在简化中心，它的矢量称为原力系的主矢，且等于原力系中各力的矢量和；这个力偶的力偶矩称为原力系对简化中心的主矩。

1）平面一般力系合成为一个力偶的情形

当 $R'=0$，$M_O' \neq 0$ 时，由于力偶对于平面内任意一点的矩都相同，因此当力系合成为

一个力偶时,主矩与简化中心的选择无关。

2)平面一般力系合成为一个力的情形

当$R'\neq 0, M_O'=0$时,说明力系与通过简化中心的一个力等效,即原力系合成为一个合力,合力的大小、方向和原力系的主矢$\boldsymbol{R}'$相同,作用线通过简化中心。

当$R'\neq 0, M_O'\neq 0$时,合力$\boldsymbol{R}$的大小、方向与原力系的主矢$\boldsymbol{R}'$相同,合力的作用线到简化中心O的距离d为

$$d=\frac{|M_O'|}{R'}=\frac{|M_O'|}{R}$$

3)平面一般力系平衡的情形

当$R'=0, M_O'=0$时,力系平衡。

3. 平面一般力系的平衡条件

平面一般力系的平衡条件为

$$\left.\begin{aligned}\sum X &= 0\\ \sum Y &= 0\\ \sum M_O &= 0\end{aligned}\right\}$$

力系中所有各力在两个坐标轴中每一轴上的投影的代数和都等于零,力系中所有各力对于任一点的力矩的代数和等于零。

4. 滑动摩擦

静摩擦力的大小需由平衡方程确定,但必介于零与最大静摩擦力$\boldsymbol{F}_{\max}$之间。静摩擦力$\boldsymbol{F}$的大小变化范围为

$$0\leqslant F\leqslant F_{\max}$$

最大静摩擦力与许多因素有关。根据大量的试验结果可知,最大静摩擦力的方向与相对滑动趋势的方向相反,其大小与两物体间的法向反力成正比,即

$$F_{\max}=f_s N$$

动摩擦力的方向与接触物体间的相对速度方向相反,其大小与两物体间的法向反力成正比,即

$$F'=fN$$

摩擦角
$$\tan\varphi_m=\frac{F_{\max}}{N}=\frac{f_s N}{N}=f_s$$

自锁
$$\alpha\leqslant\varphi_m$$

5. 空间力系在直角坐标系的投影

1)直接投影法

力$\boldsymbol{F}$与x轴、y轴、z轴正向的夹角分别为α、β、γ,则力在轴上的投影等于力的大小乘以该夹角的余弦,即

$$\begin{aligned}X &= F\cos\alpha\\ Y &= F\cos\beta\\ Z &= F\cos\gamma\end{aligned}$$

投影的正负号与平面力系的规定相同。

2)二次投影法

已知力 $\boldsymbol{F}$ 与 z 轴的夹角 γ,将力 $\boldsymbol{F}$ 先投影到 z 轴和坐标面 Oxy 上,力 $\boldsymbol{F}$ 在 Oxy 面上的投影为

$$F_{xy} = F\sin\gamma$$

然后将力 $\boldsymbol{F}_{xy}$ 投影到 x 轴、y 轴上。设力 $\boldsymbol{F}_{xy}$ 与 x 轴的夹角为 φ,则力 $\boldsymbol{F}$ 在三个坐标轴上的投影分别为

$$X = F\sin\gamma\cos\varphi$$
$$Y = F\sin\gamma\sin\varphi$$
$$Z = F\cos\gamma$$

若已知一个力 $\boldsymbol{F}$ 在三个坐标轴上的投影 X、Y、Z,可求得力 $\boldsymbol{F}$ 的大小和方向

$$\left.\begin{aligned} F &= \sqrt{X^2 + Y^2 + Z^2} \\ \cos\alpha &= \frac{X}{F} \\ \cos\beta &= \frac{Y}{F} \\ \cos\gamma &= \frac{Z}{F} \end{aligned}\right\}$$

6. 空间汇交力系的合成与平衡

1)空间汇交力系的合成

合力在任一轴上的投影等于力系中所有各力在同一轴上的投影的代数和。已知 $\boldsymbol{R}_x$、$\boldsymbol{R}_y$、$\boldsymbol{R}_z$ 可以求得合力 $\boldsymbol{R}$ 的大小和方向余弦为

$$\left.\begin{aligned} R &= \sqrt{R_x^2 + R_y^2 + R_z^2} = \sqrt{(\sum X)^2 + (\sum Y)^2 + (\sum Z)^2} \\ \cos\alpha &= \frac{R_x}{R} = \frac{\sum X}{R} \\ \cos\beta &= \frac{R_y}{R} = \frac{\sum Y}{R} \\ \cos\gamma &= \frac{R_z}{R} = \frac{\sum Z}{R} \end{aligned}\right\}$$

合力的作用线通过原力系的汇交点 O。

2)空间汇交力系的平衡条件

由于空间力系可以合成为一个合力,因此空间汇交力系平衡的必要和充分条件是:该力系的合力等于零,即

$$R = \sqrt{(\sum X)^2 + (\sum Y)^2 + (\sum Z)^2} = 0$$

亦即

$$\left.\begin{aligned}\sum X &= 0\\ \sum Y &= 0\\ \sum Z &= 0\end{aligned}\right\}$$

7. 空间一般力系的合成与平衡

1)空间力系向一点简化

空间一般力系可合成为作用线通过简化中心 O 点的一个力,称为主矢;附加的力偶系可合成为一个力偶,称为主矩。与平面一般力系一样,主矢与简化中心的位置无关,主矩一般与简化中心的位置有关。

2)空间一般力系的简化结果分析

空间任意力系向一点简化可能出现下列 4 种情况,即①$R'=0,M_O\neq0$;②$R'\neq0,M_O=0$;③$R'\neq0,M_O\neq0$;④$R'=0,M_O=0$。

3)空间力系的平衡方程及其应用

力系中所有各力在三个坐标轴中每一轴上的投影的代数和都等于零,以及力系的各力在这三个坐标轴的矩的代数和也都等于零。所以,空间力系平衡的必要和充分条件是:力系的主矢和对任一点的主矩为零,即

$$R' = 0, M_O = 0$$

其解析式为

$$\left.\begin{aligned}\sum X &= 0\\ \sum Y &= 0\\ \sum Z &= 0\\ \sum M_x(\boldsymbol{F}) &= 0\\ \sum M_y(\boldsymbol{F}) &= 0\\ \sum M_z(\boldsymbol{F}) &= 0\end{aligned}\right\}$$

8. 重心

不论物体在空间的方位如何,物体重力的作用线始终通过一个确定的点,这个点就是物体重力的作用点,称为物体的重心。

9. 形心

形心是平面图形的中心,对于均质物体,重心和形心重合在同一点,组合图形的形心坐标公式为

$$x_C = \frac{\sum_{i=1}^{n} A_i \cdot x_{Ci}}{\sum_{i=1}^{n} A_i} = \frac{A_1 \cdot x_{C1} + A_2 \cdot x_{C2} + \cdots + A_n \cdot x_{Cn}}{A_1 + A_2 + \cdots + A_n}$$

$$y_C = \frac{\sum_{i=1}^{n} A_i \cdot y_{Ci}}{\sum_{i=1}^{n} A_i} = \frac{A_1 \cdot y_{C1} + A_2 \cdot y_{C2} + \cdots + A_n \cdot y_{Cn}}{A_1 + A_2 + \cdots + A_n}$$

思考题

3-1　某平面力系向 A、B 两点简化的主矩皆为零，此力系简化的最终结果可能是一个力吗？可能是一个力偶吗？可能平衡吗？

3-2　某平面力系向同平面内任一点简化的结果都相同，此力系简化的最终结果可能是什么？

3-3　在刚体的 A、B、C、D 四点作用有四个大小相等的力，此四力沿四个边恰好组成封闭的力多边形，如图 3-50 所示。此刚体是否平衡？若 $\boldsymbol{F}_1$ 和 $\boldsymbol{F}_3$ 都改变方向，此刚体是否平衡？

3-4　为什么说平面一般力系只有 3 个独立的平衡方程？如图 3-51 所示的梁，能否列出 4 个平衡方程将 4 个反力 $\boldsymbol{X}_A$、$\boldsymbol{Y}_A$、$\boldsymbol{R}_B$、$\boldsymbol{R}_C$ 都求出？

3-5　如图 3-52 所示，如选取的坐标系的 y 轴不与各力平行，则平面平行力系的平衡方程是否可写成 $\sum X = 0$，$\sum Y = 0$，$\sum M_O = 0$ 3 个独立的平衡方程？为什么？

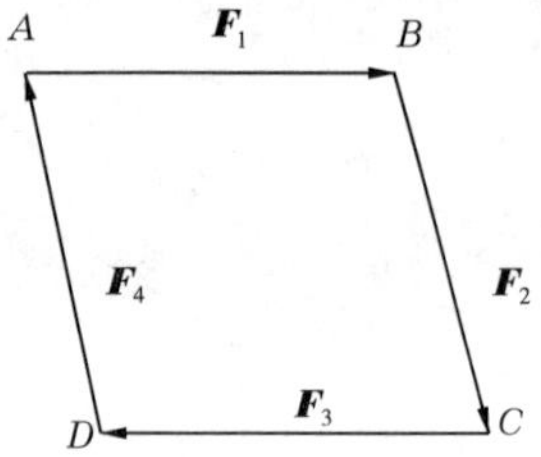

图 3-50

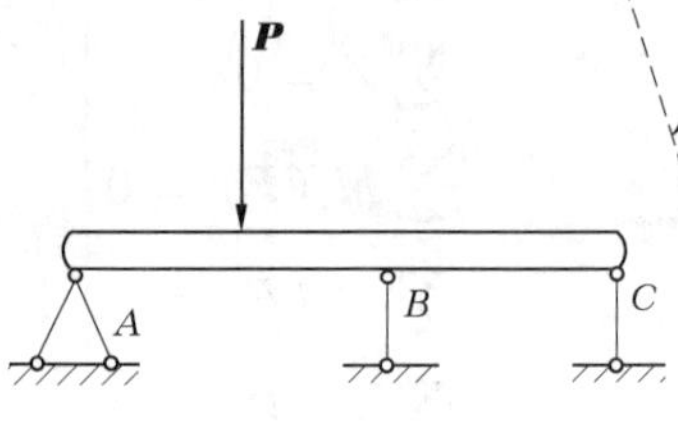

图 3-51

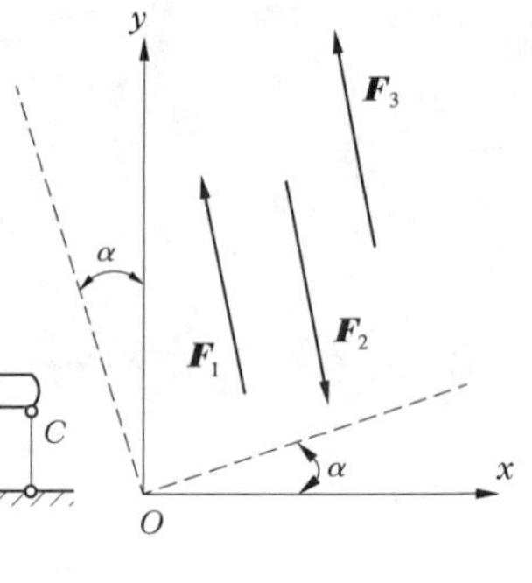

图 3-52

3-6　试从平面一般力系的平衡方程导出平面汇交力系和平面力偶系的平衡方程。

3-7　当物体保持静止时，滑动摩擦力可以作为约束力，在受力分析时其方向可以任意假定。此说法是否正确？

3-8　物块 A、B 放置如图 3-53 所示。设 A、B 之间的极限摩擦力为 $\boldsymbol{F}_A$，物块 B 与水平面之间的极限摩擦力为 $\boldsymbol{F}_B$。在物块 A 上作用一水平力 $\boldsymbol{P}$。试判别在下列各种情况下，A、B 能否平衡：①$P > F_A > F_B$；②$P > F_A$ 且 $F_A < F_B$；③$P < F_A < F_B$；④$F_B < P < F_A$；⑤$F_B > P > F_A$；⑥$P > F_B > F_A$。

3-9　一边长为 a 的正方形均质物块，放在粗糙的斜面上，物块在重力 $\boldsymbol{G}$、拉力 $\boldsymbol{T}$、法向反力 $\boldsymbol{N}$ 及摩擦力 $\boldsymbol{F}$ 作用下在斜面上保持平衡，但在图 3-54 中，$\sum M_C(F) \neq 0$，试问错在哪里？

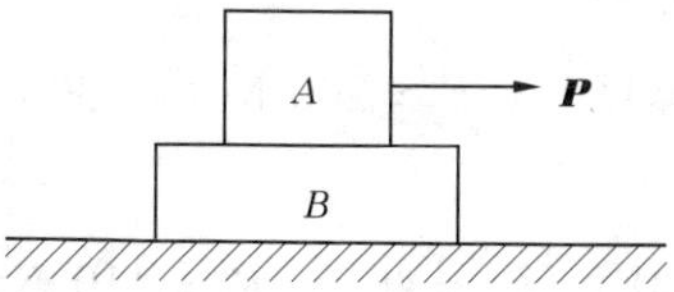

图 3-53

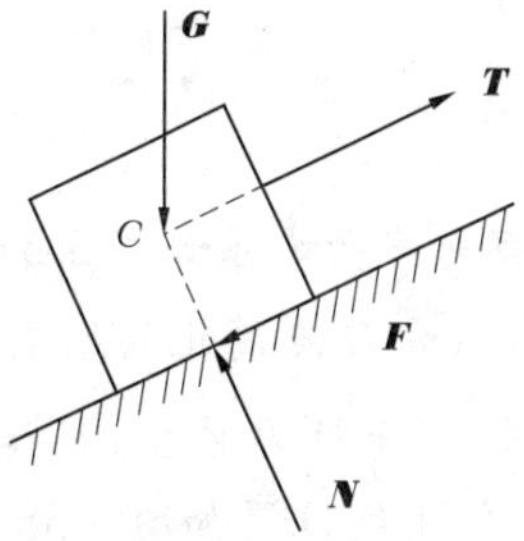

图 3-54

3-10　在如图 3-55 所示 3 图中，已知物块 A、B 重分别为 $\boldsymbol{G}_A$、$\boldsymbol{G}_B$，物块 A 与墙之间用一连杆连接，各接触面之间的静摩擦系数均为 f_s。试判断在这 3 种情况下，能使 B 滑动的水平力 $\boldsymbol{F}_1$、$\boldsymbol{F}_2$、$\boldsymbol{F}_3$ 之值，哪个最大？哪个最小？

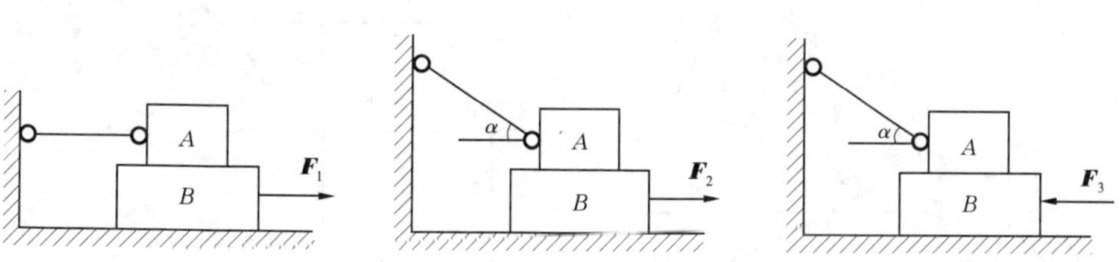

(a)　(b)　(c)

图 3-55

3-11　轴 AB 上作用一主动力偶，矩为 M_1，齿轮的啮合半径 $R_2=2R_1$，如图 3-56 所示。问当研究轴 CD 的平衡时：①能否以力偶矩矢是自由矢量为由，将作用在轴 AB 上的力偶搬移到轴 CD 上？②若在轴 CD 上作用矩为 M_2 的力偶，使两轴平衡，问两力偶的矩的大小是否相等？转向是否应相反？

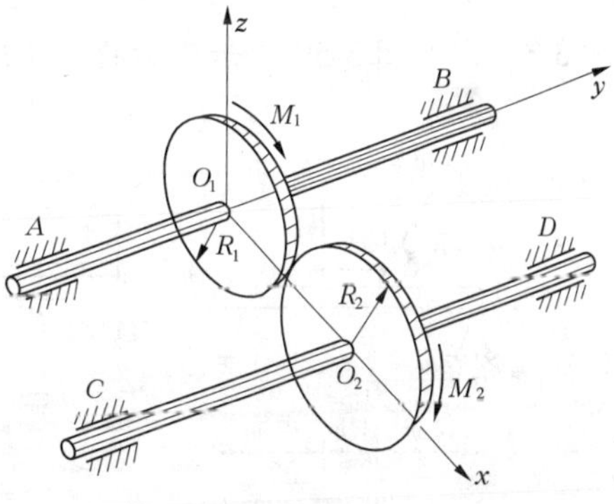

图 3-56

3-12　①空间力系中各力的作用线平行于某一固定平面；②空间力系中各力的作用线分别汇交于两个固定点。试分析这两种力系最多各有几个独立的平衡方程。

3-13　某一空间力系对不共线的 3 个点的主矩都等于零，问此力系是否一定平衡？

3-14　空间任意力系向两个不同的点简化，试问下述情况是否可能：①主矢相等，主矩也相等；②主矢不相等，主矩相等；③主矢相等，主矩不相等；④主矢、主矩都不相等。

3-15　一均质等截面直杆的重心在哪里？若把它弯成半圆形，重心的位置是否改变？

3-16　非均质物体的形心和重心重合吗？

3-17　在平面图形上，过其形心作一直线将该图形分割为两部分，试问这两部分的面积是否相等？它们的面积之比等于多少？

习 题

3-1 有一平面力系如图 3-57 所示，已知 $F_1 = 150$ N，$F_2 = 200$ N，$F_3 = 300$ N，$F = F' =$ 200 N，求力系向 O 点简化的结果。

3-2 平面一般力系中，$F_1 = 40\sqrt{2}$ N，$F_2 = 80$ N，$F_3 = 40$ N，$F_4 = 110$ N，$M = 2\ 000$ N · m，各力作用线位置如图 3-58 所示，求：

(1)力系向 O 点简化的结果；

(2)力系的合力的大小、方向及合力作用线方程。

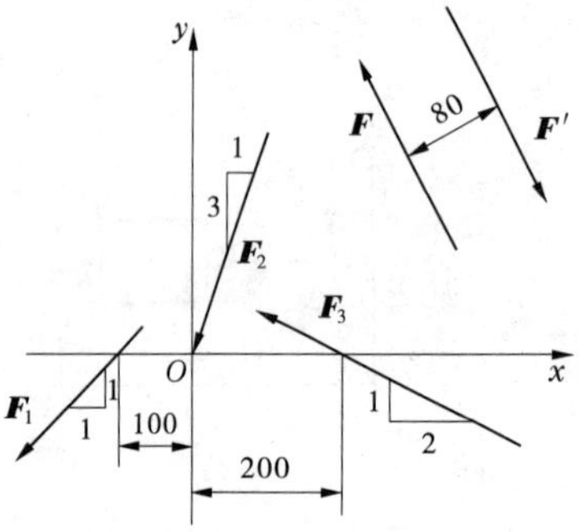

图 3-57

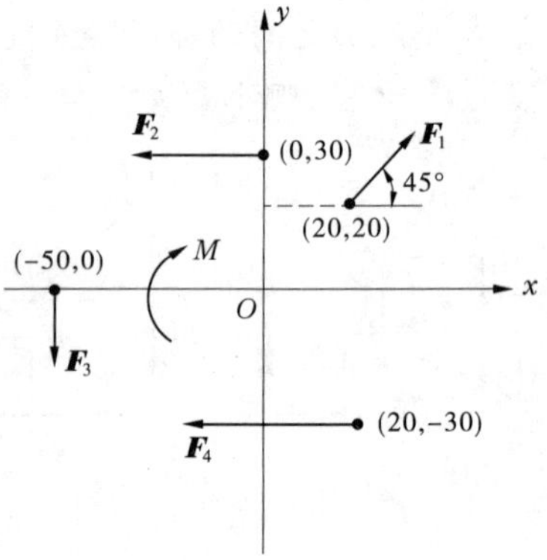

图 3-58

3-3 求如图 3-59 所示各梁的支座反力。

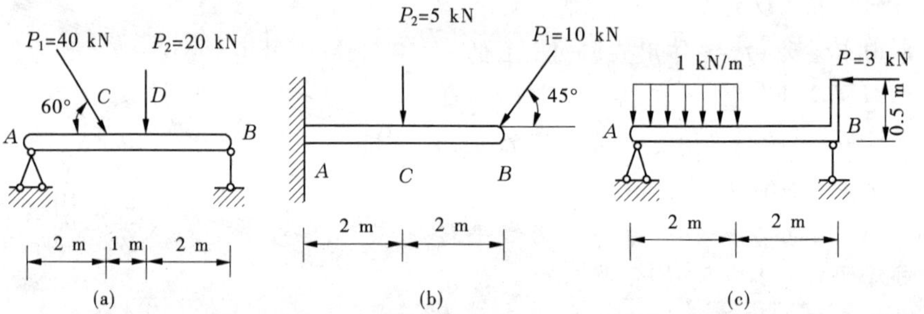

图 3-59

3-4 求如图 3-60 所示刚架的支座反力。

3-5 梁 AB 支承及荷载如图 3-61 所示。已知 $P = 15$ kN，$M = 20$ kN · m，求 A、B、C 处的约束力。

3-6 多跨梁支承及荷载情况如图 3-62 所示。已知 $F_1 = 10$ kN，$F_2 = 20$ kN，试求梁在 A、B、D 处所受的支座反力及 C 处的约束反力。

3-7 多跨梁支承及荷载情况如图 3-63 所示。已知 $q = 10$ kN/m，力偶矩 $M = 40$ kN · m，试求梁在 A、B、D 处所受的支座反力及 C 处的约束反力。

3-8 某厂厂房三铰刚架，由于地形限制，铰 A 及铰 B 位于不同高程处，如图 3-64 所

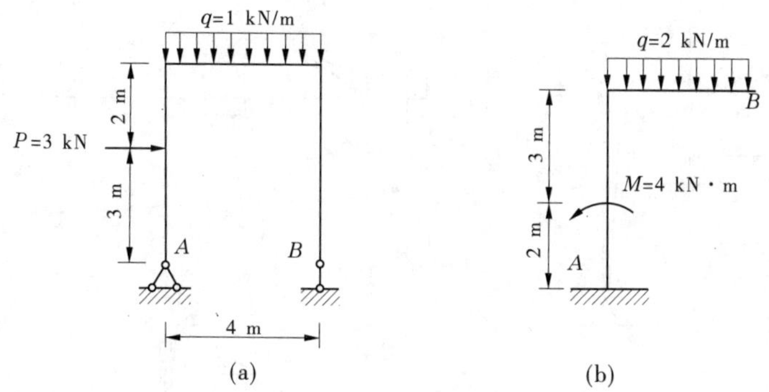

图 3-60

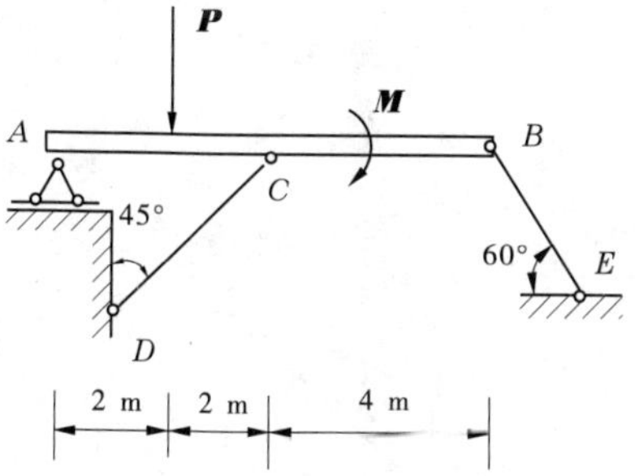

图 3-61

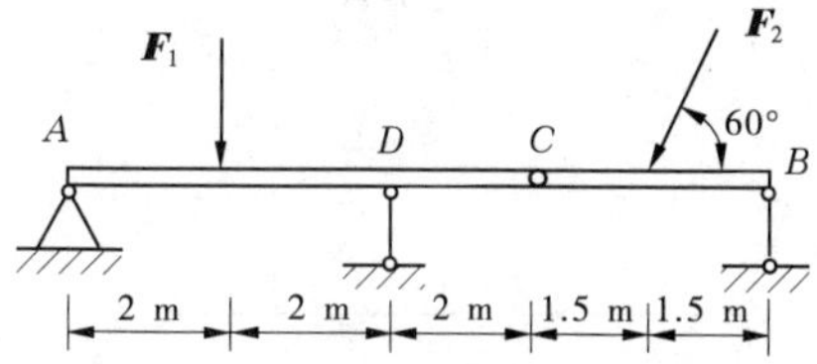

图 3-62

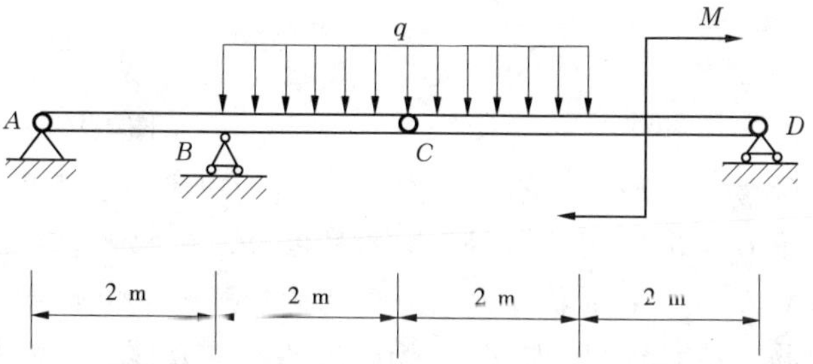

图 3-63

示。刚架上的荷载已简化为两个集中力 $\boldsymbol{F}_1$、$\boldsymbol{F}_2$。求解刚架在 A、B 处所受的支座反力以及铰接点 C 的反力。

3-9 已知起重机重 $G=500$ kN，起吊重物重量 $Q=250$ kN，尺寸如图 3-65 所示。求欲使起重机满载和空载时均不翻倒，平衡锤的最小重量 P 及平衡锤到左轨的最大距离。

3-10 结构如图 3-66 所示，已知 $r=0.1$ m，$AD=0.2$ m，$BD=0.4$ m，$\varphi=45°$，物重 $G=1\ 800$ N，不计各构件自重。求 A 支座反力和杆 BC 的受力。

3-11 如图 3-67 所示，起重机重 $G=50$ kN，搁置在水平梁上，其重力作用线沿 CD；起吊重量 $P=10$ kN；梁重 30 kN，作用在梁的中点，试求：

(1)当起重机的 CD 线通过梁的中点时，支座 A、B 的反力；

(2)当 CD 线离开支座 A 多远时，支座的反力相等。

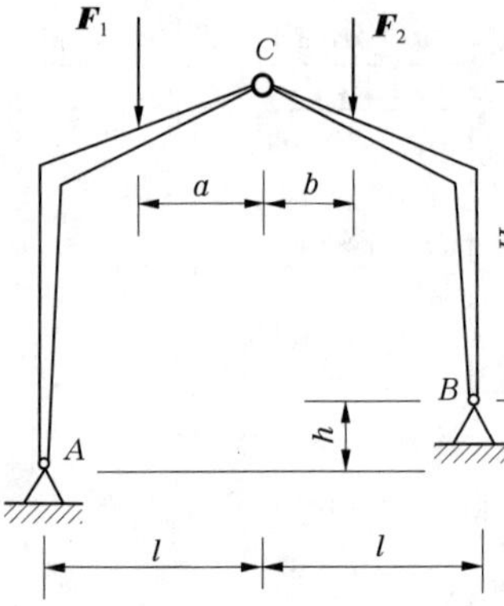

图 3-64

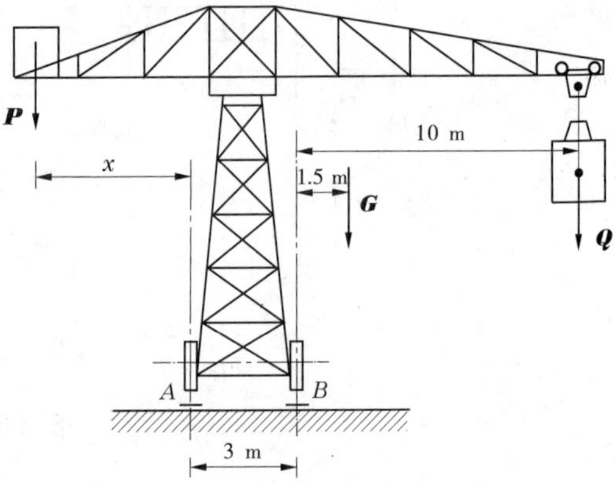

图 3-65

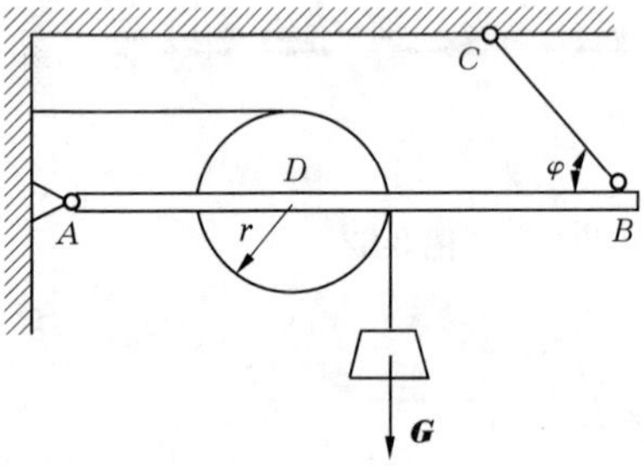

图 3-66

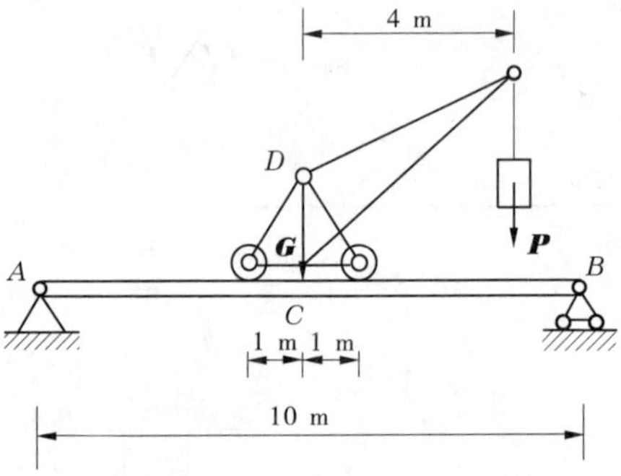

图 3-67

3-12　如图 3-68 所示 物体 A 重 $G_1=10$ N,与斜面间摩擦系数 $f=0.4$。试求:

(1)设物体 B 重 $G_2=5$ N,则 A 与斜面间的摩擦力方向如何?大小多少?

(2)设物体 B 重 $G_2=8$ N,则物体 B 与斜面间的摩擦力方向如何?大小多少?

3-13　已知一物块重 $G=100$ N,用 $F=500$ N 的水平力压在一铅直表面上,如图 3-69 所示,其静摩擦系数 $f_s=0.3$。问此时物块所受的摩擦力等于多少?

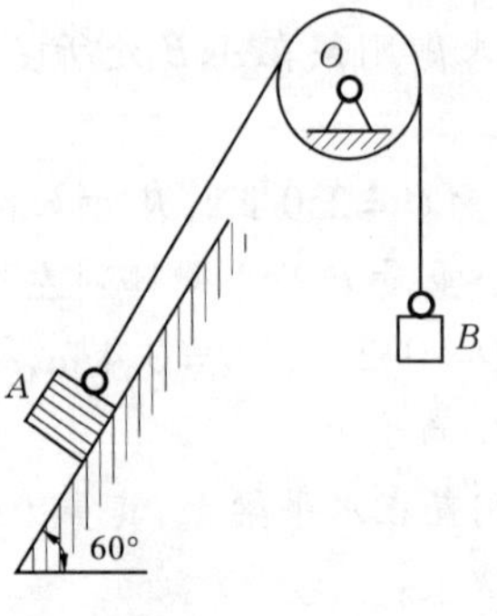

图 3-68

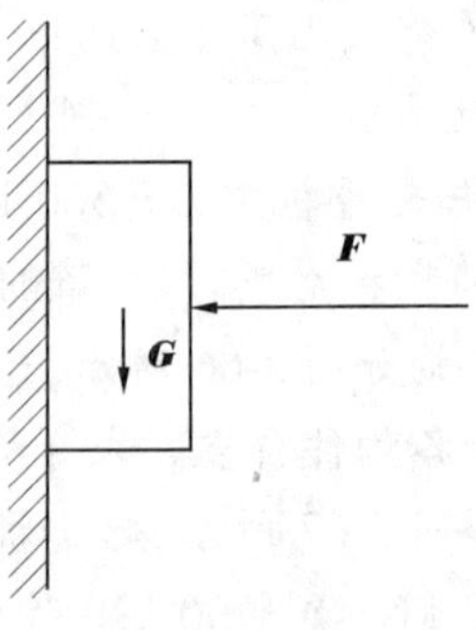

图 3-69

3-14 如图 3-70 所示，梯子长 $AB=l$，$G_1=100$ N，靠在光滑的墙壁上。梯脚与地面间的摩擦系数 $f=0.4$。问当梯子与地面间的夹角 θ 为多大时，重为 $G_2=700$ N 的人才能爬到梯顶而梯子不滑倒？

3-15 重力式挡土墙如图 3-71 所示。已知作用于挡土墙上各力的大小分别为 $G_1=800$ kN，$G_2=1\ 400$ kN，$F=900$ kN，$\boldsymbol{F}$ 作用线与水平面所成的夹角 $\alpha=45°$，墙与基础间的摩擦系数为 $f=0.4$。试问此挡土墙是否会滑动？

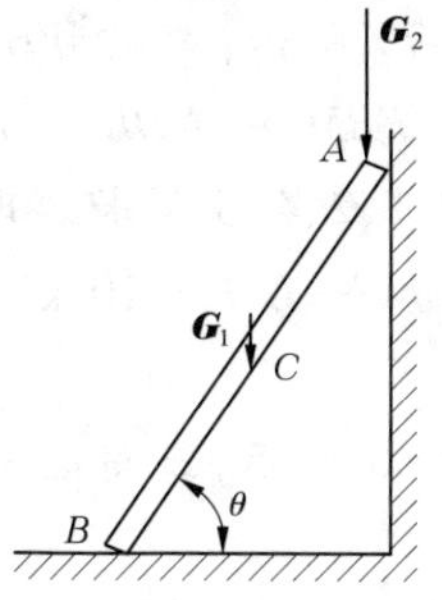

图 3-70

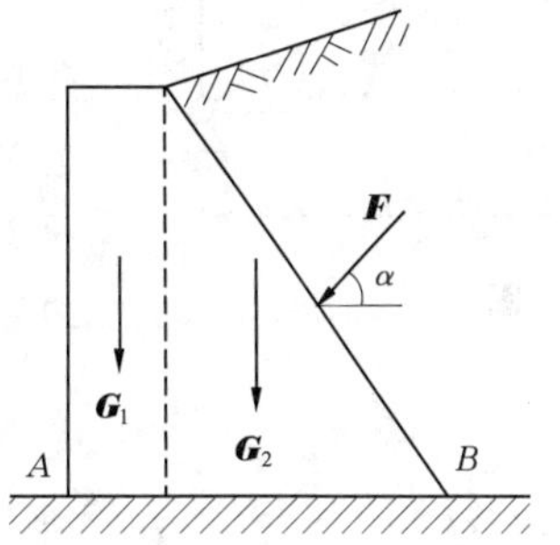

图 3-71

3-16 三轮卡车自重（包括车轮重）$G=8$ kN，载重 $P=10$ kN，作用点位置如图 3-72 所示，求静止时地面作用于三个轮子的反力。图中长度单位为 m。

3-17 尺寸如图 3-73 所示的矩形平板，被 3 个滑轮以 3 根绳索匀速吊起，板重与荷载共重 $P=50$ kN，作用在点 G，求每根绳索受力。

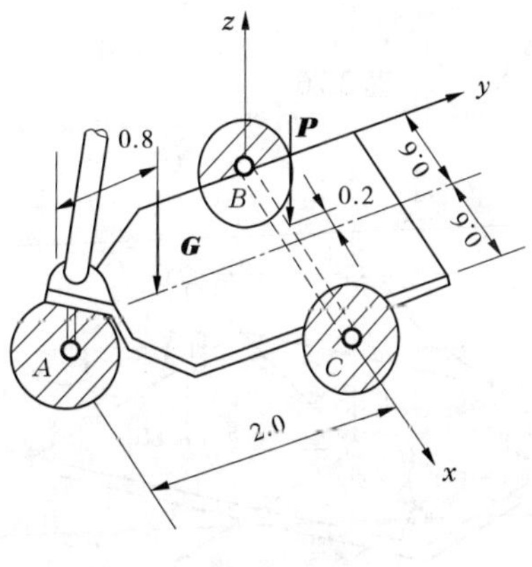

图 3-72

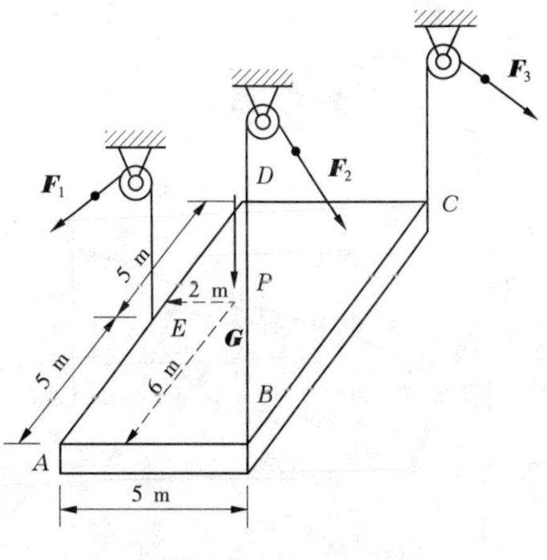

图 3-73

3-18 不计自重边长为 a 的三角形板，用不计自重的 3 根铅直杆 1、2、3 和 3 根与水平面成 30°的斜杆 4、5、6 支撑在水平位置，如图 3-74 所示，在板的作用面作用有矩为 M 的力偶，求各杆的受力情况。

3-19 力 $F_1=100$ N，$F_2=300$ N，$F_3=200$ N，作用位置与尺寸如图 3-75 所示，求力系对 O 点简化的结果。

3-20 如图 3-76 所示一组平行力系，其中小方格的边长为 10 mm，试求这组平行力的大小及其作用线的位置（x_C，y_C）。

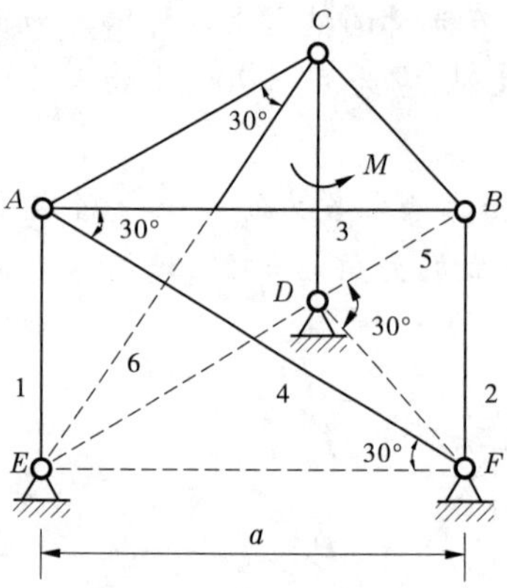

图 3-74

3-21 空间构架如图 3-77 所示，A、B、C、D 均为铰接，物体重力 $G=10$ kN，不计各杆件自重，求杆 AD、BD、CD 所受的力。

3-22 结构吊起重为 $\boldsymbol{G}$ 的物体，尺寸 $AB=BC=AD=AE$，角度如图 3-78 所示，各杆自重不计，试求铅直支柱 AB 以及各斜杆的受力。

3-23 如图 3-79 所示，支架由 6 根杆铰接组成。等腰三角形 EAK、FBM 和 NDB，$\angle EAK=\angle FBM=\angle NDB=90°$，且杆 1、2、4、5 等长。现在节点 A 上于平面 $ABCDN$ 内作用一力 $P=10$ kN，求各杆所受的力。

3-24 如图 3-80 所示，三角圆桌的半径 $r=0.5$

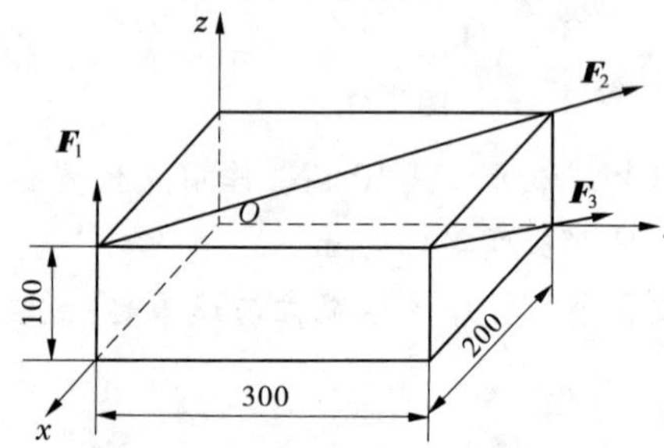

图 3-75

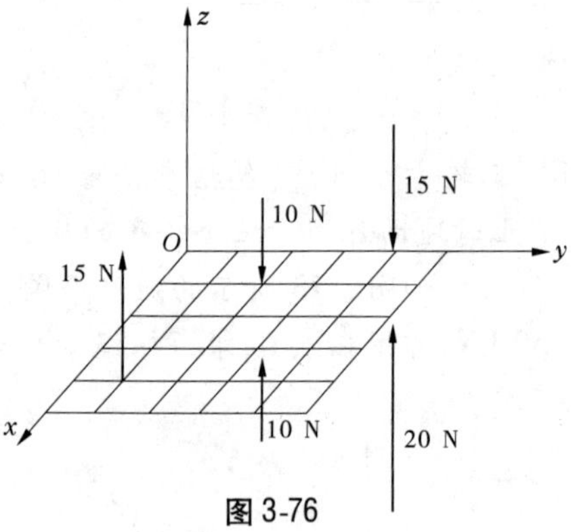

图 3-76

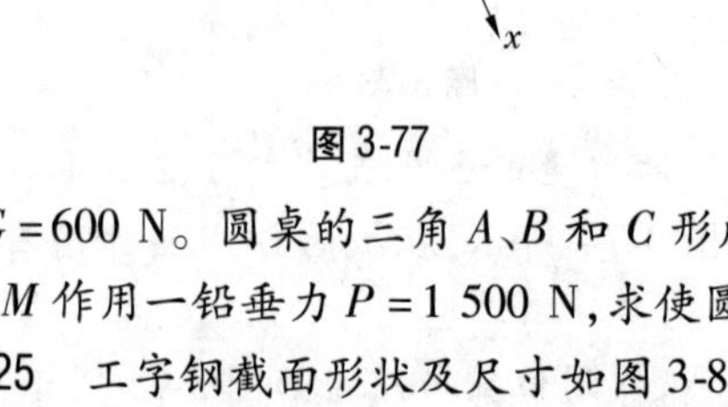

图 3-77

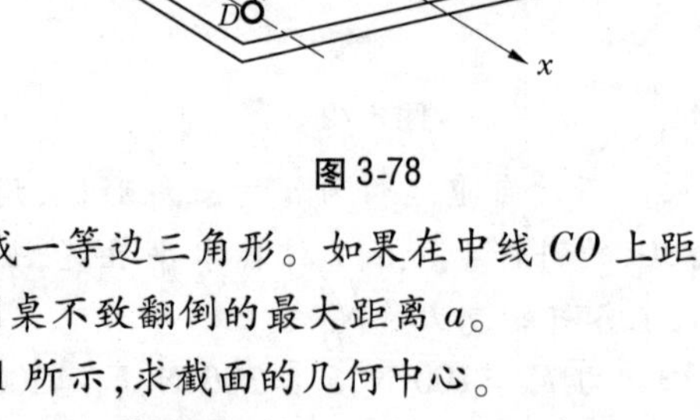

图 3-78

m，重 $G=600$ N。圆桌的三角 A、B 和 C 形成一等边三角形。如果在中线 CO 上距圆心为 a 的点 M 作用一铅垂力 $P=1\ 500$ N，求使圆桌不致翻倒的最大距离 a。

3-25 工字钢截面形状及尺寸如图 3-81 所示，求截面的几何中心。

3-26 在均质圆板内挖去一扇形面积，如图 3-82 所示。已知 $R=300$ mm，$r_1=250$ mm，$r_2=100$ mm，求板的重心位置。

***3-27** 均质物体形状尺寸如图 3-83 所示，当此物体的重心恰好在半径为 r 的半球

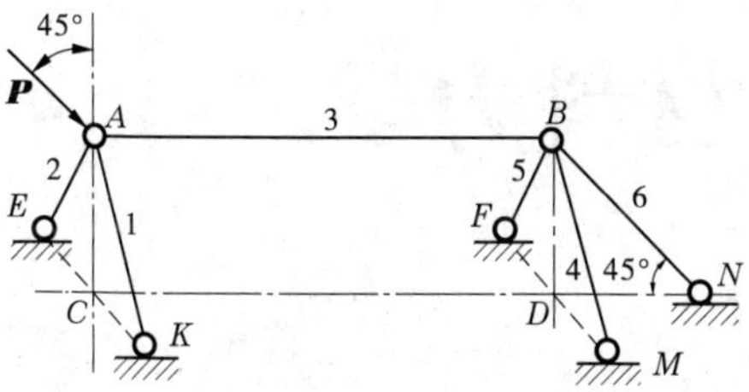

图 3-79

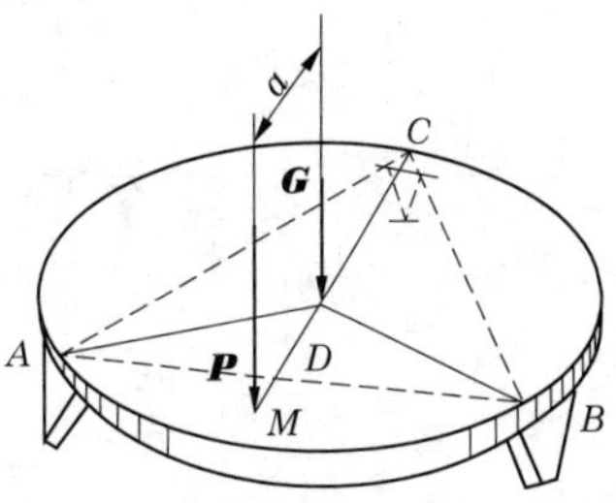

图 3-80

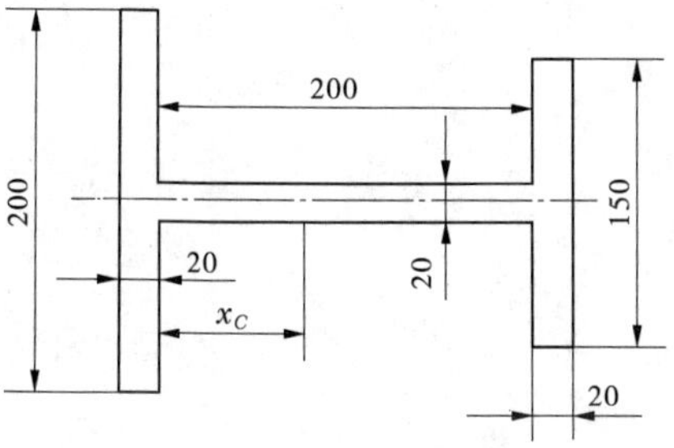

图 3-81 （单位:mm）

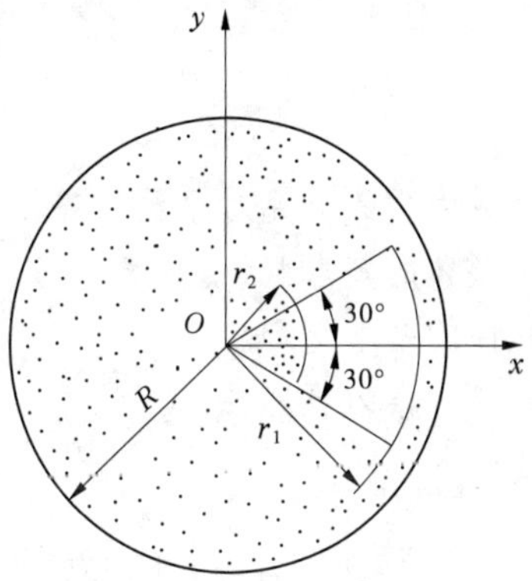

图 3-82

体中心点 C 时,问圆柱的高 h 是多少。

∗3-28 某机器零件由同一种均质材料组成,形状与尺寸如图 3-84 所示,两孔的半径均为 $r=50$ mm,求此零件的重心位置。

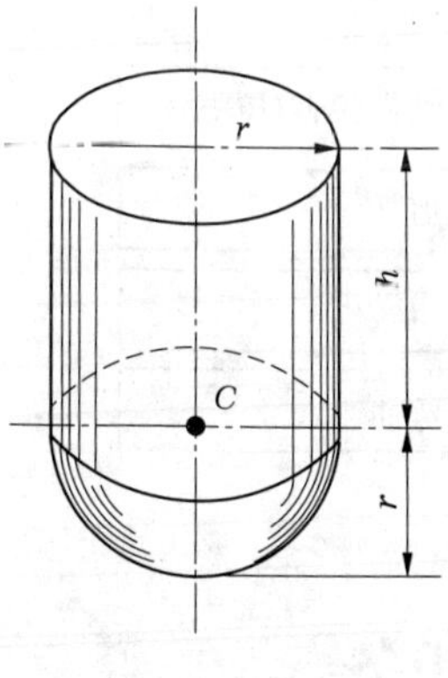

图 3-83

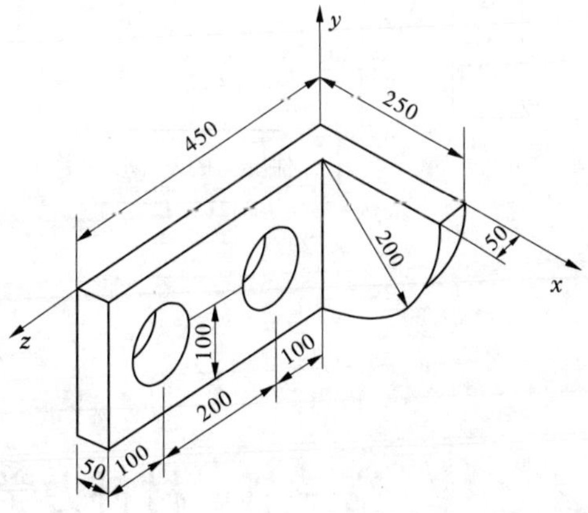

图 3-84 （单位:mm）

下篇　材料力学

第四章　材料力学的基本知识

【内容要点】

(1)材料力学的研究对象及任务。

(2)变形体的基本假设。

(3)杆件的基本变形。

(4)材料力学的研究方法。

【知识链接】

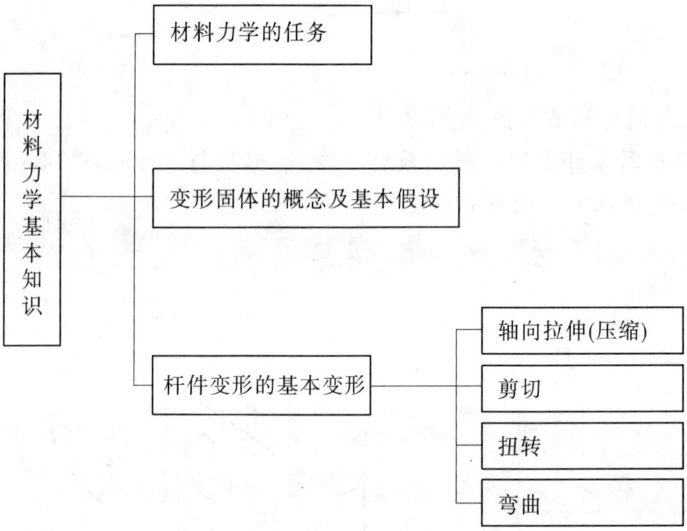

第一节　材料力学的任务

在土木工程中,由建筑材料按照一定的方式构成,并能承受荷载作用的物体或体系称为工程结构(简称结构)。结构在建筑物中起着承受和传递荷载的骨架作用,如单层工业厂房的基础、柱、屋架(梁)通过相互联结而构成厂房的骨架(见图4-1)。又如民用建筑中的框架，公路与铁路工程中的桥梁以及挡土墙、水坝等，也是结构的实际例子。结构一般由多个构件联结而成，如桁架、框架等。最简单的结构则是单个构件，如单跨梁、独立柱等。

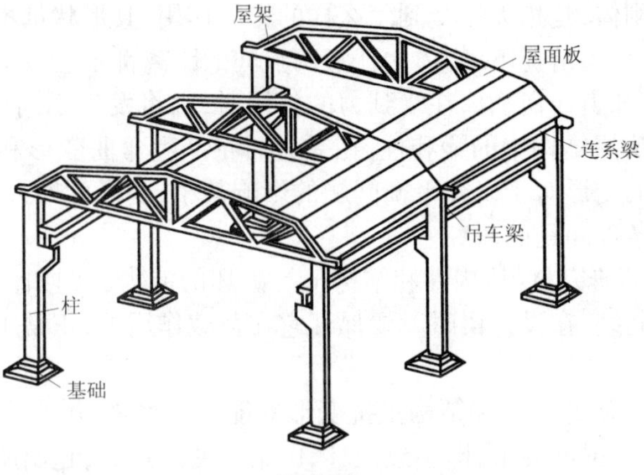

图 4-1

按照几何观点，结构可以分为杆件结构、薄壁结构和实体结构 3 种类型。杆件的几何特征在于长度远大于截面的宽度和高度。由若干杆件组成的结构即为杆件结构，如图 4-1所示。薄壁结构是指其厚度远小于其他两个尺度的结构。平面板状的薄壁结构称为薄板，由若干块薄板可组成各种薄壁结构，如图 4-2 所示的屋面。具有曲面外形的薄壁结构称为薄壳。实体结构是指它的 3 个方向的尺度大约为同一量级的结构，例如挡土墙、块式基础等，如图 4-3 所示。

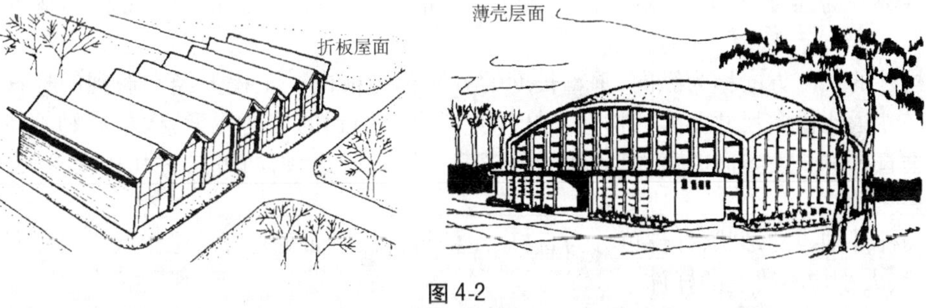

图 4-2

在荷载作用下，承受荷载和传递荷载的建筑结构和构件会引起周围物体对它们的反作用。同时，构件本身因受荷载作用而将产生变形，并且存在着发生破坏的可能性。但结构本身具有一定的抵抗变形和破坏的能力，即具有一定的承载能力，而构件的承载能力的大小与构件的材料性质、截面的几何尺寸和形状、受力性质、工作条件和构造情况等有关。在结构设计中，当其他条件一定时，如果构件的截面设计得过小，当构件所受的荷载大于构件的承载能力时，则结构将不安全，它会因变形过大而影响正常工作，或因强度不够而受破坏。当构件的承载能力大于构件所受的荷载时，则要多用材料，造成浪费。因此，材料力学的主要任务是讨论和研究建筑结构及构件在荷载或其他因素（支座移动、温

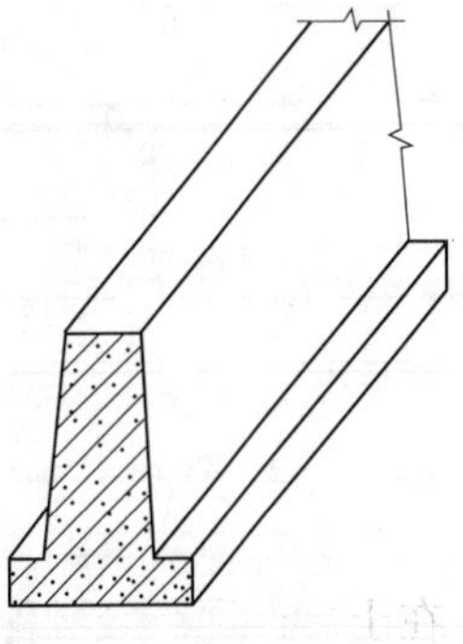

图 4-3

度变化)作用下的力学性能,它可归纳为如下几个方面的内容:

(1)力系的简化和力系的平衡问题。研究和分析此问题时,我们往往将所研究的对象视为刚体。所谓刚体,是指无论受到怎么样的力的作用,其形状都不会改变的物体。换句话说,刚体是指在任何情况下,物体内任意两点间的距离都不会改变的物体。事实上刚体是不存在的,我们知道任何物体在受到力的作用时,都将发生不同程度的变形(这种物体称为变形体),如房屋结构中的梁和柱,在受力后将产生弯曲变形和压缩变形。但由于在很多情况下物体的变形对于研究平衡问题的影响甚小,变形可略去不计。这样,将会大大简化对力系平衡条件问题的研究。

(2)强度问题,即研究材料、构件和结构抵抗破坏的能力。例如,当吊车起吊重物时,吊车梁可能被弯曲断裂,在设计梁时就要保证它在荷载作用下,正常工作情况时不会发生破坏。

(3)刚度问题,即研究构件和结构抵抗变形的能力。例如,吊车梁或楼板梁在荷载等因素作用下,虽然满足强度要求,即不致破坏,但梁的变形过大,超出所规定的范围也会影响正常工作和使用。

(4)稳定问题。对于比较细长的中心受压杆,当压力超过某一定压力时,杆就不能保持直线形状,而突然从原来的直线形状变成曲线形状,改变它原来受压的工作性质而发生破坏。这种现象称为丧失稳定或简称失稳。例如房屋承重的柱子,如果过细、过高,就可能由于柱子的失稳而导致整个房屋的突然倒塌。

根据上述分析,我们可以说,工程力学的主要研究对象就是上述4种基本构件以及由它们所组成的构件系统。但本书只以杆件及杆系结构为研究对象。工程力学在研究杆及杆系各部分的强度、刚度和稳定性问题时,首先要了解杆件的几何特性及其基本变形形式。

构件的长度方向称为纵向,垂直长度的方向称为横向。工程上经常遇到的杆件是指纵向尺寸远比横向尺寸要大的构件。杆件有两个常用到的几何元素:横截面和轴线。前者指垂直杆件长度方向的截面,后者为各横截面形心的连线,两者具有互相垂直的关系,如图4-4所示。

按杆件轴线的形状,杆件可分为直杆、曲杆与折杆。而等直杆就是轴线是直线且横截面形状、大小均不改变的杆件。

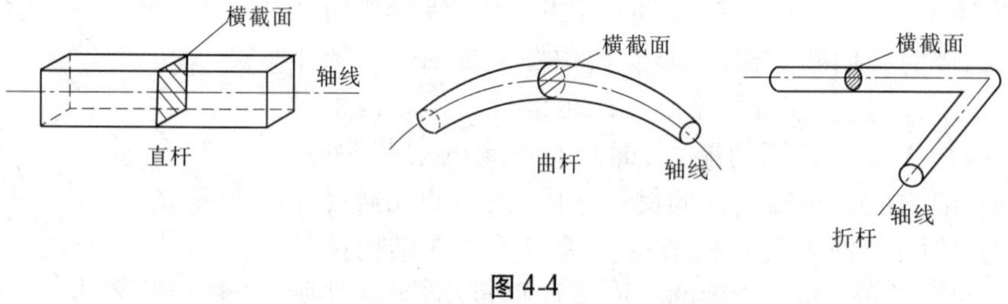

图4-4

第二节　变形固体的基本假设

前面已经指出,工程力学的研究对象是构件和构件系统。构件是由固体材料制成的,根据研究问题性质的不同,又常把构件抽象为两种理想化的模型:刚体和变形固体。

一、刚体的基本概念

所谓刚体,就是假定在外力作用下,固体的形状和尺寸都绝对不变。实际上,任何固体在外力作用下都或大或小地发生形状或尺寸的改变。只是在某些力学问题中,其改变因素对研究问题影响很小,可以不予考虑,从而使问题的研究得到简化。譬如研究物体在外力作用下的平衡与运动问题,就是忽略了固体的变形而把它视为刚体。

二、变形固体的基本概念

任何物体在外力作用下,都会产生或大或小的变形。这些变形,有些可直接观察到,有些则需要通过仪器才能测出。建筑力学研究的对象是构件。构件都是由固体材料制成的。这些固体材料在外力作用下会产生变形,故称为变形固体。

工程力学研究的是构件的强度、刚度和稳定性问题,这些问题都与构件在荷载作用下的变形相联系。因此,构件的变形已成为工程力学所必须研究的重要内容。作为变形固体的构件,在荷载作用下的变形,按其性质可分为两种:一种是弹性变形,这是一种随着荷载解除而消失的变形;另一种是塑性变形或称为残余变形,这是一种荷载解除后而不能消失的变形。

荷载解除后能完全恢复其原状的变形固体称为理想弹性体。实际上,自然界并不存在理想弹性体。但由试验可知,常用的工程材料,如金属、木料和混凝土等,当荷载不超过某一限度时,荷载解除后的残余变形很小,它们很接近理想弹性体。因此,在工程力学中,通常将所研究的对象,即由变形固体制成的构件视为理想弹性体。本书所讨论的问题,也仅限于理想弹性体。

三、变形固体的基本假设

变形固体的性质是十分复杂的,各学科研究的角度、范围不同,其侧重面也不一样。为了简化计算,在工程力学中常略去一些与强度、刚度和稳定性等问题关系不大的因素,将具有多种复杂属性的变形固体模型化,从而建立工程力学所研究对象的理想化模型。为此,工程力学对变形固体作下列假设。

(一)连续性假设

该假设认为,固体在其整个体积内毫无空隙地充满了物质。实际上,组成固体的各粒子间并不连续,它们之间存在着空隙。但是,这些空隙与构件尺寸相比极其微小,由于空隙存在而引起性质上的差异,在宏观讨论中可以忽略不计,故可认为固体在其整个体积内是连续的。根据这个假设,就可将表征固体内某些力学性质的物理量用点的坐标的连续函数来表示。这样,就可以利用高等数学的知识(微分、积分和微分方程等)来分析研究工程力学的问题。

(二)均匀性假设

该假设认为,固体内各点处的力学性质完全相同。就工程中使用较多的金属材料来说,组成金属的各个晶粒的力学性质并不完全相同。但是,在构件或构件内任一部分中,都包含着为数极多的晶粒,而且它们又是处于无规则的排列状态,其力学性质应是所有各晶粒性质的统计平均值,故可认为构件内各部分的力学性质是均匀的。根据这个假设,可以从构件内任意点处取出一微小部分加以分析研究,并将研究结果应用于整个构件。同时,也可以将那些用大尺寸试件在试验中所获取的材料的力学性质应用于任一微小部分。

(三)各向同性假设

该假设认为,固体在各个不同方向具有相同的力学性质。具有这种性质的材料称为各向同性体。常用的工程材料,如钢材、塑料、玻璃和混凝土等,都可认为是各向同性材料。根据这个假设,在研究材料的力学性质时,不必考虑其方向性,即在研究材料某一方向的力学性质后,其结论就可以应用到其他任何方向。

如果材料在各个不同方向具有不同的力学性质,则这种材料称为各向异性体。例如,木材、胶合板、纤维织品和复合材料等。工程力学所研究的问题主要限于各向同性体。

(四)小变形假设

该假设认为,构件在荷载作用下产生的变形与其尺寸相比是极其微小的。工程力学所研究的问题限于构件的变形远小于其原始尺寸的"小变形"情况。这样,在研究构件的平衡问题时,就可以忽略构件的变形,而按变形前的原始尺寸进行分析计算,这种方法称为原始尺寸原理。利用这一原理可使计算大大得到简化。如图 4-5 所示悬臂梁,在荷载 F 作用下发生弯曲变形,梁 B 端沿水平方向产生位移。在计算梁固定端 A 的支座反力偶 M_A 时,可由静力平衡方程 $\sum M_A=0, M_A=Fl$,而不用 $M_A=F(l-\delta)$。这是因为水平方向的位移 δ 远小于梁的原长 l,根据小变形假设,在研究平衡问题求支座反力时,可略去小变形 δ 的影响,仍按梁的原长 l 计算,使计算得以简化。

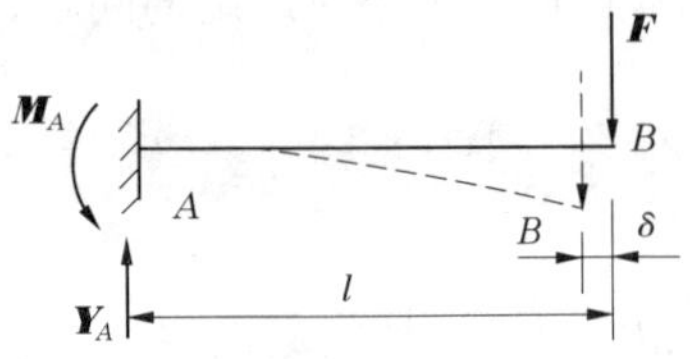

图 4-5

试验表明,根据上述假设所得到的结论是正确的。这些结论充分反映材料的主要性质,又使问题得到合理简化,与构件的实际情况基本符合,并能够完全满足工程上所要求的精度。

综上所述,工程力学的研究对象——构件是连续、均匀、各向同性的变形固体,并把它们看做完全弹性体,其研究范围仅限于小变形的情况。

第三节 杆件变形的基本形式

在工程实际中,杆可能受到各种各样的外力作用,因此杆的变形也是多种多样的。但是这些变形总不外乎是以下 4 种基本变形中的一种,或者是它们中几种的组合。

(1)轴向拉伸或轴向压缩。在一对大小相等、方向相反、作用线与杆件轴线相重合的轴向外力作用下,使杆件在长度方向发生伸长变形的称为轴向拉伸,如图 4-6(a)所示;长度方向发生缩短变形的称为轴向压缩,如图 4-6(b)所示。

(2)剪切。在一对大小相等、方向相反、作用线相距很近的横向力作用下,杆件的主要变形是横截面沿外力作用方向发生错动,如图 4-6(c)所示,此称为剪切变形。

(3)扭转。如图 4-6(d)所示,在一对大小相等、转向相反,作用平面与杆件轴线垂直

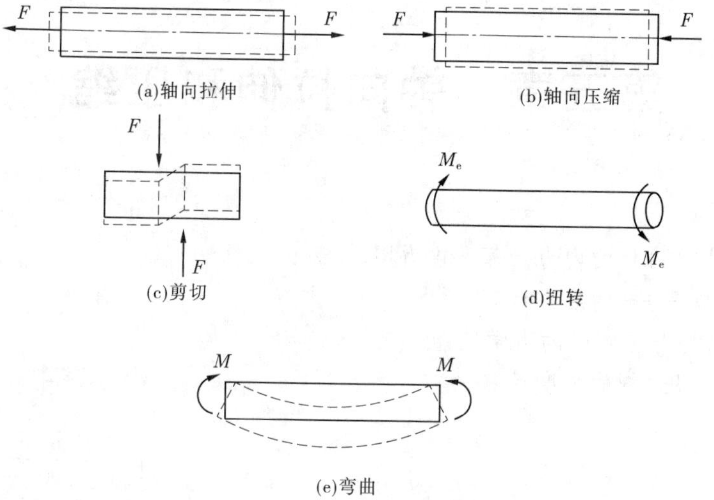

图 4-6

的外力偶矩 M_e 作用下，直杆的相邻横截面将绕着轴线发生相对转动，而杆件内线仍保持直线，这种变形形式称为扭转。

(4)弯曲。在一对方向相反、位于杆件的纵向对称平面内的力偶作用下，杆件的轴线变为曲线，这种变形形式称为弯曲，如图 4-6(e)所示。

在本书中，将先研究杆件变形的 4 种基本形式，然后研究杆件的几种组合变形。

由上可见，要处理好构件所受的荷载与构件本身的承载能力之间的这个基本矛盾，就必须保证设计的构件有足够的强度、刚度和稳定性。工程力学就是研究多种类型构件(或构件系统)的强度、刚度和稳定性问题的科学。

本章小结

材料力学的研究对象是杆件及杆系结构。任务是研究杆件及杆件系各部分的强度、刚度和稳定性问题。变形固体的基本假设有连续性假设、均匀性假设、各向同性假设、小变形假设。杆件变形的基本形式有轴向拉伸或轴向压缩、剪切、扭转和弯曲。

思考题

列举几种轴向拉伸或轴向压缩、剪切、扭转、弯曲的工程实例。

习　题

4-1　变形固体有哪些基本假设？为什么要做这些基本假设？

4-2　杆件的基本变形有哪几种形式？

第五章　轴向拉伸和压缩

【内容要点】

(1)轴向拉(压)杆的内力计算和内力图。

(2)轴向拉(压)杆的应力计算。

(3)材料拉伸与压缩时的力学性能。

(4)轴向拉(压)杆的强度计算。

【知识链接】

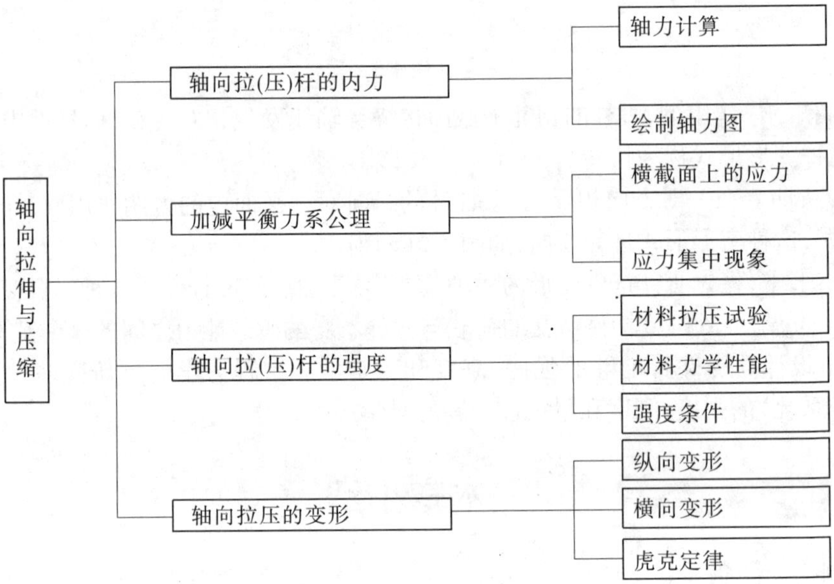

第一节　轴向拉伸和压缩的概念

在房屋建筑工程中,经常见到这样一些构件,如图 5-1(a)所示的砖柱和图 5-1(b)所示的起重架中的杆 *AC* 和 *BC*,它们的受力变形形式,都是轴向拉伸或轴向压缩。因为可以把轴向压缩理解为负值的轴向拉伸,所以把它们归并为同一种变形形式。这是第一种基本变形。

如图 5-2 所示的轴向拉(压)杆,图中实线表示受力变形前的外形,虚线表示受力变形后的外形。由图 5-2 可见,这种轴向拉(压)杆的受力特点是外力合力的作用线与杆件的轴线相重合,其变形特点是杆件主要是沿轴线方向的伸长或缩短,同时横向尺寸也发生变化。

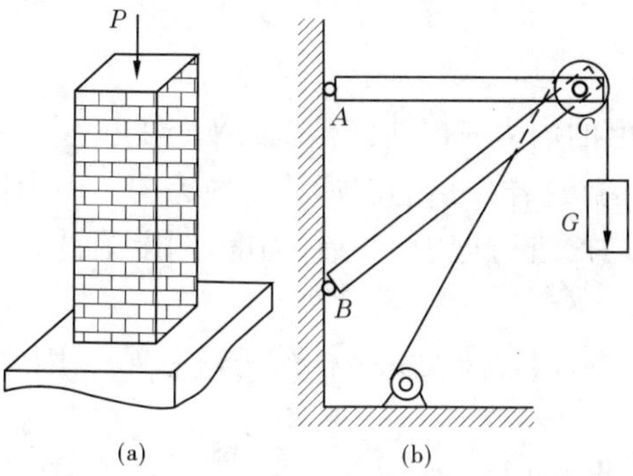

图 5-1

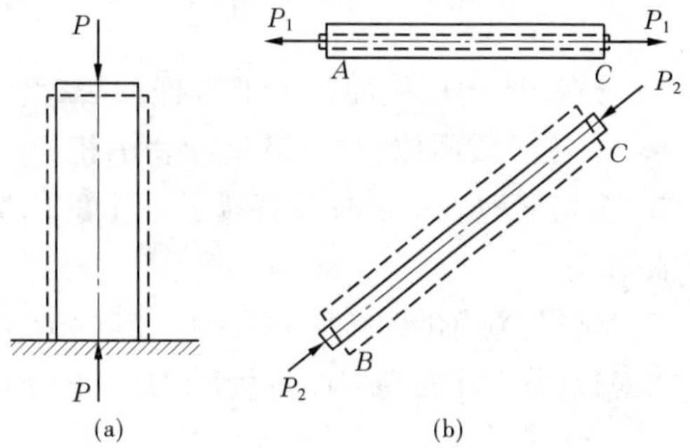

图 5-2

第二节　轴向拉伸和压缩的内力及内力图

一、轴向拉伸和压缩的内力

截面法是求内力的基本方法。它不但在本节中用于求轴向拉(压)杆的内力,而且将在以后各节中用于求其他各种变形形式杆件的内力,因此应着重掌握它。下面通过对如图 5-3(a)所示轴向拉杆求 $m—m$ 截面的内力来阐明截面法。

第一步:沿所欲求内力的横截面 $m—m$,假想把构件截开为两部分。任取一部分隔离体作为研究对象,而弃去另一部分,如图 5-3(b)或(c)所示。

第二步:在隔离体的截开面上加上原有的内力,使隔离体得以像未截开之前一样处于平衡状态。这里由隔离体的平衡条件可知,轴向拉(压)杆横截面上的内力只能是轴力 F_N。

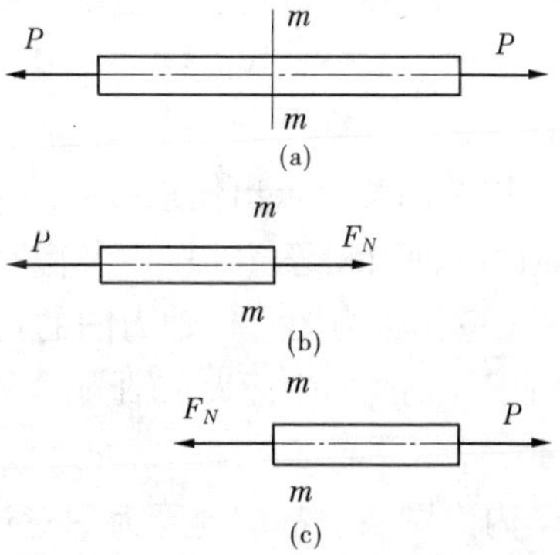

图 5-3

为了便于由最后计算结果判定内力的实际指向,不论截面上内力的实际指向如何,一律应按正值的形式假设,这一点十分重要。规定轴力以受拉为正,受压为负。不难理解,拉力的箭头是背离截面,而压力的箭头则是指向截面。在图 5-3(b)或(c)中,都是按预设为正的原则在 $m—m$ 截面上加上了轴力 F_N,这就是隔离体受力图。

第三步:建立隔离体的平衡方程,并解出所欲求的内力,这里是轴力 F_N。由平衡方程 $\sum F_x = 0$,有

$$F_N - P = 0$$

得

$$F_N = P$$

正号表明实际指向与所设指向相同,即横截面 $m—m$ 上的轴力 F_N 是拉力。

二、轴向拉(压)杆的内力图

逐次地运用截面法可求得杆件所有横截面上的内力。以与杆件轴线平行的横坐标轴 x 表示各横截面位置,以纵坐标表示相应的内力值,这样作出的图形称为内力图。内力图清楚、完整地表示出杆件各横截面上的内力,是进而进行应力、变形、强度、刚度等计算的依据。

这里,对轴向拉(压)杆来说,其内力是轴力 F_N,内力图的纵坐标就是轴力 F_N。因此,轴向拉(压)杆的内力图称为轴力图,即 F_N 图。

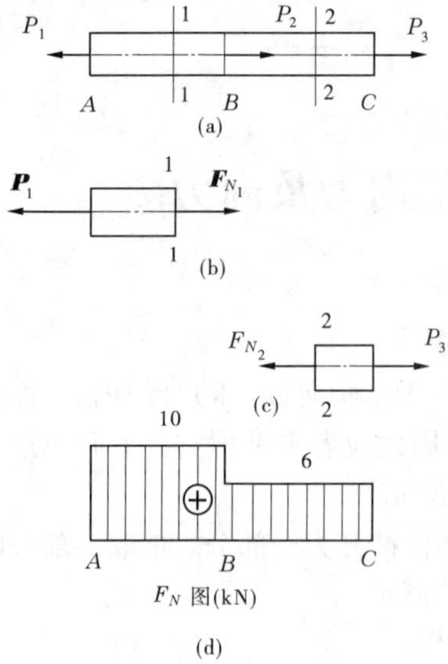

图 5-4

【例 5-1】 轴向拉(压)杆受力如图 5-4(a)所示,$P_1=10$ kN,$P_2=4$ kN,$P_3=6$ kN。求图中 1—1、2—2 截面的内力值并绘制轴力图。

解:(1)求 1—1 截面的轴力。从 1—1 截面处截开,取左段为研究对象,受力图如图 5-4(b)所示。

由 $\sum F_x = 0$,$F_{N_1} - P_1 = 0$

得

$$F_{N_1} = P_1 = 10(\text{kN})(\text{拉})$$

(2)求 2—2 截面的轴力。从 2—2 截面处截开,取右段为研究对象,受力图如图 5-4(c)所示。

由 $\sum F_x = 0$,$P_3 - F_{N_2} = 0$

得

$$F_{N_2} = P_3 = 6(\text{kN})(\text{拉})$$

用截面法可求出任意截面的轴力。很容易得到:AB 段内各横截面上的轴力均与 1—1 截面的轴力相等,BC 段内各截面的轴力与2—2截面的轴力相等。

(3)作轴力图。作轴力图的具体方法是:用平行于杆轴线的坐标轴表示截面的位置,垂直于杆轴线的坐标表示轴力的大小。标明正负号,按一定比例绘出轴力图,如图 5-4(d)所示。

内力图一般都应与受力图对正。对 F_N 图以及后面几章内容中讨论的 T(扭矩)图和 F_S(剪力)图而言,当杆水平放置或倾斜放置时,正值的 F_N、T、F_S 应画在与杆件轴线平行的横坐标轴 x 的上方或斜上方,而负值则画在下方或斜下方,并必须标出符号"+"号或"-"号,如图 5-4(d)所示。当杆件竖直放置时,正负值可分别画在一侧,并标出"+"号或"-"号。内力图上必须标全所有横截面的内力值及其单位,还应适当地画出一些纵标线,纵标线必须画得垂直于横坐标轴。内力图旁应标明为何种内力图。横坐标轴名称以不标出为好,F_N 等纵坐标轴以不画出为好。当熟练时,各隔离体图不用画出。

【例 5-2】 轴向拉(压)杆受力如图 5-5(a)所示,求作轴力图(不计杆的自重)。

解:(1)第一步:一般应先由杆件整体的平衡条件求出支座反力。但对于例题中这类

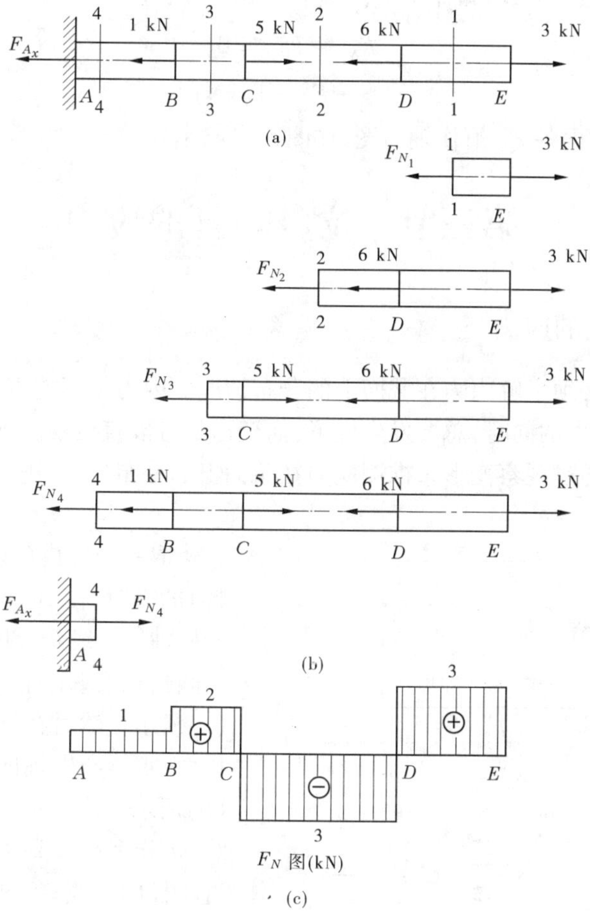

图 5-5

具有自由端的构件或结构，应注意，往往以取含自由端的一段为隔离体较好，这样可免求支座反力。

(2)第二步：用截面法求内力。各隔离体如图 5-5(b)所示，由各隔离体的平衡条件求得各段中的轴力。

ED 段：由 $\sum F_x = 0, F_{N_1} - 3 = 0$

得 $F_{N_1} = 3(\text{kN})$

DC 段：由 $\sum F_x = 0, F_{N_2} + 6 - 3 = 0$

得 $F_{N_2} = -3(\text{kN})$

CB 段：由 $\sum F_x = 0, F_{N_3} + 6 - 5 - 3 = 0$

得 $F_{N_3} = 2(\text{kN})$

BA 段：由 $\sum F_x = 0, F_{N_4} + 1 + 6 - 5 - 3 = 0$

得 $F_{N_4} = 1(\text{kN})$

如果在第二步已求得右端支座反力 $F_{A_x} = 3 + 5 - 6 - 1 = 1(\text{kN})$，则也可取含支座端一

段隔离体求解。例如,求 BA 段中的 F_{N_4}(见图 5-5(b)):

由 $\sum F_x = 0$ $\qquad F_{N_4} - F_{A_x} = 0$

得 $\qquad F_{N_4} = F_{A_x} = 1(\text{kN})$

(3)第三步:根据各 F_N 值作轴力图,如图 5-5(c)所示。

第三节 拉(压)杆的应力

一、横截面上的应力

要确定应力,必须了解内力在截面上的分布情况。内力是不能直接观测到的,但是构件在受力后引起内力的同时,总要发生变形,而变形是可以直接观测到的。由于内力和变形有关,因此可以通过观察变形来推测应力在截面上的分布规律,进而确定应力的计算公式。

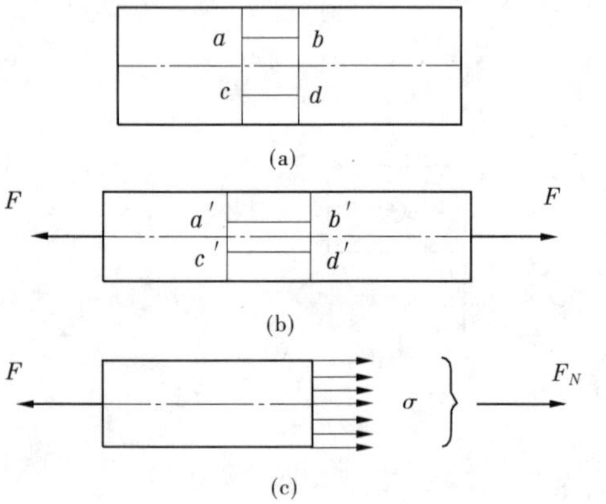

图 5-6

取一个橡皮(或其他易于变形的材料)的等直杆,在杆件表面画两条垂直于杆轴的横线 ac 和横线 bd,并在两横线之间画几条平行于杆轴的纵线,如图 5-6(a)所示。然后在杆两端加一对轴向的拉力,使其产生轴向拉伸变形,如图 5-6(b)所示。这时可以看到:横线 ac 和横线 bd 分别平移到了 $a'c'$ 和 $b'd'$,并仍垂直于杆的轴线;各纵向线仍平行于杆的轴线。

根据上述现象,可作如下假设:

(1)将 ac 和 bd 看做是横截面与杆件表面的交线,认为变形前杆件的横截面为平面,变形后仍然是平面,称为平面假设,也称为平截面假设。

(2)设想杆件由无数条平行于轴线的纵向纤维组成,变形后纵向线和横向线的夹角不变,说明只有线应变而没有切应变。

由平截面假设可知,轴向受拉杆件各纵向纤维伸长量相等,由此可知每根纤维所受到的内力相等,即横截面上内力分布均匀。

根据应力的定义和横截面上内力均匀分布的规律,可以得到横截面上应力的计算公式:

$$\sigma = \frac{F_N}{A} \tag{5-1}$$

式中 σ——横截面上的应力;

F_N——横截面上的轴力;

A——横截面面积。

对于轴向压缩杆件，正应力 σ 的正负号的规定与轴力 F_N 相同，即拉为正，压为负。当轴力为拉力时，称为拉应力；当轴力为压力时，称为压应力。

二、斜截面上的应力

如图 5-7(a)所示拉杆，设一斜截面 $m—m$ 与横截面夹角为 α，横截面面积为 A，斜截面面积为 A_α，则 A_α 与 A 的关系为 $A_\alpha = A/\cos\alpha$。

采用截面法，假设一截面沿斜截面 $m—m$ 处将杆件截开，取左半段为隔离体，由平衡条件，得该截面上的内力为 $F_N = F$，方向与轴线重合且背离截面。依据分析横截面上正应力分布规律的过程，可以得出斜截面上应力 p_α 也是均匀分布的，且平行于杆的轴线，如图 5-7(b)所示，则有

$$p_\alpha = \frac{F_N}{A_\alpha} = \frac{F}{A_\alpha}$$

又因为 $A_\alpha = A/\cos\alpha$，所以得

$$p_\alpha = \frac{F}{A}\cos\alpha = \sigma\cos\alpha$$

式中 σ——横截面上的正应力。

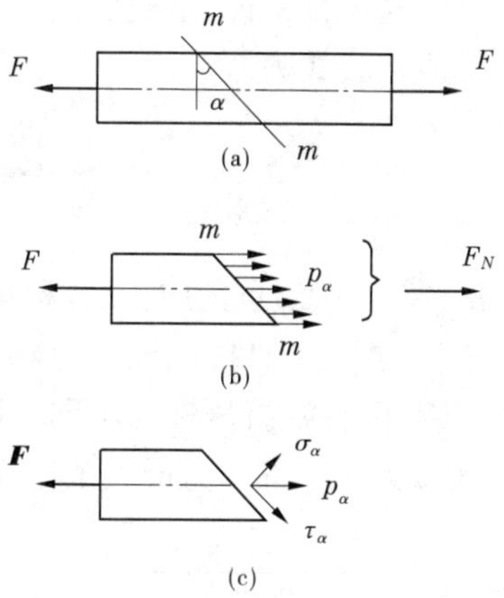

图 5-7

将斜截面上任意一点的应力 p_α 分解为正应力 σ_α 和剪应力 τ_α，如图 5-7(c)所示，由上式得

$$\sigma_\alpha = p_\alpha\cos\alpha = \sigma\cos^2\alpha \tag{5-2}$$

和

$$\tau_\alpha = p_\alpha\sin\alpha = \sigma\cos\alpha\sin\alpha = \frac{\sigma}{2}\sin2\alpha \tag{5-3}$$

式(5-1)和式(5-2)表示拉压杆斜截面上的正应力 σ_α 和剪应力 τ_α 随角 α 的变化规律。可知，斜截面上的正应力与剪应力是 α 的函数。

当 $\alpha = 0$ 时，即截面为横截面，这时正应力 σ_α 最大，$\sigma_{\alpha_{max}} = \sigma$，$\tau_\alpha = 0$；当 $\alpha = 45°$时，剪应力 τ_α 最大，$\tau_{\alpha_{max}} = \tau_{45°} = \dfrac{\sigma}{2}$；当 $\alpha = 90°$时，$\sigma_\alpha = 0$，$\tau_\alpha = 0$，即与轴线平行的截面上无任何应力。

注意：

(1)此处 α 的角度正负号规定：当从 x 轴正方向向斜截面上的外法线量去时，逆时针转动为正，顺时针为负。

(2)σ_α 的正负号规定：拉为正，压为负。

(3)τ_α 的正负号规定：绕截面内侧一点作顺时针转动的为正，反之为负。

三、危险截面及危险点

在构件强度计算中，无论是轴向拉压杆，还是其他受力变形形式的构件，都需要以危

险截面上的危险点的应力作为控制条件。

最大应力所在的横截面可能是最先破坏的横截面,称为危险截面。而危险截面上最大应力所在的点,称为危险点。危险截面是由内力和横截面尺寸来判断的。对等截面杆来说,最大内力所在的截面就是危险截面。对变截面来说,取决于内力值和截面尺寸两个因素,应对若干个可能的危险截面进行计算并比较才能知道最大应力所在的截面。危险点则由应力在截面上的分布规律来判断。

对轴向拉压杆来说,横截面上的正应力是均匀分布的,因此危险截面上任一点都是危险点。其应力公式为

$$\sigma_{\max} = \frac{F_N}{A} \tag{5-4}$$

式中 $\sigma_{\max}$——危险点的应力,或称最大工作应力。

对于抗拉、抗压性能相同的材料(如低碳钢等),只需取绝对值最大的 $\sigma_{\max}$ 为最大工作应力。对于抗拉、抗压性能不同的材料(如铸铁、混凝土等),则要把最大拉应力 $\sigma_{t_{\max}}$ 和为最大压应力 $\sigma_{c_{\max}}$ 都作为最大工作应力。

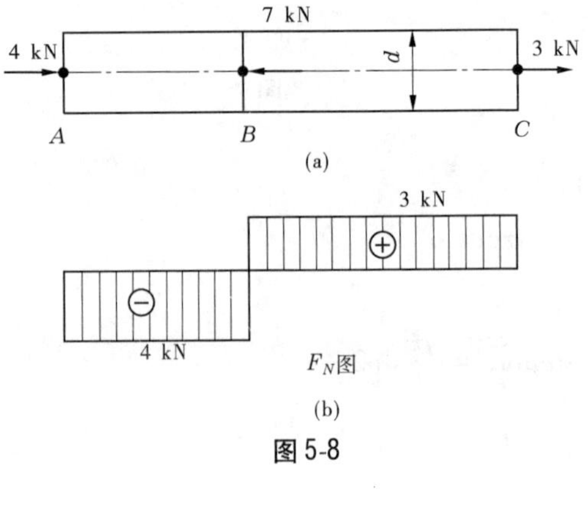

图 5-8

【例 5-3】 如图 5-8(a)所示等截面杆,直径 $d = 10$ mm,杆件材料的抗拉、抗压性能不同。求该杆的最大工作应力。

解:(1)由截面法求得 AB 段和 BC 段的轴力。

$$F_{N_{AB}} = -4\ \text{kN}, F_{N_{BC}} = 3\ \text{kN}$$

作轴力图如图 5-8(b)所示。

(2)判断危险截面及危险点。由于材料的抗拉、抗压性能不同,则最大拉应力和最大压应力所在截面都应考虑,因此由轴力图判断:所有截面都是危险截面。根据轴向拉压杆横截面上的应力是均匀分布可判断:危险截面上所有点都是危险点。

(3)计算最大工作应力。

$$\sigma_{c_{\max}} = \sigma_{AB} = \frac{F_{N_{AB}}}{A} = \frac{4F_{N_{AB}}}{\pi d^2} = \frac{4 \times (-4) \times 10^3}{3.14 \times 10^2 \times 10^{-6}} = -5.1 \times 10^7(\text{Pa}) = -51\ \text{MPa(压)}$$

$$\sigma_{t_{\max}} = \sigma_{BC} = \frac{F_{N_{BC}}}{A} = \frac{4F_{N_{BC}}}{\pi d^2} = \frac{4 \times 3 \times 10^3}{3.14 \times 10^2 \times 10^{-6}} = 3.82 \times 10^7(\text{Pa}) = 38.2\ \text{MPa(拉)}$$

【例 5-4】 如图 5-9(a)所示变截面杆,已知 $F = 20$ kN,横截面面积 AB 段 $A_1 = 2\,000\ \text{mm}^2$,$BD$ 段 $A_2 = 1\,000\ \text{mm}^2$;杆件材料的抗拉、抗压性能相同。求该杆的最大工作应力。

解:(1)由截面法求得 AC 段和 CD 段的轴力。

$$F_{N_{AC}} = -40\ \text{kN}, F_{N_{CD}} = 20\ \text{kN}$$

作轴力图如图 5-9(b)所示。

(2)判断危险截面及危险点。由各段的内力值和相应的截面尺寸两个因素综合判

断:BC 段和 CD 段上存在危险截面。由应力在横截面上的分布规律判断:危险截面上任一点都是危险点。

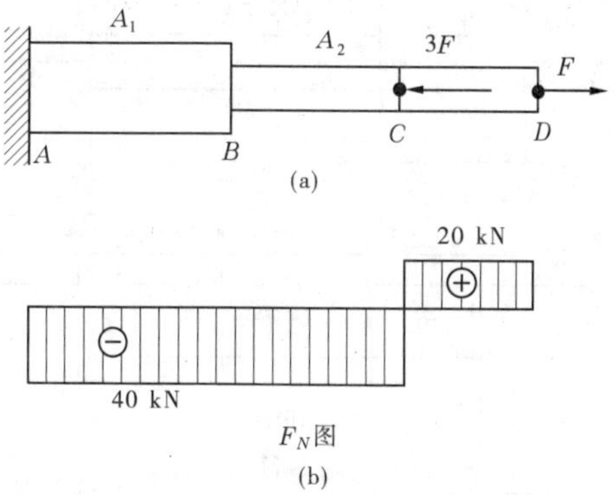

图 5-9

(3)计算最大工作应力。

由式(5-5)得

$$\sigma_{c_{\max}} = \sigma_{BC} = \frac{F_{N_{BC}}}{A_2} = \frac{-40 \times 10^3}{1\,000 \times 10^{-6}}$$

$$= -4 \times 10^7 (\text{Pa}) = -40 \text{ MPa(压)}$$

$$\sigma_{t_{\max}} = \sigma_{CD} = \frac{F_{N_{CD}}}{A_2} = \frac{20 \times 10^3}{1\,000 \times 10^{-6}}$$

$$= 2 \times 10^7 (\text{Pa}) = 20 \text{ MPa(拉)}$$

比较绝对值得出结论:该杆的最大工作应力出现在 CB 段,其值为

$$|\sigma_{c_{\max}}| = 40 \text{ MPa}$$

【例 5-5】 如图 5-10 所示拉杆,在斜截面 m—m 上的应力为 $\sigma_\alpha = 80$ MPa,$\tau_\alpha = 30$ MPa。求横截面上的正应力 σ 和角度 α。

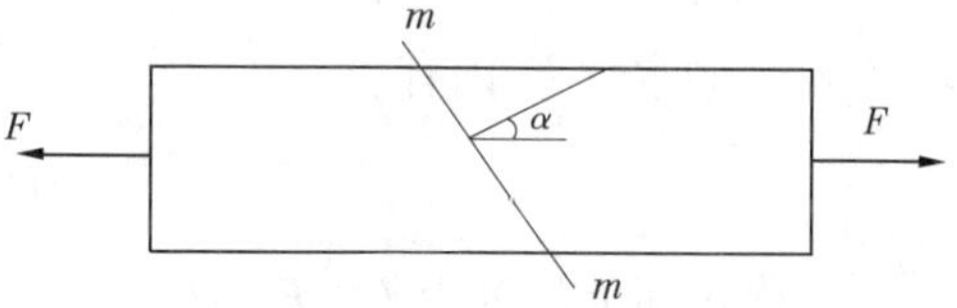

图 5-10

解:根据式(5-3)、式(5-4)可知

$$\sigma_\alpha = \sigma\cos^2\alpha, \tau_\alpha = \sigma\cos\alpha\sin\alpha$$

则有 $$\frac{\tau_\alpha}{\sigma_\alpha} = \frac{\sigma\cos\alpha\sin\alpha}{\sigma\cos^2\alpha} = \tan\alpha$$

所以 $$\alpha = \arctan\frac{\tau_\alpha}{\sigma_\alpha} = \arctan\frac{30}{80} = 20.56°$$

则横截面上的正应力为

$$\sigma = \frac{\sigma_\alpha}{\cos^2\alpha} = \frac{80}{\cos^2 20.56°} = 91.25(\text{MPa})$$

第四节 拉(压)杆的变形计算

当杆件在轴向拉伸和压缩时,所产生的主要变形是沿轴线方向的伸长或缩短,称为纵向变形;与此同时,垂直于轴线方向的横向尺寸也有所缩小或增大,称为横向变形。

一、纵向变形

设如图 5-11 所示拉、压杆的原长为 l,在轴向外力 F 的作用下,长度变为 l_1,杆的变形为

$$\Delta l = l_1 - l$$

即为杆的纵向变形。对于拉杆,Δl 为正值,表示纵向伸长,如图 5-11(a)所示;对于压杆,Δl 为负值,表示纵向缩短,如图 5-11(b)所示。

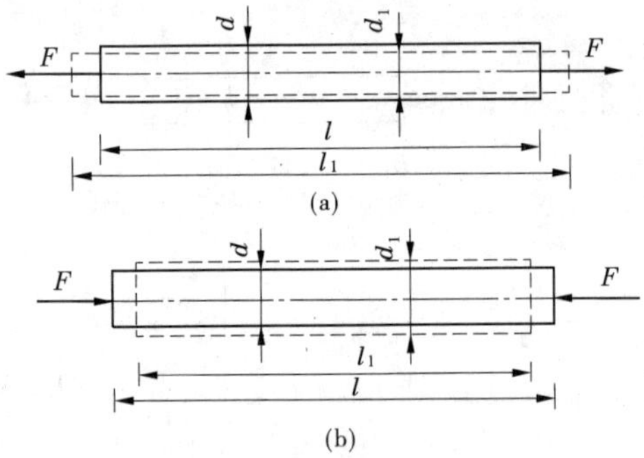

图 5-11

纵向变形 Δl 只反映杆件在纵向的总变形量，它与杆件的原长有关。为了进一步刻画杆件的变形程度，我们引入了线应变的概念。根据平面假设，杆件的各段都是均匀变形的，单位长度的纵向变形为

$$\varepsilon = \frac{\Delta l}{l} \tag{5-5}$$

式中　ε——纵向线应变。

显然，拉伸时 $\varepsilon > 0$，称为拉应变；压缩时 $\varepsilon < 0$，称为压应变。ε 是一个无量纲的量。

大量试验表明，当杆件的变形为弹性变形时，杆件的纵向变形 Δl 与外力 $\boldsymbol{F}$ 及杆件的原长 l 成正比，而与杆件的横截面积 A 成反比，即

$$\Delta l \propto \frac{Fl}{A}$$

引入比例常数 E，则有

$$\Delta l = \frac{Fl}{EA}$$

由于横截面上的轴力 $F = F_N$，故上式可以改为

$$\Delta l = \frac{F_N l}{EA} \tag{5-6}$$

式(5-6)称为虎克定律。式中的比例常数称为弹性模量，它与材料的性质有关，是衡量材料抵抗弹性变形能力的一个指标。E 的数值可以由试验测定，E 的单位与应力的单位相同。一些常用材料的 E 的约值列于表 5-1 中，以便于参考。EA 称为杆件的拉压刚度，它是单位长度的变形所需的力，所以拉压刚度 EA 代表了杆件抵抗拉伸(压缩)变形的能力。

表 5-1　常用材料的 E 和 ν 的约值

材料名称	E(GPa)	ν
低碳钢	196 ~ 216	0. 24 ~ 0. 28
中碳钢	205	0. 24 ~ 0. 28
16 锰钢	196 ~ 216	0. 25 ~ 0. 30
合金钢	186 ~ 216	0. 25 ~ 0. 30
铸铁	59 ~ 162	0. 23 ~ 0. 27
混凝土	15 ~ 35	0. 16 ~ 0. 18
石灰岩	41	0. 16 ~ 0. 34
木材(顺纹)	10 ~ 12	
橡胶	0. 007 8	0. 47

因 $\sigma=\frac{F_N}{A}$,$\varepsilon=\frac{\Delta l}{l}$,故式 (5-6) 变为

$$\sigma = E\varepsilon \tag{5-7}$$

式(5-7)是虎克定律的另外一种表达式。它表明,在弹性限度内,正应力与线应变成正比。

二、横向变形

设如图 5-11 所示拉、压杆在变形前、后的横向尺寸分别为 d 和 d_1,则其横向变形 Δd 为

$$\Delta d = d_1 - d$$

横向线应 ε' 为

$$\varepsilon' = \frac{\Delta d}{d} \tag{5-8}$$

对于拉杆,Δd 与 ε'都为负值;对于压杆,Δd 与 ε'都为正。

大量试验表明,当杆件的变形为弹性变形时,横向线应变 ε' 与纵向线应变 ε 的绝对值之比是一个常数。此比值称为泊松比或横向变形系数,用 ν 表示,即

$$\nu = \left|\frac{\varepsilon'}{\varepsilon}\right|$$

ν 是一个量纲为 1 的量,其数值经常随材料而异,也是通过试验来测定的。一些常用材料的 ν 的约值也列于表 5-1 中。弹性模量 E 和泊松比 ν 是材料固有的两个弹性常数,以后会经常用到。

考虑到 ε'和 ε 的正负号恒相反,由上式和式(5-7)可以得

$$\varepsilon' = -\nu\varepsilon = -\nu\frac{\sigma}{E} \tag{5-9}$$

利用式(5-9),可以由纵向线应变或正应力求横向线应变。反之亦然。

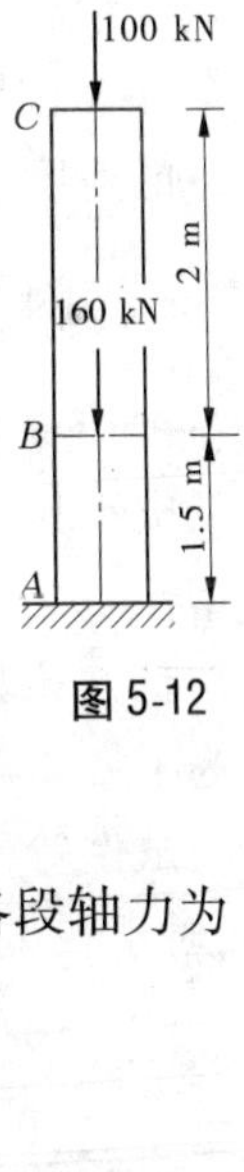

图 5-12

【例 5-6】 一木柱(见图 5-12)受轴向荷载作用,横截面边长 $a=200$ mm,材料的弹性模量 $E=10$ GPa,杆件的自重不计。求各段柱的纵向线应变和柱的总变形。

解:由于上下两段柱的轴力不相等,因此两段柱的变形要分别计算。各段轴力为

$$F_{N_{BC}} = -100\ \text{kN}$$
$$F_{N_{AB}} = -260\ \text{kN}$$

各段柱的纵向变形为

$$\Delta l_{BC} = \frac{F_{N_{BC}} l}{EA} = -\frac{100\times10^3\times2}{10\times10^9\times0.2^2} = -0.5\times10^{-3}(\text{m}) = -0.5\ \text{mm}$$

$$\Delta l_{AB} = \frac{F_{N_{AB}} l}{EA} = -\frac{260\times10^3\times1.5}{10\times10^9\times0.2^2} = -0.975\times10^{-3}(\text{m})$$
$$= -0.975\ \text{mm}$$

各段柱的纵向线应变为

$$\varepsilon_{BC}=\frac{\Delta l_{BC}}{l_{BC}}=-\frac{0.5}{2\ 000}=-2.5\times10^{-4}$$

$$\varepsilon_{AB}=\frac{\Delta l_{AB}}{l_{AB}}=-\frac{0.975}{1\ 500}=-6.5\times10^{-4}$$

全柱的总变形为两段柱的变形之和，即

$$\Delta l=\Delta l_{BC}+\Delta l_{AB}=-(0.5+0.975)=-1.475(\text{mm})$$

第五节　材料在拉伸与压缩时的力学性质

构件的强度和变形不仅与应力有关，还与材料本身的性质有关。所谓的力学性质，是指材料在受力和变形的过程中所表现出的性能特征。如材料破坏时的极限应力 σ_u，以及弹性模量 E 等都属于材料的性能特征标志。材料的力学性能是通过材料试验测定的。

构件在荷载作用下将产生变形，如果将荷载完全卸除后，变形完全消失，这种变形称为弹性变形；如果变形不能完全消失，遗留的变形称为塑性变形或残余变形。工程中对于常温下的材料，根据破坏前所发生的塑性变形的大小分为两类：塑性材料和脆性材料。前者指断裂前产生较大塑性变形的材料，如低碳钢及铜、铝等金属；后者指断裂前塑性变形很小的材料，如铸铁、混凝土、石料等。

低碳钢和铸铁是工程中广泛使用的两种典型材料，本节主要介绍这两种材料在常温、静载条件下拉伸和压缩时表现出的力学性质。所谓的常温，就是指室温；所谓的静载，就是加载的速度要平稳缓慢。

一、材料拉伸时的力学性质

（一）低碳钢拉伸时的力学性质

低碳钢是在工程中广泛使用的材料，它在拉伸试验中所表现的力学性能比较全面，具有典型性。

1. 拉伸试验的方法和要求

为了便于对不同材料的试验结果进行比较，试验采用如图 5-13 所示的圆截面标准试件。在试件等截面段中部划取一段长度作为工作段，该段长度 l 称为标距。标距长度有两种，对于长试件取 $l=10d$，对于短试件取 $l=5d$。其中 d 为试件的直径。

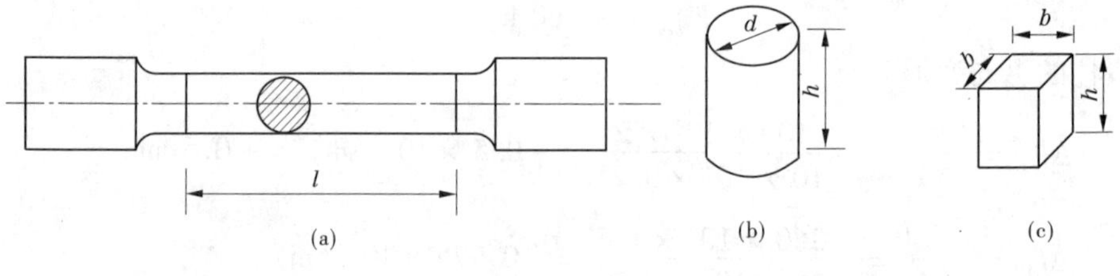

图 5-13

拉伸试验是在万能试验机上进行的。将试件两端装入试验机的夹头内，启动机器，缓慢加载，直至试件被拉断。在试验的过程中，观察试件的变形情况和出现的各种现象，记录有关的数据，便可看出材料受力后的某些特性和测出反映材料某种能力的性能指标。

2. 拉伸图和应力—应变曲线。

通过低碳钢的拉伸试验可以看到，随着拉力 F 的增大，试件逐渐伸长，一般试验机上均有绘图装置，能自动地绘出拉力 F 和 Δl 间的关系曲线，称为拉伸图。低碳钢试件的拉伸图如图 5-14 所示。

拉伸图只反映了试件受力过程中的现象，还不能直接反映材料的力学性能，因为这一曲线与试件的尺寸有关。例如，如果试件做得粗一些，产生相同伸长量所需的拉力就大一些；如果试件的标距长一些，则在同样拉力作用下，伸长量也会大一些。为了消除试件尺寸的影响，使试验的结果能反映材料的性质，用应力 $\sigma = F/A$ 为纵坐标，用应变 $\varepsilon = \Delta l/l$ 为横坐标（A 与 l 分别为试件变形前的横截面面积和标距长度），这样得到的曲线称为应力—应变曲线或 $\sigma \sim \varepsilon$ 曲线。低碳钢的 $\sigma \sim \varepsilon$ 曲线如图 5-15 所示，这一曲线反映了材料在拉伸过程中所表现的力学性质。

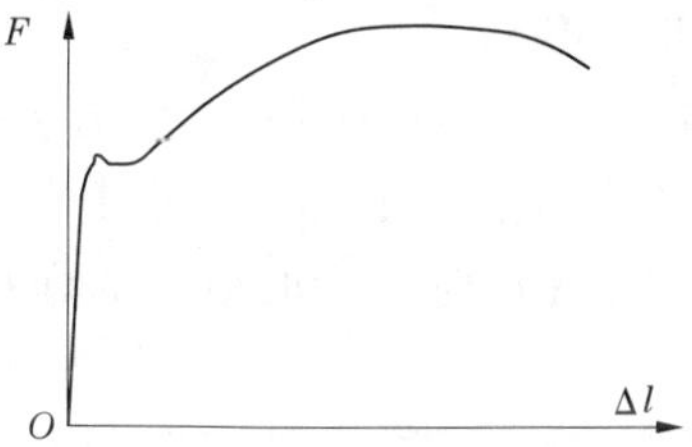

图 5-14

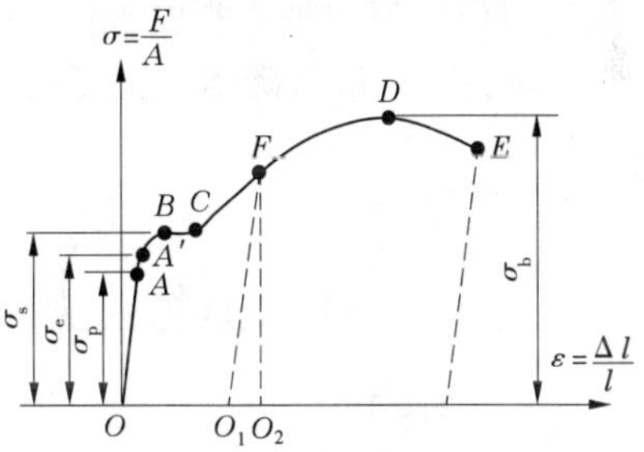

图 5-15

3. 低碳钢 $\sigma \sim \varepsilon$ 曲线的 4 个特征阶段

根据低碳钢的 $\sigma \sim \varepsilon$ 曲线的特点，可将其分为弹性阶段、屈服阶段、强化阶段和颈缩阶段。

（1）弹性阶段（OA' 段）。在此阶段内，材料的变形是弹性变形。当应力增加到 A' 点时，若将荷载降为零，则变形完全消失，应变也随之消失。应力超过 A' 点后，材料开始产生塑性变形。A' 点对应的应力称为弹性极限，是材料不产生塑性变形的最高限，用 σ_e 表示。

在此阶段内，稍低于 A' 点的 A 点是直线段的最高点，A 点对应的应力称为比例极限，是应力 $\boldsymbol{\sigma}$ 与应变 ε 保持线性关系的最高限，用 σ_p 表示。当应力 σ 不超过 σ_p 时，应力 $\boldsymbol{\sigma}$ 与应变 ε 成正比。其比例常数就是弹性模量 E。因此，虎克定律 $\sigma = E\varepsilon$ 的适用条件应限定在 $\sigma \leqslant \sigma_p$ 的范围之内。低碳钢的比例极限 $\sigma_p \approx 200$ MPa。由于比例极限与弹性极限非常靠近，试验中很难加以区别，所以实际应用中常将两者视为相等。

（2）屈服阶段（BC 段）。应力超过比例极限 σ_p 后，应力不再显著增加，仅有些微小的波动；而应变却在应力几乎不变的情况下急剧增长，材料暂时失去抵抗变形的能力。这个现象一直延续到 C 点。如果试件经过抛光，这时可以看到试件表面有许多与试件轴线约成45°角的条纹,称为滑移线。这种应力几乎不变,应变却不断增加,从而产生明显的塑性变形的现象称为屈服现象,此阶段称为屈服阶段。在应力波动中,首次下降所达到的最低值称为下屈服点,由于下屈服点相对比较稳定,故规定下屈服点作为材料的屈服点,或称为屈服极限,用 σ_s 表示,σ_s 是衡量材料强度的重要指标。低碳钢的屈服极限 $\sigma_s \approx 240$ MPa。

材料的屈服主要是晶体滑移的结果。金属是由无数的晶粒组成的,每一个晶粒又由许多原子按一定的几何规律排列而成。塑性变形的产生就是由于晶粒中原子与原子间沿着某一方向的结合面产生滑移的结果。单晶体的滑移就像一叠钱币发生错动一样。大批晶粒滑移积累的结果便造成了材料的屈服。在轴向拉伸的情况下,与轴线成45°方向最易产生滑移,所以滑移线的方向与试件的轴线约成45°角。

材料在屈服阶段,其弹性变形基本不再增长,而塑性变形迅速增加,并且在总变形中塑性变形所占的比重越来越大。

(3)强化阶段(*CD* 段)。材料经过屈服阶段之后,因塑性变形使其内部组织结构得到调整,又恢复了抵抗变形的能力,$\sigma \sim \varepsilon$ 曲线又开始上升,这种现象称为材料的强化。曲线最高点 *D* 点所对应的应力称为强度极限(或抗拉强度),用 σ_b 表示。强度极限是材料所能承受的最大应力。一般低碳钢的强度极限 $\sigma_b \approx 400$ MPa。

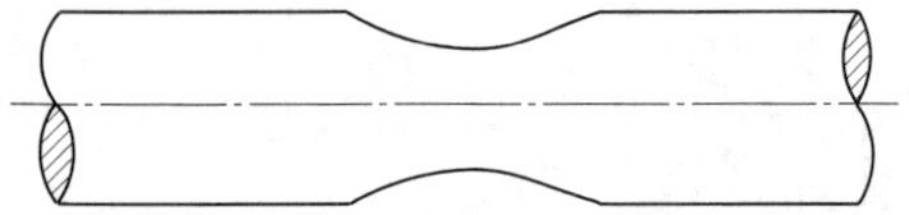

图 5-16

(4)颈缩阶段(*DE* 段)。应力达到强度极限 σ_b 以后,试件的变形开始集中在试件最薄弱的一小段内,使该段的横截面面积显著缩小,如图 5-16 所示,这种现象称为颈缩现象。由于局部截面收缩,试件变形所需的拉力逐渐减小,$\sigma \sim \varepsilon$ 曲线出现下降趋势,降至 *E* 点,试件被拉断。

由上述试验现象可以看到,当应力达到屈服极限 σ_s 时,材料会产生显著的塑性变形;当应力达到强度极限 σ_b 时,材料会由于局部变形而导致断裂。这都是工程实际中应当避免的。因此,屈服极限 σ_s 和强度极限 σ_b 是反映材料强度的两个性能指标,也是拉伸试验中需要测定的重要数据。

4. *材料延伸率和截面收缩率*

试件拉断后,弹性变形消失,而塑性变形残留下来。工程中用试件拉断后的残余变形来表示材料的塑性性能。常用的塑性指标是延伸率 δ(或伸长率)和截面收缩率 ψ。

延伸率的计算公式为

$$\delta = \frac{l_1 - l}{l} \times 100\% \tag{5-10}$$

式中 l——原标距长度;

l_1——试件拉断后标距长度。

断面收缩率的计算公式为

$$\psi = \frac{A - A_1}{A} \times 100\% \tag{5-11}$$

式中 A——试件原横截面面积;

A_1—— 试件拉断后断口处的横截面面积。

延伸率 δ 和截面收缩率 ψ 是代表材料塑性的两个性能指标，δ 和 ψ 的值越大，说明材料的塑性越好。工程中将 $\delta \geq 5\%$ 的材料称为塑性材料，如低碳钢、铜和铝等；将 $\delta < 5\%$ 的材料称为脆性材料，如铸铁、混凝土和石料等。低碳钢的延伸率 $\delta = 20\% \sim 30\%$，截面收缩率 $\psi = 60\% \sim 70\%$。

5. 冷作硬化

若在 $\sigma \sim \varepsilon$ 曲线的强化阶段内的任一点 F 处将拉伸荷载缓慢地卸去，则此时的 $\sigma \sim \varepsilon$ 曲线将沿着与 OA 近于平行的直线 FO_1 回落到 O_1 点，如图 5-15 所示，这说明材料的变形已不能全部消失，其中，能消失的变形称为弹性变形；残留下来的变形称为塑性变形（或残余变形）。在应变坐标中的 O_2O_1 表示材料的弹性应变，OO_1 则表示塑性应变。若卸载后重新加载，应力与应变又重新按正比关系增加，并且 $\sigma \sim \varepsilon$ 曲线仍沿着 FO_1 直线上升到 F 点，然后由 F 点按原来的 $\sigma \sim \varepsilon$ 曲线变化。由此可见，如使材料进入强化阶段后卸载，则当再度加载时，其比例极限和屈服极限都将有所提高，同时，其塑性变形能力有所降低，这种现象称为材料的冷作硬化。工程中常用冷作硬化的方法提高钢筋和钢丝的承载能力，如钢筋和钢丝的冷拔。

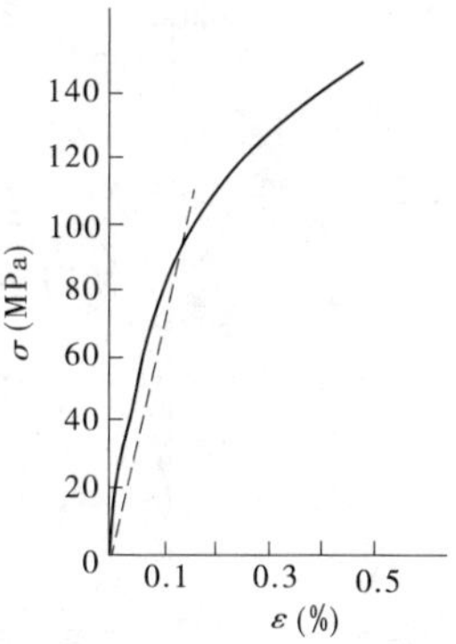

图 5-17

（二）铸铁拉伸时的力学性能

铸铁试件拉伸时的 $\sigma \sim \varepsilon$ 曲线是一条微弯曲线，如图 5-17所示的实线。试件断裂前变形很小，断口处的横截面面积几乎没有变化，其延伸率 δ 只有 $0.4\% \sim 0.5\%$，可见铸铁是典型的脆性材料，并且脆性材料的另一个特点是，没有屈服阶段，不存在屈服极限，所以脆性材料以强度极限 σ_b 作为其强度指标。对于应力应变不成直线关系的脆性材料，由于其断裂后的变形很小，可近似地认为，在工程实际中所使用的范围内，用一条割线斜率表示弹性模量 E，$\sigma \sim \varepsilon$ 仍成直线关系，即用图 5-17中的虚线来代替曲线。认为这些脆性材料近似地服从虎克定律。

（三）其他材料拉伸时的力学性能

在工程实际中所使用的金属材料品种很多，它们的力学性能也各不相同，在这里作一些简单的介绍。

低合金高强度钢（合金元素总含量≤5%的合金钢，简称低合金钢）在工程实际中被广泛应用。这些钢材具有优良的力学性能和很好的使用效果，16 锰（16Mn）钢就是其中一种典型的钢种，它拉伸时的 $\sigma \sim \varepsilon$ 曲线如图 5-18所示，图中同时给出了低碳钢的 $\sigma \sim \varepsilon$ 曲线。两条曲线很相似，但 16Mn 钢的屈服极限 σ_s 和强度极限 σ_b 比低碳钢显著提高。它的屈

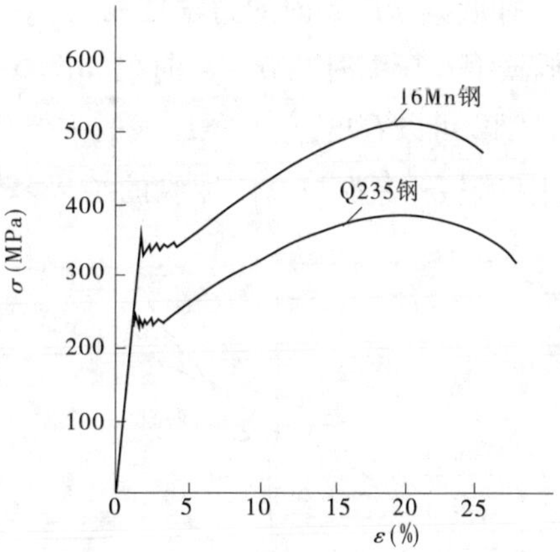

图 5-18

服极限为 $\sigma_s = 290 \sim 350$ MPa，强度极限为 $\sigma_b = 480 \sim 520$ MPa，并且塑性性能更好。由此可见，16Mn 钢的力学性能优于低碳钢。

在同样试验条件下得到的锰钢、强铝、退火球墨铸铁和青铜等材料的 $\sigma \sim \varepsilon$ 曲线如图 5-19 所示，由这些曲线可以看到，这些材料与低碳钢都是在断裂前具有较大的变形，属于塑性材料；但是，这些材料没有明显的屈服点。对于这些材料，国家标准规定，取对应于试件产生 0.2% 的塑性变形时的应力值为材料的屈服极限，用 $\sigma_{0.2}$ 表示，称为名义屈服极限，如图 5-20 所示。工程中以此作为材料的强度指标。

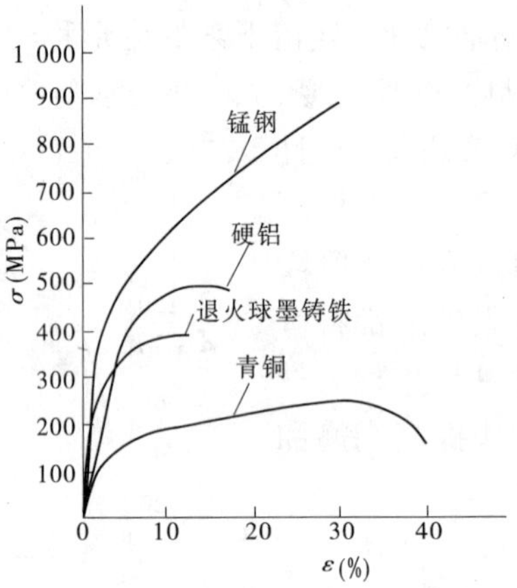

图 5-19

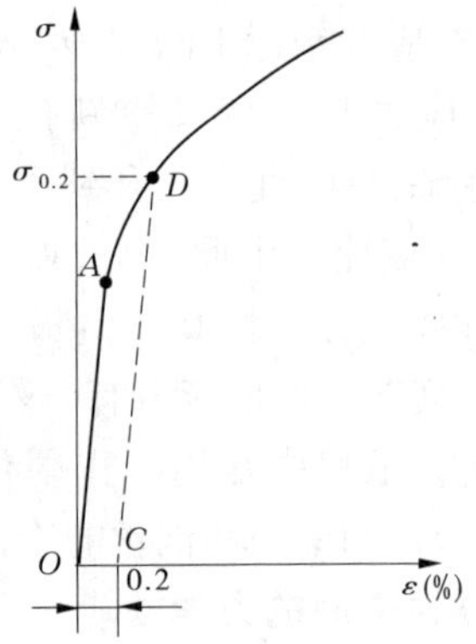

图 5-20

二、材料压缩时的力学性质

由于材料在受压时的力学性能与受拉时并不完全相同，因此除拉伸试验外，还必须做压缩试验。金属材料的压缩试件为圆柱形，高度为直径的 1.5 ~3.0 倍，如图 5-13(b)所示；混凝土、石料等的试件为立方体，如图 5-13(c)所示。

(一)低碳钢压缩时的力学性能

低碳钢在压缩时的 $\sigma \sim \varepsilon$ 曲线如图 5-21(a)所示的实线，图中的虚线表示拉伸时的 $\sigma \sim \varepsilon$ 曲线。可以看出，这两条曲线的主要部分基本重合，因此低碳钢在压缩时的弹性模量 E、屈服极限 σ_s 等都与拉伸试验的结果基本相同。当应力达到屈服极限以后，试件出现

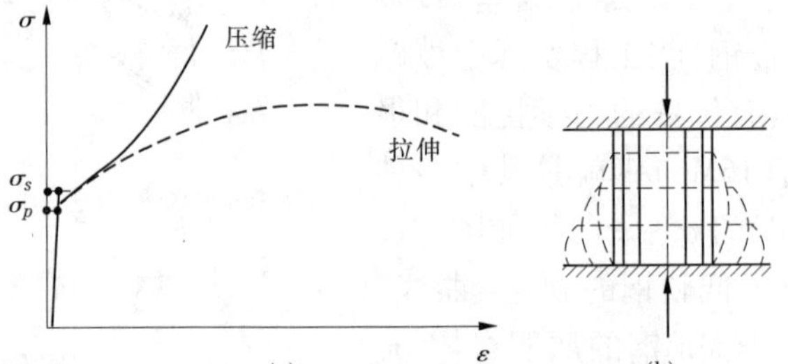

图 5-21

显著的变形，如是继续增加压力，其长度明显缩短，试件变粗。由于试件两端面与压头间的摩擦力的影响，试件两端的横向变形受到阻碍，试件被压成鼓形，如图 5-21(b)所示。随着外力的增加，越压越扁，但并不破坏，因此测不出抗压强度。

(二)铸铁压缩时的力学性能

由上可见，低碳钢压缩时的一些性能指标可通过拉伸试验测出，而不必再做压缩试验。但有些塑性材料压缩时的屈服极限与拉伸时不同，如铝硅合金钢，因此这些材料还要测定压缩时的屈服极限。

与塑性材料相反，脆性材料压缩时的力学性质与拉伸时有很大的区别。铸铁压缩时的 $\sigma \sim \varepsilon$ 曲线如图 5-22(a)所示。与其拉伸时的 $\sigma \sim \varepsilon$ 曲线相比，其抗压强度 σ_c 远比抗拉强度 σ_b 要高，为抗拉强度的 2 ~5 倍。试件在压缩变形很小的情况下，沿与轴线大约成 45°角的斜截面发生破裂，如图 5-22(b)所示。

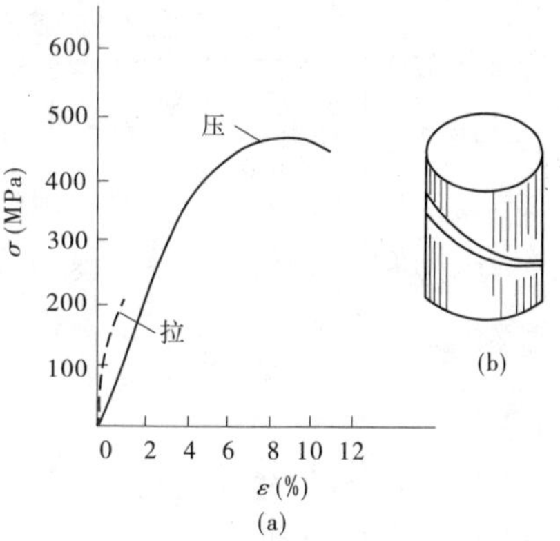

图 5-22

(三)其他材料压缩时的力学性能

混凝土和石料的压缩试验表明，其抗压强度也远大于抗拉强度。破坏时，由于试块两端面的横向变形受摩擦力的阻碍，因此试件由周围中部逐渐剥落而破坏，如图 5-23(a)所示。当加力板与试块端面之间加润滑剂时，试块将沿纵向面断裂，如图 5-23(b)所示。混凝土抗拉强度很小，一般是其抗压强度的 1/10 左右，计算时一般不考虑混凝土的抗拉强度。

木材属于各向异性材料，当受力方向不同时，其力学性质也不同，木材拉伸和压缩时的 $\sigma \sim \varepsilon$ 曲线如图 5-24 所示。由木材的拉压试验可知，木材顺纹压缩强度比横纹压缩强度高得多。顺纹拉伸的强度比顺纹压缩强度高得多。与木纹成斜向压缩的强度性质，则介于顺纹和横纹之间。

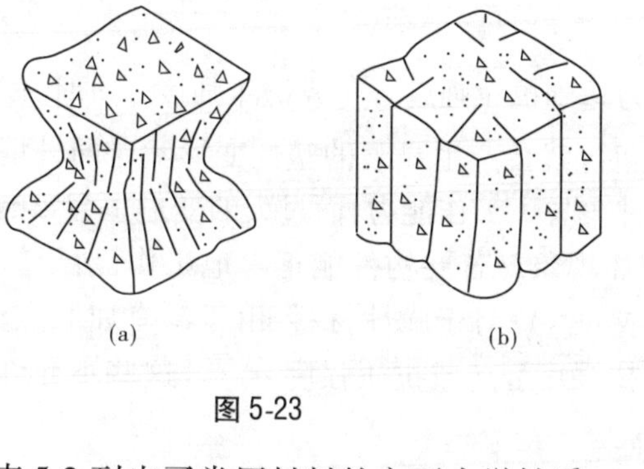

图 5-23

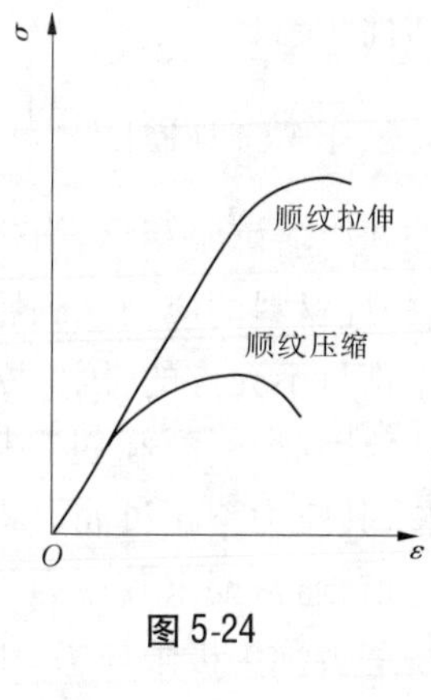

图 5-24

表 5-2 列出了常用材料的主要力学性质。

表 5-2　常用材料的主要力学性质

材料名称	牌号	强度指标			塑性指标
		屈服极限 σ_s(MPa)	抗拉强度极限 σ_b(MPa)	抗压强度极限 σ_c(MPa)	延伸率 δ(%)
低碳钢	Q235	216 ~ 235	373 ~ 461		25 ~ 27
碳素结构钢	45	353	598		16
低合金钢	16Mn	274 ~ 343	471 ~ 510		19 ~ 21
合金结构钢	50MnZ	785	932		9
球墨铸铁		292	392		10
灰铸铁			98 ~ 390	640 ~ 1 300	<0.5
铝合金	LY12	370	450		15
混凝土	C20		1.6	14.2	
混凝土	C30		2.1	21	
红松(顺纹)			96	32.2	

通过上述试验,比较塑性材料和脆性材料的性质,也可看出两者有以下区别:

(1)塑性材料在断裂前有很大的塑性变形,脆性材料断裂前的变形则很小。因此,在工程实际中塑性材料适用于需要进行锻压、冷加工等加工过程的构件或承受冲击载荷的构件。

(2)脆性材料的抗压能力远比抗拉能力强,且价格便宜,因此适用于受压或受力很小的构件,如建筑物的基础、机器的基础与外壳等;而不适用于受拉的构件。塑性材料的抗压能力和抗拉能力相近,适用于受拉构件。

应该指出的是,习惯上所指的塑性材料和脆性材料是根据在常温、静载下由拉伸试验所得的延伸率 δ 的大小来判别的。实际上,材料的力学性质并不是固定不变的。因为在不同的条件(如温度、加载速度和荷载作用的时间等)下,材料既可表现为脆性状态,又可以表现为塑性状态。

三、安全系数和许用应力

由拉伸和压缩试验知道,当材料的应力达到抗拉强度 σ_b(或抗压强度 σ_c)时,就会发生断裂;当塑性材料的应力达到屈服点 σ_s 时,就会产生显著的塑性变形。这两种情况在工程实际中都是不允许的,因为断裂使构件丧失了工作能力,而过大的变形也会影响构件的正常工作。因此,断裂和屈服都属于破坏现象。若要构件能正常地工作,对于塑性材料,通常要求其应力不超过屈服极限 σ_s(或 $\sigma_{0.2}$);对于脆性材料,由于没有屈服点,破坏时无明显变形,通常要求其应力不超过抗拉强度 σ_b(或抗压强度 σ_c)。这些不允许超过的应力值统一被称为极限应力,用 σ_u 表示。

但是仅将工作应力限制在极限应力范围内还不够,必须考虑到以下因素:

（1）主观设定和客观事实上的差距。如材料性质不均匀，由少数试样测定的力学性能并不能完全真实地反映构件所用材料的情况；荷载估计和计算不够精确；对构件的结构、尺寸和受力情况作了一定程度的简化，计算公式近似；一些加工工艺，如金属的热处理和焊接对构件强度的影响考虑不周全；以及一些影响构件强度的因素尚不为我们所认识等。所有这些都可能使构件的实际工作条件比设计时所设定的条件更偏于不安全。

（2）构件必须有必要的强度储备。这是为了使构件在工作期间，即使遇到意外的超载情况或其他不利的工作条件（如温度变化、金属腐蚀、磨损、应力集中等），也不至于发生破坏。在意外因素相同的条件下，对因破坏而会造成严重后果的构件，或工作条件比较恶劣的构件，强度储备需要大一些；反之，则可小一些。

因此，为了保证构件能安全地工作，还必须将工作应力限制在比极限应力更低的范围内，即将材料的极限应力 σ_u 除以一个大于 1 的系数 n 以后，作为构件工作不允许超过的数值。这个应力值称为材料的许用应力，用 $[\sigma]$ 表示，这个系数 n 称为安全系数，它们之间的关系是

$$[\sigma] = \frac{\sigma_u}{n} \tag{5-12}$$

式（5 12）中，若极限应力 σ_u 的依据不同，相应的安全系数也随之不同。对于塑性材料，应取屈服极限 σ_s（或 $\sigma_{0.2}$）为极限应力，其许用应力为

$$[\sigma] = \frac{\sigma_s}{n_s}$$

对于脆性材料，其极限应力应取抗拉强度 σ_b（或抗压强度 σ_c），其许用应力为

$$[\sigma] = \frac{\sigma_b}{n_b}$$

确定许用应力的关键是确定安全系数。安全系数的选取与构件的工作条件、重要性等有着很大的关系。从构件的安全程度来看，由于断裂比屈服更危险，所以脆性材料的安全系数比塑性材料的安全系数取得大一些，即 n_b 大于 n_s。另外，确定安全系数是一项严谨的工作，安全系数低了，构件不安全，安全系数高了，则浪费材料。所以，一般由国家指定的专门机构制定。

各种材料的许用应力值一般可在有关的设计规范中查得。表 5-3 给出了几种常用材料的许用应力值。

表 5-3　几种常见材料的许用应力值

材料	$[\sigma_t]$（MPa）	$[\sigma_c]$（MPa）
低碳钢（Q235）	140～170	140～170
16 锰钢	215～240	215～240
灰口铸铁	35～55	160～200
木材（顺纹）	5.5～10.0	8～16
混凝土（C30）	0.6	10.3

第六节　拉压杆的强度计算

一、强度条件

在工程结构中，对杆件的基本要求之一是必须具有足够的强度。为了确保拉压杆不致因强度不足而破坏，应使其最大工作应力不超过材料的许用应力。对于轴向拉伸和压缩杆件，应满足的条件是：

$$\sigma_{max} = \frac{F_N}{A} \leqslant [\sigma] \tag{5-13}$$

式中　σ_{max}——杆件截面上的最大工作应力；

F_N——横截面上的轴力；

A——横截面面积；

$[\sigma]$——材料的许用应力。

式(5-13)就是轴向拉伸和压缩时的强度条件。对于等截面杆，如其上同时作用几个轴向外力，应选择最大轴力 $F_{N\max}$ 所在的横截面来计算；当轴力相同而截面有变化时，则应计算截面面积最小处的强度。

二、拉压杆的强度计算

根据强度条件可以解决工程实际中有关构件强度的 3 类问题。

(一)强度校核

已知杆件的材料、截面尺寸和所承受的荷载，校核杆件是否满足强度条件式(5-13)。若能满足，说明杆件的强度足够；否则，说明杆件不安全。

(二)选择截面尺寸

根据杆件所承受的荷载和材料的许用应力，确定杆件所需的最小横截面面积和相应的尺寸。这时，杆件的强度条件可变换为以下形式：

$$A \geqslant \frac{F_N}{[\sigma]}$$

由上式算出需要的横截面面积，然后确定截面尺寸。

(三)确定许用载荷

根据杆件的截面尺寸和许用应力，确定杆件或整个结构所能承受的最大荷载。这时，可按下式计算杆件所允许的最大轴力

$$F_N \leqslant [\sigma]A$$

再根据轴力和外力的关系计算出杆件的许用载荷。

【例 5-7】　图 5-25(a)所示的支架中斜杆 AB 为圆截面的钢杆，直径 $d = 27$ mm，水平杆 CB 为正方形截面的木杆，边长 $a = 90$ mm。已知：钢杆的许用应力 $[\sigma] = 160$ MPa，木杆的许用压应力 $[\sigma_c] = 10$ MPa，荷载 $F = 50$ kN。试校核支架的强度。

解：(1)取结点 B 为研究对象，受力图如图 5-25(b)所示。

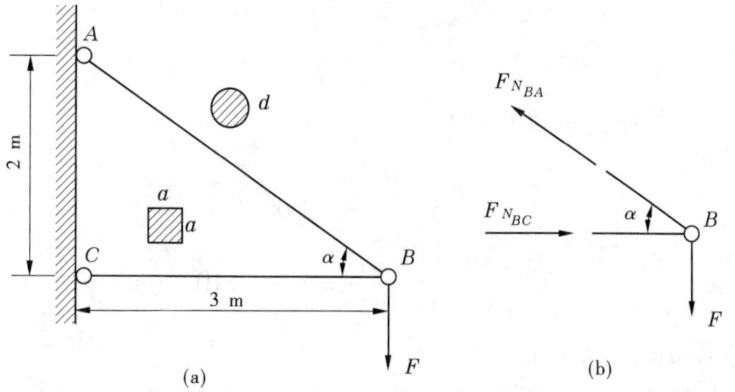

图 5-25

列平衡方程

$$\sum F_y = 0, F_{N_{BA}}\sin\alpha - F = 0 \tag{a}$$

$$\sum F_x = 0, F_{N_{BC}} - F_{N_{BA}}\cos\alpha = 0 \tag{b}$$

由式(a)和式(b)解得

$$F_{N_{BA}} = \frac{F}{\sin\alpha} = 50 \times \frac{\sqrt{3^2 + 2^2}}{2} = 90.1(\mathrm{kN})$$

$$F_{N_{BC}} = F_{N_{BA}}\cos\alpha = \frac{F}{\tan\alpha} = 50 \times \frac{3}{2} = 75(\mathrm{kN})$$

(2)强度校核。

由式(5-13),得

$$\sigma_{AB} = \frac{F_{N_{BA}}}{\pi d^2/4} = \frac{4 \times 90.1 \times 10^3}{\pi \times 27^2 \times 10^{-6}} = 1.574 \times 10^8(\mathrm{Pa}) = 157.4\ \mathrm{MPa} < [\sigma] = 160\ \mathrm{MPa}$$

$$\sigma_{BC} = \frac{F_{N_{BC}}}{a^2} = \frac{75 \times 10^3}{90^2 \times 10^{-6}} = 9.26 \times 10^6(\mathrm{Pa}) = 9.26\ \mathrm{MPa} < [\sigma_c] = 10\ \mathrm{MPa}$$

钢杆和木杆均满足强度要求。

【例 5-8】 三角形吊架如图 5-26(a)所示,其中杆 *AB* 和杆 *BC* 均为圆截面钢杆。已知荷载 $F = 100$ kN,许用应力$[\sigma] = 160$ MPa,试确定钢杆的直径 d。

解:(1)取结点 *B* 为研究对象,受力图如图 5-26(b)所示。

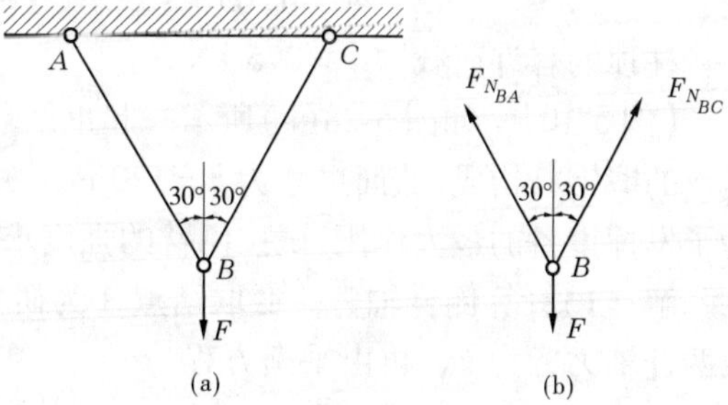

图 5-26

列平衡方程

$$\sum F_x = 0, -F_{N_{BA}}\sin30° + F_{N_{BC}}\sin30° = 0 \tag{a}$$

$$\sum F_y = 0, F_{N_{BA}}\cos30° + F_{N_{BC}}\cos30° - F = 0 \tag{b}$$

由式(a)得 $F_{N_{BA}} = F_{N_{BC}} = F_N$,代入式(b)得

$$F_N = \frac{F}{2\cos30°} = \frac{100}{2 \times \frac{\sqrt{3}}{2}} = 57.74(\mathrm{kN})$$

(2)根据强度条件确定截面尺寸。

$$A = \frac{\pi d^2}{4} \geqslant \frac{F_N}{[\sigma]}$$

则 $$d \geqslant \sqrt{\frac{4F_N}{\pi[\sigma]}} = \sqrt{\frac{4 \times 57.74 \times 10^3}{\pi \times 160 \times 10^6}} = 2.14 \times 10^{-2}(\mathrm{m}) = 21.4\ \mathrm{mm}$$

取钢杆的直径 $d = 21.4$ mm

【例 5-9】 如图 5-27(a)所示砖柱柱顶受轴心荷载 ***F*** 作用。已知砖柱的横截面面积$A = 0.3\ \mathrm{m}^2$，自重 $F_G = 40$ kN，材料容许压应力$[\sigma_c] = 1.05$ MPa。试按强度条件确定柱顶的容许荷载$[F]$。

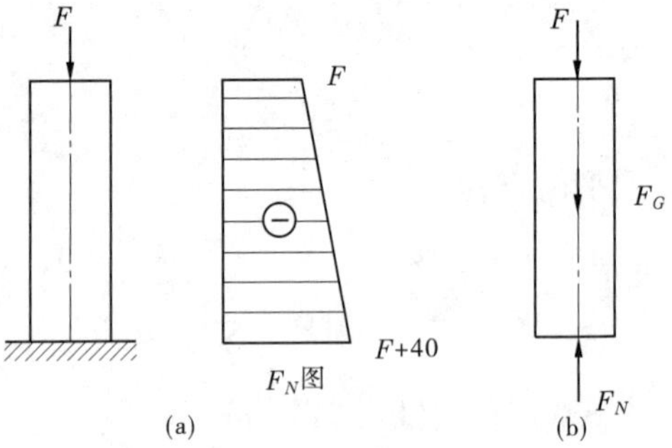

图 5-27

解:(1)取砖柱为研究对象，受力图如图 5-27(b)所示。

列平衡方程

$$\sum F_y = 0, F_N - F - F_G = 0$$

得 $$F_N = F + F_G = F + 40$$

(2)砖柱为轴心受压构件，轴力最大的截面就是危险截面，砖柱的轴力图如图 5-27(a)所示，可知柱底截面为危险截面，其上的任一点都是危险点。

(3)由强度条件

$$\frac{F_N}{A} \leqslant [\sigma_c]$$

得 $$F_N \leqslant [\sigma_c]A$$

即 $$F + 40 \leqslant [\sigma_c]A$$

则 $$F \leqslant [\sigma_c]A - 40 = 1.05 \times 10^6 \times 0.3 - 40 \times 10^3 = 275\ 000(\mathrm{N}) = 275\ \mathrm{kN}$$

柱顶的容许荷载$[F] = 275$ kN。

【例 5-10】 如图 5-28(a)所示一起重吊环，其侧臂 AC 和侧臂 AB 各由两个横截面为矩形的锻钢杆构成，截面尺寸为 $h = 120$ mm，$b = 36$ mm，材料的许用应力为$[\sigma] = 80$ MPa。为了发挥设备的最大作用，试按侧臂的强度求吊环的最大起重量。

解:(1)计算侧臂轴力。截取结点 A 为研究对象，如图 5-28(b)所示，因对称关系，可设两杆轴力皆为 F_N，再由平衡方程

$$\sum F_y = 0, F - 2F_N\cos\alpha = 0$$

得 $$F_N = \frac{F}{2\cos\alpha}$$

式中 $$\cos\alpha = \frac{960}{\sqrt{960^2 + 420^2}} = 0.92$$

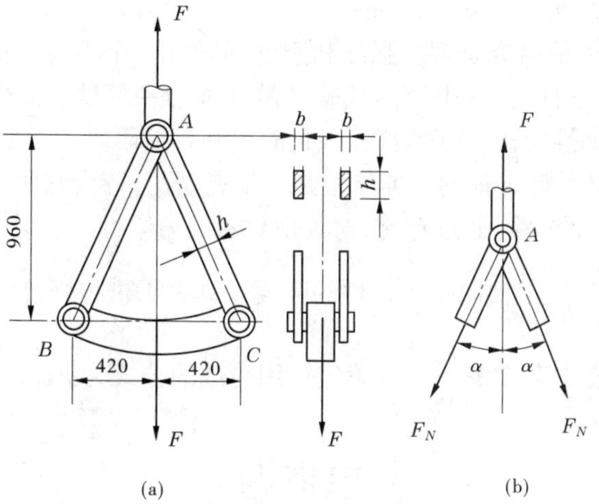

图 5-28 （单位：mm）

代入上式得

$$F_N = \frac{F}{2 \times 0.92} = 0.544F$$

（2）求许用荷载。

$$F_N \leqslant A[\sigma]$$

即

$$0.544F \leqslant 2 \times (120 \times 36 \times 10^{-6}) \times 80 \times 10^6$$

$$F \leqslant \frac{2 \times (120 \times 36)}{0.544} \times 80$$

$$= 1\ 270\ 000(\mathrm{N}) = 1.27 \times 10^3\ \mathrm{kN}$$

故按侧臂强度计算，吊环的最大起重量为 1.27×10^3 kN。

本章小结

（1）轴向拉（压）是最简单的基本变形，其变形特点是沿轴线方向产生拉伸或压缩，内力形式为轴力 F_N，F_N 以受拉为正，受压为负，求解内力的方法为截面法。截面法是求所有内力的基本方法，要深刻理解其本质，熟练利用隔离体的静力平衡条件求内力。绘制 F_N 图时，要注意 F_N 值的正负并在图上标明。

（2）注意正确理解应力和应变的概念。①应力为杆件内力在截面上某点分布内力的集度。垂直于截面的应力为正应力 σ，与截面相切的应力为剪应力 τ。②应变有线应变和剪应变。线应变为微小正六面体边长变形后长度的改变量和原长的比值取极限，剪应变为微小正六面体各边直角的改变量。

（3）虎克定律揭示了在比例极限范围内应力和应变成正比的关系。

（4）轴向拉压杆件横截面上的应力垂直于横截面，且在横截面上是均匀分布的；斜截面上的应力，既有正应力，又有剪应力。①横截面上正应力的计算公式为 $\sigma = \frac{F_N}{A}$，正应力的符号规定：拉应力为正，压应力为负。②轴向拉压杆件斜截面上的应力计算公式为：正

应力 $\sigma_\alpha=\sigma\cos^2\alpha$，剪应力 $\tau_\alpha=\sigma\cos\alpha\sin\alpha$。

(5)材料力学性能的研究是解决强度和刚度问题的一个重要方面。一般通过试验的方法来研究材料的力学性能，其中拉伸试验是最基本的一种试验。低碳钢的应力—应变曲线分为4个阶段：弹性阶段、屈服阶段、强化阶段和颈缩阶段。重要的强度指标有 σ_s 和 σ_b，塑性指标有 δ 和 ψ。低碳钢的拉伸试验是一个典型的试验，它所表现出的力学性能比较全面。掌握好这一个试验，通过对比，对其他材料的力学性能就易于理解了。

(6)要熟练掌握和运用轴向拉压杆件的强度计算。①校核强度的公式为 $\sigma_{max}=\dfrac{F_N}{A}\leqslant[\sigma]$；②选择截面的公式为 $A\geqslant\dfrac{F_N}{[\sigma]}$；③确定许用荷载的公式为 $F_N\leqslant[\sigma]A$。

思考题

5-1　杆长和横截面面积均相同，而截面形状和材料均不同的两根直杆，在相同的轴向拉力作用下，两杆横截面上的正应力值是否相同？二杆的轴向变形值是否相同？

5-2　等截面直杆在轴向拉力 P 作用下，测得轴向线应变 $\varepsilon=0.001\,5$，已知材料的弹性模量 $E=2\times10^5$ MPa、比例极限 $\sigma_p=200$ MPa，按胡克定律 $\sigma=E\varepsilon=2\times10^5\times0.001\,5=300$ MPa，算得该杆横截面上的正应力为 $\sigma=300$ MPa，算得该杆横截面上的正应力为 $\sigma=300$ MPa。问此结果是否正确？

习　题

5-1　试计算如图5-29所示各杆指定截面上的轴力，并绘制轴力图。

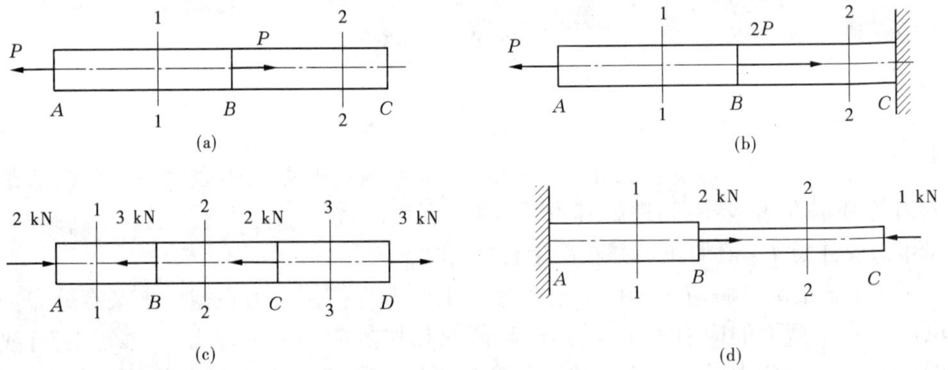

图5-29

5-2　如图5-30所示各杆均为圆截面，其直径及荷载见图，材料的抗拉、抗压性能相同。试求杆横截面上的最大工作应力。图中长度单位为mm。

5-3　如图5-31所示构架中，杆1、2的横截面均为圆形，直径分别为：$d_1=30$ mm，$d_2=20$ mm。两杆件材料相同，容许应力 $[\sigma]=160$ MPa。在结点 B 处受铅垂方向的荷载 F 作用，试确定荷载 F 的最大值。

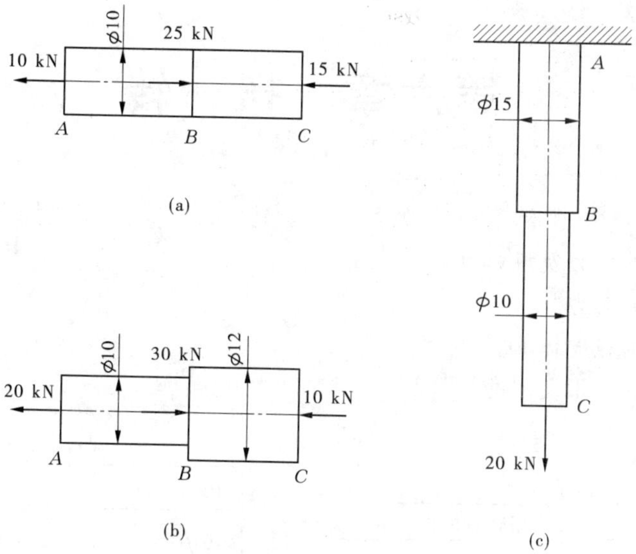

图 5-30

5-4　悬挂吊车结构如图 5-32 所示，最大起吊量 $F_G = 20$ kN。杆 AB 截面为圆形，许用应力 $[\sigma] = 120$ MPa。试设计 AB 直径。

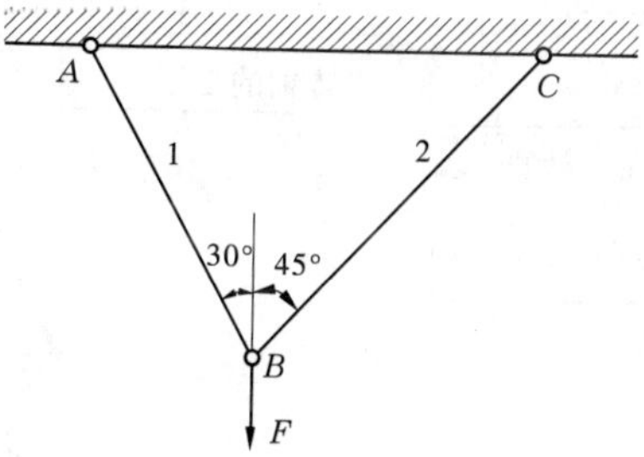

图 5-31

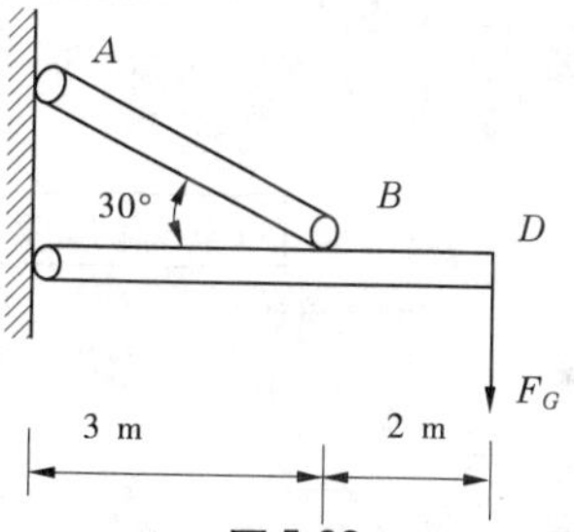

图 5-32

5-5　如图 5-33 所示结构的 AB 杆为钢杆，其横截面面积 $A_1 = 6\ \text{cm}^2$，许用应力 $[\sigma] = 140$ MPa；BC 杆为木杆，其横截面面积 $A_2 = 300\ \text{cm}^2$，许用压应力 $[\sigma_c] = 3.5$ MPa。试求最大荷载 F。

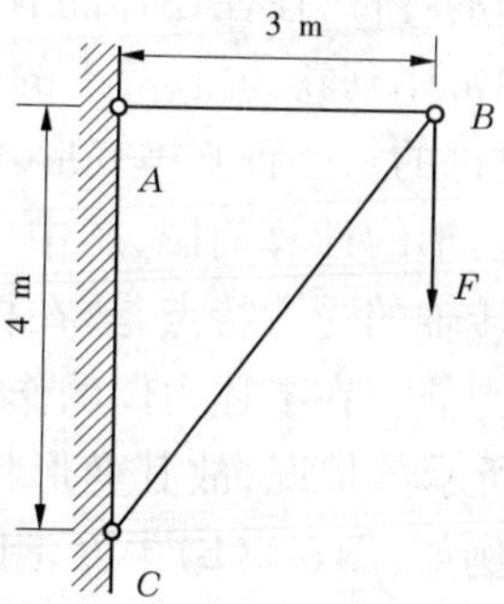

图 5-33

第六章　扭　转

【内容要点】

(1)扭转轴的内力及扭矩力。

(2)扭转轴的应力。

(3)扭转轴的强度计算。

(4)扭转轴的变形及刚度计算。

【知识链接】

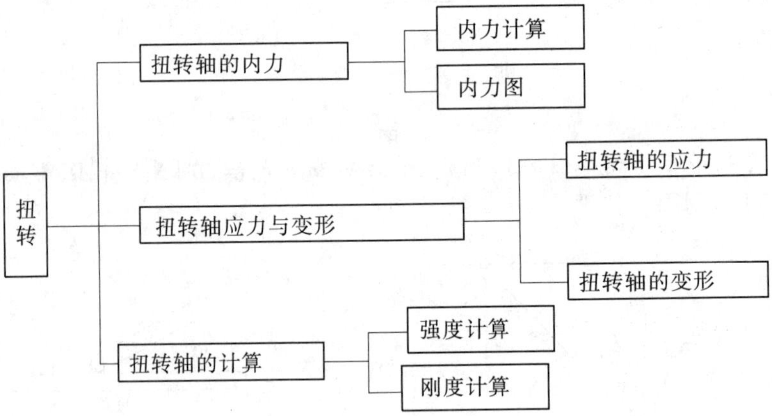

第一节　扭转轴的内力及内力图

一、受力变形特点

在荷载作用下产生扭转变形的杆件，往往还伴随有其他变形。凡以扭转变形为主的杆件，通常称为轴。例如，施工中常用到卷扬机，其上的传动轴(见图6-1(a))受力变形形式主要是扭转。扭转变形是要讨论的又一种基本变形。

图6-1(b)是图6-1(a)中传动轴的计算简图，图中的 T_e 表示由皮带轮和齿轮所传递的外力偶矩。由图可见，这种扭转轴的受力特点是：在杆件两端垂直于杆轴的平面内，作用一对大小相等、方向相反的外力偶。在上述力偶的作用下，传动轴各横截面绕杆件轴线作相对转动变成了如图6-1(b)所示的情况，故其变形特点是：两横截面之间产生绕杆件轴线的相对转角，称为扭转角。例如，图6-1(b)中 B 端圆周上的 b 点变到 b' 点位置，即 A、B 两端截面之间产生了如图6-1所示的扭转角 φ。

图6-1(b)也可画成如图6-1(c)所示的更为简化的形式，这是用杆件的轴线代表了杆件。

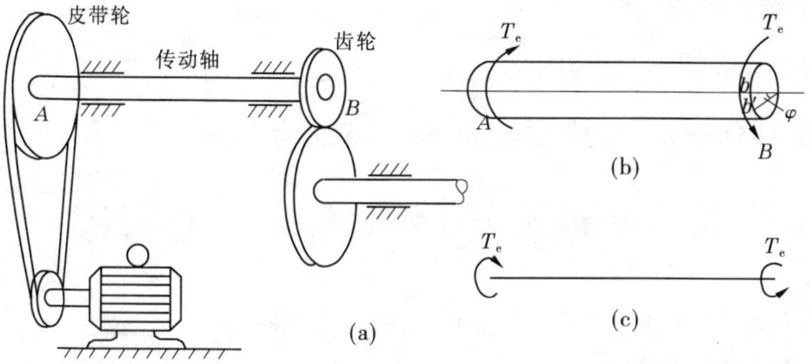

图 6-1

工程中经常会遇到承受扭转作用的杆件,除各种机械的传动轴是受扭变形构件最常见的实例外,拧螺钉、转动方向盘等也产生了扭转变形。当驾驶员转动方向盘时,相当于在转向轴 A 端施加了一个力偶,同时,转向轴的 B 端受到了来自转向器的阻抗力偶的作用,如图 6-2 所示。于是在轴 AB 的两端实际上受到了一对大小相等、方向相反的力偶作用,产生扭转变形。另外,房屋建筑中的某些梁,如图 6-3 所示雨篷梁,在墙的压力和雨篷板荷载的共同作用下,梁除发生中部向下弯曲的变形外还会发生一定的扭转变形。

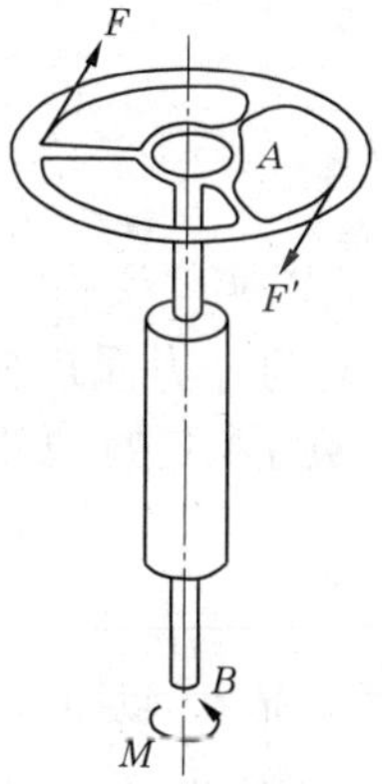

图 6-2

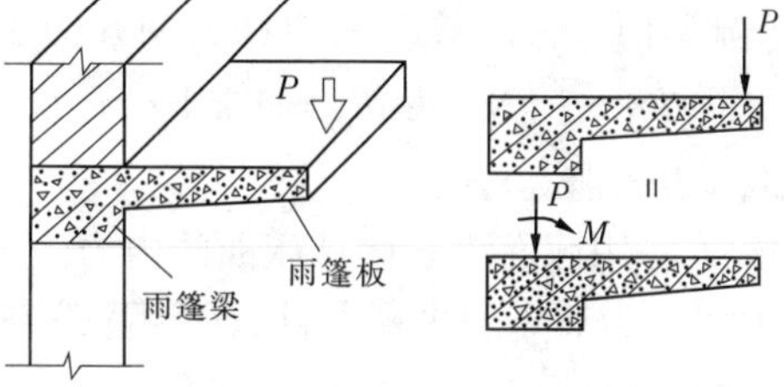

图 6-3

二、外力偶的换算公式

作用在扭转轴上的外力偶,有时是由轴所传递的功率及转速来给出的。于是应先由功率及转速换算出所传递的外力偶矩。这里直接给出的换算公式为

$$T_e = 9.55\frac{N_k}{n} \tag{6-1a}$$

$$T_e = 7.02\frac{N_P}{n} \tag{6-1b}$$

式中 N_k——轴上某处输入或输出的功率,千瓦(kW);

N_P——轴上某处输入或输出的功率,马力(PS);

n——轴的转速,转/分(r/min);

T_e——所换算得的外力偶矩,kN·m。

三、用截面法求扭转轴的内力

下面来求图 6-4(a)所示的扭转轴 m—m 横截面上的内力。

第一步,从 m—m 处截开,取右段隔离体,如图 6-4(b)所示。

第二步,由分析隔离体的平衡状态可知,扭转轴横截面上应加的原有内力只能是扭矩 T。

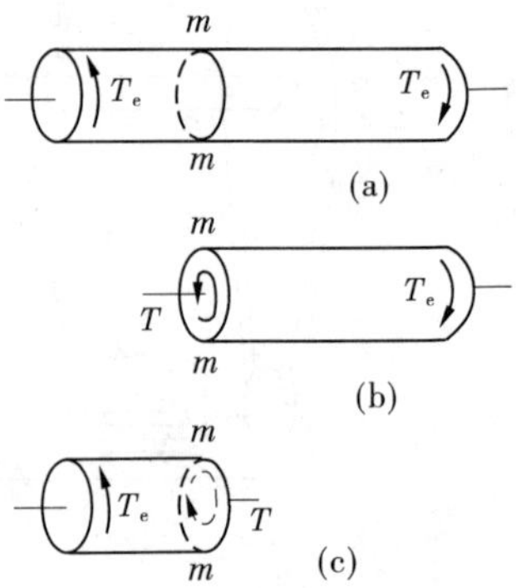

图 6-4

规定扭矩 T 的正负按右手螺旋法则确定,即使右手大拇指的指向与截面的外法线相重合,这时四指的握向就是正扭矩的转向。在图 6-4(b)中,按预设为正的原则在 m—m 截面上加上了扭矩 T。若取左段隔离体,则同样按右手螺旋法则把扭矩画成正的形式如图 6-4(c)所示。

第三步,由空间力系对轴的力矩平衡方程 $\sum M_x=0$,有

$$T-T_e=0$$

得

$$T=T_e$$

四、扭转轴的内力图

扭矩图的定义、作法、规则及注意点在上节都有叙述。下面以实例说明。

【例 6-1】 设一等直径圆杆如图 6-5(a)所示,作用在杆上的外力偶矩分别为 $T_{e1}=1\ \text{kN}\cdot\text{m}$,$T_{e2}=3\ \text{kN}\cdot\text{m}$,$T_{e3}=4\ \text{kN}\cdot\text{m}$,$T_{e4}=2\ \text{kN}\cdot\text{m}$。试计算 1—1、2—2、3—3 截面的扭矩并画扭矩图。

解:(1)用截面法求计算截面的内力。

根据外力偶矩的平衡条件,作各隔离体受力图如图 6-5(b)所示,截面上的扭矩都是按正方向假设的。

1—1 截面: 由 $\sum M_x=0,T_1-T_{e1}=0$

得 $$T_1=T_{e1}=1(\text{kN}\cdot\text{m})$$

2—2 截面: 由 $\sum M_x=0,T_2-T_{e1}+T_{e2}=0$

得 $$T_2=T_{e1}-T_{e2}=-2(\text{kN}\cdot\text{m})$$

3—3 截面: 由 $\sum M_x=0,T_3-T_{e4}=0$

得 $$T_3=T_{e4}=2(\text{kN}\cdot\text{m})$$

(2)作出扭矩图,如图 6-5(c)所示。

显然,AB 段的扭矩等于 1—1 截面的扭矩 $T_1=1\ \text{kN}\cdot\text{m}$,$BC$ 段的扭矩等于 2—2 截面的扭矩 $T_2=-2\ \text{kN}\cdot\text{m}$,$CD$ 段的扭矩等于 3—3 截面的扭矩 $T_3=2\ \text{kN}\cdot\text{m}$。

根据上述计算结果作扭矩图,具体方法是:用平行于杆轴线的坐标轴表示截面的位置,垂直于杆轴线的坐标表示扭矩的大小。标明正负号,按一定比例绘出扭矩图,如

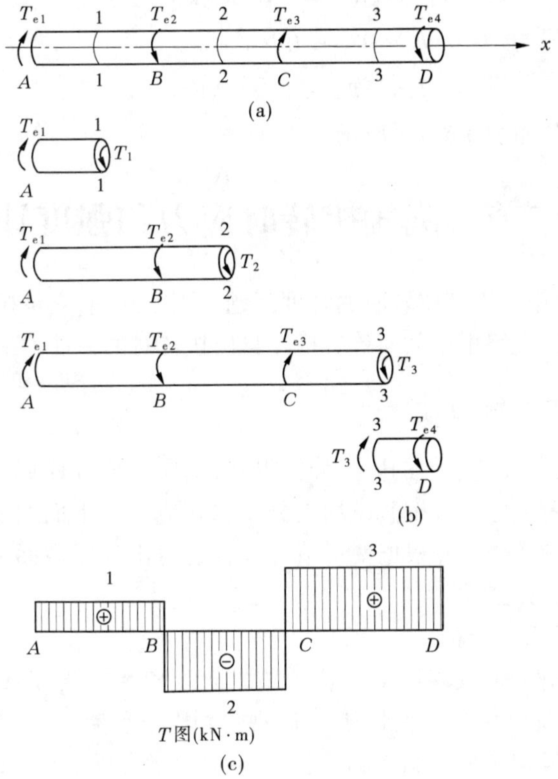

图 6-5

图 6-5(c)所示。

【例 6-2】 传动轴如图 6-6(a)所示,其转速为 $n=300$ r/min,主动轮 A 输入的功率 $N_{k1}=40$ kW,两个被动轮 B、C 输出的功率分别为 $N_{k2}=25$ kW,$N_{k3}=15$ kW。求作该轴的内力图。

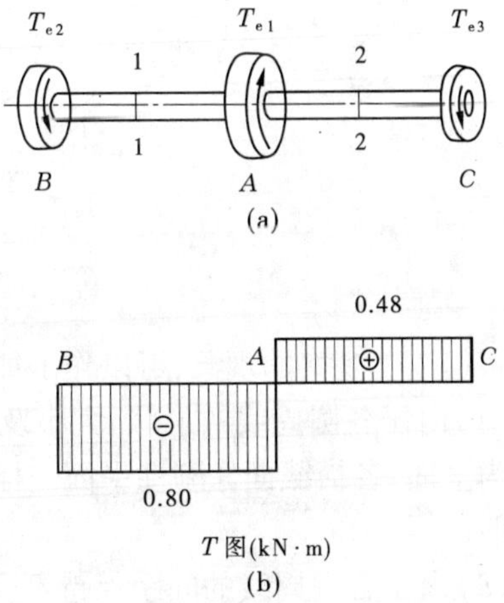

图 6-6

解:(1)换算外力偶矩。

$$T_{e1}=9.55\frac{N_{k1}}{n}=9.55\times\frac{40}{300}=1.28(\text{kN}\cdot\text{m})$$

$$T_{e2}=9.55\frac{N_{k2}}{n}=9.55\times\frac{25}{300}=0.80(\text{kN}\cdot\text{m})$$

$$T_{e3}=9.55\frac{N_{k3}}{n}=9.55\times\frac{15}{300}=0.48(\text{kN}\cdot\text{m})$$

(2)逐段用截面法求内力。

做法同上题,分别从 1—1、2—2 截面截开,分析各隔离体受力图,这里省略不画,截面上的扭矩都是按正方向假设的。

BA 段: 由 $\sum M_x=0, T_1+T_{e2}=0$

得 $$T_1 = -T_{e2} = -0.80(\text{kN}\cdot\text{m})$$

AC 段：　由 $\sum M_x = 0, T_2 - T_{e3} = 0$

得 $$T_2 = T_{e3} = 0.48(\text{kN}\cdot\text{m})$$

(3) 作出扭矩图,如图 6-6(b) 所示。

第二节　圆轴扭转时应力和强度计算

本节主要讲解圆截面直杆扭转时的强度问题与刚度问题,它是扭转杆件计算的基础。至于非圆截面杆,则只介绍矩形截面等直杆在自由扭转时的弹性力学解。

一、圆杆扭转时的应力计算

通过对轴向拉压杆及连接件的应力分析得知,轴向拉压杆横截面上只有均匀分布的正应力,连接件横截面上也只有按假设均匀分布的切应力。下面通过一个简单的试验来观察圆轴扭转时的变形情况,并根据变形情况来分析得出其横截面上的应力及其分布规律,然后得出应力的计算公式。

(一)扭转试验现象与分析

如图 6-7(a)所示圆轴,其表面上有若干条纵向线和圆周线,形成矩形网格。扭转变形如图 6-7(b)所示,在弹性变形范围内,可以观察到以下现象:

(1)各纵向线都倾斜了一个微小的角度 γ,矩形网格变成了平行四边形网格。

(2)各圆周线的形状、大小及间距保持不变,但它们都绕轴线转动了不同的角度。

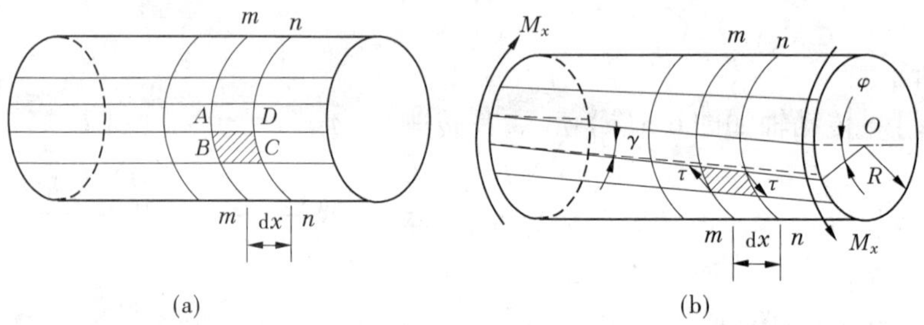

图 6-7

根据以上观察的现象,可以作出如下的假设及判断:

(1)由于各圆周线的形状、大小及间距保持不变,可以假设圆轴的横截面在扭转后仍保持为平面,各横截面像刚性平面一样绕轴线作相对转动。这一假设称为圆轴扭转时的平面假设。

(2)由于各圆周线的间距保持不变,故知横截面上没有正应力。

(3)由于矩形网格歪斜成了平行四边形网格,即左右横截面发生了相对错动,故可以推断横截面上必定有切应力 τ,且切应力的方向垂直于半径。

(4)由于各纵向线都倾斜了一个角度,故各矩形网格的直角都改变了角度,直角的改变量称为切应变 γ。切应变是切应力 τ 引起的。

(二)切应力互等定理

矩形网格 $ABCD$ 沿轴向长为 $\mathrm{d}x$,沿圆周向长为 $\mathrm{d}y$,以它为一个面,再沿半径方向取长为 $\mathrm{d}z$,截出一个微小正六面体,称为单元体,如图 6-8 所示。当圆轴发生扭转变形时,横截面上有切应力 τ,故单元体左、右面上有切应力 τ。根据平衡条件,两个面上的切应力应该大小相等、方向相反,组成一个力偶,其矩为 $(\tau\mathrm{d}y\mathrm{d}z)\mathrm{d}x$。为了保持单元体的平衡,在上、下面上必定还存在着切应力,组成一个反方向的力偶,其矩为 $(\tau'\mathrm{d}x\mathrm{d}z)\mathrm{d}y$。由平衡方程 $\sum M_z=0$,得

$$(\tau\mathrm{d}y\mathrm{d}z)\mathrm{d}x = (\tau'\mathrm{d}x\mathrm{d}z)\mathrm{d}y$$

故

$$\tau = \tau' \tag{6-2}$$

式(6-2)表明,在单元体相互垂直的两个平面上,沿垂直于两面交线作用的切应力必然成对出现,且大小相等,方向共同指向或背离该两面的交线。这一结论称为切应力互等定理。

如图 6-8 所示单元体的两对面上只有切应力而没有正应力,这种应力情况称为纯剪切。

(三)剪切虎克定律

切应力越大,如图 6-8 所示单元体的歪斜越厉害,即切应变越大。大量试验表明:当切应力未超过材料的剪切比例极限时,切应力与其相应的切应变成正比。引入比例常数,则可得到

$$\tau = G\gamma \tag{6-3}$$

式(6-3)称为剪切虎克定律。式中的比例常数 G 为材料的切变模量。它与材料的力学性能有关。对同一材料,切变模量为常数,可以由试验测定。其单位与应力的单位相同。

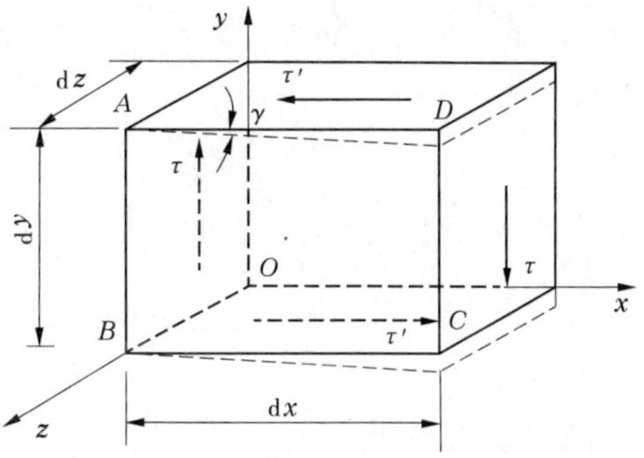

图 6-8

二、圆轴扭转时横截面上的切应力

下面从变形的几何关系、力和变形的物理关系及静力学关系推导横截面上的切应力分布规律。

(一)几何关系

从圆轴中截取长为 $\mathrm{d}x$ 的一段进行分析,如图 6-9(a)所示。假想截面 $m—m$ 固定不动,则截面 $n—n$ 相对截面 $m—m$ 绕轴线转动了一个角度 $\mathrm{d}\varphi$,其上的半径 O_2D 也转过了角度 $\mathrm{d}\varphi$,而到达位置 O_2D'。相应地,纵向线 AD 倾斜了一个微小的角度 γ,该倾斜角为圆轴表面 A 点处的切应变。同理,设半径 O_2D 上任意一点 G 的纵向线的 EG 倾斜角为 γ_ρ,γ_ρ 即为点 G 处的切应变。

令 G 点到轴线的距离为 ρ,由几何关系知

$$\gamma_\rho \approx \tan\gamma_\rho = \frac{GG'}{EG} = \frac{\rho\mathrm{d}\varphi}{\mathrm{d}x} \tag{a}$$

由于在同一横截面处 $\frac{\mathrm{d}\varphi}{\mathrm{d}x}$ 为一个常量,因此式(a)表明,横截面上任一点处的切应变 γ_ρ

与该点到圆心的距离 ρ 成正比。这就是变形的几何关系。

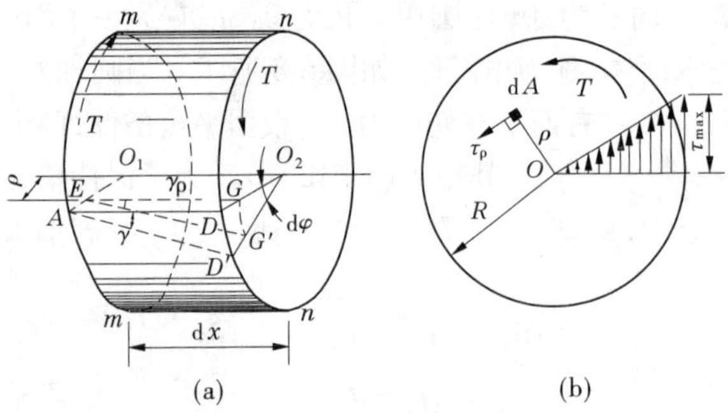

图 6-9

(二) 物理关系

设横截面距圆心为 ρ 点处的切应力为 τ_ρ，由剪切虎克定律，有

$$\tau_\rho = G\gamma_\rho \tag{b}$$

将式(a)代入式(b)，得

$$\tau_\rho = G\frac{d\varphi}{dx}\rho \tag{c}$$

因 $G\frac{d\varphi}{dx}$ 为常数，所以上式表明切应力的大小与 ρ 成正比，τ_ρ 沿任一半径的变化规律如图 6-9(b)所示。可见同一半径 ρ 的圆周上各点处的切应力 τ_ρ 相同。截面边缘各点处的切应力最大。

(三) 静力平衡关系

下面我们由静力平衡条件来确定 $\frac{d\varphi}{dx}$ 的数值。如图 6-9(b)所示，距圆心为 ρ 的微面积上的微内力为 $\tau_\rho dA$，其对圆心的矩为 $\rho\tau_\rho dA$。因扭矩 T 为截面上的分布内力的合力，则有

$$\int_A \rho\tau_\rho dA = T \tag{d}$$

将式(c)代入式(d)，整理得

$$G\frac{d\varphi}{dx}\int_A \rho^2 dA = T \tag{e}$$

令

$$I_\rho = \int_A \rho^2 dA \tag{f}$$

则式(e)可以写为

$$\frac{d\varphi}{dx} = \frac{T}{GI_\rho} \tag{6-4}$$

式(6-4)是研究圆轴扭转变形的基本公式。将式(6-4)代入式(c)得

$$\tau_\rho = \frac{T\rho}{I_\rho} \tag{6-5}$$

式中 T——横截面上的扭矩；

ρ——横截面上任一点到圆心的距离；

I_ρ——横截面对圆心的极惯性矩，mm^4 或 m^4。

式(6-5)就是圆轴扭转时横截面上任一点处切应力大小的计算公式。切应力的方向与半径垂直，并与扭矩的转向一致，如图 6-9(b)所示。

由式(6-5)可以知道，当 $\rho = R$ 时，切应力最大，最大切应力为

$$\tau_{max} = \frac{TR}{I_\rho}$$

令

$$W_\rho = \frac{I_\rho}{R}$$

则有

$$\tau_{max} = \frac{T}{W_\rho} \tag{6-6}$$

式中　W_ρ——扭转截面系数，mm^3 或 m^3。

极惯性矩 I_ρ 和扭转截面系数 W 是只与横截面形状、尺寸有关的几何量。利用高等数学的知识，由式(f)可以算得，直径为 D 的圆截面和外径为 D、内径为 d 的空心圆截面，它们对圆心的极惯性矩和扭转截面系数分别为

圆截面
$$I_\rho = \frac{\pi D^4}{32}, W_\rho = \frac{\pi D^3}{16} \tag{6-7}$$

空心圆截面
$$I_\rho = \frac{\pi D^4}{32}(1 - \alpha^4), W_\rho = \frac{\pi D^3}{16}(1 - \alpha^4) \tag{6-8}$$

式中　α——截面内、外径的比值，$\alpha = \frac{d}{D}$。

应该注意的是，扭转时应力的计算公式(6-5)只适用于圆轴。

【例 6-3】　空心圆轴的横截面外径 $D = 90$ mm，内径 $d = 85$ mm，横截面上的扭矩 $T = 1.5$ kN·m，如图 6-10 所示。求横截面上内外边缘的切应力，并绘制出横截面上切应力的分布图，

解：(1)计算极惯性矩。极惯性矩为

$$I_\rho = \frac{\pi}{32}(D^4 - d^4) = \frac{\pi}{32} \times (90^4 - 85^4)$$
$$= 1.32 \times 10^6 (mm^4)$$

(2)计算切应力。内、外边缘处的切应力分别为

$$\tau_内 = \tau_A = \frac{T}{I_\rho} \times \frac{d}{2} = \frac{1.5 \times 10^3 \times \frac{85}{2} \times 10^{-3}}{1.32 \times 10^6 \times 10^{-12}}$$
$$= 48.3 (MPa)$$

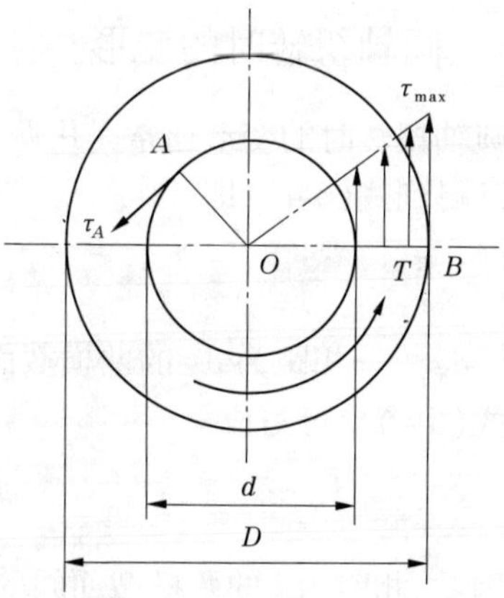

图 6-10

$$\tau_{外} = \tau_B = \frac{T}{I_\rho} \times \frac{D}{2} = \frac{1.5 \times 10^3 \times \frac{90}{2} \times 10^{-3}}{1.32 \times 10^6 \times 10^{-12}} = 51.1(\text{MPa})$$

横截面上的切应力的分布如图 6-10 所示。

三、圆杆扭转时的强度条件

圆杆扭转时必须具有足够的强度才能安全工作，其强度条件为杆件内的最大工作应力应不超过材料的许用剪应力，即

$$\tau_{\max} \leqslant [\tau] \tag{6-9}$$

对于等直圆杆，在圆柱表面处有最大剪应力 $\tau_{\max}$，其计算式为

$$\tau_{\max} = \frac{|M_T|_{\max}}{W_T} \leqslant [\tau] \tag{6-10}$$

式中　W_T——抗扭截面系数。

实心圆柱
$$W_T = \frac{\pi D^3}{16} \tag{6-11}$$

空心圆柱
$$W_T = \frac{\pi D^3}{16}(1 - \alpha^4) \tag{6-12}$$

式中　$\alpha = \frac{d}{D}$，其中 d 和 D 分别为空心圆截面的内、外直径。

材料的许用剪应力可由扭转试验所得的剪切屈服极限（或强度极限）除以安全系数确定，或考虑同种材料的许用剪应力$[\tau]$与许用拉应力$[\sigma]$间关系，取

塑性材料　　$[\tau] = (0.5 \sim 0.6)[\sigma]$

脆性材料　　$[\tau] = (0.8 \sim 1.0)[\sigma]$

利用强度条件可解决 3 个问题：①校核强度；②选择截面；③确定许用荷载。

第三节　圆轴扭转时的变形与刚度条件

一、圆轴扭转时的变形

圆轴扭转时的变形通常是用两个横截面绕轴线转动的相对扭转角来度量的。在第二节中已得到式(6-4)，即

$$\frac{d\varphi}{dx} = \frac{T}{GI_\rho}$$

式中　$d\varphi$——相距为 dx 的两横截面间的扭转角。

式(6-4)也可写成

$$d\varphi = \frac{T}{GI_\rho}dx$$

因此，相距为 l 的两横截面间的扭转角为

$$\varphi = \int_l d\varphi = \int_0^l \frac{T}{GI_\rho}dx \tag{6-13}$$

若该段轴为同种材料制成的等直圆轴，并且各横截面上的扭矩 T 的数值相同，则式(6-13)中的 T、G、I_ρ 均为常量，积分后得

$$\varphi = \frac{Tl}{GI_\rho} \tag{6-14}$$

扭转角 φ 的单位为 rad。

由式(6-14)可见，扭转角 φ 与 GI_ρ 成反比，即 GI_ρ 越大，轴就越不容易发生扭转变形。因此，把 GI_ρ 称为圆轴的扭转刚度，用它来表示圆轴抵抗扭转变形的能力。

工程中通常采用单位长度扭转角，即

$$\theta = \frac{d\varphi}{dx}$$

由式(6-4)得

$$\theta = \frac{T}{GI_\rho} \tag{6-15}$$

单位长度扭转角的单位为 rad/m。

二、圆杆扭转时的刚度条件

如果工程中的某些圆截面杆件(如机器上的传动轴)，要求考虑扭转变形的刚度问题。通常规定圆杆最大单位长度转角 θ_{max} 不得超过规定的许用值[θ]，即刚度条件

$$\theta_{max} \leqslant [\theta] \tag{6-16}$$

对于等值圆杆，可写为

$$\theta_{max} = \frac{|M_T|_{max}}{GI_\rho} \leqslant [\theta]$$

式中 θ 的单位为 rad/m。

由于工程中的[θ]的单位习惯上用度/米((°)/m)，故常将刚度条件表示为

$$\theta_{max} = \frac{|M_T|_{max}}{GI_\rho} \times \frac{180}{\pi} \leqslant [\theta] \quad ((°)/m) \tag{6-17}$$

式中 $|M_T|_{max}$、G、I_ρ 的单位分别采用 N·m、Pa、m^4。

【例 6-4】 一电机传动轴，传递功率为 40 kW，转速 $n = 1\,400$ r/min。轴由 45 号钢制成，材料的剪切弹性模量 $G = 8 \times 10^4$ MPa，扭转许用应力[τ] = 40 MPa，许用单位长度扭转角[θ] = 1.5((°)/m)。求轴的直径。

解：(1)计算外力偶矩 T。由公式和已知数据，得

$$T = 9.55\frac{N_k}{n} = 9.55 \times \frac{40}{1\,400} = 0.273(\text{kN} \cdot \text{m}) = 273\ \text{N} \cdot \text{m}$$

(2)由截面法求得轴横截面上的扭矩为

$$M_T = T = 273(\text{N} \cdot \text{m})$$

(3)由强度条件

$$\tau_{max} = \frac{M_T}{W_T} \leqslant [\tau]$$

$$W_T = \frac{\pi D^3}{16}$$

$$D \geqslant \sqrt[3]{\frac{16M_T}{\pi[\tau]}} = 1.72\sqrt[3]{\frac{M_T}{[\tau]}} = 1.72 \times \sqrt[3]{\frac{273}{40 \times 10^6}} = 0.032\ 6(\text{m}) = 32.6\ \text{mm}$$

(4)由刚度条件

$$\theta = \frac{M_T}{GI_\rho} \times \frac{180}{\pi} \leqslant [\theta]$$

$$I_\rho = \frac{\pi D^4}{32}$$

$$D \geqslant \sqrt[4]{\frac{M_T \times 180 \times 32}{G\pi^2[\theta]}} = 4.91\sqrt[4]{\frac{M_T}{G[\theta]}} = 4.91 \times \sqrt[4]{\frac{273}{8 \times 10^{10} \times 1.5}}$$

$$= 0.033\ 9(\text{m}) = 33.9\ \text{mm}$$

为使该轴同时满足强度条件和刚度条件,轴的直径应不小于 33.9 mm,考虑制造方便,取 $D = 34$ mm。

【例 6-5】 将例 6-4 中的轴改为内、外直径比值为 0.6 的空心圆轴。试按原强度和刚度条件求轴的直径,并比较两种情况下实心轴和空心轴的用料。

解:由已知条件 $\alpha = \frac{d_1}{D_1} = 0.6$,则 $1 - \alpha^4 = 0.870\ 4$。

(1)考虑强度条件。

$$\tau_{max} = \frac{M_T}{W_T}, W_T = \frac{\pi D_1^3}{16}(1 - \alpha^4)$$

$$D_1 \geqslant 1.72\sqrt[3]{\frac{M_T}{[\tau](1 - \alpha^4)}} = 1.72 \times \sqrt[3]{\frac{273}{40 \times 10^6 \times 0.870\ 4}}$$

$$= 0.034\ 2(\text{m}) = 34.2\ \text{mm}$$

(2)考虑刚度条件。

$$\theta = \frac{M_T}{GI_\rho} \times \frac{180}{\pi} \leqslant [\theta]$$

$$I_\rho = \frac{\pi D_1^4}{32} \times (1 - \alpha^4)$$

$$D_1 \geqslant 4.91\sqrt[4]{\frac{M_T}{G[\theta](1 - \alpha^4)}} = 4.91 \times \sqrt[4]{\frac{273}{8 \times 10^{10} \times 1.5 \times 0.870\ 4}}$$

$$= 0.035\ 1(\text{m}) = 35.1\ \text{mm}$$

故取空心圆轴的外径 $D_1 = 36$ mm,由 $\alpha = \frac{d_1}{D_1} = 0.6$,取内径 $d_1 = 21$ mm。

(3)圆轴与实心轴用料之比等于相应的横截面面积之比，即

$$\frac{A_{空}}{A_n}=\frac{\frac{\pi}{4}D_1^2\times(1-\alpha^2)}{\frac{\pi}{4}\times D^2}=\frac{36^2\times(1-0.6^2)}{34^2}=0.718$$

由本例可见，空心圆轴的重量是实心圆轴重量的 71.8%，空心圆轴省料且减轻了重量，从强度与刚度方面考虑，空心截面的圆轴更为合理。

三、剪应力互等定理的证明

在一圆轴中取一单元体，如图 6-11 所示，该单元体的 x 面为圆杆的横截面，y 面为径向面，z 面为表面。由于圆杆表面不存在内力，当然也就没有应力可言，故 z 面上没有任何应力。

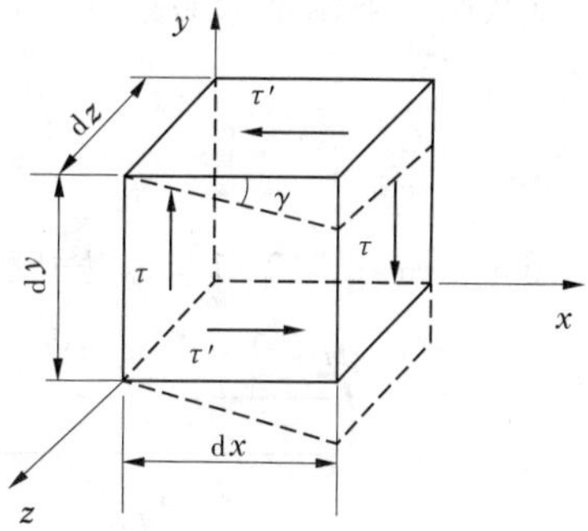

图 6-11

但 x 面上有剪应力，由 $\sum y=0$ 的静力平衡条件可知，左右 x 面上分布内力的合力必相等，故剪应力 τ 的大小相等、方向相反，如图 6-11 所示。

由 $\sum M_z=0$ 可知，上面必有剪应力 τ'，则 $\sum M_z=0$，即 $(\tau'\mathrm{d}z\mathrm{d}x)\mathrm{d}y=(\tau\mathrm{d}z\mathrm{d}y)\mathrm{d}x$ 得

$$\tau'=\tau$$

同理，由 $\sum M_z=0$ 可知，上、下面上必有大小相等、方向相反的剪应力 τ'。这就是剪应力互等定理：单元体互相垂直平面上的剪应力大小相等，其方向都指向或背离两平面的交线。此定理具有普遍的意义，在其他应力情况下同样成立。

本章小结

(1)扭转是工程机械中传动轴所对应的基本变形，其受力特点是构件受到一对大小相等、方向相反、垂直于杆件轴线的力偶作用；其变形特点是轴上横截面间绕轴产生相对转动，即扭转角，内力形式为扭矩 T，求解内力的方法也是截面法。扭矩 T 的正负由右手螺旋法则来判断。绘制 T 图时，同样要注意值的正负并在图上标明。

(2)扭转时的剪应力分布规律：轴心处的剪应力为零，边缘处的剪应力最大，其他各点处的应力沿半径按直线规律变化。

(3)圆轴扭转的强度条件为 $\tau_{\max}=\frac{M_T}{W_T}\leqslant[\tau]$。

(4)圆轴扭转的刚度条件为 $\theta_{\max}=\frac{|M_T|_{\max}}{GI_\rho}\times\frac{180}{\pi}\leqslant[\theta]$。

思考题

6-1　两杆受扭构件，L、d、m 均相同，但材料不同，问：

(1)二杆中的最大剪应力是否相同；

(2)二杆中的单位扭转角 θ 是否相同？

6-2　两杆受扭构件，一为实心圆轴，另一为空心圆轴，L、m 材料和横截面面积均相同，试从强度和刚度方面分析哪种截面合理。

习　题

6-1　如图 6-12 所示各传动轴所受的外力偶矩，作各轴的内力图。

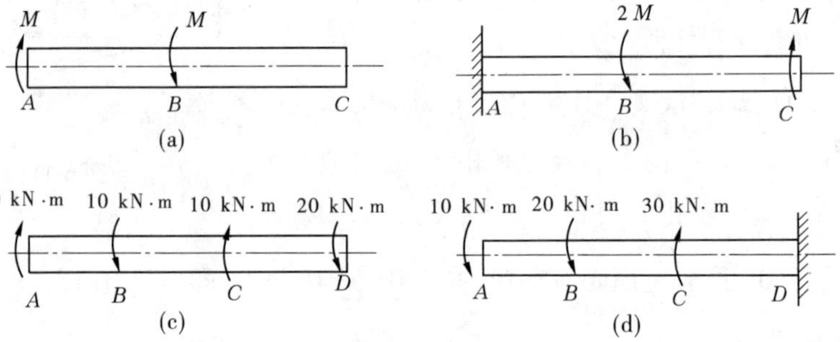

图 6-12

6-2　如图 6-13 所示传动轴，其转速 $n = 500$ r/min，B 轮为主动轮，其输入的功率 $N_{kB} = 10$ kW，A、C 轮为从动轮，其输出的功率分别为 $N_{kA} = 4$ kW，$N_{kC} = 6$ kW。作该轴的内力图。

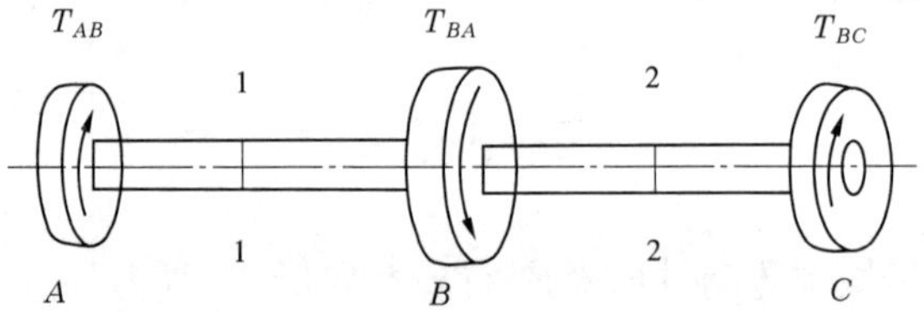

图 6-13

6-3　求如图 6-14 所示各轴指定截面 1—1、2—2、3—3 上的扭矩。

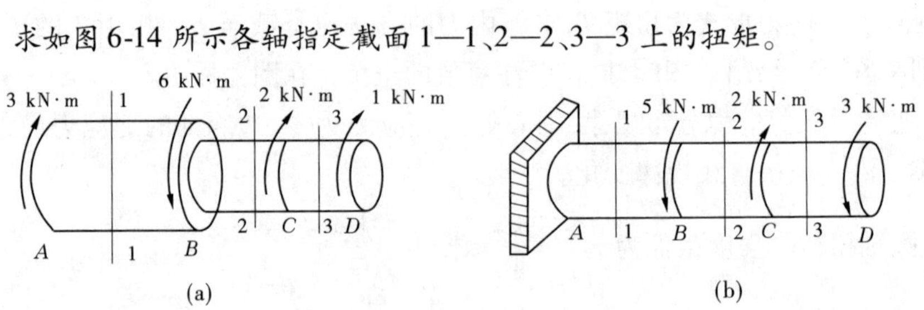

图 6-14

6-4 如图 6-15 所示传动轴，在截面 A 处输入功率 $P_A = 15$ kW，在截面 B、C 处的输出功率 $P_B = 10$ kW，$P_C = 5$ kW，已知轴的转速 $n = 60$ r/min。试绘制该轴的扭矩图。

6-5 如图 6-16 所示钻探机的钻杆简图，钻机功率 $P = 11$ kW，转速 $n = 200$ r/min，钻杆入土深度 $h = 50$ m，假定土对钻杆的摩擦力矩为均匀分布。求分布力矩集度。

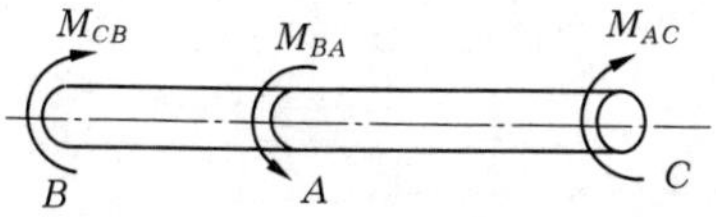

图 6-15

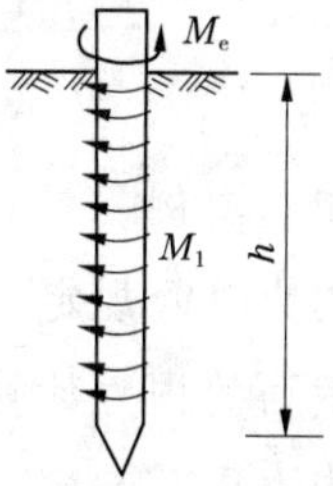

图 6-16

6-6 如图 6-17 所示圆轴的 AB 段为实心圆截面，直径 $D_1 = 50$ mm，长度 $l_1 = 0.4$ m；BC 段为空心圆截面，内径 $D_2 = 50$ mm，外径 $D_3 = 80$ mm，长度 $l_2 = 0.6$ m，两段轴在 B 处牢固连接。轴上作用的外力偶如图 6-17 所示。材料的切变模量 $G = 80 \times 10^3$ MPa。求：

(1) 轴中的最大切应力；

(2) 轴的单位长度最大扭转角；

(3) 全轴的扭转角。

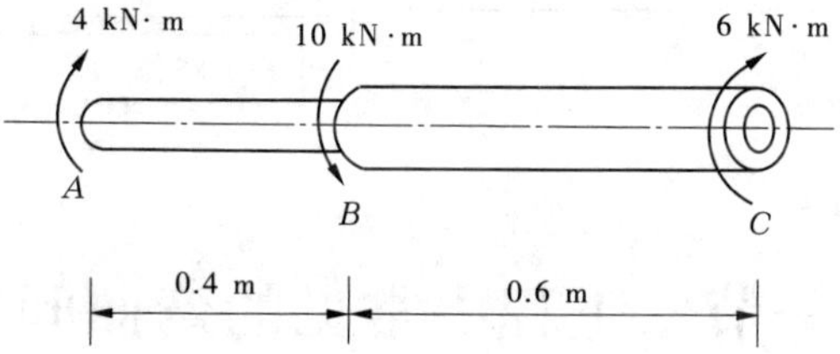

图 6-17

第七章　梁的内力

【内容要点】

(1)梁的工程实例。

(2)梁的内力符号规定。

(3)指定截面的内力计算。

(4)梁的内力图

【知识链接】

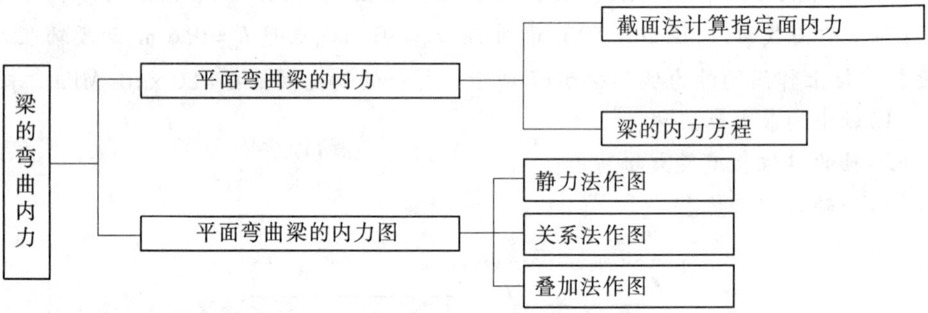

第一节　工程中常见的弯曲问题

工程结构中经常用梁来承受荷载,例如,房屋中的楼板梁承受楼板的荷载(见图7-1(a)),起重吊车梁承受起吊荷载(见图7-1(b))。这些荷载的方向都与梁的轴线相垂直,在这样荷载作用下,梁轴线由原来的直线变为曲线,此种变形称为弯曲变形。产生弯曲变

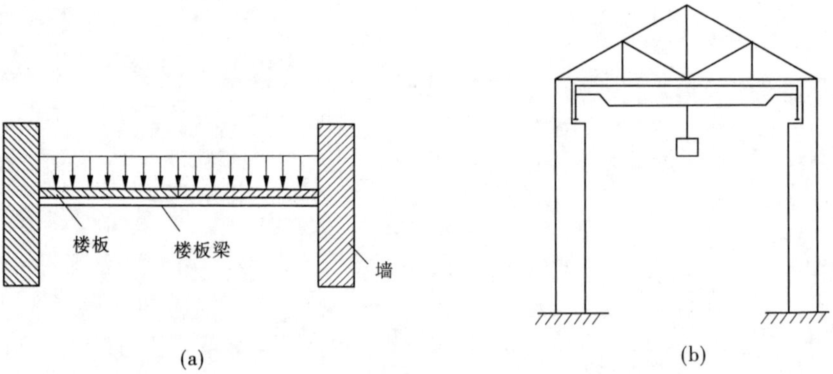

图7-1

形的杆件，称为梁。

弯曲变形是杆件的基本变形之一，也是工程中最常见的一种变形形式，不论是在建筑工程中还是在机械中，弯曲构件是很多的。例如，建筑工程中的桥梁如图 7-2(a)所示，图 7-2(b)是它的力学计算简图。

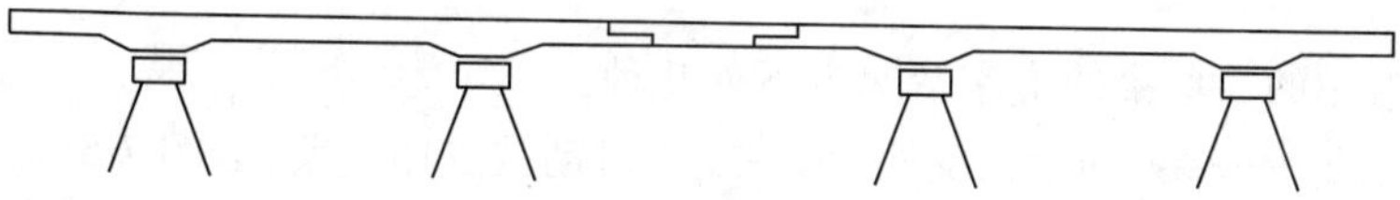

(a)

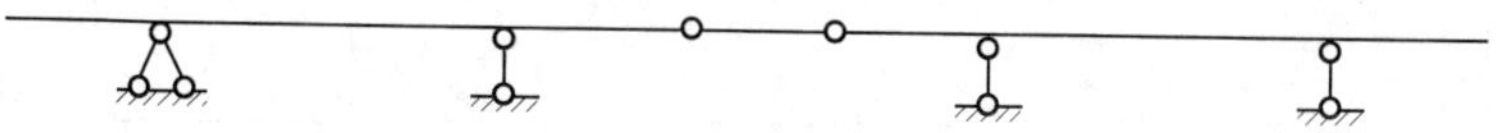

(b)

图 7-2

工程中常用的梁的横截面通常多采用对称形状，如矩形、工字形、T 形及圆形等。荷载一般是作用在梁的纵向对称平面内，如图 7-3(a)所示，在这种情况下，梁发生弯曲变形的特点是梁的轴线仍保持在同一平面（荷载作用平面）内，梁的轴线为一条平面曲线，这类弯曲称为平面弯曲，如图 7-3 所示。

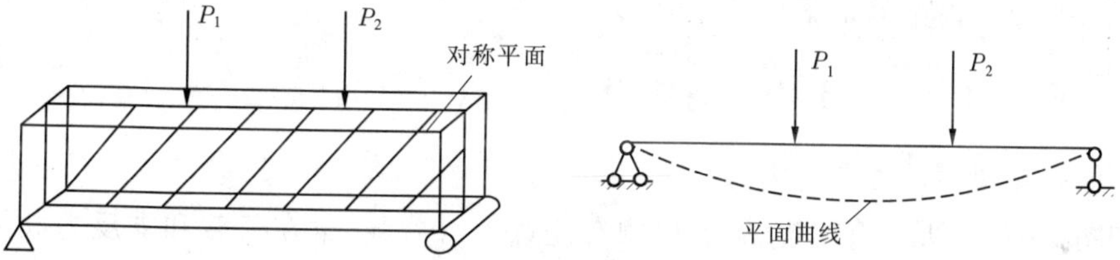

(a) (b)

图 7-3

第二节 梁的内力

梁的内力是由外力引起的，作用在梁上的外力包括梁上的荷载和支反力（约束反力）。

一、梁的荷载

作用在梁上的常见荷载有以下几种：

(1)集中荷载。即作用在梁上的横向力，如图 7-4(a)所示的力 P。

(a) (b)

图 7-4

(2)集中力偶。即作用在通过梁的轴线的平面内的力偶(见图 7-4 中的 M)。

(3)分布荷载。即连续分布的荷载,如图 7-4(b)所示。分布荷载的常用单位为 N/m 或 kN/m。

二、工程中常用的简单梁的支座情况

工程中常用的简单梁的支座情况有下列几种:

(1)简支梁。一端为固定铰支座,另一端为可动铰支座的梁,如图 7-5(a)所示。

(2)外伸梁。一端或两端向外伸出的梁,如图 7-5(b)所示。

(3)悬臂梁。一端为固定支座,另一端为自由的梁,如图 7-5(c)所示。

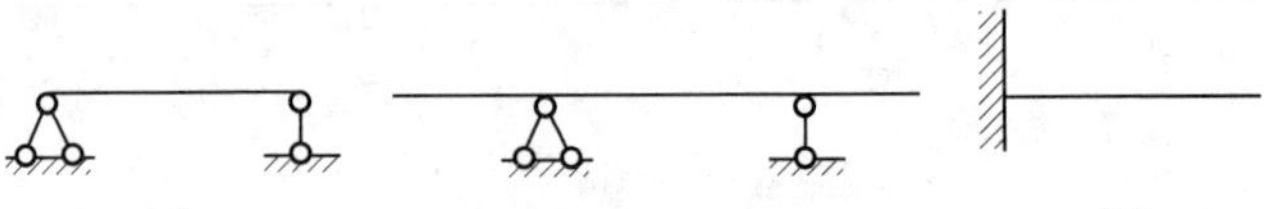

图 7-5

以上 3 种形式的梁的未知的支反力都是 3 个,在平面弯曲情况下,梁上荷载和支反力都在同一平面内,通过平面力系的 3 个平衡方程可求出全部未知力。用平衡方程可求出全部未知力的梁,称为静定梁。如果仅用平衡方程求不出梁的全部未知力的梁,则称为超静定梁。本章只讨论静定梁。

三、梁的内力——剪力和弯矩

下面讨论梁横截面上的内力。

如图 7-6(a) 所示简支梁,梁上作用有任意一组荷载,梁在荷载和支反力共同作用下处于平衡状态,现讨论距支座 A 为 a 的 n—n 横截面上的内力。求内力仍采用截面法。假想将梁从 n—n 面截开,分成了左、右两段,以左段梁如图 7-6(b) 所示为研究对象。作用有向上的外力 R_A,根据 $\sum Y = 0$ 可知,在 n—n 截面上,应该有向下的力 Q 与 R_A 相平衡,根据 $\sum M_O = 0$(O 为 n—n 面的形心),在截面上还必定有一逆时针转的力偶 M 与 $R_A \times a$ 相平衡。力 Q 和力偶 M 就是梁弯曲横截面上产生的两种不同形式的内力,力 Q 称为剪力,力偶 M 称为弯矩。

n—n 截面上的剪力和弯矩的值可由平衡方程求得,即由

$\sum Y = 0$　　　　$R_A - Q = 0$

$\sum M_O = 0$　　　　$M - R_A \times a = 0$

解得　　　　$Q = R_A, M = R_A \times a$

n—n 截面上的内力也可用图 7-6(c)计算,其结果与图 7-6(b)求得的结果完全相同,但方向相反。

综上所述,梁横截面上一般产生两种内力——剪力和弯矩,求内力的方法仍为截面法,取隔离体时,取左、右部分均可以,应以计算简便为准。

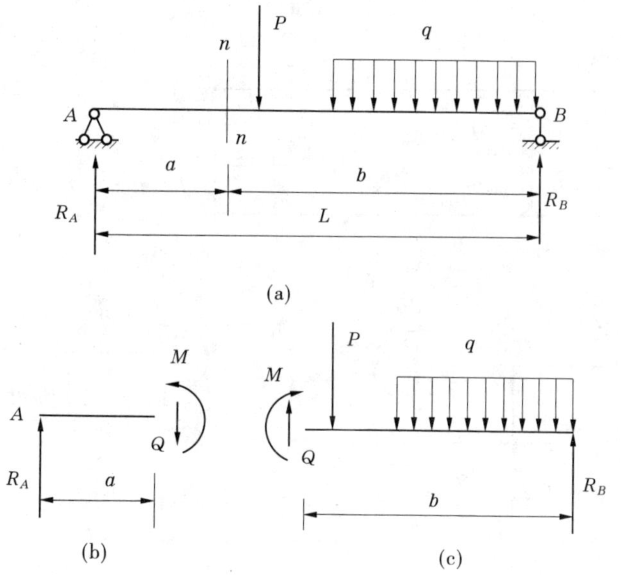

图 7-6

四、剪力和弯矩正负号规定

为了使左、右隔离体求得的同一截面上内力的正负号一致，剪力和弯矩的正负号作如下规定：

(1)剪力的正负号规定。当截面上的剪力使其所在的隔离体有顺时针方向转动趋势时为正，如图 7-7(a)所示；反之为负，如图 7-7(b)所示。

(2)弯矩的正负号规定。弯矩使梁凹向上弯曲(即下边纵向受拉、上边纵向受压)时为正，如图 7-8(a)所示；凹向下弯曲(即上边纵向受拉、下边纵向受压)时为负，如图 7-8(b)所示。

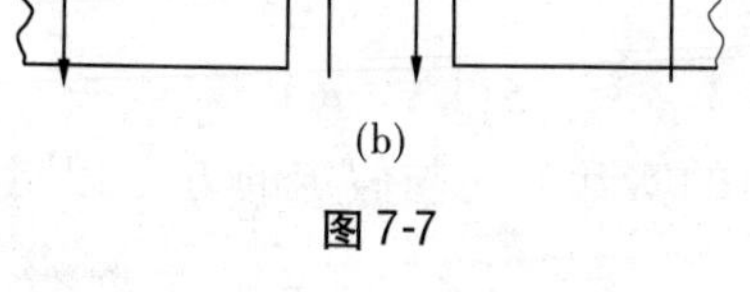

图 7-7

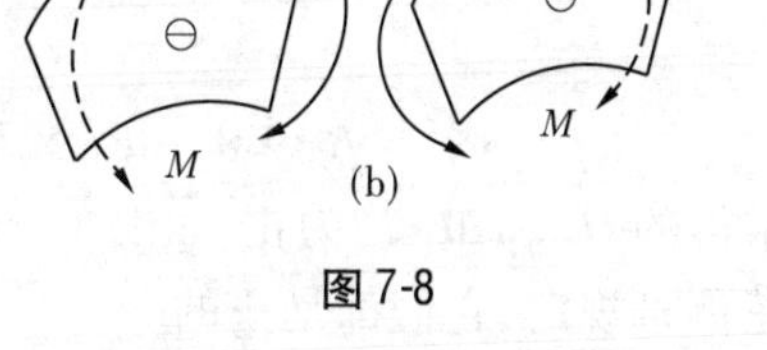

图 7-8

五、计算示例

【例 7-1】 梁上荷载如图 7-9(a)所示，试用截面法求 1—1、2—2 截面上的内力。

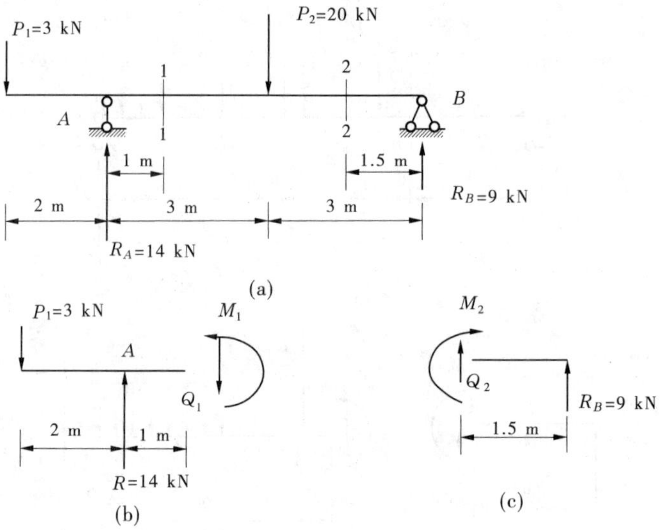

图 7-9

解:(1)求支反力。

梁上无水平荷载,B 支座水平反力 $R_{Bx}=0$,A、B 支座的 R_A、R_{By} 的方向均假定向上。考虑梁的整体平衡

由 $$\sum M_B = 0, P_1 \times 8 + P_2 \times 3 - R_A \times 6 = 0$$

得 $$R_A = 14(\text{kN})$$

由 $$\sum M_A = 0, P_1 \times 2 + R_B \times 6 - P_2 \times 3 = 0$$

得 $$R_B = 9(\text{kN})$$

校核 $$\sum Y = 0, R_A + R_B - P_1 - P_2 = 14 + 9 - 3 - 20 = 0$$

计算正确。

(2)求 1—1 截面上的内力。

在 1—1 截面处将梁截开,取左段隔离体,未知内力 Q_1 和 M_1 的方向均按正号方向标出,如图 7-9(b)所示。考虑隔离体平衡,由平衡方程

$$\sum Y = 0, R_A - P_1 - Q_1 = 0$$

得 $$Q_1 = R_A - P_1 = 14 - 3 = 11(\text{kN})$$

$$\sum M_O = 0(\text{矩心 } O \text{ 取在 1—1 截面形心处}), P_1 \times 3 + M_1 - R_A \times 1 = 0$$

得

$$M_1 = R_A \times 1 - P_1 \times 3 = 14 \times 1 - 3 \times 3 = 5(\text{kN} \cdot \text{m})$$

求得的 Q_1 和 M_1 均为正,表明 1—1 截面上内力的实际方向与假定的方向相同,按内力的正负号规定,它们都是正的。

(3)求 2—2 截面上的内力。

在 2—2 截面处将梁截开,取右段隔离体(右段梁上外力少,计算简便),Q_2、M_2 的方向仍按正号方向标出,如图 7-9(c)所示。考虑隔离体平衡,由平衡方程

$$\sum Y = 0, Q_2 + R_B = 0$$

得

$$Q_2 = -R_B = -9(\text{kN})$$

$$\sum M_O = 0(\text{矩心 } O \text{ 取在 2—2 截面形心处})$$

得

$$R_B \times 1.5 - M_2 = 0$$

$$M_2 = R_B \times 1.5 = 9 \times 1.5 = 13.5(\text{kN} \cdot \text{m})$$

求得的 Q_2 为负值，表明 Q_2 的实际方向与假定的方向相反，Q_2 的方向应向下；按剪力正负号规定，此时 Q_2 亦为负值。

【例 7-2】 简支梁受力如图 7-10(a)所示，试用截面法求 D 截面上的内力。

解：(1)求简支梁的支反力。

梁的受力如图 7-10(b)所示，分布荷载合力位于 CE 的中点。考虑梁的整体平衡，由

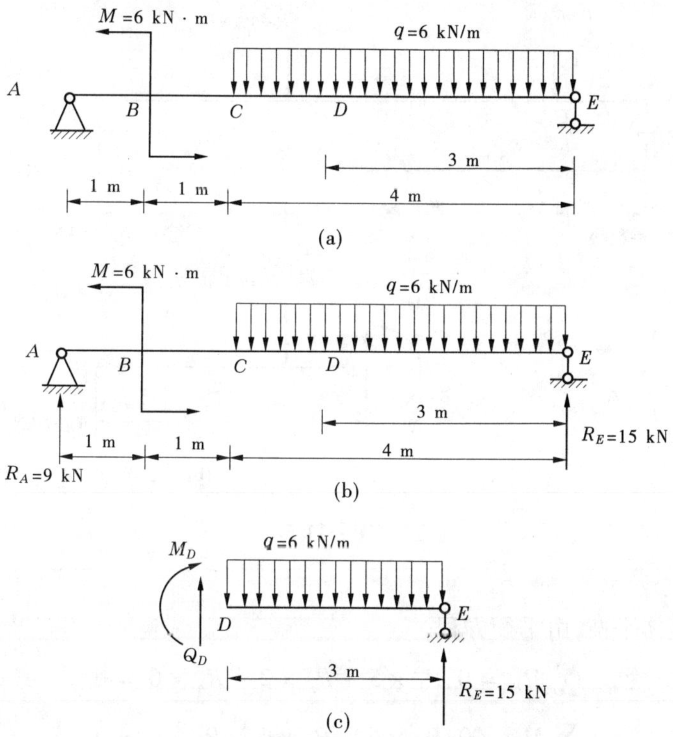

图 7-10

平衡方程

$$\sum M_E = 0, 4q \times 2 + M - R_A \times 6 = 0$$

得

$$R_A = 9 \text{ kN}$$

$$\sum M_A = 0, R_E \times 6 + M - 4q \times 4 = 0$$

得

$$R_E = 15 \text{ kN}$$

校核 $$\sum Y = 0, R_A + R_E - 4q = 9 + 15 - 4 \times 6 = 0$$

计算无误。

(2)求 D 截面上的内力。

在 D 截面上将梁截开,取右段隔离体,Q、M 的方向均按正号方向标出,如图 7-10(c)所示。由平衡方程

$$\sum Y = 0, Q_D + R_E - 3q = 0$$

得

$$Q_D = 3q - R_E = 3 \times 6 - 15 = 3(\text{kN})$$

$$\sum M_O = 0(\text{矩心 } O \text{ 为 } D \text{ 截面的形心}), R_E \times 3 - M_D - 3q \times 1.5 = 0$$

得

$$M_D = R_E \times 3 - 3q \times 1.5 = 18(\text{kN} \cdot \text{m})$$

【例 7-3】 一简支梁,梁上荷载如图 7-11(a)所示,试用直接计算法求 1—1 截面上的剪力和弯矩。

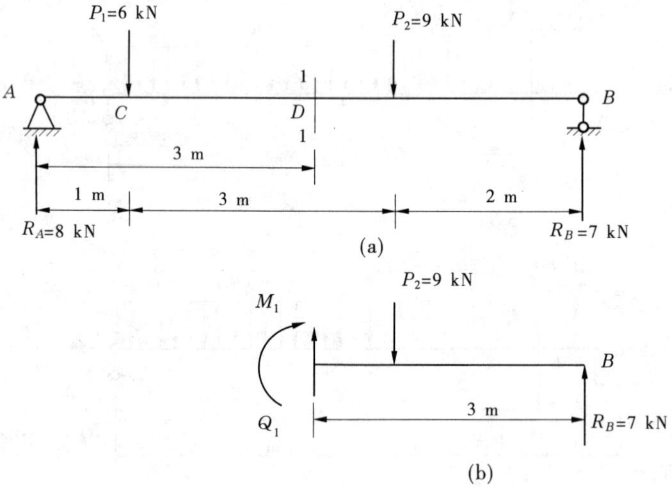

图 7-11

解:(1)求支反力。

考虑梁的整体平衡,由平衡方程

$$\sum M_B = 0, P_1 \times 5 + P_2 \times 2 - R_A \times 6 = 0$$

$$\sum M_A = 0, R_B \times 6 - P_1 \times 1 - P_2 \times 4 = 0$$

得

$$R_A = 8\ \text{kN}, R_B = 7\ \text{kN}$$

(2)求 1—1 截面上的内力。

从 1—1 将梁截开,取右部分为平衡对象,受力如图 7-11(b)所示。隔离体 Q_1、M_1 的方向仍按正号方向标出。考虑隔离体平衡,由平衡方程

$$\sum Y = 0, Q_1 + R_B - P_2 = 0$$

得

$$Q_1 = -R_B + P_2 = -7 + 9 = 2(\text{kN})$$

$$\sum M_O = 0(\text{矩心 } O \text{ 取在 1—1 截面形心处}),R_B \times 3 - P_2 \times 1 - M_1 = 0$$

得

$$M_1 = R_B \times 3 - 9 \times 1 = 7 \times 3 - 9 \times 1 = 12(\text{kN} \cdot \text{m})$$

第三节　梁的剪力图和弯矩图

一般情况下,梁不同截面上的内力是不同的,剪力和弯矩随截面位置而变化。由于在进行梁的强度计算时,往往需要知道各横断面上剪力和弯矩中的最大值以及它们所在截面的位置,因此就必须知道剪力和弯矩随截面而变化的情况。表示剪力和弯矩变化规律的图形分别称为剪力图和弯矩图。

剪力图和弯矩图都是函数图形,其横坐标表示梁的截面位置,纵坐标表示相应截面的剪力和弯矩。剪力图和弯矩图的作法是:先列出剪力和弯矩随截面位置而变化的方程式,再由方程式画成图形

下面讨论剪力图和弯矩图的具体画法。

【例 7-4】　悬臂梁,荷载 P 作用在梁的自由端,如图 7-12(a)所示,作梁的剪力图和弯矩图。

解:取距左端为 x 的任一横截面 n—n,列出 n—n 截面上的剪力和弯矩方程:

$$Q(x) = -P$$

$$M(x) = -Px \quad (0 \leqslant x \leqslant L)$$

n—n 截面是距左端 x 的任意截面,随截面位置 x 的不同,通过上两式便可算出相应截面上的剪力和弯矩。

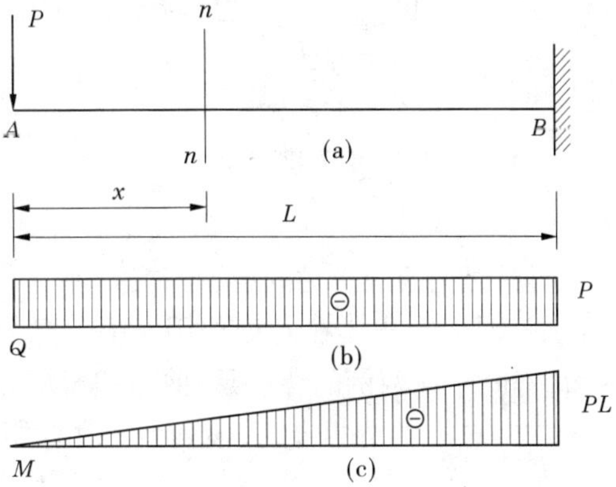

图 7-12

剪力表达式为一常量,表明各截面的剪力都相同,剪力图为平行丁坐标轴的图,如图 7-12(b)所示,正的剪力画在坐标轴的上方,负的剪力画在下边,并标明正负符号。

弯矩表达式是 x 的一次函数,弯矩图为斜直线,只要确定直线上的两个点,便可画出此直线。通过

$$\begin{cases} x = 0: M(x) = 0 \\ x = L: M(x) = -PL \end{cases}$$

弯矩图如图 7-12(c)所示。在土建工程中,通常是将弯矩图画在梁的受拉一侧,所以,正弯矩画在坐标轴的下边,负弯矩画在上边,分别标以正负符号。

【例 7-5】　简支梁如图 7-13(a)所示,画梁的剪力图和弯矩图。

解:(1)先求出梁的支反力。

$$R_A = R_B = \frac{1}{2}qL$$

(2)建立 $Q(x)$、$M(x)$方程。

取距左端 A 为 x 的任一截面 n—n,此截面的剪力和弯矩方程为

$$Q(x) = R_A - qx = \frac{1}{2}qL - qx = q(\frac{L}{2} - x)$$

$$M(x) = R_A x - \frac{1}{2}qx^2$$

$$= \frac{1}{2}qLx - \frac{1}{2}qx^2 = \frac{q}{2}x(L - x)$$

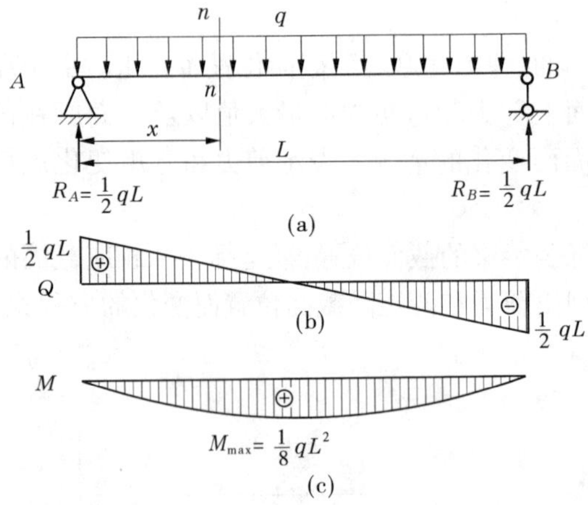

图 7-13

剪力表达式是 x 的一次函数,通过

$$x = 0: Q(x) = \frac{1}{2}qL$$

$$x = L: Q(x) = -\frac{1}{2}qL$$

Q 图如图 7-13(b)所示。

弯矩方程为 x 的二次函数,通过

$$x = 0: M(x) = 0$$

$$x = L: M(x) = 0$$

$$x = \frac{1}{2}L: M(x) = \frac{1}{8}qL^2$$

可画出弯矩图,如图 7-13(c)所示。

跨中截面弯矩最大,值为$\frac{1}{8}qL^2$。

下面再讨论两种常见的典型情况。

【例 7-6】 简支梁在 C 处作用集中力 P,画梁的剪力图和弯矩图。

解:不同于前两例的特点是:剪力和弯矩方程不能用一个统一的方程式来表示。必须以 P 的作用点 C 为分界点,分段列剪力和弯矩方程,分段画剪力图和弯矩图。

首先求出梁的支反力,其结果为:$R_A = \frac{b}{L}P$,$R_B = \frac{a}{L}P$。

下面讨论剪力图。用 x_1 表示 AC 段中任意横截面到左端 A 的距离,用 x_2 表示 CB 段中任意横截面到左端 A 的距离,两段的剪力表达式分别为

AC 段 $\qquad Q(x_1) = R_A = \frac{b}{L}P \qquad (0 \leqslant x \leqslant a)$

CB 段 $\qquad Q(x_2) = -R_B = -\frac{a}{L}P \qquad (a < x \leqslant L)$

这里应注意内力表达式的适用范围,剪力图为平行于坐标轴的两段直线,如图 7-14(b)所示。

从图 7-14(b)可以看到,剪力图在集中力 P 作用处(C 处)是不连续的,C 左截面的剪力为$\frac{b}{L}P$,C 右截面的剪力为$-\frac{a}{L}P$,剪力图在 C 点发生了"突变"。从图上还可看出,该突变的绝对值为$\frac{a}{L}P + \frac{b}{L}P = P$,即等于梁上的集中力。这种现象为普遍情况,由此可得出结论:集中力作用处剪力图发生突变,突变值等于该集中力的数值。因此,当求集中力作用

处的剪力时，必须指明是集中力的左侧截面还是右侧截面，二者是不同的。

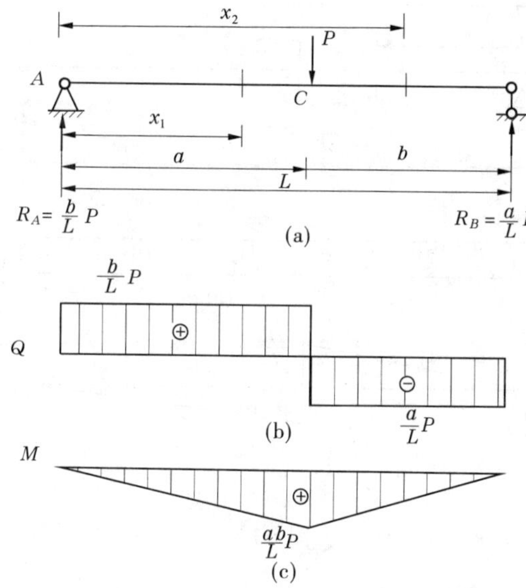

图 7-14

下面再讨论弯矩图。两段梁的弯矩表达式分别为

AC 段
$$M(x_1) = R_A x_1 = \frac{b}{L}Px_1$$

CB 段
$$M(x_2) = R_B(L - x_2) = \frac{a}{L}P(L - x_2)$$

两式均为 x 的一次函数，弯矩图为两段斜直线，通过

$$\begin{cases} x_1 = 0, M_A = 0 \\ x_1 = a, M_C = \dfrac{ab}{L}P \end{cases}, \begin{cases} x_2 = a, M_C = \dfrac{ab}{L}P \\ x_2 = L, M_B = 0 \end{cases}$$

作 M 图，如图 7-14(c) 所示。

由此例题可知，当梁上荷载有变化时，内力不能用一个统一的函数式表达，此时需分段列内力表达式。分段是以集中力、集中力偶的作用位置及分布荷载的起点和终点为界，如图 7-15 所示的梁，B、C、D 都是分界点，应分 4 段列内力方程。再如图 7-16 所示的梁，B、C 是分界点，应分 3 段列内力方程式。

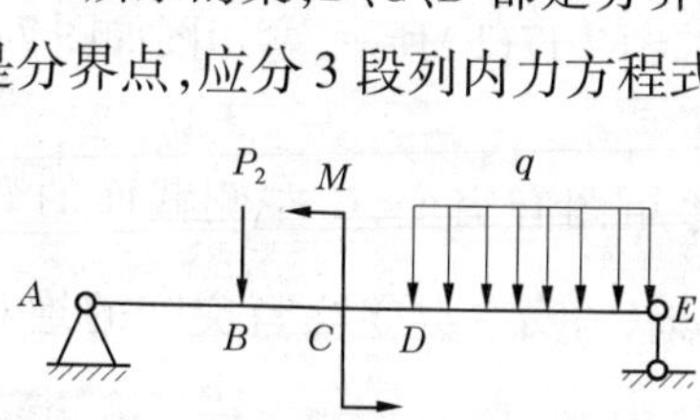

图 7-15

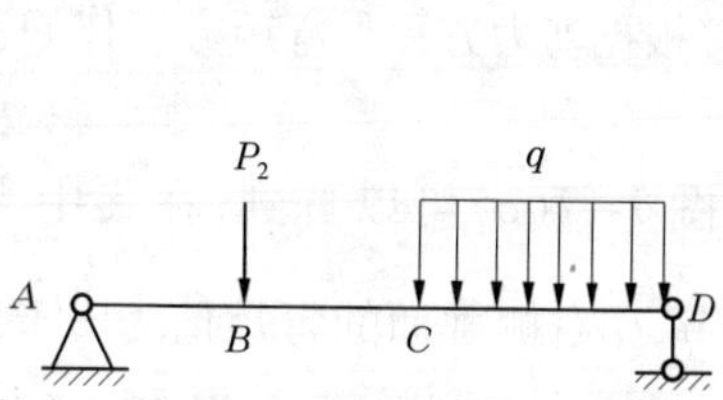

图 7-16

【例 7-7】 如图 7-17(a) 所示为承受集中力偶作用的简支梁，画梁的内力图并讨论弯矩图有何特点。

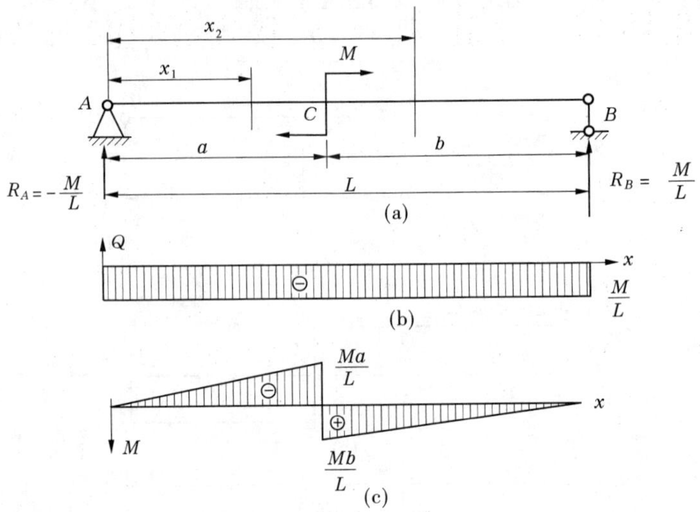

图 7-17

解:(1)求梁的支反力,其结果为

$$R_A = R_B = \frac{M}{L} \quad (\text{方向如图 7-17(a) 所示})$$

(2)列剪力方程和弯矩方程。

剪力方程为 $$Q(x) = -R_A = -\frac{M}{L}$$

由于 C 处有集中力偶,弯矩表达式应分段列出。弯矩方程为

AC 段 $$M(x_1) = -R_A x_1 = -\frac{M}{L}x_1$$

CB 段 $$M(x_2) = R_B(L - x_2) = \frac{M}{L}(L - x_2)$$

两表达式为 x 的一次函数,弯矩图为两段斜直线,通过

$$\begin{cases} x_1 = 0, M_A = 0 \\ x_1 = a, M_{C左} = -\frac{a}{L}M \end{cases}, \begin{cases} x_2 = a, M_{C右} = \frac{b}{L}M \\ x_2 = L, M_B = 0 \end{cases}$$

(3)根据剪力方程和弯矩方程作 Q、M 图,剪力图如图 7-17(b)所示,弯矩图如图 7-17(c)所示。

由图 7-17(c)可以看到,在集中力偶作用处,弯矩图有突变,C 左侧截面的弯矩值为 $-\frac{a}{L}M$,C 右侧截面的弯矩值为 $\frac{b}{L}M$,弯矩图在 C 点发生了“突变”,且突变的绝对值为 $\frac{a}{L}M + \frac{b}{L}M = M$。此现象是普遍情况,由此可得结论:在集中力偶作用处,弯矩图发生突变,突变值等于该力偶的力偶矩。因此,当说明集中力偶作用处的弯矩时,必须指明是集中力偶的左侧截面还是右侧截面,二者也是不同的。

第四节　弯矩、剪力、荷载集度间的关系

这里将要讨论梁的两种内力——弯矩 $M(x)$ 与剪力 $Q(x)$ 之间以及它们与梁上分布荷载集度 $q(x)$ 之间的关系。由于内力是由梁上的荷载引起的，而弯矩、剪力和分布荷载集度都是 x 的函数，因此三者之间一定存在着某种关系，下面具体推导三者间的关系。

设在如图 7-18(a) 所示梁上，作用有任意的分布荷载 $q(x)$，$q(x)$ 以向上为正，向下为负。我们取微段来研究。在距左端为 x 处，截取长为 dx 的微段梁如图 7-18(b) 所示，该微段梁左侧横截面上的剪力和弯矩分别为 $Q(x)$ 和 $M(x)$，右侧横截面上的剪力和弯矩则分别为 $Q(x)+dQ(x)$ 和 $M(x)+dM(x)$。此微段梁除两侧面存在剪力、弯矩外，在上面还作用有分布荷载。由于 dx 很微小，可不考虑 $q(x)$ 沿 dx 变化而在微段上看成为均布荷载。

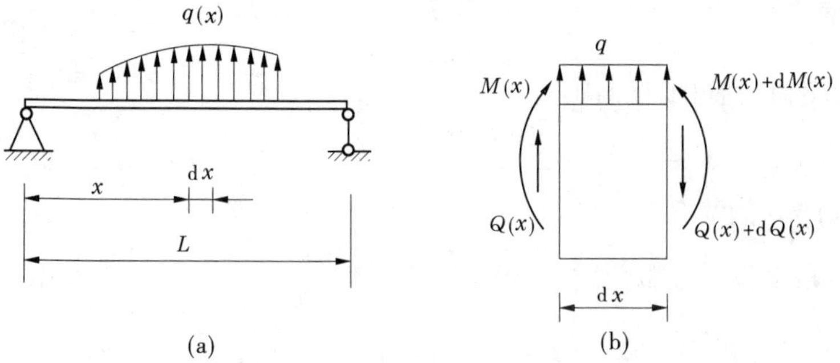

图 7-18

梁处于平衡状态，截取的微段梁也应该是平衡的，由平衡方程

$$\sum Y = 0, Q(x) - [Q(x) + dQ(x)] + q(x)dx = 0$$

经整理得

$$\frac{dQ(x)}{dx} = q(x) \tag{7-1}$$

由 $\sum M_O = 0$（矩心 O 取在侧截面的形心处）得

$$[M(x) + dM(x)] - M(x) - Q(x)dx - q(x)dx \cdot \frac{dx}{2} = 0$$

略去式中的二次微量项 $\frac{1}{2}q(x)\cdot(dx)^2$，经整理得

$$\frac{dM(x)}{dx} = Q(x) \tag{7-2}$$

由式(7-2)和式(7-1)又可得

$$\frac{d^2M(x)}{dx^2} = q(x) \tag{7-3}$$

式(7-1)、式(7-2)、式(7-3)就是弯矩、剪力、荷载集度间普遍存在的关系式。

从数学分析可知，一阶导数的几何意义是代表函数图线上的切线斜率，$\frac{dQ(x)}{dx}$ 和

$\frac{dM(x)}{dx}$分别代表剪力图和弯矩图上的切线斜率。$\frac{dQ(x)}{dx}=q(x)$表明剪力图上某点处的切线斜率等于梁上相应点处的分布荷载集度。$\frac{dM(x)}{dx}=Q(x)$表明弯矩图上某点处的切线斜率等于相应点处截面上的剪力。

第五节　简易法作剪力图和弯矩图

在本章第四节中，导出了弯矩、剪力、荷载集度间的下列各关系式：

$$\frac{dQ(x)}{dx}=q(x) \qquad \frac{dM(x)}{dx}=Q(x) \qquad \frac{d^2M(x)}{dx^2}=q(x)$$

根据这些关系式，可进一步分析剪力图和弯矩图的一些规律，得出作剪力图和弯矩图简便的方法。

一、剪力图和弯矩图的规律

下面讨论常见的两种情况。

（一）$q(x)=0$ 的情况

当梁的某段上没有分布荷载（$q(x)=0$）时，由$\frac{dQ(x)}{dx}=q(x)=0$ 可知，$Q(x)=$常数，剪力图为水平线。由$\frac{dM(x)}{dx}=Q(x)=$常数可知，$M(x)$为 x 的一次函数，梁的弯矩图为斜直线。

（二）$q(x)=$常数的情况

当梁的某段作用均布荷载（$q(x)=$常数）时，由$\frac{dQ(x)}{dx}=q(x)=$常数可知，$Q(x)$为 x 的一次函数，梁的剪力图为斜直线。由$\frac{dM(x)}{dx}=Q(x)$及 $Q(x)$为 x 的一次函数可知，$M(x)$为 x 的二次函数，梁的弯矩图为二次曲线。

对弯矩图的曲线图形来说，应确定其凹向及是否存在极值，下面分别进行讨论。

（1）弯矩图的凹向。弯矩图曲线的凹向决定于分布荷载的方向。当分布荷载向上时，$q(x)$为正值，由$\frac{d^2M(x)}{dx^2}=q(x)>0$ 可知，此时弯矩图曲线凹向下（M 坐标的正方向取向下，见图 7-19）；当分布荷载向下时，$q(x)$为负值，由$\frac{d^2M(x)}{dx^2}=q(x)<0$ 可知，此时弯矩图曲线凹向上。

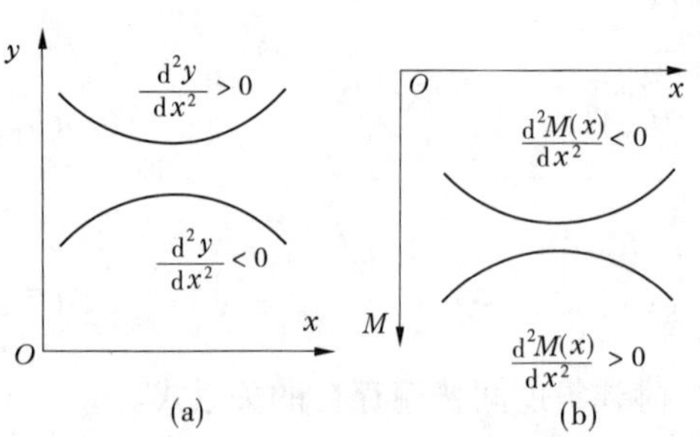

图 7-19

（2）弯矩图的极值。由$\frac{dM(x)}{dx}=Q(x)=0$ 可知，在 $Q(x)=0$ 处，$M(x)$具有极值，即剪力等于零的截面上弯矩有极值；反之，弯矩有极值的截面上，剪力一定等于零。

综上分析,可将剪力图和弯矩图的规律以及第四节中的两个结论(集中力作用处,剪力图发生突变,且突变值等于该集中力值;集中力偶作用处,弯矩图发生突变,且突变值等于该力偶的力偶矩)列成表 7-1。

表 7-1

梁上的外力情况	剪力图	弯矩图
 无外力段	水平线 $\frac{dQ(x)}{dx}=q(x)=0$	斜直线 $\frac{dM(x)}{dx}=Q(x)=$ 常数
$q(x)$ =常数 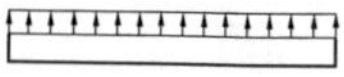 向上均布荷载	斜直线 / $\frac{dQ(x)}{dx}=q(x)>0$	凹向下的二次曲线 $\frac{d^2M(x)}{dx^2}=q(x)>0$ 极值处 $Q(x)=0$
$q(x)$ =常数 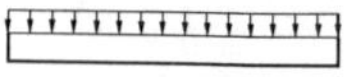 向下均布荷载	斜直线 \ $\frac{dQ(x)}{dx}=q(x)<0$	凹向上的二次曲线 $\frac{d^2M(x)}{dx^2}=q(x)<0$ 极值处 $Q(x)=0$
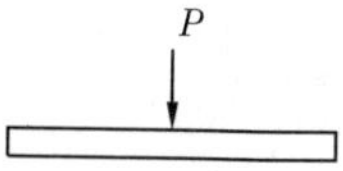 集中力	P 作用处发生突变 突变值等于 P	P 作用处发生转折
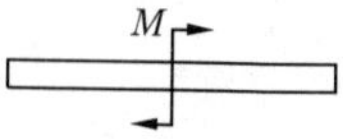 集中力偶	M 作用处 Q 图无变化	M 作用处 M 图发生突变 突变值等于 M
举例	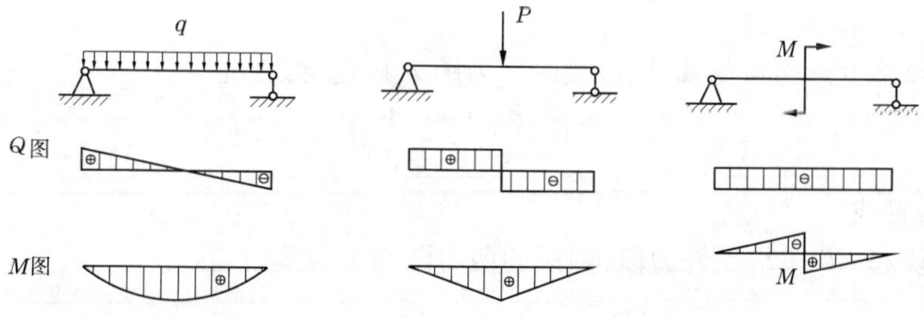	

二、作剪力图和弯矩图的简便方法

所谓简便方法,就是利用表 7-1 所列的外力与内力图间的规律来作剪力图和弯矩图的。从表 7-1 中所列各项规律可见,根据梁上的外力情况就可知道梁的各段剪力图和弯矩图的形状。因而,只要确定梁的几个控制截面并算出控制截面的剪力值和弯矩值,就可作出各段梁的剪力图和弯矩图。这样,绘制剪力图和弯矩图时就不需列剪力方程和弯矩方程,因而非常简便,故称为简便方法。

下面结合例题说明之。

【例 7-8】 一外伸梁如图 7-20(a)所示,已知 $L=4$ m,试用简便方法画此梁的剪力图和弯矩图。

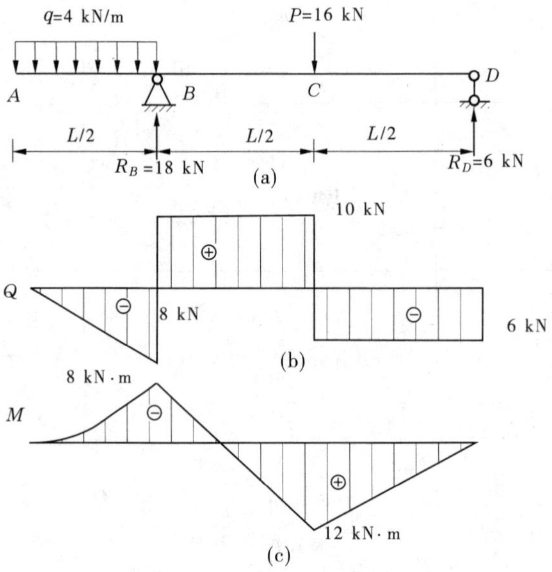

图 7-20

解:首先求出支反力。其结果为

$$R_B = 18\ \text{kN} \quad R_D = 6\ \text{kN}$$

画剪力图和弯矩图时,需根据 $L=4$ m 梁上的外力情况将梁分段,逐段画出。此题应将梁分为 AB、BC、CD 3 段。

(1)剪力图。

AB 段梁上有均布荷载,该段梁的剪力图为斜直线,通过

$$Q_A = 0, Q_{B左} = -\frac{1}{2}qL = -8\ \text{kN}$$

画出该斜直线。

BC 段和 CD 段均无外力段,两段的剪力图均为水平线通过

$$Q_{BC} = -\frac{1}{2}qL + R_B = 10\ \text{kN}, Q_{CD} = -R_D = -6\ \text{kN}$$

分别画出两段水平线,梁的剪力图如图 7-20(b)所示。

(2)弯矩图。

AB 段梁上有均布荷载,该段梁的弯矩图为二次曲线。因 q 向下($q<0$),所以曲线凹向上,通过

$$M_A = 0, M_B = -\frac{1}{2}qL \cdot \frac{L}{4} = -8\ \text{kN} \cdot \text{m}$$

画出此曲线的大致图形。

BC 段和 CD 段均为无外力段，两段的弯矩图均为斜直线，通过

$$\begin{cases} M_B = -8\ \text{kN}\cdot\text{m} \\ M_C = R_D\dfrac{L}{2} = 12\ \text{kN}\cdot\text{m} \end{cases},\begin{cases} M_C = 12\ \text{kN}\cdot\text{m} \\ M_D = 0 \end{cases}$$

分别画出二斜直线，梁的弯矩图如图 7-20(c)所示。

从以上过程可以看到，对于本题，只需算出 BC 段的内力，就可画出梁的剪力图和弯矩图。此种方法远比列剪力方程、弯矩方程再作图简便。

用简便方法作内力图(剪力图和弯矩图)的步骤可归纳如下：

(1)根据梁上的外力情况将梁分段；

(2)根据各段梁上的外力情况，依照表 7-1 中的规律，确定各段内力图的形状；

(3)根据各段内力图的形状，算出有关的控制截面的内力值，逐段画出内力图。

【例 7-9】 简支梁受力如图 7-21(a)所示，试用简便方法画该梁的剪力图和弯矩图。

解：先求支反力，其结果为

$$R_A = 6\ \text{kN}, R_C = 4\ \text{kN}$$

此梁应分两段画内力图。

(1)剪力图。

AB 段和 BC 段梁上均无分布荷载，剪力图为两段水平线，通过

$$Q_{AB} = R_A = 6\ \text{kN}, Q_{BC} = -R_C = -4\ \text{kN}$$

分别画出该两段水平线，剪力图如图 7-21(b)所示。

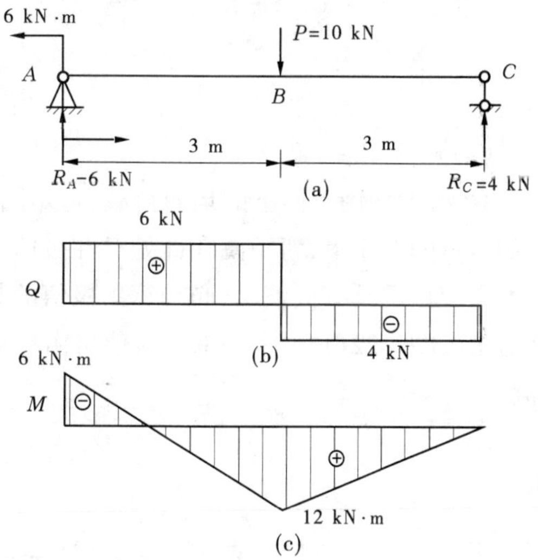

图 7-21

(2)弯矩图。

AB 段和 BC 段的弯矩图均为斜直线，通过

$$\begin{cases} M_A = -M = -6\ \text{kN}\cdot\text{m} \\ M_B = R_C\times 3 = 12\ \text{kN}\cdot\text{m} \end{cases},\begin{cases} M_B = 12\ \text{kN}\cdot\text{m} \\ M_C = 0 \end{cases}$$

分别画二斜直线，弯矩图如图 7-21(c)所示。

【例 7-10】 试用简便方法画如图 7-22(a)所示梁的剪力图和弯矩图。

解：先求出支反力，其结果为

$$R_A = 6\ \text{kN}, R_B = 10\ \text{kN}$$

此梁上都有均布荷载，梁中间无其他荷载，画内力图时，不需分段。

(1)剪力图。

剪力图为一斜直线，通过

$$Q_A = R_A = 6\ \text{kN}, Q_B = -R_B = -10\ \text{kN}$$

画出该直线，剪力图如图 7-22(b)所示。

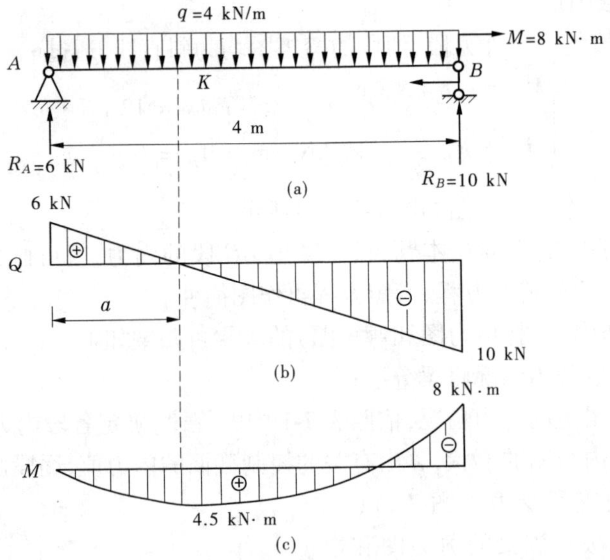

图 7-22

(2)弯矩图。

AB 梁上作用有向下的均布荷载,弯矩图为凹向上的二次曲线,由剪力图可知,K 截面上的剪力图等于零,弯矩图在此处存在极值。

当弯矩图具有极值时,必须算出极值的具体数值。为此需知道极值所在截面的位置,即需求出图 7-22(b)中的 a 值。a 值可由极值所在截面(K 截面)剪力等于零的条件求得,即由

$$Q_K = R_A - qa = 0$$

得

$$a = \frac{R_A}{q} = \frac{6}{4} = 1.5(\text{m})$$

K 截面上的弯矩(极值)则为

$$M_K = R_A \cdot a - \frac{1}{2}qa^2 = 6 \times 1.5 - \frac{1}{2} \times 4 \times 1.5^2 = 4.5(\text{kN} \cdot \text{m})$$

通过 $M_A = 0$、$M_B = -M = -8\ \text{kN} \cdot \text{m}$、$M_K = 4.5\ \text{kN} \cdot \text{m}$ 画出弯矩图如图 7-22(c)所示。

【例 7-11】 试用简便方法画如图 7-23(a)所示梁的剪力图和弯矩图。

解:求支反力,其结果为

$$R_A = 6\ \text{kN}, R_C = 18\ \text{kN}$$

根据梁上的外力情况,需将此梁分为 AB 和 BC 两段,逐段画出梁的内力图。

(1)剪力图。

AB 为无分布荷载段,剪力图为水平线,通过

$$Q_A = R_A = 6\ \text{kN}$$

画出该段水平线。

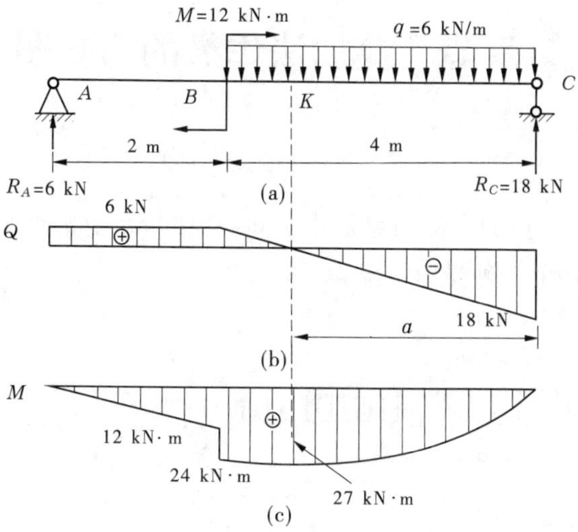

图 7-23

BC 段为均布荷载段，剪力图为斜直线，通过

$$Q_B = 6\ \text{kN}, Q_C = -R_C = -18\ \text{kN}$$

画出该斜直线。剪力图如图 7-23(b)所示。

(2)弯矩图。

AB 段的弯矩图为斜直线，通过

$$M_A = 0, M_{B左} = R_A \times 2 = 12(\text{kN}\cdot\text{m})$$

画出该斜直线。

BC 段的弯矩图为凹向上的二次曲线，且存在极值。设弯矩具有极值的截面(*K* 截面)距右端的距离为 a，由该截面上剪力等于零的条件，即由

$$Q_K = qa - R_C = 0$$

得

$$a = \frac{R_C}{q} = \frac{18}{6} = 3(\text{m})$$

K 截面上的弯矩(极值)为

$$M_K = R_C \cdot a - \frac{1}{2}qa^2 = 18 \times 3 - \frac{1}{2} \times 6 \times 3^2 = 27(\text{kN}\cdot\text{m})$$

通过 $M_{B右} = R_A \times 2 + M = 24\ \text{kN}\cdot\text{m}$、$M_C = 0$ 和 $M_K = 27\ \text{kN}\cdot\text{m}$ 画出 *BC* 段的弯矩图。梁的弯矩图如图 7-23(c)所示。

此题中，*B* 处作用有集中力偶，故弯矩图相应处存在“突变”，这种情况下应注意，一定要分别计算集中力偶的左侧和右侧两个截面上的弯矩值。

从上面各例题可以看到，用简便方法画剪力图、弯矩图的关键在于：

(1)理解并熟记表 7-1 中的规律；

(2)熟练掌握求指定截面剪力和弯矩的直接计算方法。

第六节　叠加法作梁的弯矩图

一、叠加原理

如图 7-24(a)、(b)、(c)所示,分别画出了同一根梁 AB 受 q 和 M_0 两种荷载作用、q 单独作用及 M_0 单独作用的 3 种受力情况。

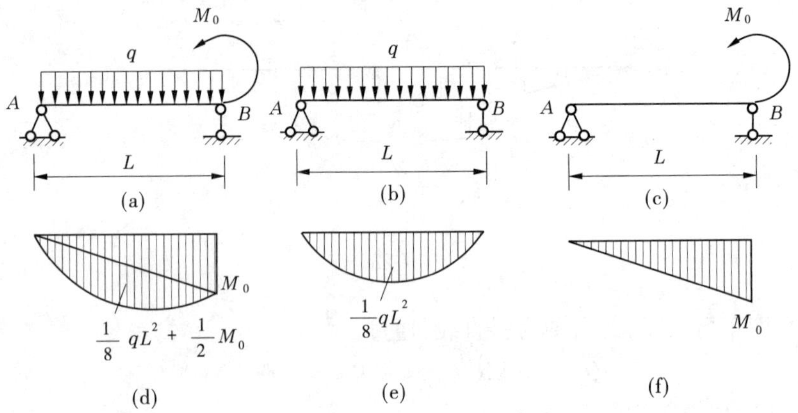

图 7-24

(1)在 q、M_0 共同作用时(见图 7-24(a))

$$R_A = \frac{qL}{2} + \frac{M_0}{L}, R_B = \frac{qL}{2} - \frac{M_0}{L};$$

$$M(x) = R_A x - \frac{1}{2}qx^2 = \left(\frac{qL}{2} + \frac{M_0}{L}\right)x - \frac{1}{2}qx^2 = \frac{qL}{2}x - \frac{1}{2}qx^2 + \frac{M_0}{L}x$$

(2)在 q 单独作用时(见图 7-24(b))

$$R_{A1} = \frac{1}{2}qL, R_{B1} = \frac{qL}{2}; M_q(x) = R_{A1}x - \frac{1}{2}qx^2 = \frac{qL}{2}x - \frac{1}{2}qx^2$$

(3)在 M_0 单独作用时(见图 7-24(c))

$$R_{A2} = \frac{M_0}{L}, R_{B2} = -\frac{M_0}{L}; M_M(x) = R_{A2}x = \frac{M_0}{L}x$$

从计算结果中可以看出,梁的支座反力和弯矩都是荷载(q、M_0)的一次函数,即反力、弯矩与荷载成线性关系;q、M_0 共同作用下产生的反力和弯矩等于 q、M_0 单独作用时所产生的反力和弯矩的代数和。

$$R_A = R_{A1} + R_{A2}, R_B = R_{B1} + R_{B2}; M(x) = M_q(x) + M_M(x)$$

这种关系不仅在本例中存在,而且在其他力学计算中普遍存在,只要反力、弯矩(或其他量)与荷载成线性关系,则若干个荷载共同引起的反力、弯矩(或其他量)等于各个荷载单独作用引起的反力、弯矩(或其他量)相叠加,这种关系称为叠加原理。应用叠加原理的前提是构件处在小变形情况下,这时各荷载对构件的影响各自独立。

二、作弯矩图的叠加法

当梁上受多个荷载作用时,可利用叠加原理来作弯矩图。要作如图 7-24(a)所示梁在 q、M_0 共同作用下的弯矩图,可先分别作出 q 单独作用下的弯矩图 M_q 如图 7-24(e)所示及 M_0 单独作用下的弯矩图 M_M 如图 7-24(f)所示,然后将 M_q 图与 M_M 图叠加在一起,便得到 q、M_0 共同作用下的弯矩图 M 如图 7-24(d)所示。所谓叠加,是将同一截面上的弯矩代数相加。由于单个荷载作用下梁的弯矩图简单易作,所以应用叠加法作多个荷载作用下梁的弯矩图就比较方便。

【例 7-12】 如图 7-25 所示外伸梁上作用有 P_1 及 P_2,试用叠加法作 M 图。

解:先分别作出 P_1 单独作用下梁的 M_1 图(见图 7-25(b))及 P_2 单独作用下的弯矩图 M_2(见图 7-25(c)),然后叠加,叠加的方法是先叠加各控制点的弯矩值,然后作 M 图。截面 A 的弯矩为 $M_A = M_{A1} + M_{A2} = 0$;$M_D = M_{D1} + M_{D2} = 0$,将这些控制截面的弯矩数值标出,然后以直线相连,作出的 M 图如图 7-25(a)所示。

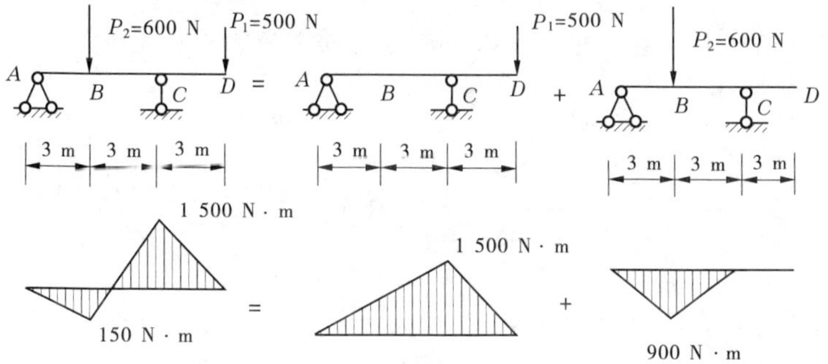

(a) M　　(b) M_1　　(c) M_2

图 7-25

本章小结

(1)弯曲变形是工程中最常见的一种基本变形形式。本章研究杆件在平面弯曲时的核心内容为:求梁的任一横截面上的剪力、弯矩和画梁的剪力图、弯矩图。

(2)梁的内力是由外力引起的,外力包括梁上的荷载和支反力。支反力一般是未知的,在计算内力和画内力图前,需先行求出。

(3)求梁的任意横截面上剪力和弯矩的方法有两种,即截面法和直接计算法。截面法是基本方法,而直接计算法则比较简便。用直接计算法求指定截面剪力和弯矩的关键为:①掌握剪力、弯矩的正负号规定;②根据剪力、弯矩的正负号规定,正确地判定每项外力引起的剪力、弯矩的正负号。

(4)画剪力图和弯矩图的方法有 3 种,即列剪力、弯矩方程的方法,简便方法和叠加法。用简便方法画梁的剪力图和弯矩图时,其关键为:①理解并熟记由 $M(x)$、$Q(x)$、$q(x)$间的关系得出的表 7-1 中的规律;②熟练掌握求指定截面剪力和弯矩的直接计算法。

用叠加法作 M 图要点是：先分别作出单独荷载作用下梁的 M 图，然后叠加，叠加的方法是先叠加各控制点的弯矩值，然后作 M 图。

(5)当梁上有集中力和集中力偶作用时，集中力和集中力偶作用处剪力图和弯矩图发生突变，且突变值分别等于集中力的数值和集中力偶的力偶矩值。此结论有利于内力图的绘制和校核，应熟练掌握。

思考题

7-1　画弯曲受力及变形特点是什么？

7-2　梁内力的正负号是如何规定的？与静力平衡方程中的正负号有何区别？

习　题

7-1　试用截面法求如图 7-26 所示各梁指定截面上的剪力和弯矩。

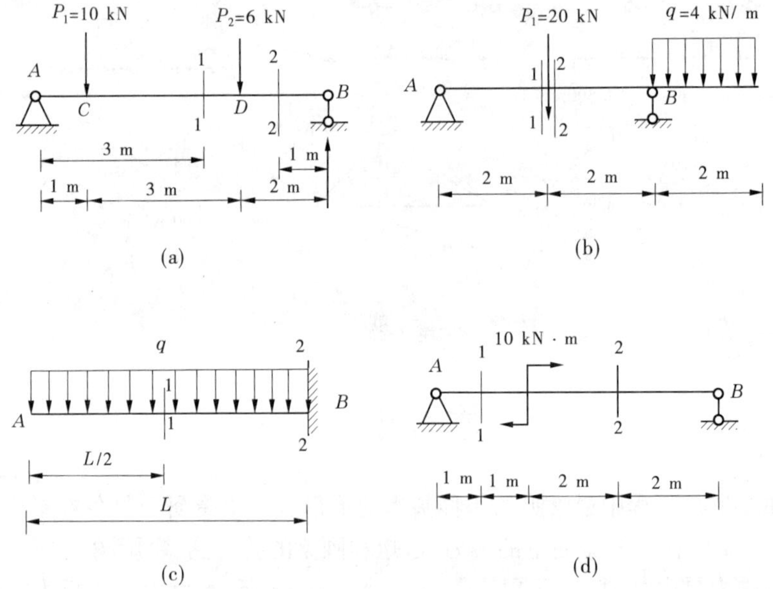

图 7-26

7-2　试列出如图 7-27 所示各梁的剪力方程和弯矩方程，并画出剪力图和弯矩图。

7-3　列出如图 7-28 所示列各梁的剪力方程和弯矩方程时，应分几段？

7-4　试用简便方法画出图 7-29 中各梁的剪力图和弯矩图。

7-5　试用简便方法画习题 7-2 中各梁的剪力图和弯矩图。

7-6　如图 7-30 所示，各梁的弯矩图是否正确？指出错误并加以修正。

7-7　用叠加法画如图 7-31 所示的梁的 M 图。

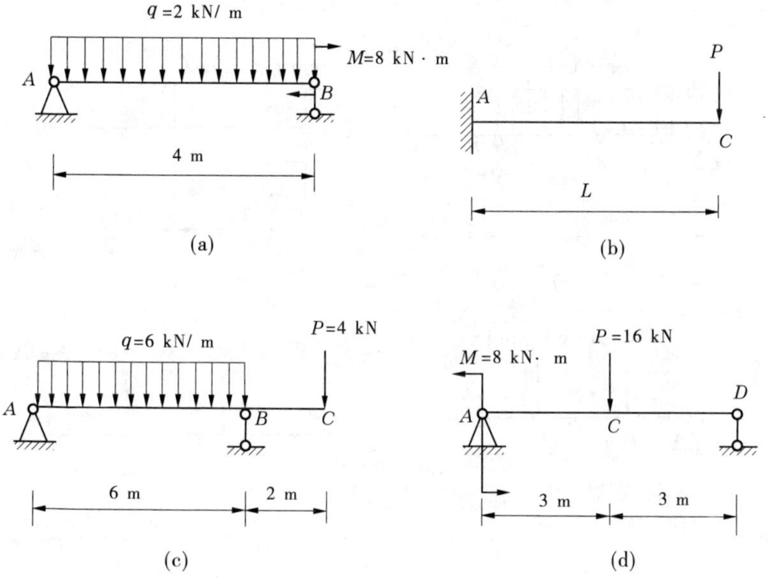
q =2 kN/ m
M=8 kN · m
A
B
4 m
(a)
P
A
C
L
(b)
q=6 kN/ m
P=4 kN
A
B
C
6 m
2 m
(c)
P =16 kN
M =8 kN· m
A
C
D
3 m
3 m
(d)

图 7-27

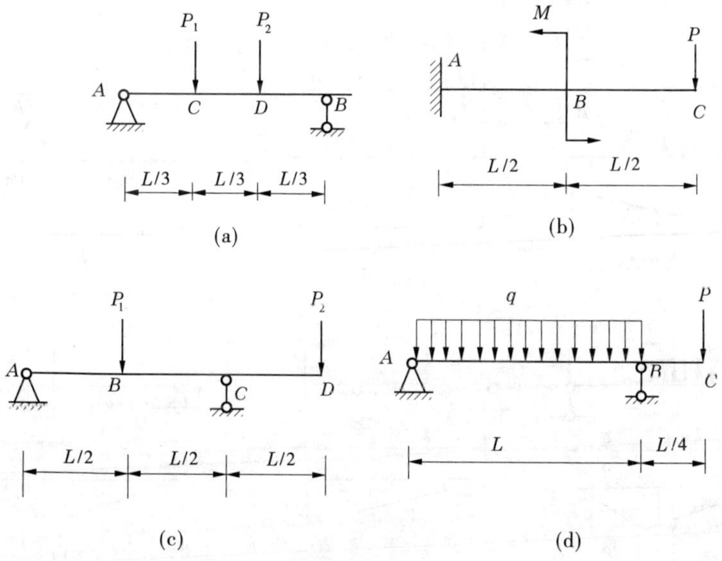
P1
P2
A
C
D
B
L/3
L/3
L/3
(a)
M
P
A
B
C
L/2
L/2
(b)
P1
P2
A
B
C
D
L/2
L/2
L/2
(c)
q
P
A
B
C
L
L/4
(d)

图 7-28

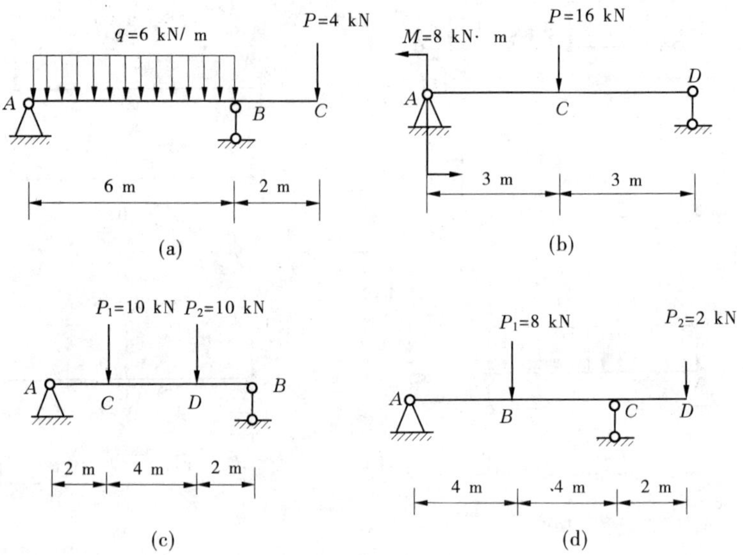

q=6 kN/ m
P=4 kN
A
B
C
6 m
2 m
(a)
M=8 kN· m
P=16 kN
A
C
D
3 m
3 m
(b)
P1=10 kN P2=10 kN
A
C
D
B
2 m
4 m
2 m
(c)
P1=8 kN
P2=2 kN
A
B
C
D
4 m
4 m
2 m
(d)

图 7-29

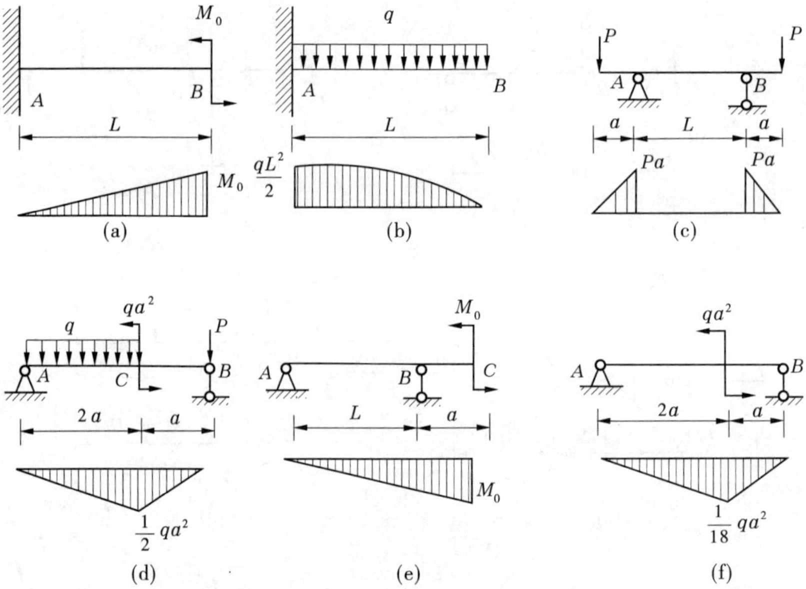

M0
A
B
L
M0
(a)
q
A
B
L
qL2/2
(b)
P
P
A
B
a
L
a
Pa
Pa
(c)
q
qa2
P
A
C
B
2a
a
1/2 qa2
(d)
M0
A
B
C
L
a
M0
(e)
qa2
A
B
2a
a
1/18 qa2
(f)

图 7-30

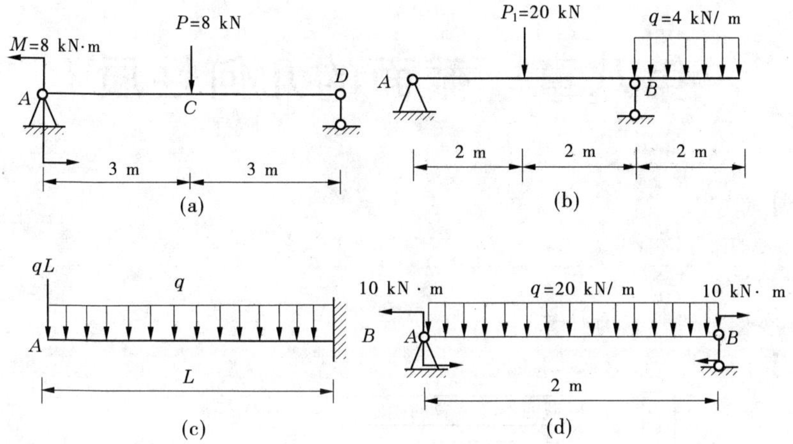
M=8 kN·m
P=8 kN
A
C
D
3 m
3 m
(a)
P1=20 kN
q=4 kN/ m
A
B
2 m
2 m
2 m
(b)
qL
q
A
B
L
(c)
10 kN · m
q=20 kN/ m
10 kN· m
A
B
2 m
(d)

图 7-31

第八章　截面的几何性质

【内容要点】

(1)截面的面积和形心。

(2)惯性矩的概念。

(3)组合图形惯性矩的计算。

【知识链接】

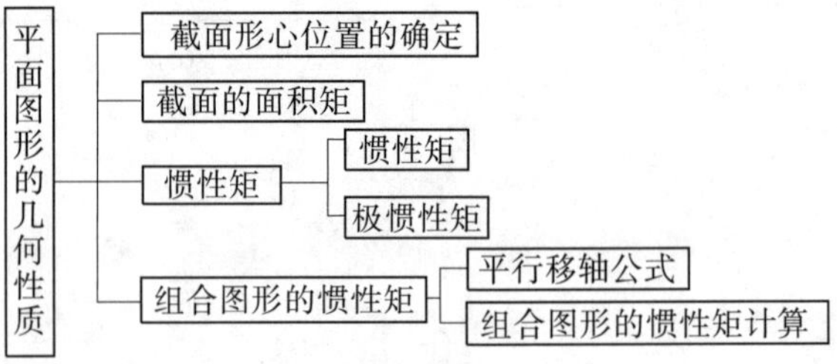

第一节　静　矩

如图 8-1 所示的平面图形代表任意截面,在图形平面内选取一对直角坐标轴如图 8-1 所示。在图形内任取微面积 dA,该微面积到两坐标轴的距离分别为 y 和 z,将乘积 $y\mathrm{d}A$ 和 $z\mathrm{d}A$ 分别称为微面积 dA 对 z 轴和对 y 轴的静矩,而将积分 $\int_A y\mathrm{d}A$ 和 $\int_A z\mathrm{d}A$ 分别定义为该截面对 z 轴和对 y 轴的静矩(或称为面积矩),并分别用 S_z 和 S_y 来表示,即

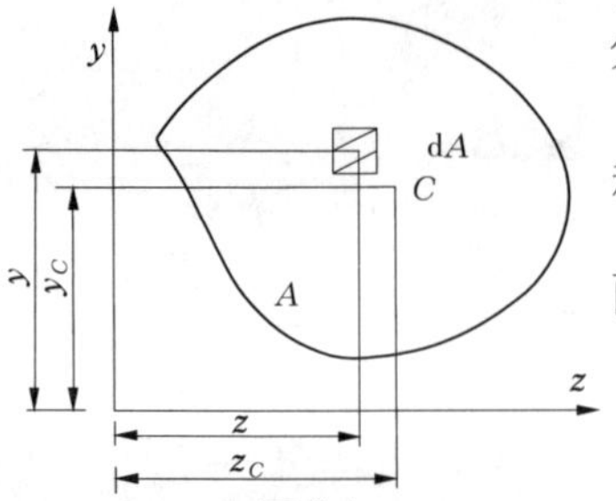

图 8-1

$$\left.\begin{aligned} S_z &= \int_A y\mathrm{d}A \\ S_y &= \int_A z\mathrm{d}A \end{aligned}\right\} \tag{8-1}$$

静矩是对一定的轴而言的,同一截面对不同的轴静矩值是不同的,从式(8-1)的定义可知,静矩为一代数量,其值可正、可负,也可为零。静矩的量纲为长度的三次方,常用的单位为 m^3 或 mm^3。

图 8-1 中 C 为截面的形心,y_C、z_C 为形心的坐标。在上篇已经知道,形心坐标公式为

$$\left.\begin{aligned} z_C &= \frac{\int_A z\mathrm{d}A}{A} \\ y_C &= \frac{\int_A y\mathrm{d}A}{A} \end{aligned}\right\} \quad 即 \quad \left.\begin{aligned} z_C &= \frac{S_y}{A} \\ y_C &= \frac{S_z}{A} \end{aligned}\right\}$$

从而有

$$\left.\begin{aligned} S_z &= A \cdot y_C \\ S_y &= A \cdot z_C \end{aligned}\right\} \tag{8-2}$$

当截面形心位置(y_C,z_C)已知时,可用式(8-2)来计算静矩。

如果 z 轴和 y 轴通过截面的形心,则 $y_C=0$,$z_C=0$,由式(8-2)可知,$S_z=0$,$S_y=0$,这表明截面对通过形心轴的静矩等于零;反之,如果截面对某轴的静矩等于零,则该轴必定是形心轴。

有些截面是由几个简单图形组合的,在计算这类截面对某轴的静矩时,按静矩的定义,可分别按式(8-2)计算阴影面积对 z 轴的静矩,然后代数相加,即

$$\left.\begin{aligned} S_z &= \sum_{i=1}^{n} A_i \cdot y_{Ci} \\ S_y &= \sum_{i=1}^{n} A_i \cdot z_{Ci} \end{aligned}\right\} \tag{8-3}$$

式中 A_i——各简单图形的面积;

y_{Ci}、z_{Ci}——各简单图形的形心坐标。

后面在有关的章节中,常常需要计算截面中部分面积对某轴的静矩,如图 8-2 所示计算阴影面积对 z 轴的静矩,此时可按式(8-3)计算。

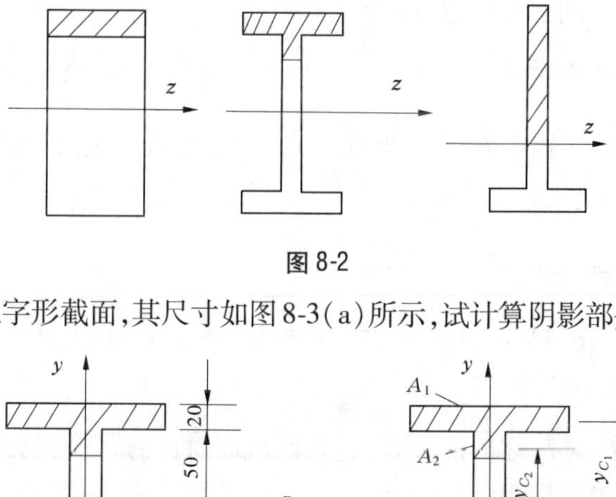

图 8-2

【例 8-1】 一工字形截面,其尺寸如图 8-3(a)所示,试计算阴影部分面积对 z 轴的静矩。

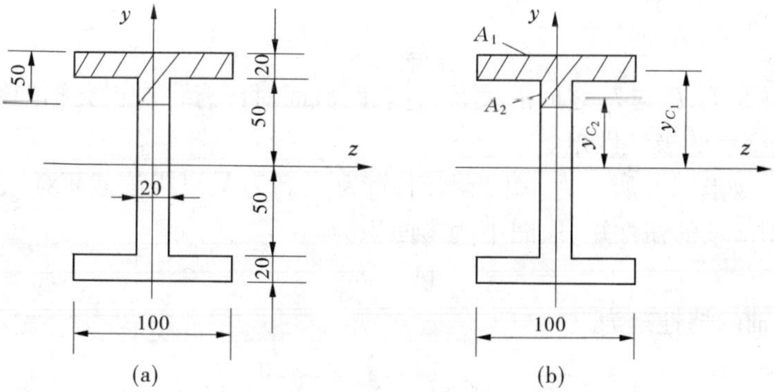

图 8-3 (单位:mm)

解:将 T 形阴影面积分成如图 8-3(b)中所示的 A_1 和 A_2 两个矩形面积,A_1 与 A_2 对 z 轴的静矩之和即为 T 形阴影面积对 z 轴的静矩,即

$$S_z = A_1 \cdot y_{C_1} + A_2 \cdot y_{C_2} = (100 \times 20) \times 60 + (20 \times 30) \times 35 = 141 \times 10^3 (\text{mm}^3)$$

第二节　惯性矩

一、惯性矩的定义

如图 8-4 所示的平面图形代表任意截面，在图形内任取一微面积 dA，该微面积到两坐标轴的距离分别为 z 和 y，将乘积 $y^2\mathrm{d}A$ 和 $z^2\mathrm{d}A$ 分别称为微面积 dA 对 z 轴和对 y 轴惯性矩，而将积分 $\int_A y^2\mathrm{d}A$ 和 $\int_A z^2\mathrm{d}A$ 分别定义为该截面对 z 轴和对 y 轴的惯性矩，并分别用 I_z 和 I_y 来表示，即

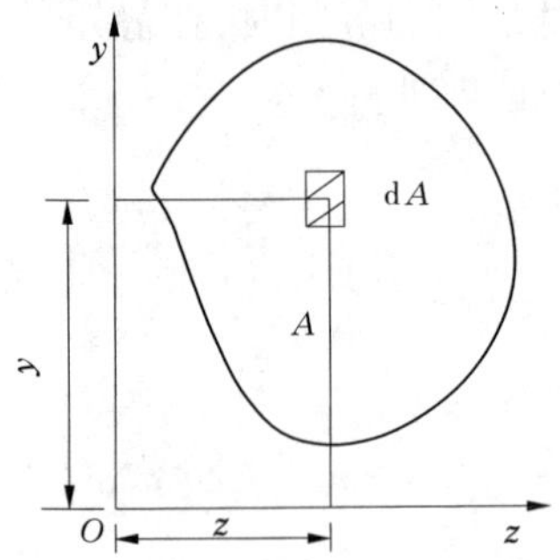

图 8-4

$$\left.\begin{aligned} I_z &= \int_A y^2\mathrm{d}A \\ I_y &= \int_A z^2\mathrm{d}A \end{aligned}\right\} \tag{8-4}$$

在讨论扭转时曾遇到极惯性矩 I_ρ，图 8-4 中截面对坐标原点 O 的极惯性矩由下面积分来定义

$$I_\rho = \int_A \rho^2\mathrm{d}A \tag{8-5}$$

式中　ρ——微面积 dA 到坐标原点的距离。

二、I_z、I_y 与 I_ρ 间的关系

截面对 z、y 轴的惯性矩与截面对坐标原点 O 的极惯性矩之间存在一定的关系，在图 8-4中有

$$\rho^2 = y^2 + z^2$$

将此关系式代入式(8-5)得

$$I_\rho = \int_A \rho^2\mathrm{d}A = \int_A (y^2 + z^2)\mathrm{d}A = \int_A y^2\mathrm{d}A + \int_A z^2\mathrm{d}A = I_z + I_y$$

即

$$I_\rho = I_z + I_y \tag{8-6}$$

式(8-6)就是 I_z、I_y 与 I_ρ 之间的关系，它表明截面对任意一对正交轴的惯性矩之和，等于截面对两轴交点的极惯性矩。

【例 8-2】　如图 8-5 所示为一矩形截面，宽为 b，高为 h，试求该截面对 z、y 轴的惯性矩。

解：先求对 z 轴的惯性矩，取图中阴影面积为 dA

$$\mathrm{d}A = b\mathrm{d}y$$

截面对 z 轴的惯性矩为

$$I_z = \int_A y^2\mathrm{d}A = \int_{-\frac{h}{2}}^{\frac{h}{2}} y^2 b\mathrm{d}y = \frac{bh^3}{12}$$

同理可求得截面对 y 轴的惯性矩为

$$I_y = \frac{hb^3}{12}$$

【例 8-3】 求如图 8-6 所示的圆形截面对圆心 O 点的极惯性矩和对形心轴 z 的惯性矩。

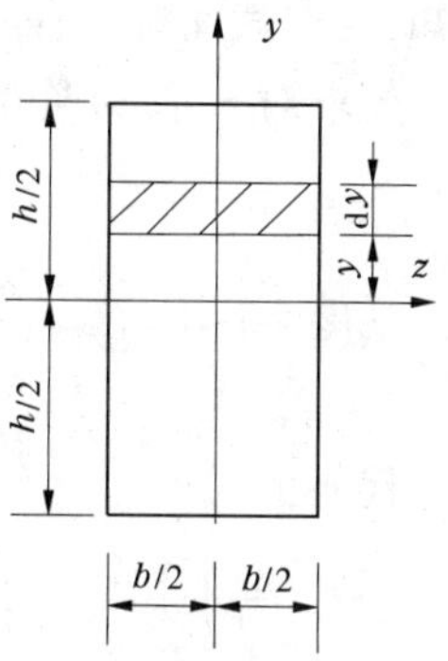

图 8-5

解:先求截面对 O 点的极惯性矩。取如图 8-6 所示环形面积为 dA

$$dA = 2\pi\rho d\rho$$

截面对 O 点的极惯性矩为

$$I_\rho = \int_A \rho^2 dA = \int_0^{d/2} \rho^2 2\pi\rho d\rho = \frac{\pi d^4}{32}$$

截面对 z 轴的惯性矩可通过 $I_\rho = I_z + I_y$ 求得。z、y 轴均是截面的对称轴,故 $I_z = I_y$,$I_\rho = I_z + I_y = 2I_z$。

所以
$$I_z = \frac{I_\rho}{2} = \frac{\pi d^4}{64}$$

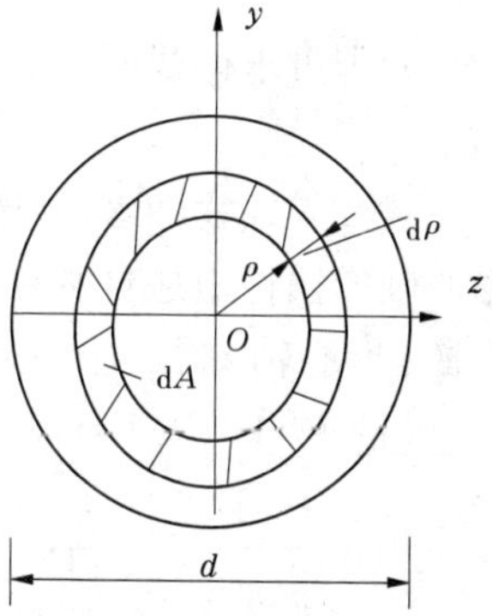

图 8-6

【例 8-4】 试求如图 8-7 所示箱形截面和空心圆截面对 z 轴的惯性矩(z 为截面的对称轴)。

解:先求箱形截面。因箱形截面面积 A 等于矩形截面面积减掉中间部分的面积,所以箱形截面对 z 轴的惯性矩为

$$I_z = \int_{A总} y^2 dA - \int_{A_1} y^2 dA = \frac{BH^3}{12} - \frac{bh^3}{12}$$

同理,空心圆截面对 z 轴的惯性矩为

$$I_z = \frac{\pi D^4}{64} - \frac{\pi d^4}{64}$$

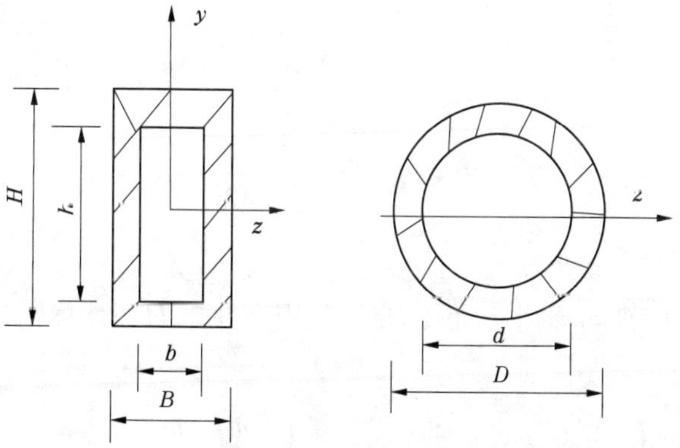

图 8-7

第三节　惯性矩的平行移轴公式

本节讨论截面对二平行轴的惯性矩之间的关系。

如图 8-8 所示为一任意截面,z、y 轴为通过截面的形心的一对正交轴,z_1、y_1 轴为与 z、y 轴平行的另一对轴,平行轴间的距离分别为 a 和 b,如截面对 z、y 轴的惯性矩 I_z、I_y 均为

已知,现求截面对 z_1、y_1 轴的惯性矩 I_{z1} 和 I_{y1}。

先求对 z_1 轴的惯性矩。根据定义,截面对 z_1 轴的惯性矩为

$$I_{z1} = \int_A y_1^2 \mathrm{d}A$$

从图 8-8 中可知

$$y_1 = y + a$$

代入上式得

$$I_{z1} = \int_A y_1^2 \mathrm{d}A = \int_A (y+a)^2 \mathrm{d}A = \int_A y^2 \mathrm{d}A + 2a\int_A y \mathrm{d}A + a^2\int_A \mathrm{d}A = I_z + 2aS_z + a^2 A$$

式中　S_z——截面对 z 轴的静矩,$S_z = \int y\mathrm{d}A$,因 z 轴是形心轴,$S_z = 0$,因此可得

$$I_{z1} = I_z + a^2 A \tag{8-7}$$

同理可求得截面对 y 轴的惯性矩为

$$I_{y_1} = I_y + b^2 A \tag{8-8}$$

式(8-7)、式(8-8)是惯性矩的平行移轴公式。其中 a^2A 与 b^2A 均为正值,因此截面对形心轴的惯性矩是对所有平行轴的惯性矩中最小的。应用平行移轴公式时,必须注意 z、y 轴是形心轴,z_1、y_1 轴与 z、y 轴平行。

【例 8-5】　试求如图 8-9 所示矩形截面对 z_1 轴的惯性矩。

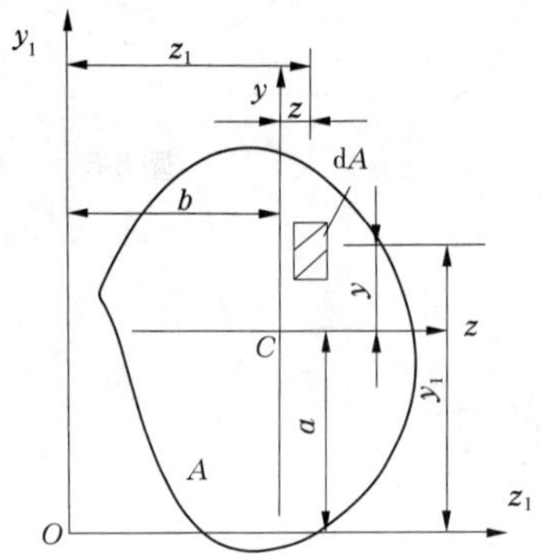

图 8-8

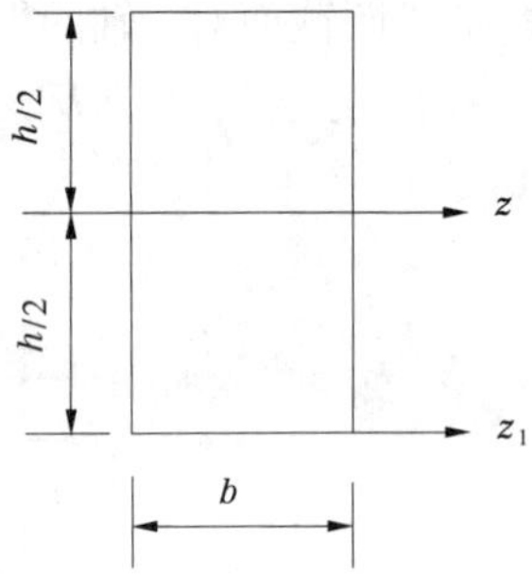

图 8-9

解: z_1 轴不是形心轴,z_1 轴平行形心轴 z,应用惯性矩的平行移轴公式

$$I_{z1} = I_z + a^2 \cdot A = \frac{bh^3}{12} + \left(\frac{h}{2}\right)^2 \cdot bh = \frac{1}{3}bh^3$$

第四节　组合截面惯性矩的计算

工程中常常遇到组合截面,这些组合截面有的是由几个简单图形组成的,如图 8-10(a)、(b)所示,在计算组合截面对某轴的惯性矩时,根据惯性矩的定义,可分别计算各部分对该轴的惯性矩,然后相加。下面举例说明。

【例 8-6】　试求如图 8-11(a)所示截面对水平的形心主轴的惯性矩。

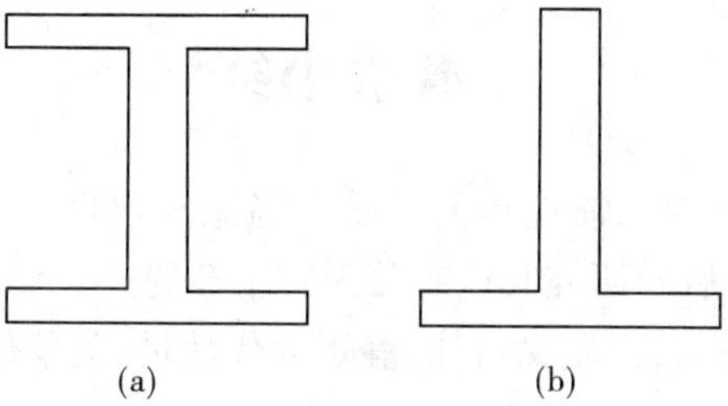

图 8-10

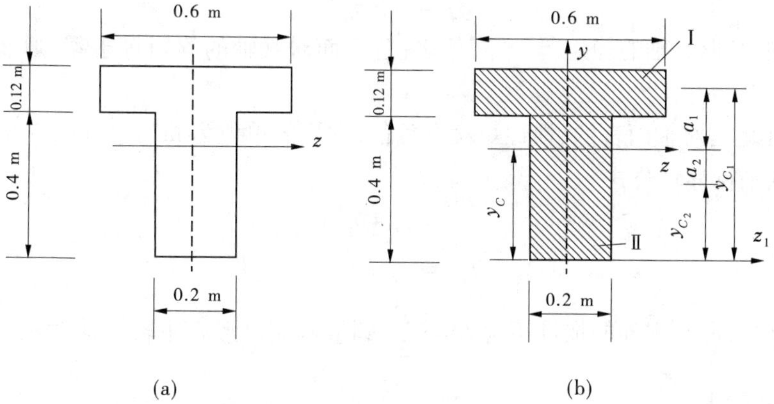

图 8-11

解:(1)确定形心轴的位置。

取一对参考坐标 z_1、y 轴,其中 y 为截面的对称轴,形心位于 y 轴上,即 $z_C=0$,只需计算坐标 y_C,将截面分为如图 8-11(b)所示的两个矩形,它们的面积和形心到 z_1 轴的距离分别为:

$$A_1 = 0.072\ \text{m}^2, A_2 = 0.08\ \text{m}^2$$

$$y_{C_1} = 0.46\ \text{m}, y_{C_2} = 0.2\ \text{m}$$

根据形心坐标计算公式求得 y_C 为:

$$y_C = \frac{S_z}{A} = \frac{A_1 \cdot y_{C_1} + A_2 \cdot y_{C_2}}{A_1 + A_2} = \frac{0.072 \times 0.46 + 0.08 \times 0.2}{0.072 + 0.08} = 0.323(\text{m})$$

(2)截面对 z 轴的惯性矩。

分别计算每个矩形对 z 轴的惯性矩,二者之和即为截面对 z 轴的惯性矩。两矩形的形心轴与 z 轴间的距离分别为

$$a_1 = 0.137\ \text{m}, a_2 = 0.123\ \text{m}$$

则截面对 z 轴的惯性矩为

$$I_z = I_{zo}^{\text{I}} + a_1^2 A_1 + I_{zo}^{\text{II}} + a_2^2 A_2 = \frac{1}{12} \times 0.6 \times 0.12^3 + 0.137^2 \times (0.6 \times 0.12) + \frac{1}{12} \times 0.2 \times 0.4^3 + 0.123^2 \times (0.4 \times 0.2) = 0.372 \times 10^{-2}(\text{m}^4)$$

本章小结

(1)本章主要研究静矩和惯性矩的计算。静矩和惯性矩都属于平面图形的纯几何量,本章研究的内容是为后面研究其他有关内容服务的。

(2)静矩是对轴而言的,由定义可知,静矩为代数量,其单位为 m^3 或 mm^3。静矩与形心坐标间的关系为

$$\left.\begin{aligned} S_z &= A \cdot y_C \\ S_y &= A \cdot z_C \end{aligned}\right\}$$

截面对通过形心轴的静矩等于零;反之,若截面对某轴的静矩等于零,则该轴必定是形心轴。

(3)惯性矩是对轴而言的,惯性矩没有负值,常用的单位为 m^4 或 mm^4,在惯性矩的计算中,常用到平行移轴公式

$$I_{z_1} = I_z + a^2 A$$
$$I_{y_1} = I_y + b^2 A$$

矩形截面对形心主轴的惯性矩为 $I_z = \dfrac{bh^3}{12}$,圆形截面对形心主轴的惯性矩为 $I_z = \dfrac{\pi d^4}{64}$,这两个公式要熟记。

思考题

8-1　惯性矩、极惯性矩、抗弯截面模量、抗扭截面模量是怎样定义的?它们的量纲是什么?

8-2　矩形截面宽为 b,高 $h=2b$,当宽度增加一倍时,图形对形心轴的惯矩 I_z 是原来的几倍?抗弯截面模量 W_z 是原来的几倍?

8-3　矩形截面宽为 b,高 $h=2b$,当高宽互换时,图形对形心轴的惯性矩 I_z 是原来的几倍?抗弯截面模量 W_z 是原来的几倍?

8-4　矩形截面宽为 b,高 $h=2b$,当高度增加一倍时,图形对形心轴的惯性矩 I_z 是原来的几倍?抗弯截面模量 W_z 是原来的几倍?

习　题

8-1　试求图 8-12 中阴影面积对 z 轴的静矩。

8-2　如图 8-13 所示对称 T 形截面中 $b_1=0.3$ m,$b_2=0.6$ m,$h_1=0.5$ m,$h_2=0.14$ m。

(1)求图示截面形心的位置;

(2)求阴影面积对 z 轴的静矩;

(3)问 z 轴以上部分面积对 z 轴的静矩与阴影面积对 z 轴的静矩之间存在何种关系?

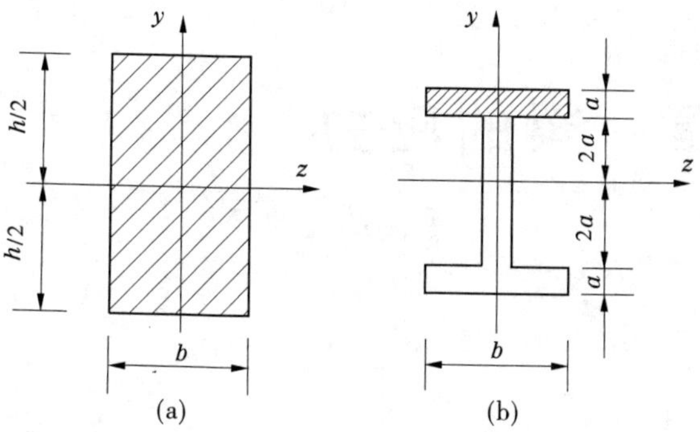

图 8-12

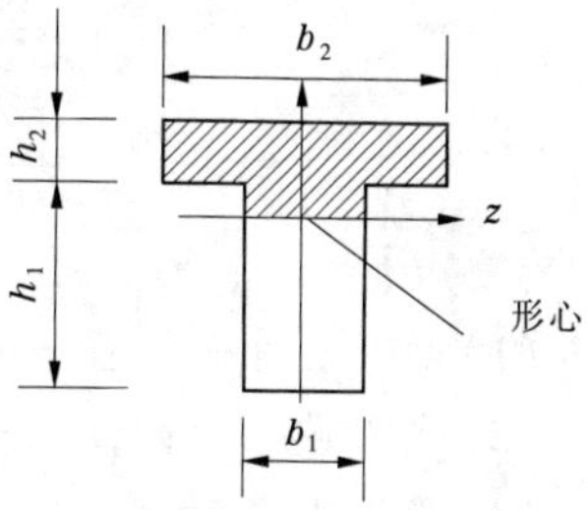

图 8-13

8-3 一工字形截面，其尺寸如图 8-14 所示，试求该截面对 z 轴和对 y 轴的惯性矩。图中单位为 mm。

8-4 试求如图 8-15 所示截面对 z 轴的惯性矩。

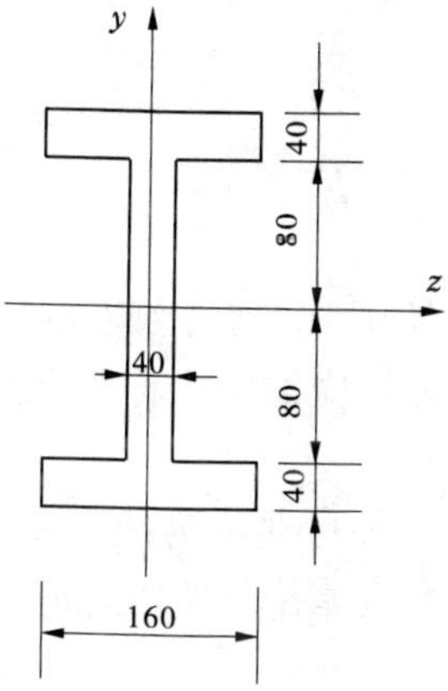

图 8-14

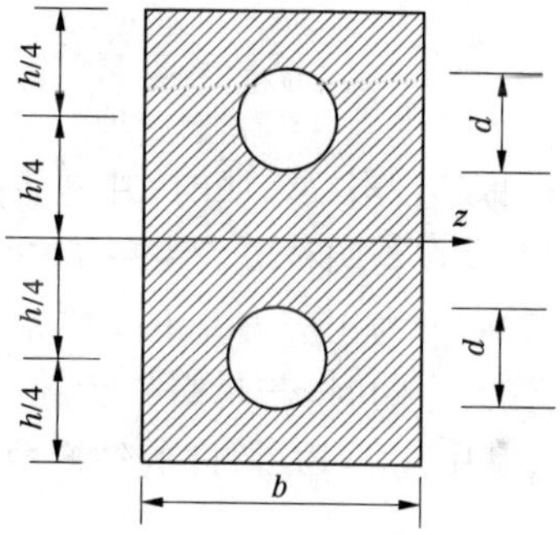

图 8-15

8-5 试求如图 8-16 所示正方形截面对 z 轴的惯性矩。

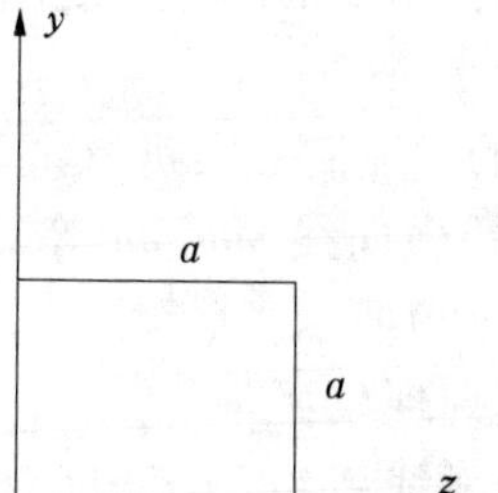

图 8-16

第九章　梁的应力

【内容要点】

(1)梁弯曲时横截面上正应力计算。

(2)梁的强度计算。

(3)梁弯曲时横截面上剪应力计算。

【知识链接】

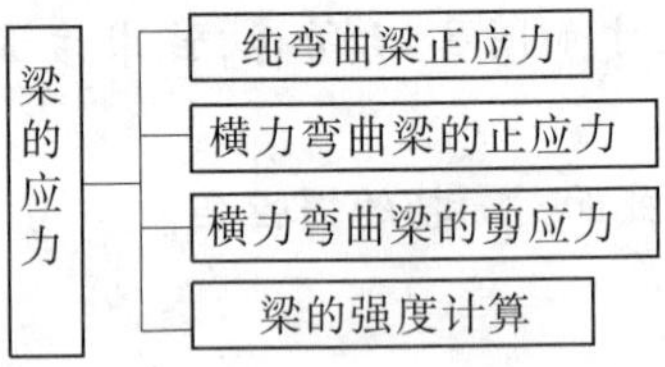

第一节　梁的正应力

我们知道,当梁弯曲时,其横截面上一般产生两种内力——剪力和弯矩,与此相对应,横截面上存在着两种应力——剪应力和正应力。与剪力对应的应力称为剪应力,与弯矩相对应的应力为正应力。下面首先研究正应力。

梁受力弯曲时,若其横截面上只有弯矩而无剪力,这种弯曲称为纯弯曲,如图 9-1 所示的梁,其中间的 BC 段即为纯弯曲。下面从纯弯曲的情况来推导梁的正应力公式。

一、试验观察与分析

当梁弯曲时,正应力在横截面上的分布规律不能直接观察到,因此需要研究梁的变形情况。通过对变形的观察、分析,找出变形的分布规律,在此基础上,进一步找出应力的分布规律。

为了便于观察,用矩形截面的橡皮简支梁进行试验。先在梁的侧面画上一些水平的纵向线 pp、ss 等和与纵向线垂直的横向线 mm、nn 等,如图 9-2(a)所示,然后在对称的位置上加两个集中荷载 P,如图 9-2(b)所示。

在中间纯弯曲段可观察到下列现象:

(1)纵向直线(pp、ss)均变为弧线($p'p'$、$s's'$)且上部的纵向线缩短,下部的纵向线伸长。

(2)横向线(mm、nn)变形为直线($m'm'$、$n'n'$)且仍与弯曲了的纵向线($p'p'$、$s's'$)正交,但相对转动了一个角度。

根据上述试验现象,可作如下分析:

(1)认为 mm、nn 等代表变形前的横截面,由于变形后 $m'm'$、$n'n'$ 仍为直线,因此可推断:梁的横截面在变形后仍为一平面,此推断称为平面假设。另外,由于变形后 $m'm'$、

$n'n'$仍与纵向曲线正交,因而可推断,横截面在变形后仍与梁的轴线正交。

(2)将梁看成为由一层一层的纵向纤维所组成,梁变形后,同一层的纵向纤维的长度相同,因此可以推断,同层上各条纤维的伸长(或缩短)相同。

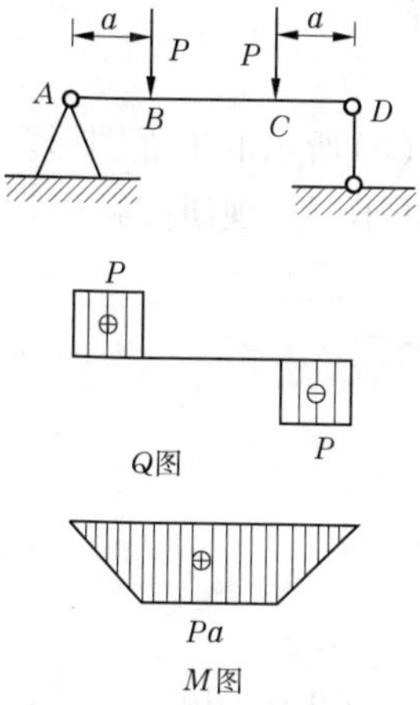

图 9-1

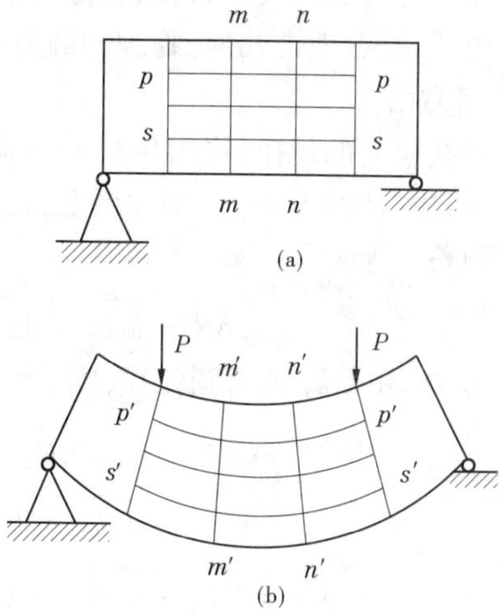

图 9-2

(3)由于上部各层的纵向纤维缩短,下部各层的纵向纤维伸长,梁的变形又是连续的,因而中间必有纵向纤维不伸长也不缩短层,此层为中性层,中性层与横截面的交线称为中性轴。中性轴与横截面的竖向对称轴正交。

从梁的纯弯曲段内截取 dx 的微段,如图 9-3(a)所示,此微段梁变形后如图 9-3(b)所示。其左右两侧面仍为平面,但相对转动了一个角度;上部各层缩短,下部各层伸长,中间一定存在一个不伸不缩的中性层。

为了研究上的方便,在横截面上选取坐标系,取竖向对称轴为 y 轴,中性轴为 z 轴,如图 9-3(a)所示。

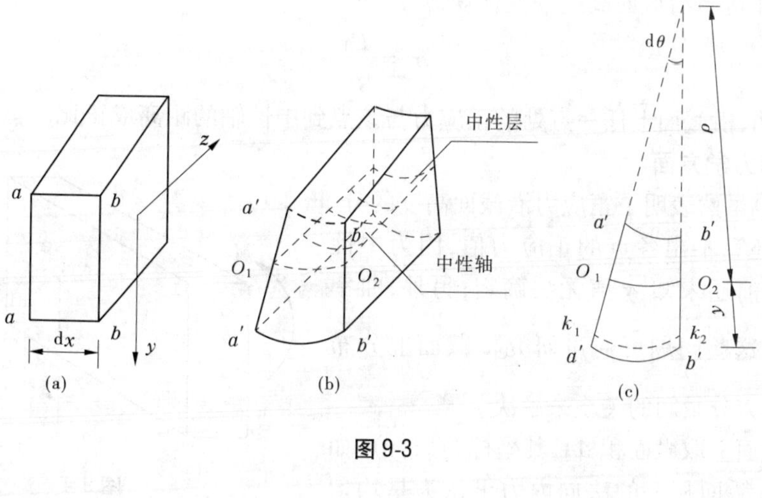

图 9-3

二、正应力计算公式

公式的推导思路是：先找出线应变 ε 的变化规律，通过 $\sigma = E\varepsilon$ 将线应变与正应力联系起来得到正应力的变化规律，再通过静力学关系将正应力与弯矩联系起来，从而导出正应力的计算公式，综合考虑几何、物理和静力学 3 个方面。

（一）几何方面

我们来找线应变的规律，将图 9-3(b)改画为图 9-3(c)所示的平面图形。

图 9-3 (c)中，曲线 O_1O_2 在中性层上，其长度仍为原长 $\mathrm{d}x$，现研究距中性轴为 y 的层 k_1k_2 的长度伸长量为

$$\Delta S = \widehat{k_1k_2} - \mathrm{d}x = \widehat{k_1k_2} - \widehat{O_1O_2}$$

将曲线 O_1O_2 和 k_1k_2 视为圆弧线，则有

$$\widehat{O_1O_2} = \rho\mathrm{d}\theta$$

$$\widehat{k_1k_2} = (\rho + y)\mathrm{d}\theta$$

$$\Delta S = \widehat{k_1k_2} - \widehat{O_1O_2} = (\rho + y)\mathrm{d}\theta - \rho\mathrm{d}\theta = y\mathrm{d}\theta$$

纵向纤维 k_1k_2 的相对伸长则为

$$\varepsilon = \frac{\Delta S}{\mathrm{d}x} = \frac{y\mathrm{d}\theta}{\rho\mathrm{d}\theta} = \frac{y}{\rho}$$

即

$$\varepsilon = \frac{y}{\rho} \tag{9-1}$$

式(9-1)即为线应变沿截面高度的变化规律。

（二）物理方面

梁是由一层一层的纵向纤维所组成，各层纤维间没有挤压作用，则各条纤维均处于拉伸或压缩状态，在弹性范围内，正应力 σ 与线应变 ε 的关系为 $\sigma = E\varepsilon$，将式(9-1)代入 $\sigma = E\varepsilon$，便可得正应力沿截面高度的变化规律，即

$$\sigma = \frac{Ey}{\rho} \tag{9-2}$$

式(9-2)表明，横截面上任一点处的正应力与该点到中性轴的距离成正比。

（三）静力学方面

式(9-2)虽然表明了正应力沿截面高度的分布规律，但还算不出各点的正应力值，因为中性轴的位置目前还未知，y 值无法确定；另外，曲率 $\frac{1}{\rho}$ 也未知。这些问题可通过研究横截面上分布内力与各内力分量间的关系来解决。

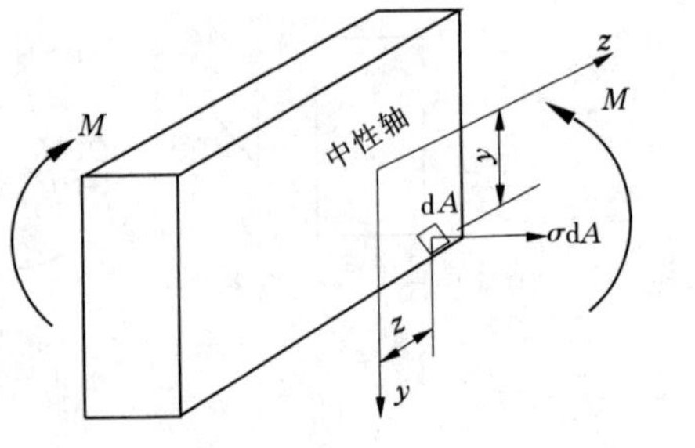

图 9-4

在横截面上取微面积 $\mathrm{d}A$，其坐标为(z, y)，如图 9-4 所示，微面积上的法向内力可认为是均匀

分布的，其值为σ，微面积上的法向内力为$\sigma \cdot dA$，整个横截面上的法向内力可组成下列3个内力分量：

$$N = \int_A \sigma dA$$

$$M_y = \int_A z\sigma dA$$

$$M_z = \int_A y\sigma dA$$

纯弯曲梁，横截面上轴力等于零

$$N = \int_A \sigma dA = 0 \tag{a}$$

对y轴的力矩等于零

$$M_y = \int_A z\sigma dA = 0 \tag{b}$$

$$M_z = \int_A y\sigma dA = M \tag{c}$$

1. 中性轴的位置

将式(9-2)代入式(a)得

$$\int_A \frac{Ey}{\rho} dA = 0$$

将常量E、ρ提到积分号外

$$\frac{E}{\rho}\int_A y dA = 0$$

$\frac{E}{\rho}$不等于零，所以

$$\int_A y dA = 0$$

$\int_A y dA = S_z$是横截面对中性轴(z轴)的静矩，它等于零，表明中性轴z通过截面的形心，中性轴是截面的形心轴。

2. 曲率$\frac{1}{\rho}$的确定

将式(9-2)代入式(c)得

$$\frac{E}{\rho}\int_A y^2 dA = M$$

式中　$\int_A y^2 dA$——截面对中性轴的惯性矩，$\int_A y^2 dA = I_z$。

经整理可得

$$\frac{1}{\rho} = \frac{M}{EI_z} \tag{9-3}$$

曲率$\frac{1}{\rho}$与M成正比，与EI_z成反比，这表明梁在纯弯曲时，横截面上的弯矩越大，梁弯曲程度越大；而EI_z值越大，梁则越不易弯曲。EI_z称为梁的抗弯刚度，其物理意义是表示梁抵抗弯曲变形的能力。

式(9-3)不仅在这里推导正应力公式时要用到，而且该式也是弯曲理论中的一个重要关系式。在第十章研究梁的变形时，还要用到它。

3. 正应力公式

将式(9-3)代入式(9-2)则得

$$\sigma = \frac{M}{I_z}y \tag{9-4}$$

式中 M——横截面上的弯矩；

I_z——截面对中性轴的惯性矩；

y——所求应力点到中性轴的距离。

式(9-4)即为梁在纯弯曲时截面上任一点的正应力计算公式。

式(9-4)表明：正应力σ与M和y成正比，与I_z成反比；正应力沿截面高度成直线规律分布，距中性轴越远处σ值越大，中性轴上($y=0$处)σ等于零。横截面上正应力的分布规律如图9-5所示。

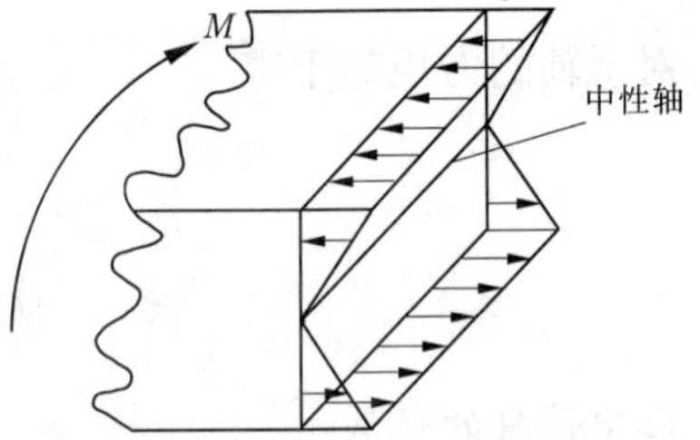

图9-5

式(9-4)中，M和y均为代数量，在应用时，为了简便和不易发生错误，可不考虑M和y的正负号，以绝对值代入，最后由梁的变形情况来确定该点是拉应力还是压应力。当截面上的弯矩为正时，梁下边受拉，上边受压，即中性轴以下为拉应力，中性轴以上为压应力；当截面上的弯矩为负时，则相反。

这里需要指出的是：①公式(9-4)是在纯弯曲情况下导出的，实际工程中的梁，其横截面上大多同时存在着弯矩和剪力。根据试验和进一步的理论研究可知，剪力的存在对正应力分布规律影响很小，因此公式(9-4)仍然适用；②公式(9-4)是从矩形截面梁导出的，但对截面为其他对称形状的梁，也都适用。

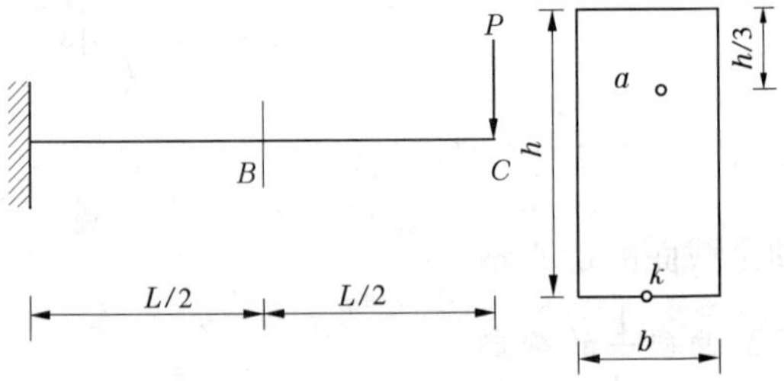

图9-6

【例9-1】 矩形截面悬臂梁如图9-6所示，已知$P=1.6$ kN，$L=2$ m，$h=180$ mm，$b=120$ mm，试求B截面上a点和k点的正应力。

解：B截面上的弯矩为

$$M_B = -P\frac{L}{2} = -1.6\times10^3\times1 = -1.6\times10^3(\text{N}\cdot\text{m})$$

截面对中性轴的惯性矩为

$$I_z = \frac{bh^3}{12} = \frac{1}{12} \times 0.12 \times 0.18^3 = 0.583 \times 10^{-4}(\mathrm{m}^4)$$

a 点和 k 点到中性轴的距离分别为

$$y_a = \frac{-h}{3} = -0.06(\mathrm{m}), y_k = \frac{h}{2} = 0.09(\mathrm{m})$$

a 点的正应力为

$$\sigma_a = \frac{M_B \cdot y_a}{I_z} = \frac{-1.6 \times 10^3}{0.583 \times 10^{-4}} \times (-0.06) = +1.65(\mathrm{MPa})(\text{拉应力})$$

M_B、y_a 均以绝对值代入,B 截面的弯矩为负值,a 点位于中性轴的上方,故该点的正应力为拉应力。

k 点的正应力为

$$\sigma_k = \frac{M_B \cdot y_k}{I_z} = \frac{-1.6 \times 10^3}{0.583 \times 10^{-4}} \times 0.09 = -2.47(\mathrm{MPa})(\text{压应力})$$

k 点位于中性轴下方,该点的正应力为压应力。

应用公式(9-3)时应注意单位:M 用 N·m,y 用 m,I_z 用 m^4,算得的 σ 的单位为 Pa。

【例 9-2】 梁的受力如图 9-7(a)所示,已知 $L=4$ m,$b=160$ mm,$h=220$ mm,$P=4$ kN,$q=6$ kN/m,试求梁中的最大拉应力并指明其所在位置。

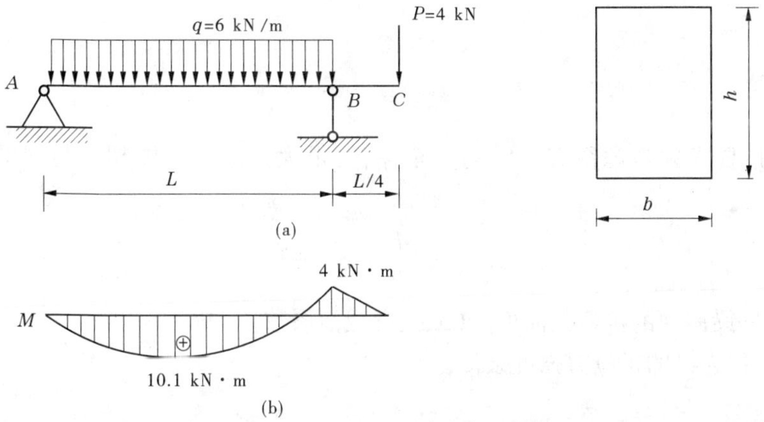

图 9-7

解:梁中的最大应力发生在弯矩最大的截面上,因此需首先画出梁的弯矩图,最大弯矩值为

$$M_{\max} = 10.1(\mathrm{kN \cdot m})$$

此弯矩为正值,最大拉应力位于该截面的下边缘处,其值为

$$\sigma_{\max} = \frac{M_{\max}}{I_z} y_{\max} = \frac{10.1 \times 10^3}{\frac{1}{12} \times 0.16 \times 0.22^3} \times \frac{0.22}{2} = 7.83(\mathrm{MPa})$$

第二节　梁的正应力强度计算

有了正应力计算公式，便可计算梁中的最大正应力，从而建立正应力强度条件，对梁进行强度计算。

对于梁的某一横截面来说，最大正应力发生在距中性轴最远的点，值为

$$\sigma_{\max} = \frac{M}{I_z} \cdot y_{\max}$$

对于等截面梁来说，最大正应力发生在弯矩最大的截面上，值为

$$\sigma_{\max} = \frac{M_{\max}}{I_z} \cdot y_{\max}$$

将上式改写为

$$\sigma_{\max} = \frac{M_{\max}}{\frac{I_z}{y_{\max}}}$$

令

$$W_z = \frac{I_z}{y_{\max}}$$

则

$$\sigma_{\max} = \frac{M_{\max}}{W_z}$$

根据强度要求并考虑留有一定的安全储备，最大正应力不能超过材料的容许应力 $[\sigma]$，即

$$\sigma_{\max} = \frac{M_{\max}}{W_z} \leqslant [\sigma] \tag{9-5}$$

式中　W_z——梁截面的抗弯截面模量(或抗弯截面系数)。

式(9-5)称为梁的正应力强度条件。

矩形截面　$$W_z = \frac{I_z}{y_{\max}} = \frac{\frac{bh^3}{12}}{\frac{h}{2}} = \frac{bh^2}{6}$$

圆形截面　$$W_z = \frac{I_z}{y_{\max}} = \frac{\frac{\pi d^4}{64}}{\frac{d}{2}} = \frac{\pi d^3}{32}$$

对于工字钢、槽钢等型钢截面，W_z 值可在型钢表中查得(见型钢表)，$[\sigma]$ 为弯曲时材料的容许正应力，值随材料而异。

利用式(9-5)的强度条件，可解决工程中常见的下列3类典型问题。

(1)校核强度。当已知等截面梁的长度、梁的截面形状和尺寸、梁的材料及梁上荷载

时，校核梁是否满足正应力强度条件

$$\sigma_{max} = \frac{M_{max}}{W_z} \leqslant [\sigma]$$

(2)选择截面。当已知等截面梁的长度、梁的材料及梁上荷载时，根据正应力强度条件，算出抗弯截面模量，即

$$W_z \geqslant \frac{M_{max}}{[\sigma]}$$

再按所选的截面形状，由 W_z 值确定截面的尺寸。

(3)求容许荷载。当已知等截面梁的长度、梁的截面形状和尺寸、梁的材料及梁上荷载时，根据正应力强度条件算出梁容许承受的最大弯矩，即

$$M_{max} \leqslant W_z \cdot [\sigma]$$

再依 M_{max} 与荷载的关系，算出梁容许承受的最大荷载(即容许荷载)。

下面举例说明之。

【例 9-3】 矩形截面木梁，受力如图 9-8 所示，已知 $L = 4$ m，$b = 140$ mm，$h = 210$ mm，$q = 2$ kN/m，弯曲时木材的容许正应力 $[\sigma] = 10$ MPa。试校核梁的强度。

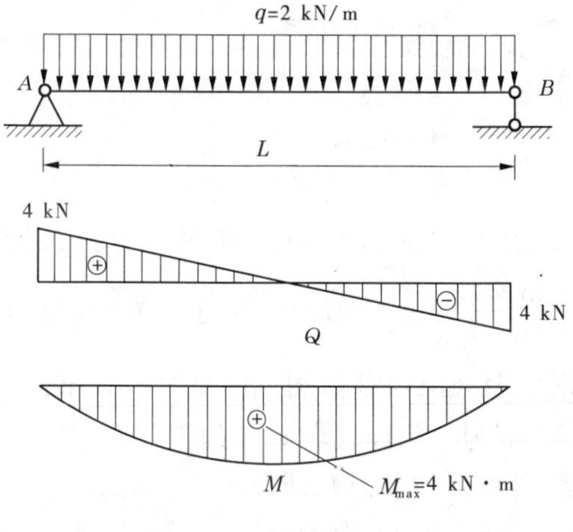

图 9-8

解：作梁的弯矩图，梁的最大弯矩为

$$M_{max} = \frac{1}{8}qL^2 = \frac{1}{8} \times 2 \times 10^3 \times 4^2 = 4 \times 10^3 (\text{N} \cdot \text{m})$$

抗弯截面模量为

$$W_z = \frac{1}{6}bh^2 = \frac{1}{6} \times 0.14 \times 0.21^2 = 0.103 \times 10^{-2} (\text{m}^3)$$

最大正应力为

$$\sigma_{max} = \frac{M_{max}}{W_z} = \frac{4 \times 10^3}{0.103 \times 10^{-2}} = 3.88(\text{MPa}) < [\sigma]$$

满足强度条件。

【例 9-4】 矩形截面木梁，如图 9-8 所示，已知 $L = 4$ m，$b = 140$ mm，$h = 210$ mm，弯曲

时木材的容许正应力$[\sigma]=10$ MPa。试求梁的容许荷载(即求q_{max})。

解:根据强度条件,梁容许承受的最大弯矩为

$$M_{max}=W_z[\sigma]$$

将$M_{max}=\frac{1}{8}qL^2$代入,即$\frac{1}{8}qL^2=W_z[\sigma]$。

从而得到梁容许承受的荷载为

$$q=\frac{8W_z[\sigma]}{L^2}=\frac{8\times 0.103\times 10^{-2}\times 10\times 10^6}{4^2}=5\ 150(\mathrm{N/m})=5.15\mathrm{kN/m}$$

【例9-5】 简支梁作用两个集中力,如图9-9所示,已知$L=6$ m,$P_1=12$ kN,$P_2=21$ kN,梁采用工字钢,钢材的容许应力$[\sigma]=160$ MPa。试选择工字钢的型号。

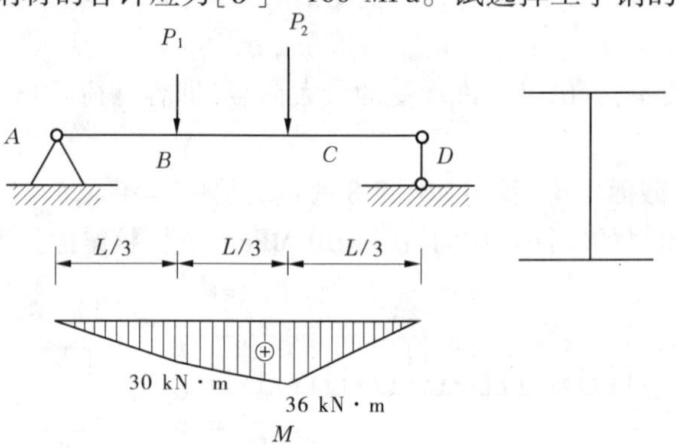

图9-9

解:画出弯矩图,最大弯矩发生在C截面上,值为36 kN · m。根据强度条件

$$W_z=\frac{M_{max}}{[\sigma]}=\frac{36\times 10^3}{160\times 10^6}=0.225\times 10^{-3}(\mathrm{m}^3)=225\ \mathrm{cm}^3$$

根据算得的W_z值,在型钢表中查出与该值相近的型号即为梁需要的型号。在附录的型钢表中,20a号工字钢的W_z值为237 cm^3,与算得的W_z值接近,故选取20a工字钢。因20a号的W_z值大于按强度条件算得的W_z值,所以一定能满足强度条件。若选取的工字钢的W_z小于按强度条件算得的W_z值时,则应校核一下强度,当σ_{max}与$[\sigma]$的差值不超过$[\sigma]$的5%时,还是允许采用的。

【例9-6】 梁的截面如图9-10所示。已知$L=600$ mm,$a=40$ mm,$b=30$ mm,$c=80$ mm,$P_1=24$ kN,$P_2=9$ kN,材料的容许拉应力$[\sigma]_{拉}=30$ MPa,容许压应力$[\sigma]_{压}=90$ MPa。试校核梁的强度。

解:先画出梁的弯矩图。算出形心位置和截面对形心主轴z的惯性矩,其结果为

$$y_1=0.072\ \mathrm{m},y_2=0.038\ \mathrm{m},I_z=0.573\times 10^5\ \mathrm{m}^4$$

因材料的抗拉与抗压性能不同,中性轴不是对称轴,所以需要对最大拉应力与最大压应力分别进行校核。

(1)校核拉应力。

首先分析最大拉应力的所在位置。中性轴不是对称轴,梁中正负弯矩均存在,因此应对最大正弯矩和最大负弯矩所在的两个截面上的拉应力进行比较。

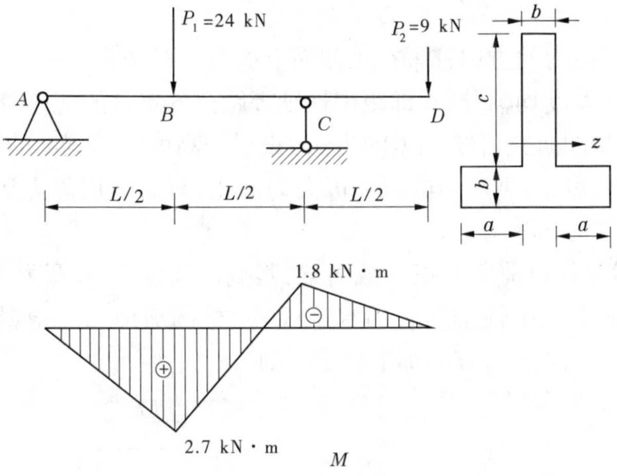

图 9-10

在最大正弯矩的 B 截面上，最大拉应力发生在截面的下边缘，其值为

$$\sigma_{\max} = \frac{M_B}{I_z} y_2 \tag{a}$$

在最大负弯矩的 C 截面上，最大拉应力发生在截面的上边缘，其值为

$$\sigma_{\max} = \frac{M_C}{I_z} y_1 \tag{b}$$

在式(a)、式(b)中，$M_B > M_C$ 而 $y_2 < y_1$(均指绝对值)，应比较 $M_B \cdot y_2$ 与 $M_C \cdot y_1$

$$M_B \cdot y_2 = 2.7 \times 10^3 \times 0.038 = 103(\mathrm{N \cdot m^2})$$

$$M_C \cdot y_1 = 1.8 \times 10^3 \times 0.072 = 129(\mathrm{N \cdot m^2})$$

因 $M_C \cdot y_1 > M_B \cdot y_2$，故最大拉应力发生在 C 截面上，其值为

$$\sigma_{拉\max} = \frac{M_C}{I_z} \cdot y_1 = \frac{129}{0.573 \times 10^{-5}} = 22.5(\mathrm{MPa}) < [\sigma]_{拉}$$

满足强度条件。

(2)校核压应力。

也要首先分析最大压应力的所在位置。与分析最大拉应力一样，要比较 B、C 两截面。B 截面上的最大压应力发生在截面的上边缘，C 截面上最大压应力发生在截面的下边缘，因 M_B 与 y_1 分别大于 M_C 与 y_2，梁中的最大压应力一定发生在 B 截面上，其值为

$$\sigma_{压\max} = \frac{M_B}{I_z} \cdot y_1 = \frac{2.7 \times 10^3}{0.573 \times 10^{-5}} \times 0.072 = 33.9(\mathrm{MPa}) < [\sigma]_{压}$$

满足强度条件。

第三节　矩形截面的剪应力

本节将推导矩形截面梁的剪应力计算公式。

矩形截面梁剪应力的推导是在研究正应力的基础上，并采用了下列两条假设的前提

下进行的。

(1)截面上各点剪应力的方向都平行于截面上剪力 Q 的方向;

(2)剪应力沿截面宽度均匀分布,即距中性轴等距离各点处的剪应力相等。

由弹性力学进一步的研究可知,以上两条假设对于高度大于宽度的矩形截面是足够准确的。有了这两条假设,对剪应力的研究可大为简化,只需运用静力学平衡条件,即可导出剪应力的计算公式。

如图 9-11 所示承受任意荷载的矩形截面梁,其截面高度为 h,宽为 b,在梁上任取横截面 aa,现研究该截面上距中性轴为 y 的水平线 cc_1 处的剪应力。根据上述假设可知,cc_1 线上各点的剪应力大小相等,方向都平行于 y 轴。

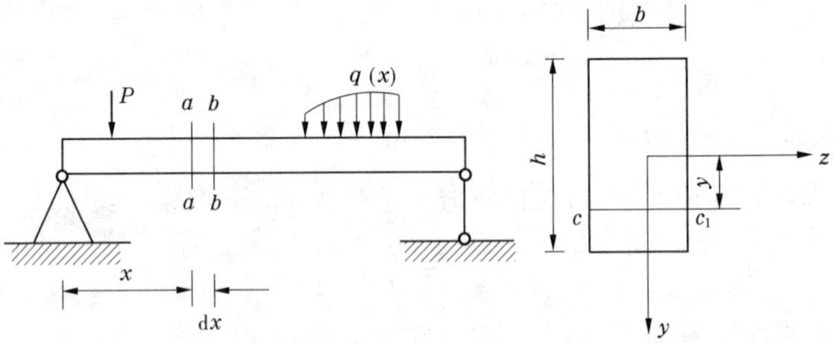

图 9-11

通过 aa、bb 两个横截面截取一微段梁,其长度为 dx。该微段梁两侧面上的内力如图 9-12(a)所示,aa、bb 面上的应力情况如图 9-12(b)所示,bb 面上的正应力大于 aa 截面上相应位置的正应力。我们的目的是计算 aa 截面 cc_1 线上各点的剪应力 τ,但直接求 τ 有困难。将剪应力 τ 与内力 Q 直接联系起来,所以采用如下办法,用过 cc_1 的水平面将微段梁截开,并保留其下部分离体,如图 9-12(c)所示,由于分离体侧面上存在竖向剪应力 τ,根据剪应力互等定理可知,在分离体的顶面(cc_1d_1d)上也一定存在水平方向的剪应力 τ',且 $\tau'=\tau$,如果能求得 τ',也就求得了 τ。

剪应力 τ'可通过分离体的条件求得。作用在分离体上的力如图 9-12(d)所示(分离体上的竖向的力未画出),N_1^* 和 N_2^* 分别代表分离体左侧面和右侧面上法向内力的总和,dT 代表顶面上切向内力的总和。考虑分离体平衡,由 $\sum x = 0$ 得

$$N_2^* - N_1^* - dT = 0$$

合力 N_1^* 可通过下列积分求得

$$N_1^* = \int A^* \sigma dA$$

式中 σdA——分离体左侧微面积 dA 上的法向内力;

A^*——分离体左侧面(aa_1c_1c)的面积。

将 $\sigma = \dfrac{M}{I_z}y_1$ 代入上式得

$$N_1^* = \frac{M}{I_z}\int A^* y_1 dA = \frac{M}{I_x} \cdot S_z$$

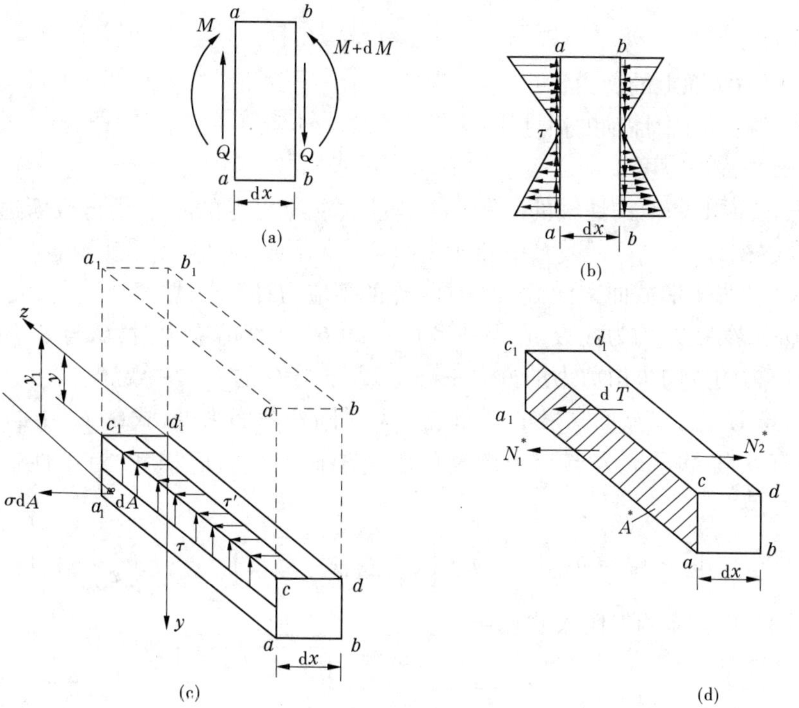

图 9-12

式中　S_z——分离体侧面面积 A^* 对截面中性轴 z 的静距，$S_z = \int_{A^*} y_1 \mathrm{d}A$。

同理可得

$$N_2^* = \frac{M + \mathrm{d}M}{I_z} \cdot S_z$$

由于微段梁的长度 $\mathrm{d}x$ 是微小的，分离体顶面上的剪应力可认为是均匀分布的，所以

$$\mathrm{d}T = \tau' b \mathrm{d}x$$

将 N_1^*、N_2^* 和 $\mathrm{d}T$ 代入得

$$\frac{M + \mathrm{d}M}{I_z} \cdot S_z - \frac{M}{I_z} \cdot S_z - \tau' b \mathrm{d}x = 0$$

经整理得

$$\tau' = \frac{\mathrm{d}M}{\mathrm{d}x} \cdot \frac{S_z}{I_z b}$$

其中$\frac{\mathrm{d}M}{\mathrm{d}x} = Q$。

将$\frac{\mathrm{d}M}{\mathrm{d}x} = Q$ 代入上式得

$$\tau' = \frac{QS_z}{I_z b}$$

因 $\tau' = \tau$，所以

$$\tau = \frac{QS_z}{I_z b} \tag{9-6}$$

式中 Q——横截面上的剪力；

I_z——截面对中性轴的惯性矩；

b——截面的宽度；

S_z——面积 A^* 对中性轴的静距，A^* 是过欲求应力点的水平线与截面边缘间的面积。

式(9-6)即为矩形截面梁横截面上任一点的剪应力计算公式。

剪力 Q 和静距 S_z 均为代数量，但在利用式(9-6)计算剪应力时，Q 与 S_z 均用其绝对值代入，剪应力的方向可由剪力的方向来确定，即 τ 与 Q 的方向一致。

下面讨论剪应力沿截面高度的分布规律。对同一截面来说，式(9-6)中的 Q、I_z、b 均为常量，只有 S_z 随欲求应力点到中性轴的距离 y 而变化。面积 A^* 对中性轴的静距如图 9-13 所示，为

$$S_z = A^* \cdot y_0 = b(\frac{h}{2} - y) \cdot \left[y + (\frac{h}{2} - y)/2\right] = \frac{b}{2} \cdot (\frac{h^2}{4} - y^2)$$

将上式及 $I_z = bh^3/12$ 代入式(9-6)，得

$$\tau = \frac{6Q}{bh^3} \cdot (\frac{h^2}{4} - y^2)$$

上式表明，剪应力沿截面高度按二次抛物线规律变化，如图 9-13 所示。当 $y = \pm\frac{h}{2}$ 时，$\tau = 0$，即截面上下边缘处剪应力为零；当 $y = 0$ 时，$\tau = \tau_{max}$，即中性轴上剪应力最大，值为

$$\tau_{max} = \frac{6Q}{bh^3} \cdot \frac{h^2}{4} = \frac{3}{2} \cdot \frac{Q}{bh} = \frac{3}{2} \cdot \frac{Q}{A} \tag{9-7}$$

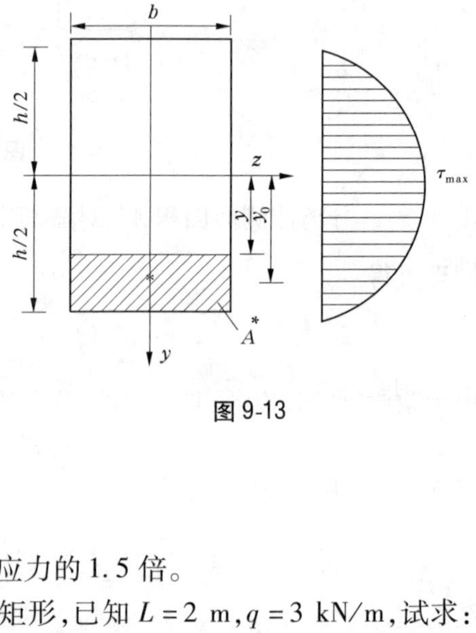

图 9-13

即矩形截面上的最大剪应力为截面上平均剪应力的 1.5 倍。

【例 9-7】 如图 9-14(a)所示梁，截面为矩形，已知 $L = 2$ m，$q = 3$ kN/m，试求：(1) B 截面上 a 点的剪应力；(2) B 截面上最大剪应力；(3)全梁中的最大剪应力。

解：(1) B 截面上 a 点的剪应力。

B 截面上的剪应力为

$$Q_B = q \cdot \frac{L}{2} = 3 \times 10^3 \times \frac{2}{2} = 3 \times 10^3 (\text{N})$$

截面对中性轴的惯性距为

$$I_z = \frac{bh^3}{12} = \frac{0.12 \times 0.18^3}{12} = 0.583 \times 10^{-4} (\text{m}^4)$$

面积 A^*（图中的阴影面积）对中性轴的静距为

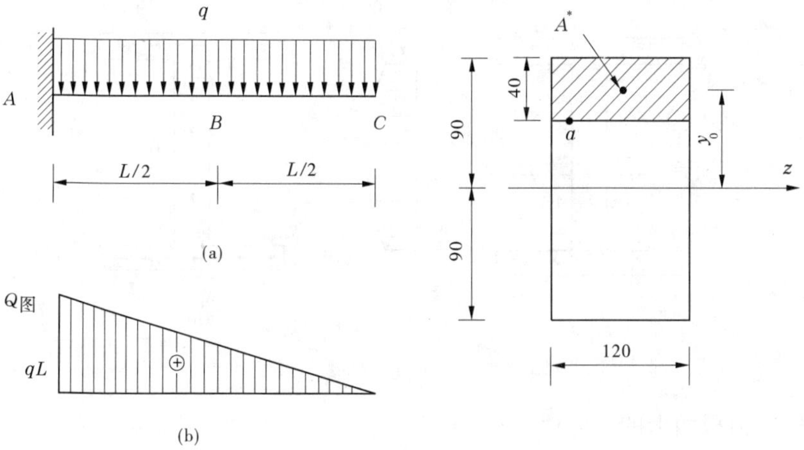

图 9-14 （单位：mm）

$$S_z = A^* \cdot y_0 = (0.12 \times 0.04) \times 0.07 = 0.336 \times 10^{-3}(\mathrm{m}^3)$$

B 截面上 a 点的剪应力则为

$$\tau_a = \frac{QS_z}{I_z b} = \frac{3 \times 10^3 \times 0.336 \times 10^{-3}}{0.583 \times 10^{-4} \times 0.12} = 0.144(\mathrm{MPa})$$

(2)B 截面上的最大剪应力。

B 截面上的最大剪应力位于中性轴上，其值为

$$\tau_{\max} = \frac{3}{2} \cdot \frac{Q_B}{A} = \frac{3}{2} \times \frac{3 \times 10^3}{0.12 \times 0.18} = 0.208(\mathrm{MPa})$$

(3)全梁中的最大剪应力。

全梁中的最大剪应力发生在剪力最大截面的中性轴上，其值为

$$\tau_{\max} = \frac{3}{2} \cdot \frac{Q_{\max}}{A} = \frac{3}{2} \times \frac{6 \times 10^3}{0.12 \times 0.18} = 0.416(\mathrm{MPa})$$

第四节 其他形状截面梁的剪应力

一、工字形截面

工字形截面由上下翼缘、中间腹板组成，如图 9-15(a)所示，腹板和翼缘上都存在剪应力。

(一)腹板上的剪应力

腹板为矩形，其高度远大于宽度，第三节推导矩形截面剪应力所采用的两条假设，对工字形截面的腹板来说，也是适用的，按照第三节的同样方法，可导出腹板的剪应力计算公式，其形式与矩形截面的完全相同，即

$$\tau = \frac{QS_z}{I_z b_1} \tag{9-8}$$

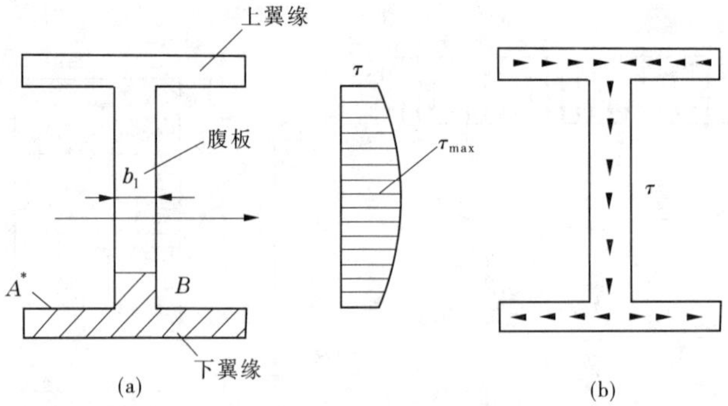

图 9-15

式中　Q——横截面上的剪力；

I_z——工字形截面对中性轴 z 的惯性矩；

b_1——腹板的厚度；

S_z——过欲求应力点的水平线与截面边缘的面积 A^*，例如求 B 点的剪应力时，A^* 则为图 9-15(a)中的阴影面积对中性轴的静矩。

剪应力沿腹板高的分布规律如图 9-15(a)所示，仍是按抛物线规律分布，最大剪应力仍发生在截面的中性轴上，但最大剪应力与最小剪应力相差不大。

(二)翼缘上的剪应力

翼缘上的剪应力的情况比较复杂，既存在竖向剪应力(分量)，又存在水平剪应力(分量)。竖向剪应力很小，分布情况又很复杂，一般均不予考虑。水平剪应力与腹板上的剪应力值相比，也是很小的，这里只介绍水平剪应力方向的判定。

翼缘上的水平剪应力的方向与腹板上竖向的剪应力的方向之间存在着一定的关系，它们组成所谓的"剪应力流"，即截面上各点剪应力的方向像水管中的干管与支管的水流方向一样。例如，当知道腹板(相当于干管)上的剪应力方向为向下时，上、下翼缘(相当于支管)上的剪应力的方向将如图 9-15(b)中所示。因而，只要知道腹板上竖向的剪应力的方向，便可确定翼缘上的水平剪应力的方向。

二、圆形截面

圆形截面上的剪应力情况比较复杂，这里不作详细讨论，只介绍最大竖向剪应力的计算公式和最大竖向剪应力的所在位置。

圆形截面最大竖向剪应力也发生在中性轴上，并沿中性轴均匀分布，其值为

$$\tau_{max} = \frac{4}{3} \cdot \frac{Q}{A} \tag{9-9}$$

式中　Q——横截面上的剪力；

A——圆形截面的面积。

【例 9-8】　简支梁截面为工字形，截面尺寸如图 9-16 所示。已知 $L = 6$ m，$q = 5$ kN/m，试求 C 截面上 K 点的剪应力。

解：C 截面上的剪力和截面对中性轴的惯性矩分别为

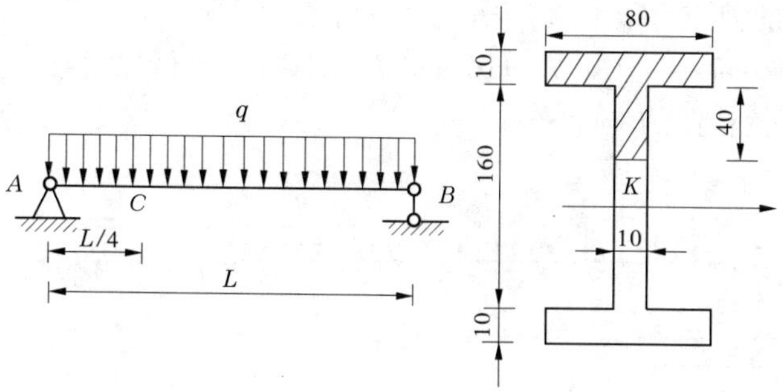

图 9-16 （单位:mm）

$$Q_C = \frac{qL}{4} = \frac{1}{4} \times 5 \times 10^3 \times 6 = 7.5 \times 10^3 (\mathrm{N})$$

$$I_z = \frac{0.08 \times 0.18^3}{12} - 2 \times \frac{0.035 \times 0.16^3}{12} = 0.15 \times 10^{-4} (\mathrm{m}^4)$$

计算 K 点剪应力时，$\tau = \frac{QS_z}{I_z b_1}$中的 S_z 是图中阴影面积对中性轴的静距，其值为

$$S_z = (0.01 \times 0.08) \times 0.085 + (0.01 \times 0.04) \times 0.06 = 0.92 \times 10^{-4} (\mathrm{m}^3)$$

C 截面上 K 点的剪应力为

$$\tau_K = \frac{Q_C S_z}{I_z b_1} = \frac{7.5 \times 10^3 \times 0.92 \times 10^{-4}}{0.15 \times 10^{-4} \times 0.01} = 4.6 (\mathrm{MPa})$$

第五节　梁的剪应力强度条件

与梁的正应力强度一样，为了保证梁能够安全地工作，梁在荷载作用下产生的最大剪应力不能超过材料的容许剪应力。横截面上的最大剪应力一般是发生在中性轴上，值为

$$\tau_{\max} = \frac{QS_{z\max}}{I_z b}$$

最大剪应力发生在剪力最大的截面上，即

$$\tau_{\max} = \frac{Q_{\max} S_{z\max}}{I_z b}$$

梁的剪应力强度条件为

$$\tau_{\max} = \frac{Q_{\max} S_{z\max}}{I_z b} \leqslant [\tau] \tag{9-10}$$

式中　$[\tau]$——材料的容许剪应力。

在进行梁的强度计算时，必须同时满足正应力和剪应力强度条件。在一般情况下，梁的强度多是由正应力强度来控制的，因此在选择梁的截面时，一般都是先按正应力强度来选择，然后按剪应力强度进行校核。但在少数的特殊情况下，梁的剪力强度也可能起控制作用。例如，梁的跨度很小或在梁的支座附近有很大的集中力作用时，此时梁中的最大弯矩值比较小而剪力却很大，剪应力强度就可能起控制作用。再如，木梁由于木材的顺纹抗剪力弱,当截面上的剪应力很大时,木梁也可能沿中性层剪坏。

【例 9-9】 图 9-17 中,已知 $b=110$ mm,$h=150$ mm,材料的容许应力$[\sigma]=10$ MPa,$[\tau]=1.1$ MPa,试校核梁的强度。

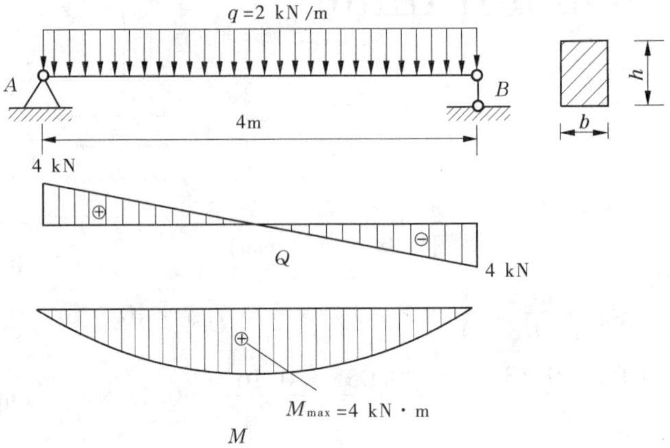

图 9-17

解:分别校核梁的正应力强度和剪应力强度。首先画出梁的剪力图和弯矩图,如图 9-17 所示。

(1)校核正应力强度。

梁中的最大正应力为

$$\sigma_{max}=\frac{M_{max}}{W_z}=\frac{M_{max}}{\frac{1}{6}bh^2}=\frac{4\times10^3}{\frac{1}{6}\times0.11\times0.15^2}=9.7(\text{MPa})<[\sigma]$$

满足正应力强度条件。

(2)校核剪应力强度。

该梁为矩形截面,梁中的最大剪应力为

$$\tau_{max}=1.5\frac{Q}{A}=1.5\times\frac{4\times10^3}{0.11\times0.15}=0.36(\text{MPa})<[\tau]$$

满足剪应力强度条件。

由此例看到,梁中的最大正应力 σ_{max}值接近材料的容许应力$[\sigma]$,而最大剪应力 τ_{max}值比材料的容许应力$[\tau]$要小得多,这说明梁的正应力对梁的强度起控制作用。

【例 9-10】 由工字型钢制成的外伸梁如图 9-18 所示,已知材料的容许应力$[\sigma]=160$ MPa,$[\tau]=90$ MPa,试选择工字钢的型号。

解:选择的工字钢必须同时满足梁的正应力和剪应力强度条件。选择梁的截面时,先按正应力强度条件选择,选定后,再按剪应力强度条件进行校核。

(1)作梁的剪力图和弯矩图,如图 9-18 所示。

(2)按正应力强度条件选工字钢型号。

由弯矩图可知,最大弯矩发生在 C 截面,其值为 39 kN·m,依正应力强度条件,计算梁所需的抗弯截面模量为

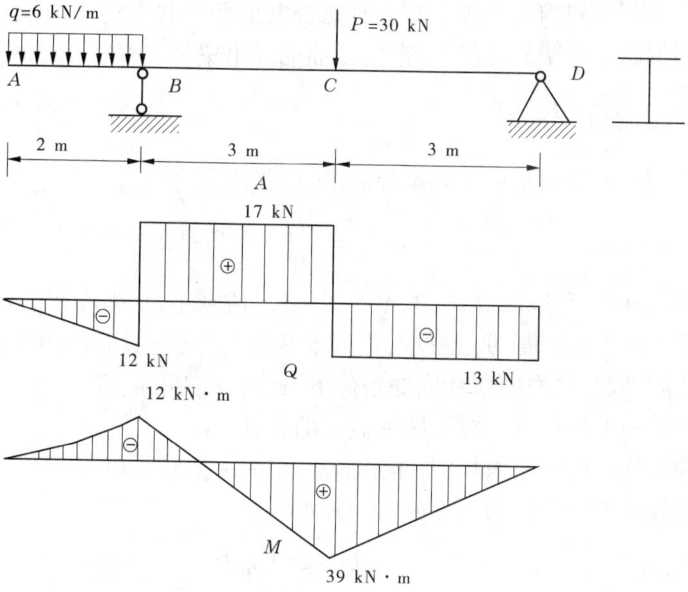

图 9-18

$$W_z = \frac{M_{\max}}{[\sigma]} = \frac{39 \times 10^3}{160 \times 10^6} = 244 \times 10^{-6}(\mathrm{m}^3) = 244\ \mathrm{cm}^3$$

在型钢表中查得 20b 号工字钢的 W_z 值为 250 cm^3,与所需之值接近,所以选用 20b 号工字钢。

(3)校核剪应力强度。

BC 段各截面上的剪力最大,其值为 17 kN,最大剪应力发生在 BC 段各横截面的中性轴上。

$$\tau_{\max} = \frac{Q_{\max} S_{z\max}}{I_z b_1}$$

其中 I_z、b_1(腹板的厚度)和 $S_{z\max}$ 均可在型钢表中查得,表中不是直接给出 $S_{z\max}$,而是给出 $\frac{I_z}{S_{z\max}}$ 值。依 20b 号工字钢,查得

$$b_1 = d = 9(\mathrm{mm}) = 9 \times 10^{-3}\mathrm{m}$$

$$\frac{I_z}{S_{z\max}} = 16.9(\mathrm{cm}) = 16.9 \times 10^{-2}\mathrm{m}$$

梁中的最大剪应力为

$$\tau_{\max} = \frac{Q_{\max} S_{z\max}}{I_z b_1} = \frac{Q_{\max}}{I_z / S_{z\max} \cdot b_1} = \frac{17 \times 10^3}{16.9 \times 10^{-2} \times 9 \times 10^{-3}} = 11.2(\mathrm{MPa}) < [\tau]$$

满足剪应力强度条件。

第六节* 梁的合理截面形状及变截面梁

梁设计时,一方面要保证梁具有足够的强度,另一方面应使设计的梁能够充分地发挥

材料的潜力，以节省材料，这就需要合理选择截面的形状和尺寸。本节将从梁的强度方面来分析不同形状截面梁的经济合理性，截面面积沿梁长怎样变化才更经济合理。

一、截面的合理形状

梁的强度一般是由正应力强度控制的，由强度条件

$$\sigma_{\max} = \frac{M_{\max}}{W_z} \leqslant [\sigma]$$

最大正应力值 $\sigma_{\max}$ 与 W_z 成反比，W_z 值越大，$\sigma_{\max}$ 值越小，从强度方面看就越有利。也就是说，W_z 值越大越经济合理，W_z 值既与截面形状有关，又与截面面积有关，分析不同形状截面的合理性时，应在截面面积相同的条件下，比较它们的 W_z 值。

下面比较一下矩形、正方形、圆形截面的合理性。

设 3 种形状的截面面积相同，矩形的高和宽分别为 h 和 b 且 $h > b$，正方形的边长为 a，圆的直径为 d，3 种形状的截面的 W_z 分别为

矩形截面 $$W_{z_1} = \frac{1}{6}bh^2$$

正方形截面 $$W_{z_2} = \frac{1}{6}a^3$$

圆形截面 $$W_{z_3} = \frac{1}{32}\pi d^3$$

先比较矩形与正方形

$$\frac{W_{z_1}}{W_{z_2}} = \frac{\frac{1}{6}bh^2}{\frac{1}{6}a^3} = \frac{Ah}{Aa} = \frac{h}{a}$$

因 $bh = a^2$ 且 $h > b$，所以 $h > a$，即$\dfrac{h}{a} > 1$。这说明，矩形截面只要 $h > b$，就比同样面积的正方形截面合理。

再比较正方形与圆形

$$\frac{W_{z_2}}{W_{z_3}} = \frac{\frac{1}{6}a^3}{\frac{1}{32}\pi d^3} = \frac{16a^3}{3\pi d^3}$$

由$\dfrac{1}{4}\pi d^2 = a^2$ 得 $a = \dfrac{\sqrt{\pi}}{2}d$，代入上式，得

$$\frac{W_{z_2}}{W_{z_3}} = 1.19 > 1$$

这说明正方形截面比圆形截面合理。

从以上的比较可以看到，当截面面积相同时，矩形比正方形好，正方形比圆形好。如果以同样面积做成工字形，将比矩形还要好，这是因为 W_z 值与截面高度及截面面积的分布情况有关。截面的高度越大，面积分布得离中性轴越远，W_z 值就越大。工字形截面的

大部分面积分布在距中性轴远的地方，所以 W_z 值比上述其他几种形状的 W_z 值都大，因而就更合理。

二、变截面梁

在进行梁的强度计算时，是根据危险截面上的最大弯矩设计的，而其他截面上的弯矩一般都小于最大弯矩，如果采用等截面梁，对那些弯矩较小的地方，材料就没有充分发挥作用。要想更好地发挥材料的作用，应该在弯矩比较大的地方采用较大的截面，在弯矩小的地方采用较小的截面，截面面积沿梁长变化的梁，称为变截面梁。最理想的变截面梁是梁的各个截面上的最大正应力同时达到材料的容许应力。由

$$\sigma_{\max} = \frac{M(x)}{W_z(x)} = [\sigma]$$

得

$$W_z(x) = \frac{M(x)}{[\sigma]} \tag{9-11}$$

式中 $M(x)$——任意横截面上的弯矩；

$W_z(x)$——截面的抗弯截面模量。

这样，各截面的大小将随截面上的弯矩而变化，按式(9-11)变化的梁称为等强度梁。

从强度及材料的利用方面看，等强度梁是很理想的，但加工制造困难。因此，工程中特别是建筑工程中，很少采用等强度梁，而是根据不同的具体情况，采用其他形式的变截面梁。

如图9-19所示的梁是建筑工程中常见的几个变截面梁的例子。对于阳台、雨篷，常采用图9-19(a)所示的形式；对于跨中弯矩大、两边弯矩逐渐减小的简支梁，常采用图9-19(b)或图9-19(c)所示的形式。如图9-19(b)所示为上、下加盖板的工字形截面钢梁，如图9-19(c)所示为屋盖上的薄腹梁。

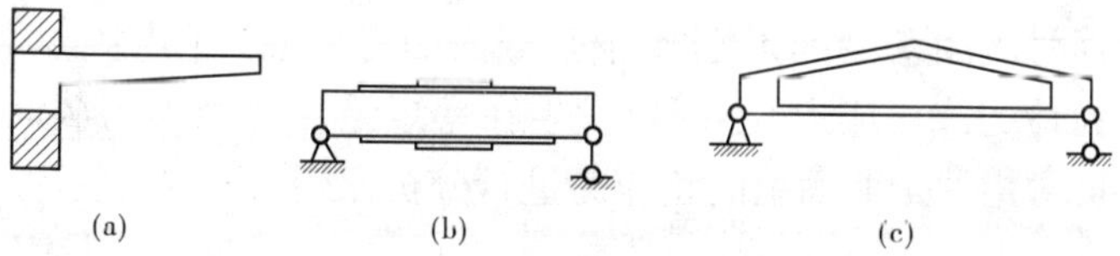

图9-19

本章小结

(1)本章主要研究梁弯曲时横截面上的正应力、剪应力和梁的强度的计算，在工程实际中应用极广。本章在下篇中占有重要地位，属于重点章。

(2)梁弯曲时的正应力计算公式为

$$\sigma = \frac{M}{I_z} \cdot y$$

要求对该公式正确理解与应用。①明确各项符号的含义。M——欲求应力点所在横截面

上的弯矩；I_z——横截面对中性轴的惯性矩；y——欲求应力点到中性轴的距离。②明确中性轴的位置和正应力沿截面的分布规律。中性轴为截面的形心主轴，正应力沿截面高度按直线规律分布，以中性轴为界，一侧为拉应力，另一侧为压应力。③式中 M 和 y 为代数量，具体应用时，均以绝对值代入，应力的正负号由梁的变形情况确定。当截面上的弯矩为正值时，梁向上凹，中性轴以下为拉应力，中性轴以上为压应力。当截面上的弯矩为负值时，则相反。

(3)梁弯曲时的剪应力计算公式为

$$\tau = \frac{QS_z}{I_z b}$$

①明确各符号的含义。Q——欲求应力点所在横截面上的剪力；I_z——横截面对中性轴的惯性矩；b——对矩形截面来说，为截面的宽度，对工字形和 T 形截面，则是腹板的厚度；S_z——过欲求应力点的水平线与截面边缘间的面积对中性轴的静距。②矩形截面、工字形、T 形截面腹板上的剪应力沿高度均按抛物线规律分布，最大剪应力发生在中性轴上。③式中 Q 和 S_z 为代数量，应用时均以绝对值代入，剪应力的方向可由截面上剪力的方向来确定，即 τ 和 Q 的方向平行。

(4)梁的正应力和剪应力计算公式是根据材料在弹性范围内工作时导出的，只有当梁中的应力不超过材料的比例极限时，公式才适用。

(5)梁的强度计算。①梁必须同时满足正应力强度条件和剪应力强度条件 $\sigma_{\max} = \frac{M_{\max}}{W_z} \leqslant [\sigma]$，$\tau_{\max} = \frac{Q_{\max} S_{z\max}}{I_z b} \leqslant [\tau]$；②一般情况下，梁的强度是由正应力强度控制的，选择梁的截面时，先按正应力强度条件进行选择，然后按剪应力强度条件进行校核。工程中，按正应力强度条件设计的梁，大多数都能满足剪应力强度条件。③对梁进行强度计算的步骤为：作梁的剪力图和弯矩图；确定最大正应力和最大剪应力的所在位置；分别按正应力和剪应力强度条件进行强度计算（包括校核强度、选择截面、确定容许荷载等）。T 形截面梁进行强度计算时应注意：由于中性轴不是截面的对称轴，当梁中同时存在正、负弯矩时，最大正应力（拉应力或压应力）不一定发生在弯矩绝对值最大的截面上，应对具有最大正弯矩和最大负弯矩两个截面上的正应力进行分析比较。

思考题

9-1　推导梁的弯曲正应力公式时作了哪些假设？综合考虑了哪几方面？

9-2　何为中性轴？如何确定中性轴？

9-3　截面形状和尺寸完全相同的二简支梁，一为钢梁，另一为木梁，当梁上荷载相同时，二梁中最大正应力是否相同？二梁中最大剪应力是否相同？

习　题

9-1　分别写出矩形截面和圆形截面的惯性矩与抗弯模量公式。

9-2　箱形截面如图 9-20 所示，计算截面的抗弯截面模量。

9-3　如图 9-21 所示梁，$L=4$ m，$b=120$ mm，$h=160$ mm，$P=5$ kN，试求 C 截面上 a、k 两点的正应力。

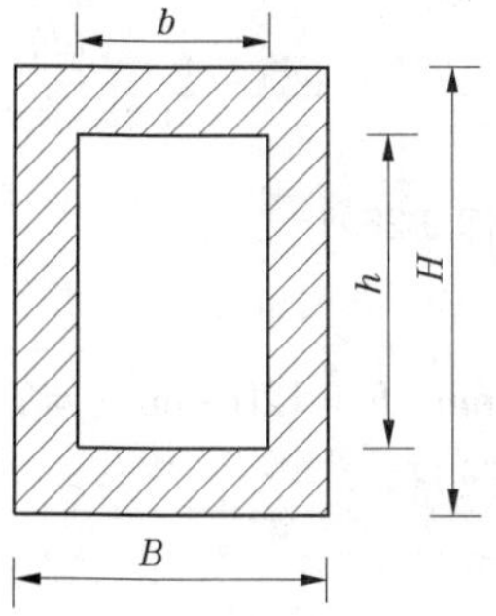

图 9-20

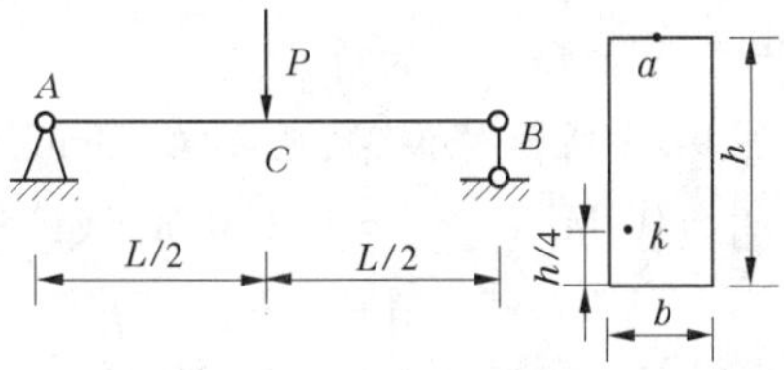

图 9-21

9-4　如图 9-22 所示梁，$L=3$ m，$P_1=4$ kN，$P_2=2$ kN，$d=150$ mm，试计算梁横截面上的最大正应力。

9-5　圆截面外伸梁如图 9-23 所示，已知 $L=3$ m，$P=3$ kN，$q=3$ kN/m，$d=200$ mm，材料的$[\sigma]=10$ MPa，试校核梁的强度。

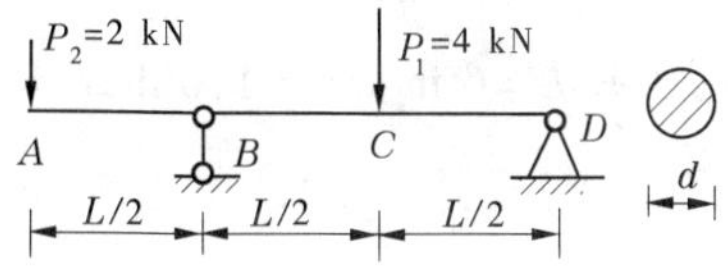

图 9-22

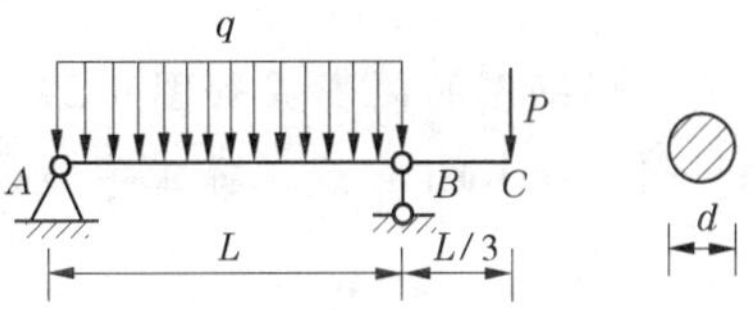

图 9-23

9-6　如图 9-24 所示，梁在荷载作用下，发生平面弯曲，当截面为下列形状时，分别画出正应力分布图。

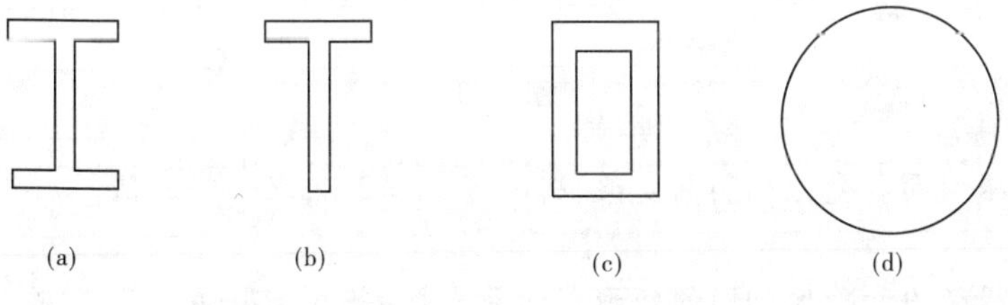

图 9-24

9-7　如图 9-25 所示简支梁由 18 号工字钢制成，已知 $L=4$ m，材料的容许应力$[\sigma]=160$ MPa，求容许荷载$[P]$。

9-8　矩形截面外伸梁如图 9-26 所示，已知 $L=2.4$ m，$q=4$ kN/m，截面高宽比$\dfrac{h}{b}=\dfrac{3}{2}$，材料的容许应力$[\sigma]=10$ MPa，试确定截面的高度和宽度值。

9-9　矩形截面梁如图 9-27 所示，已知 $L=3$ m，$b=100$ mm，$h=160$ mm，$P=3.2$ kN，

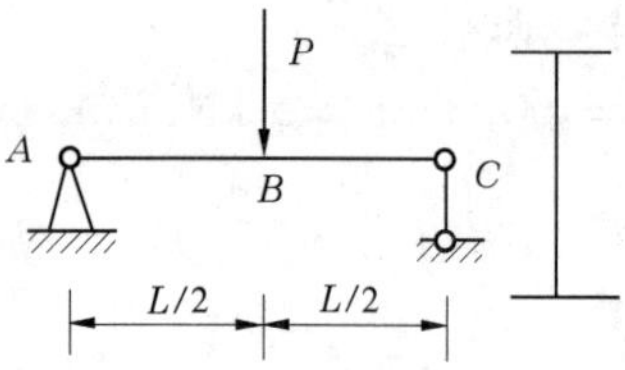

图 9-25

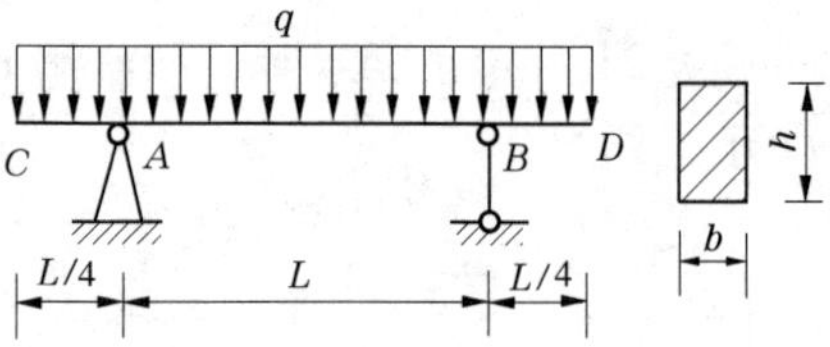

图 9-26

试求 n—n 截面上点 a 和点 c 的剪应力。

9-10　如图 9-28 所示外伸梁，已知 $L=3$ m，$b=80$ mm，$h=120$ mm，$q=2$ kN/m，材料的容许应力 $[\sigma]=10$ MPa，$[\tau]=1.2$ MPa，试校核梁的强度。

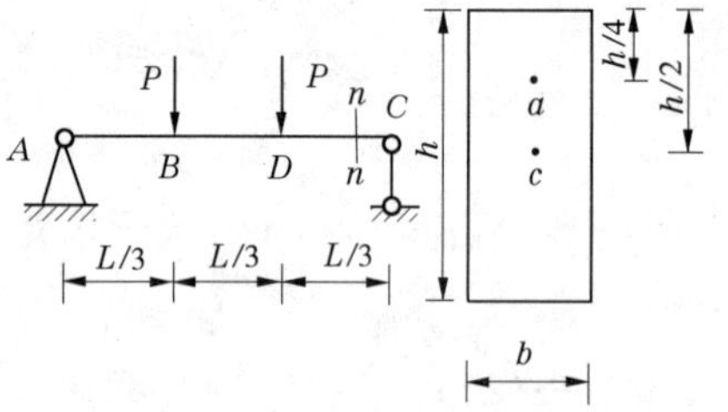

图 9-27

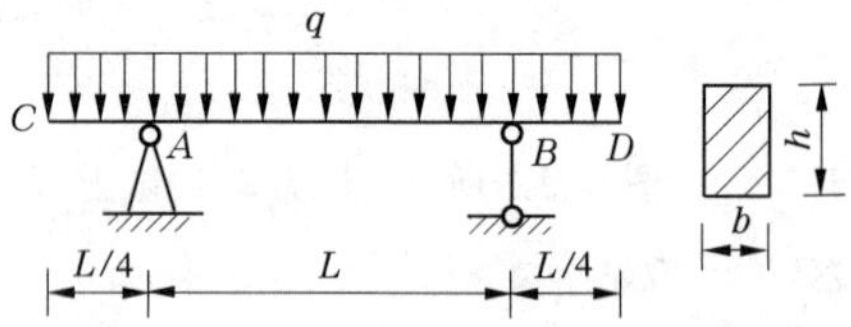

图 9-28

9-11　工字形钢制的简支梁如图 9-29 所示，已知 $L=6$ m，$q=8$ kN/m，$P=60$ kN，材料的容许应力 $[\sigma]=160$ MPa，试选择工字钢的型号。

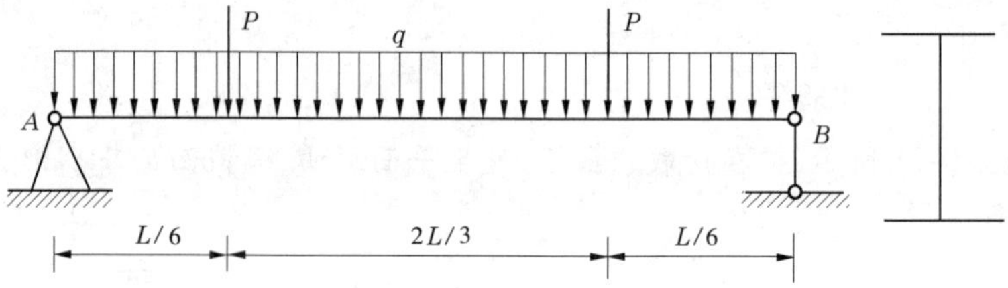

图 9-29

9-12　两根截面和受力相同简支梁，若跨度 $L_1=2L_2$，求 $\frac{\sigma_{1\max}}{\sigma_{2\max}}$ 的值。

9-13　两根受力和跨度相同的矩形截面简支梁，若 $b_1=b_2$，$h_1=2h_2$，求 $\frac{\sigma_{1\max}}{\sigma_{2\max}}$ 的值。

第十章　梁的变形

【内容要点】

(1)梁的位移挠度和转角的计算。

(2)梁的刚度条件及应用。

【知识链接】

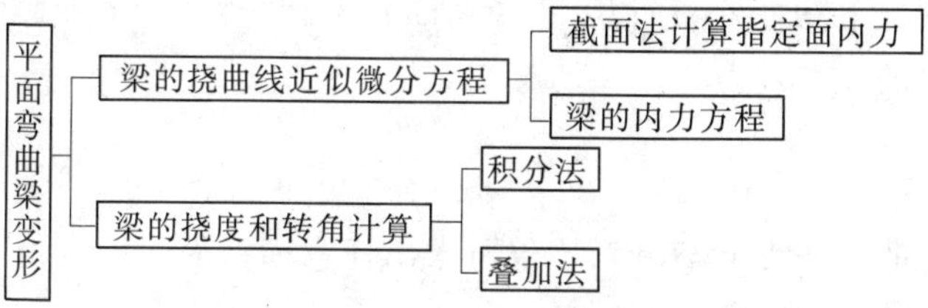

第一节　挠度和转角

一、挠度和转角

梁的变形通常是用挠度和转角这两个位移量来度量的。

图 10-1(a)为一矩形截面的悬臂梁,力 P 作用在梁的纵向对称平面内,梁在荷载 P 作用下将发生平面弯曲。梁弯曲后,其轴线由直线变形为一条连续光滑的平面曲线,这条曲线称为梁的挠曲线。

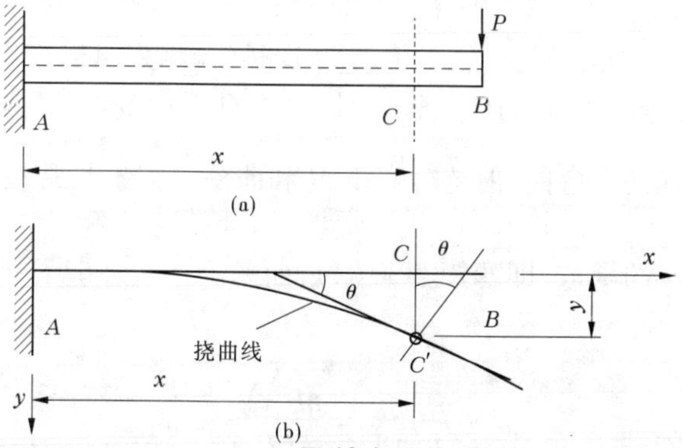

图 10-1

梁轴线上任一点 C 在梁变形后移到 C' 点,CC' 称为 C 截面的线位移,因所研究的都属小变形,所以 CC' 是 C 截面沿竖直方向的位移。CC' 称 C 截面的挠度。坐标系如图 10-1(b)所示,用 y 来表示挠度,显然不同截面的挠度值是不同的,各截面的挠度值为 x 的函数。

梁任意横截面绕中性轴旋转了一 θ 角(见图 10-1(b)),θ 称为该截面的转角。不同截面的转角值也是不同的,各截面的转角值也是横坐标 x 的函数。

在图 10-1(b)所示坐标系中，挠度向下为正，反之为负；转角顺时针为正，反之为负。挠度的常用单位为 mm，转角的单位为弧度(rad)。

二、挠度与转角间的关系

挠度 y 与转角 θ 之间存在着一定的关系，由图 10-1(b)看到，因横截面仍与变形后的轴线正交，θ 角为挠曲线上 C' 点的切线与 x 轴的夹角，$\tan\theta$ 是挠曲线上 C' 点切线的斜率，所以

$$\tan\theta = \frac{dy}{dx} = y'$$

在小变形的情况下，θ 很小，所以 $\tan\theta = \theta$

从而得挠度与转角的关系式为

$$\theta = \frac{dy}{dx} = y' \tag{10-1}$$

如果能解出挠曲线方程 $y = f(x)$，不仅可求出任意横截面的挠度，依式(10-1)通过求导还可求出任意横截面的转角。

第二节 挠曲线近似微分方程

梁的挠曲线曲率 $\frac{1}{\rho}$ 与横截面上的弯矩 M、梁的抗弯刚度 EI 有关，它们之间的具体关系式为

$$\frac{1}{\rho} = \frac{M}{EI}$$

它是在纯弯曲的情况下求得的，梁的弯曲是由弯矩 M 引起的。在横向力作用下，横截面上同时存在弯矩和剪力，剪力 Q 对梁的变形也有影响，但根据更精确的理论研究得知，当梁的长度 l 与截面高度 h 的比值较大时，剪力 Q 对梁变形的影响很小，可忽略不计。所以，该式也适用于横向力弯曲，但这时弯矩 M 和曲率 $\frac{1}{\rho}$ 都不是常量，它们都随截面位置的变化而改变，都是 x 的函数，即弯矩为 $M(x)$，曲率为 $\frac{1}{\rho(x)}$。这样，当横向力弯曲时，上式可改写为

$$\frac{1}{\rho(x)} = \frac{M(x)}{EI} \tag{a}$$

由高等数学可知，曲线 $y = f(x)$ 上任意点的曲率公式为

$$\frac{1}{\rho(x)} = \pm \frac{\frac{d^2y}{dx^2}}{\left[1 + \left(\frac{dy}{dx}\right)^2\right]^{3/2}} \tag{b}$$

由式(a)和式(b)得

$$\pm \frac{\frac{d^2y}{dx^2}}{\left[1+\left(\frac{dy}{dx}\right)^2\right]^{3/2}} = \frac{M(x)}{EI} \tag{c}$$

式(c)即为挠曲线的微分方程。因$\frac{dy}{dx}$远小于 1,而$(\frac{dy}{dx})^2$ 与 1 相比就更小,因此式(c)左端分母中的$(\frac{dy}{dx})^2$ 可忽略不计,这样,式(c)变为

$$\pm \frac{d^2y}{dx^2} = \frac{M(x)}{EI} \tag{10-2}$$

式(10-2)称为挠曲线的近似微分方程。它是在忽略剪力 Q 对梁的变形影响,也忽略$(\frac{dy}{dx})^2$ 的情况下得出的。

式(10-2)中的正负号的选取取决于坐标系的选取和弯矩的正负号规则。

在选取 y 轴向下为正的情况下,当弯矩 $M(x)>0$ 时,梁的挠曲线凹向上,这时二阶导数$\frac{d^2y}{dx^2}<0$,式(10-2)等号两边的正负号相反,如图 10-2(a)所示;当 $M(x)<0$ 时,梁的挠曲线凹向下,此时二阶导数$\frac{d^2y}{dx^2}>0$,式(10-2)等号两边的正负号仍然相反,如图10-2(b)所示。这样,在选取 y 轴向下为正的情况下,式(10-2)等号两边的正负号总是相反的,式(10-2)左端应取负号,即

$$-\frac{d^2y}{dx^2} = \frac{M(x)}{EI}$$

$$\frac{d^2y}{dx^2} = -\frac{M(x)}{EI} \tag{10-3}$$

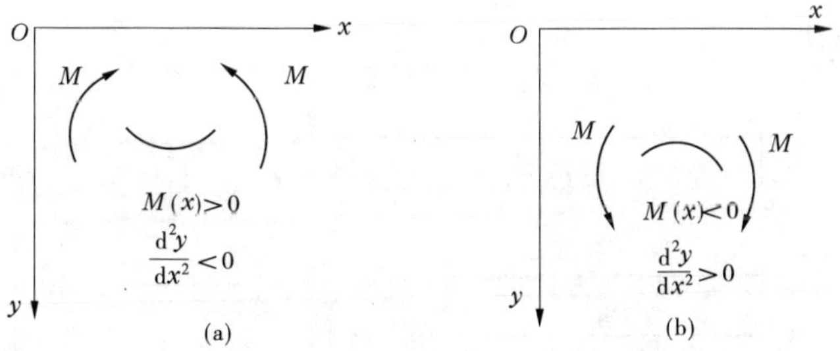

图 10-2

有了挠曲线近似微分方程式(10-3),通过积分便可求出梁的转角方程和挠曲线方程。

第三节　积分法计算梁的位移

根据挠曲线的近似微分方程式(10-3)

$$\frac{d^2y}{dx^2} = -\frac{M(x)}{EI}$$

及挠度 y 与转角 θ 间的关系式(10-1)

$$\theta = \frac{dy}{dx}$$

因此,转角方程和挠度方程可通过式(10-3)依次进行积分求得。

对式(10-3)积分一次,得转角方程

$$\frac{dy}{dx} = \theta = \int -\frac{M(x)}{EI}dx + C \tag{a}$$

再积分一次,得挠度方程

$$y = \left[-\frac{M(x)}{EI}\right]dx + Cx + D \tag{b}$$

式中　C、D——积分过程中出现的积分常数。

当确定了 C、D 的具体值,通过式(a)、式(b)便可求出梁在任一横截面的转角和挠度,这种求转角与挠度的方法称为积分法。

积分常数需通过梁的边界条件来确定。所谓边界条件,就是梁的某些截面处的已知位移条件,如图 10-3(a)所示的悬臂梁。在固定端截面 A 处,不能转动也不能移动,故其转角和挠度都等于零,即 $x=0$,$\theta_A=0$,$y_A=0$。如图 10-3(b)所示的简支梁,支座 A 和 B 处均不能发生竖向位移,A 截面和 B 截面的挠度都等于零,即 $x=0$,$y_A=0$;$x=L$,$y_B=0$。

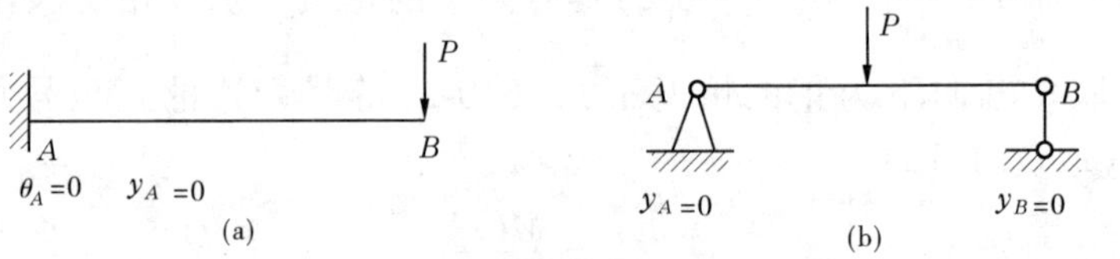

图 10-3

下面通过一些例题来说明用积分法计算梁的转角和挠度的具体步骤。

【例 10-1】　等截面悬臂梁受力如图 10-4 所示,已知梁的抗弯刚度为 EI,试求自由端截面的转角 θ_B 和挠度 y_B。

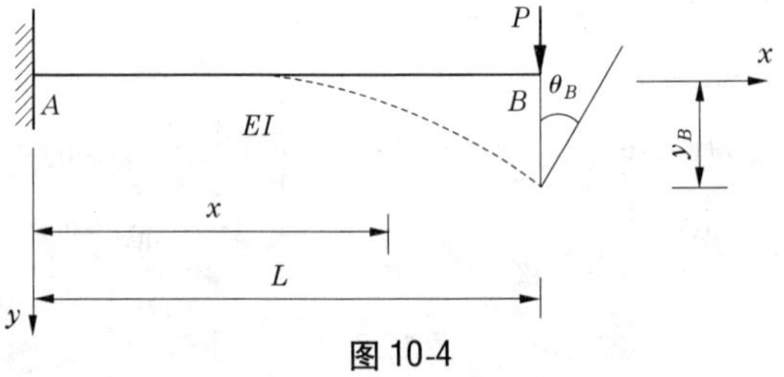

图 10-4

解:(1)建立坐标系。

取如图 10-4 所示坐标系,坐标原点一般选在梁的左端。

(2)列梁的弯矩方程和挠曲线近似微分方程。

梁的弯矩方程为

$$M(x) = -P(L-x) = -PL + Px$$

挠曲线近似微分方程为

$$\frac{d^2y}{dx^2} = -\frac{M(x)}{EI} = \frac{1}{EI}(PL - Px) \tag{a}$$

(3)对挠曲线近似微分方程积分。

积分一次,得

$$\frac{dy}{dx} = \theta = \frac{1}{EI}\left(PLx - \frac{1}{2}Px^2\right) + C \tag{b}$$

再次积分,得

$$y = \frac{1}{EI}\left(\frac{1}{2}PLx^2 - \frac{1}{6}Px^3\right) + Cx + D \tag{c}$$

(4)确定积分常数。

积分常数 C、D 通过边界条件来确定。此题的边界条件是左端 A 截面的转角和挠度都等于零,即

$$x = 0, \theta_A = 0 \tag{d}$$

$$x = 0, y_A = 0 \tag{e}$$

将边界条件(d)代入式(b),得　　$C = 0$

将边界条件(e)代入式(c),得　　$D = 0$

梁的转角方程和挠曲线方程分别为

$$\theta = \frac{1}{EI}\left(PLx - \frac{1}{2}Px^2\right) \tag{f}$$

$$y = \frac{1}{EI}\left(\frac{1}{2}PLx^2 - \frac{1}{6}Px^3\right) \tag{g}$$

(5)求指定截面的位移。

将 B 截面的位置坐标 $x = L$ 分别代入式(f)和式(g),则得

$$\theta_B = \frac{1}{EI}(PL^2 - \frac{1}{2}PL^2) = \frac{PL^2}{2EI}$$

$$y_B = \frac{1}{EI}(\frac{1}{2}PL^3 - \frac{1}{6}PL^3) = \frac{PL^3}{3EI}$$

θ_B 为正值,表示 B 截面的转角是顺时针转动的;y_B 为正值,表示 B 截面的挠度是向下的。

【例 10-2】　承受集中力作用的等截面悬臂梁如图 10-5 所示,已知梁的抗弯刚度为 EI,试求 A 截面的转角和挠度。

解:解题步骤与例 10-1 相同。

(1)选取如图 10-5 所示的坐标系,坐标原点仍取在左端。

(2)梁的弯矩方程和挠曲线近似微分方程分别为

$$M(x) = -M$$

$$\frac{d^2y}{dx^2} = -\frac{M(x)}{EI} = \frac{M}{EI} \tag{a}$$

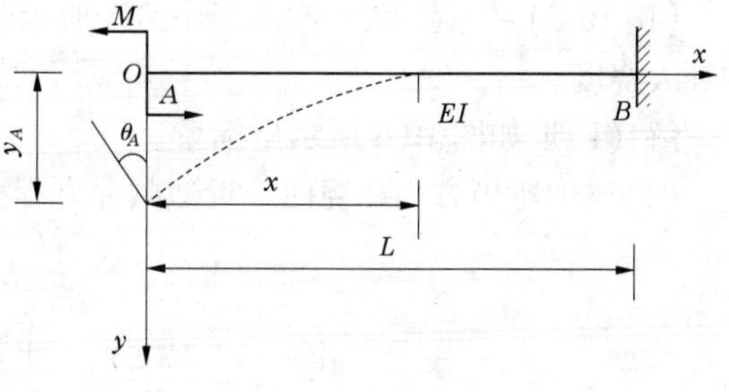

图 10-5

(3)对式(a)积分一次和两次,分别

得

$$\frac{dy}{dx}=\theta=\frac{1}{EI}Mx+C \tag{b}$$

$$y=\frac{1}{2EI}Mx^2+Cx+D \tag{c}$$

(4)此梁的边界条件为 B 截面的转角和挠度都等于零,即

$$x=L,\theta_B=0 \tag{d}$$

$$x=L,y_B=0 \tag{e}$$

将边界条件式(d)代入式(b)

$$\theta_B=\frac{1}{EI}ML+C=0$$

由此得

$$C=-\frac{ML}{EI}$$

将边界条件式(e)和求得的值代入式(c)

$$y_B=\frac{1}{2EI}ML^2-\frac{ML}{EI}\cdot L+D=0$$

由此得

$$D=\frac{ML^2}{2EI}$$

将求得的 C、D 值代入式(b)和式(c),则得

转角方程

$$\theta=\frac{M}{EI}x-\frac{ML}{EI}=\frac{M}{EI}(x-L) \tag{f}$$

挠曲线方程

$$y=\frac{M}{2EI}x^2-\frac{ML}{EI}x+\frac{ML^2}{2EI}=\frac{M}{2EI}(x^2-2Lx+L^2) \tag{g}$$

(5)将 $x=0$ 分别代入式(f)和式(g),则得 A 截面的转角和挠度

$$\theta_A=-\frac{ML}{EI} \qquad y_A=\frac{ML^2}{2EI}$$

求得的 θ_A 为负值,表示 A 截面的转角是逆时针转动的。

【例 10-3】 等截面简支梁如图 10-6 所示,q、L、EI 均为已知,试求 B 截面的转角和梁的最大挠度。

解:(1)取如图 10-6 所示坐标系。

(2)梁的弯矩方程和挠曲线近似微分方程分别为

$$M(x)=\frac{1}{2}qLx-\frac{1}{2}qx^2$$

$$\frac{d^2y}{dx^2}=-\frac{M(x)}{EI}=\frac{1}{EI}\left(\frac{1}{2}qx^2-\frac{1}{2}qLx\right) \tag{a}$$

(3)对式(a)积分一次和两次,分别得

$$\frac{dy}{dx} = \theta = \frac{1}{EI}\left(\frac{1}{6}qx^3 - \frac{1}{4}qLx^2\right) + C \qquad \text{(b)}$$

$$y = \frac{1}{EI}\left(\frac{1}{24}qx^4 - \frac{1}{12}qLx^3\right) + Cx + D \qquad \text{(c)}$$

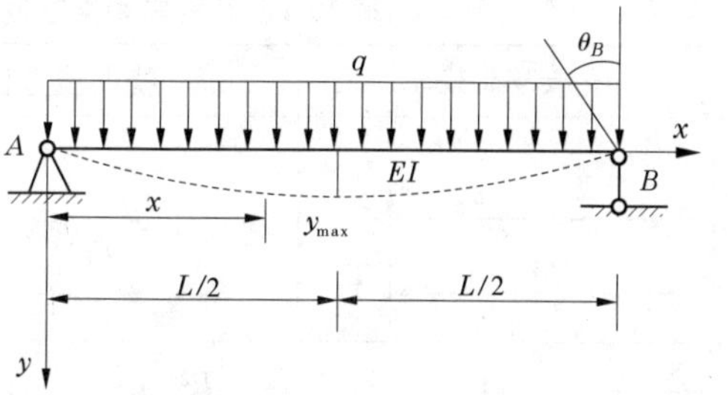

图 10-6

(4)梁的边界条件为

$$x = 0, y_A = 0 \qquad \text{(d)}$$

$$x = L, y_B = 0 \qquad \text{(e)}$$

将式(d)代入式(c)得

$$D = 0$$

将式(e)代入式(c),得

$$y_B = \frac{1}{EI}\left(\frac{1}{24}qL^4 - \frac{1}{12}qL^4\right) + CL + D = 0$$

已知 $D=0$,由此得

$$C = \frac{qL^3}{24EI}$$

将求得的 C、D 值代入式(b)和式(c),经整理得下列转角方程和挠曲线方程

$$\theta = \frac{q}{24EI}(4x^3 - 6Lx^2 + L^3) \qquad \text{(f)}$$

$$y = \frac{q}{24EI}(x^4 - 2Lx^3 + L^3x) \qquad \text{(g)}$$

(5)将 $x=L$ 代入式(f),得截面的转角

$$\theta_B = \frac{q}{24EI}(4L^3 - 6L^3 + L^3) = -\frac{qL^3}{24EI}$$

如图 10-6 所示梁是对称的,梁的挠曲线称为对称曲线,最大挠度发生在梁的跨中,将 $x=\frac{L}{2}$ 代入式(g),则得

$$y_{max} = \frac{q}{24EI}\left[\left(\frac{L}{2}\right)^4 - 2L\left(\frac{L}{2}\right)^3 + L^3 \cdot \frac{L}{2}\right] = \frac{5qL^4}{384EI}$$

第四节　叠加法计算梁的位移

用积分法计算梁某个截面的位移,其计算过程较烦琐,特别是当梁上荷载较多时需分段列梁的挠曲线近似微分方程,确定积分常数的工作量很大,使用不便。下面介绍一种求梁指定截面位移的较简便方法——叠加法。

叠加法就是先分别计算梁在每项荷载单独作用下某截面产生的位移,然后将这些位移代数相加,即得各项荷载共同作用下该截面的位移,由于梁在各种简单荷载作用下计算位移的公式,可查表 10-1,因而用叠加法计算梁的位移就比较简便。

表 10-1　几种常用梁在简单荷载作用下的转角和挠度

支承及荷载	挠曲线方程	梁端转角	最大挠度
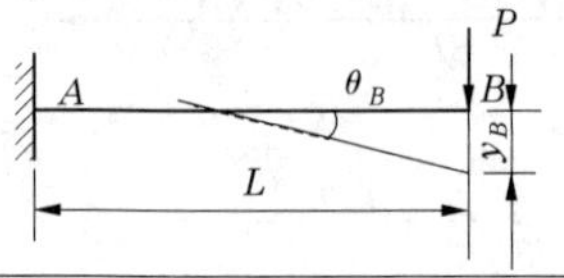	$y=\dfrac{Px^2}{6EI}(3L-x)$	$\theta_B=\dfrac{PL^2}{2EI}$	$y_B=\dfrac{PL^3}{3EI}$
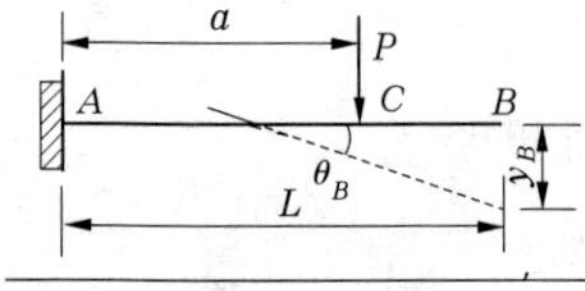	$y=\dfrac{Px^2}{6EI}(3a-x)\ (0\leqslant x\leqslant a)$ $y=\dfrac{Pa^2}{6EI}(3x-a)\ (a\leqslant x\leqslant L)$	$\theta_B=\dfrac{Pa^2}{2EI}$	$y_B=\dfrac{Pa^2}{6EI}(3L-a)$
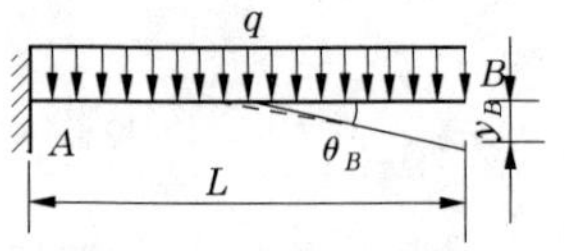	$y=\dfrac{qx^2}{24EI}(x^2+6L^2-4Lx)$	$\theta_B=\dfrac{qL^3}{6EI}$	$y_B=\dfrac{qL^4}{8EI}$
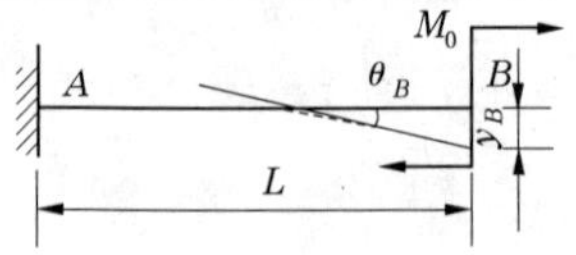	$y=\dfrac{Mx^2}{2EI}$	$\theta_B=\dfrac{ML}{EI}$	$y_B=\dfrac{ML^2}{2EI}$
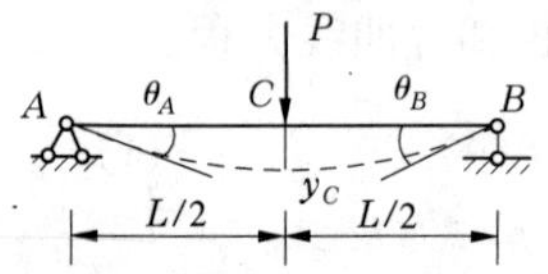	$y=\dfrac{Px}{48EI}(3L^2-4x^2)$ $(0\leqslant x\leqslant L/2)$	$\theta_A=-\theta_B=\dfrac{PL^2}{16EI}$	$y_C=\dfrac{PL^3}{48EI}$
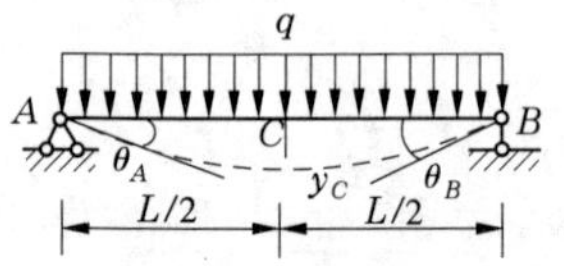	$y=\dfrac{qx}{24EI}(L^3-2Lx^2+x^3)$	$\theta_A=-\theta_B=\dfrac{qL^3}{24EI}$	$y_{\max}=\dfrac{5qL^4}{384EI}$
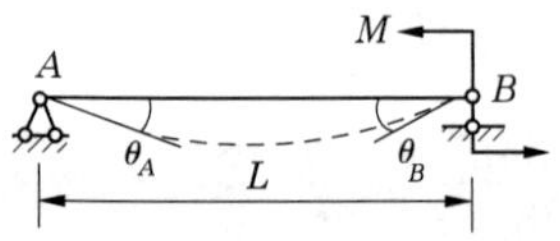	$y=\dfrac{Mx}{6EIL}(L^2-x^2)$	$\theta_A=\dfrac{ML}{6EI}$ $\theta_B=-\dfrac{ML}{3EI}$	在 $x=L/\sqrt{3}$ 处 $y_{\max}=\dfrac{ML^2}{9\sqrt{3}EI}$ 在 $x=\dfrac{L}{2}$ 处 $y_{\frac{L}{2}}=\dfrac{ML^2}{16EI}$
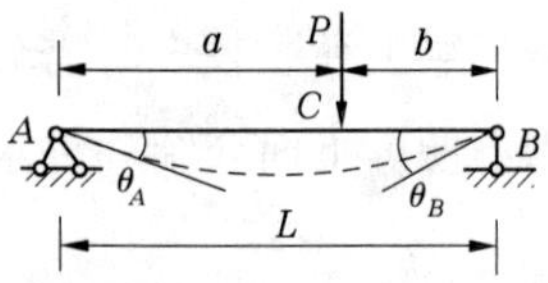	$y=\dfrac{Pbx}{6EIL}(L^2-b^2-x^2)$ $(0\leqslant x\leqslant a)$ $y=\dfrac{Pb}{6EIL}\Big[\dfrac{L}{b}(x-a)^3$ $+(L^2-b^2)x-x^3\Big]$ $(a\leqslant x\leqslant L)$	$\theta_A=\dfrac{Pab(L+b)}{6EIL}$ $\theta_B=-\dfrac{Pab(L+a)}{6EIL}$	若 $a>b$ 在 $x=\sqrt{(L^2-b^2)/3}$ 处 $y_{\max}=\dfrac{\sqrt{3}Pb}{27EIL}(L^2-b^2)^{3/2}$ 在 $x=L/2$ 处 $y_{\frac{L}{2}}=\dfrac{Pb}{48EI}(3L^2-4b^2)$

【例 10-4】 求如图 10-7(a)所示，q、P 共同作用下的 C 截面的挠度 y_C。

解：可先分别计算 q 与 P 单独作用下(见图 10-7(b)、(c))截面 C 的挠度 y_{C_1} 和 y_{C_2}，然后代数相加。由表 10-1 查得均布荷载 q 作用下的跨中挠度为

$$y_{C_1} = \frac{5qL^4}{384EI}$$

集中力 P 作用下梁的跨中度为

$$y_{C_2} = \frac{PL^3}{48EI}$$

q、P 共同作用下 C 截面的挠度则为

$$y_C = y_{C_1} + y_{C_2} = \frac{5qL^4}{384EI} + \frac{PL^3}{48EI}$$

用同样的方法，可求得 q、P 共同作用下截面的转角，即

$$\theta_A = \theta_{A_1} + \theta_{A_2} = \frac{qL^3}{24EI} + \frac{PL^3}{16EI}$$

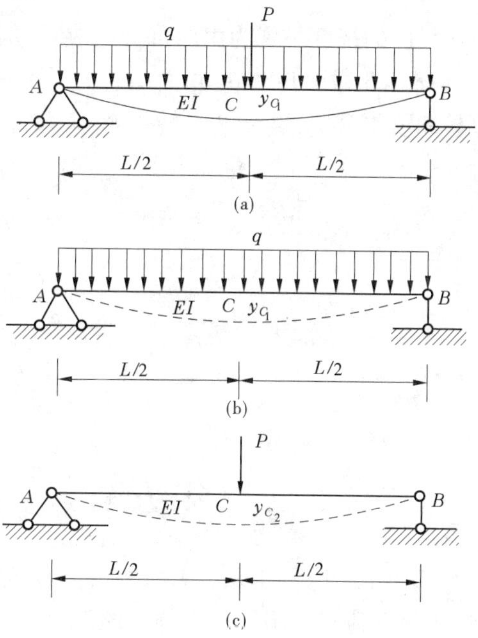

图 10-7

用叠加法计算梁的位移是有 定条件的。这些条件是：梁在荷载作用下产生的变形是微小的，且材料在线弹性范围内工作。此时梁的位移(转角和挠度)与荷载成线性关系，梁上每个荷载引起的位移将不受其他荷载的影响。

用叠加法计算梁的位移时，需利用表 10-1 中的公式，有时会出现从形式上看表 10-1 中没有可以直接利用的公式，但一些情况下，经过分析和做某些处理后，仍可利用表 10-1 中的有关公式。下面举例说明。

【例 10-5】 一悬臂梁，梁的 AB 段上作用均布荷载 q(见图 10-8(a))，梁的抗弯刚度为 EI。试用叠加法求自由端 C 截面的转角和挠度。

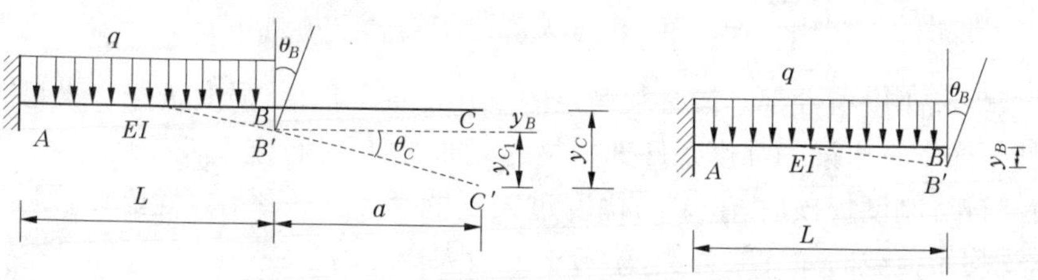

图 10-8

解：梁在荷载作用下的挠度曲线如图 10-8(a)中的虚线所示。由于 BC 段各截面上的弯矩都等于 0，所以 BC 段不发生弯曲变形，即 BC 段变形后($B'C'$)仍为直线，因而 C、B 两截面的转角相同。B 截面的转角如图 10-8(b)所示，由表 10-1 查得为

$$\theta_B = \theta_C = \frac{qL^3}{6EI}$$

C 截面的挠度可视为由两部分组成：一部分为 B 截面的挠度 y_B（如图 10-8(b)所示）；另一部分为 B 截面转动 θ_B 角而引起的 C 截面的位移 y_{C_1}（$B'C'$的所在位置，相当于 BC 段梁刚体向下平移 y_B 再绕 B 点转过 θ_B 角），即

$$y_C = y_B + y_{C_1}$$

因梁的变形很微小，y_{C_1} 可用 $a \cdot \theta_B$ 来表示。由表 10-1 查得 $y_B = \frac{qL^4}{8EI}$，故 C 截面的挠度为

$$y_C = y_B + y_{C_1} = y_B + a \cdot \theta_B$$

$$y_C = \frac{qL^4}{8EI} + a \cdot \frac{qL^3}{6EI} = \frac{qL^3}{24EI}(3L + 4a)$$

第五节　梁的刚度计算

工程中的梁除满足强度要求外，还应满足刚度要求。所谓刚度要求，就是要控制梁的变形，使梁在荷载作用下产生的变形不致太大，否则会影响工程的正常使用。例如，民用建筑中承受楼板荷载的楼板梁，当它变形大时，下面的灰层就会开裂、脱落。尽管这时梁没有破坏，但由于灰层的开裂、脱落，却影响了正常使用，显然，这是工程中所不允许的。因此，在工程中还需要对梁进行刚度校核。刚度校核是检查梁在荷载作用下产生的位移是否超过规定的允许值。在土建工程中，通常是以允许的挠度与跨长的比值$\left[\frac{f}{L}\right]$作为校核的标准，即梁在荷载作用下产生的最大挠度 y_{max}不能超过$\left[\frac{f}{L}\right]$，亦即

$$y_{max} \leqslant \left[\frac{f}{L}\right] \tag{10-4}$$

该式即为梁的刚度条件。

$\left[\frac{f}{L}\right]$值随梁的工程用途而不同，在有关规范中均有具体规定。

强度条件和刚度条件都是梁必须满足的。在建筑工程中，强度条件一般起控制作用，在设计梁时，通常是由梁的强度条件选择梁的截面，然后进行刚度校核。

在对梁进行刚度校核后，若梁的挠度过大不能满足刚度要求，就要设法减小梁的挠度。以承受均布荷载的简支梁为例，梁跨中的最大挠度为

$$y_{max} = \frac{5qL^4}{384EI}$$

从上式中可以看到，当荷载 q 和弹性模量 E 一定时，梁的最大挠度 y_{max}取决于截面的惯性矩 I 和跨长 L。挠度与截面的惯性矩成反比，L 值越大，梁产生的挠度越小，因此采用惯性矩值比较大的工字形、槽形等形状的截面，不仅从强度角度看是合理的，从刚度角度看也是合理的。从上式可以看出，挠度与跨长的四次方成正比，这说明跨长 L 对挠度的影

响很大,因而减小梁的跨长或在梁的中间增加支座,将是减小挠度的有效措施。

【例 10-6】 承受均布荷载的工字形钢梁如图 10-9 所示,已知$L=5\text{m}$,$q=8\ \text{kN/m}$ 钢材的容许应力$[\sigma]=160\ \text{MPa}$,弹性模量 $E=2\times10^5\ \text{MPa}$,$\left[\dfrac{f}{L}\right]=\dfrac{1}{250}$,试选择工字钢的型号。

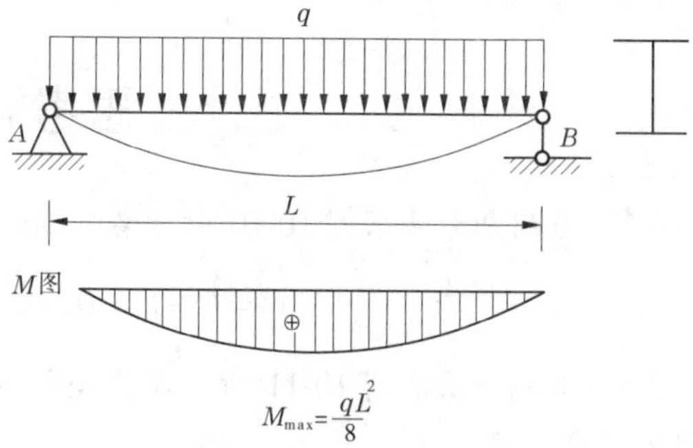

图 10-9

解:先由梁的正应力强度条件选择工字钢型号,然后按刚度条件校核梁的刚度。

(1)按正应力强度条件,梁所需的抗弯截面模量为

$$W_z \geqslant \frac{M_{max}}{[\sigma]}=\frac{\frac{1}{8}qL^2}{[\sigma]}=\frac{\frac{1}{8}\times8\times10^3\times5^2}{160\times10^6}=0.156\times10^{-3}(\text{m}^3)=156\ \text{cm}^3$$

可选 18 号工字钢,$W_z=185\ \text{cm}^3$,$I_z=1\ 660\ \text{cm}^4$。

(2)校核刚度。

梁跨中最大挠度为

$$y_{max}=\frac{5qL^4}{384EI}=\frac{5\times8\times10^3\times5^4}{384\times2\times10^{11}\times1\ 660\times10^{-8}}=0.019\ 6(\text{m})$$

$$y_{max}=\frac{0.019\ 6}{5}=\frac{1}{255}<\left[\frac{f}{L}\right]$$

满足刚度条件。

本章小结

(1)本章主要内容为梁弯曲时的位移计算。位移计算部分介绍了两种计算位移的方法——积分法和叠加法。

(2)积分法是计算位移的基本方法,用积分法可求出梁的挠曲线方程和转角方程,因而可求出梁的任一截面的位移。积分法求位移的步骤为:①选取坐标系;②列梁的弯矩方程和挠曲线近似微分方程;③对近似微分方程积分;④利用梁的边界条件和变形连续条件确定积分常数;⑤计算有关截面位移。

用积分法计算位移应注意:①y 坐标的正方向取向下时,挠曲线近似微分方程为$\dfrac{d^2y}{dx^2}=-\dfrac{M(x)}{EI}$,解题时不要漏掉式中的负号。②正确运用边界条件和变形连续条件。应正确理解:当列弯矩方程和挠曲线近似微分方程不需分段时,积分常数只有两个,利用边界条件就可确定这些常数;当需分段时,必须同时利用边界条件和变形连续条件。

(3)叠加法是利用表 10-1 中的位移公式通过叠加的方法来计算位移的。由于是利用表中的现成公式,因而用该方法计算梁某些特定截面的位移时,远比积分法简便。①叠加法适用条件是:梁在荷载作用下的变形是微小的,材料在线弹件范围内工作。②用叠加法

计算位移时，常需对梁进行某些等效分析和处理后，才能使用表 10-1 中的公式，对这类问题应理解并掌握。

思考题

10-1 当用积分法求图 10-10 所示梁某截面的位移时，可否用下列条件定积分常数？

$$x = 0, y_A = 0; x = \frac{L}{2}, \theta_C = 0$$

10-2 用积分法求图 10-11 所示梁某截面的位移，当列弯矩方程和挠曲线近似微分方程时，需分几段？

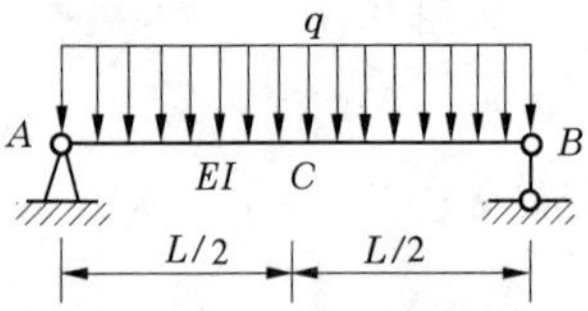

图 10-10

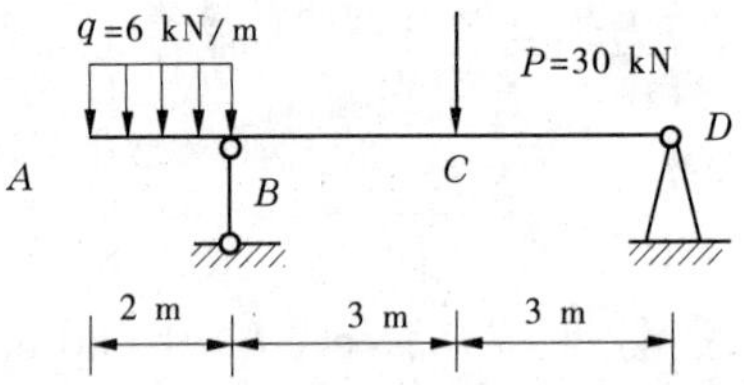

图 10-11

习　题

10-1 用积分法求如图 10-12 所示各梁的变形时，写出下列各梁的边界条件和变形连续条件（$[\sigma]=160$ MPa）。

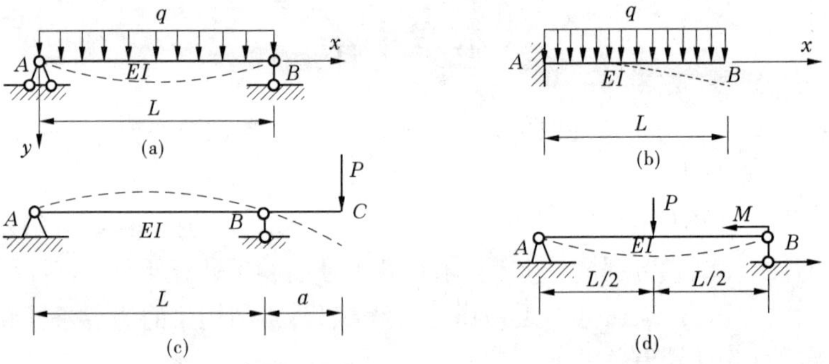

图 10-12

10-2 试用积分法求图 10-13 悬臂梁自由端截面的转角和挠度。

10-3 试用积分法求图 10-14 简支梁 B 截面的转角和最大挠度。

10-4 用积分法求如图 10-15 所示梁 C 截面的转角和挠度。

10-5 用积分法求如图 10-16 所示梁 C 截面的转角和挠度。

10-6 试用叠加法求如图 10-17 所示梁 A 截面的转角和在 C 点的挠度。

10-7 试用叠加法求如图 10-18 所示梁 B 截面的转角和挠度。

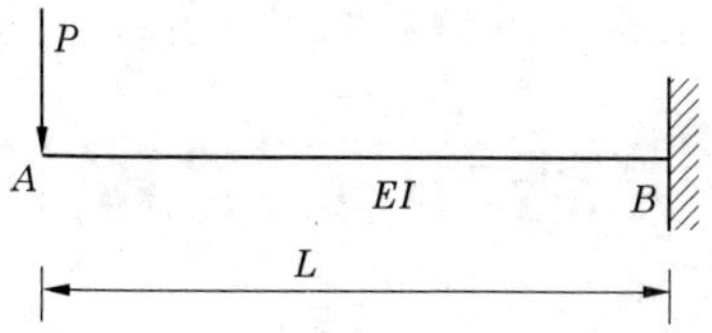

图 10-13

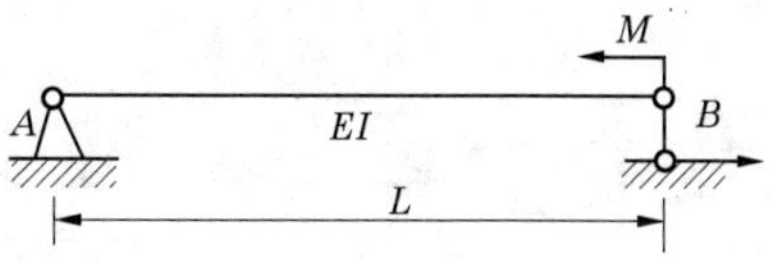

图 10-14

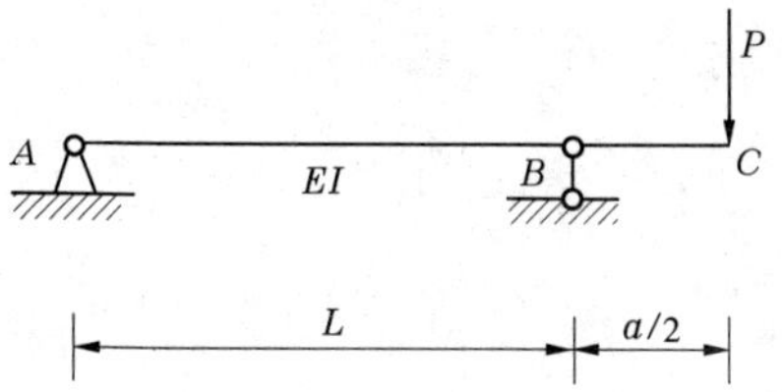

图 10-15

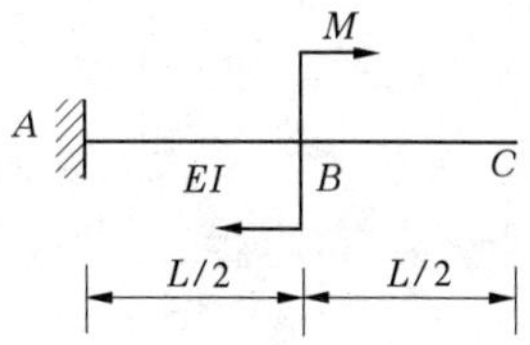

图 10-16

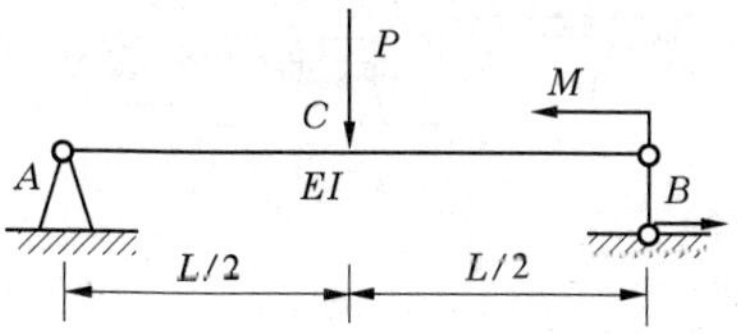

图 10-17

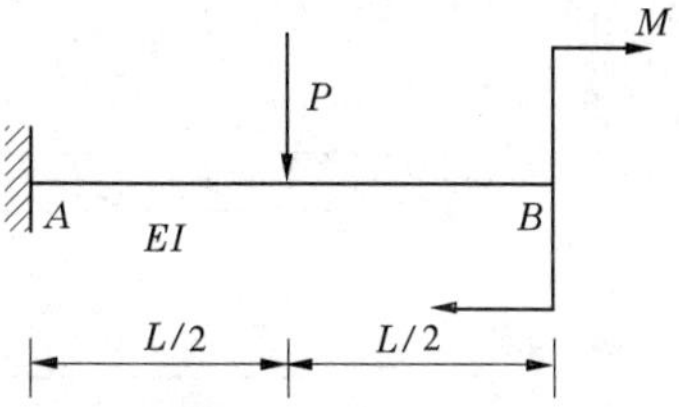

图 10-18

10-8 工字形钢梁受力如图 10-19 所示，已知 $L=4\ \text{m}$，$P=14\ \text{kN}$，$[\sigma]=160\ \text{MPa}$，$E=2\times10^5\ \text{MPa}$，$\left[\dfrac{f}{L}\right]=\dfrac{1}{250}$，试选择工字钢的型号。

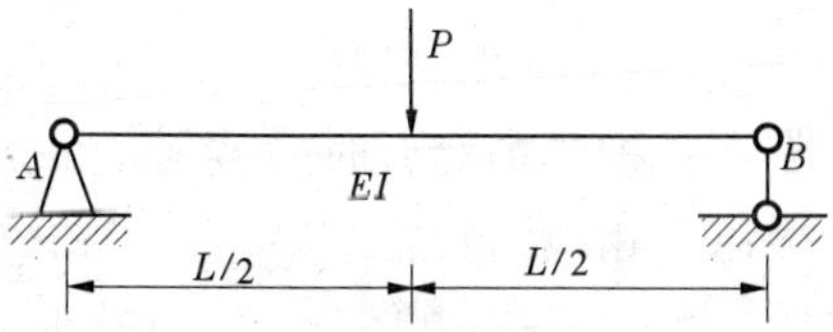

图 10-19

第十一章* 应力状态和强度理论

【内容要点】

(1)应力状态的概念。

(2)平面应力状态分析的方法。

(3)主平面、主应力和最大剪应力的计算。

(4)强度理论及应用。

【知识链接】

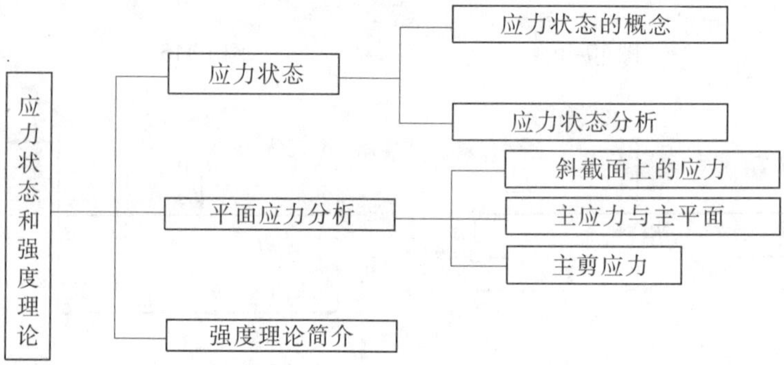

第一节 应力状态的概念

一、一点处的应力状态

前面各章分别研究了构件在各种基本变形时横截面上的应力分布规律及其计算,并在此基础上根据危险点的应力以及相应的实验结果建立了相应的强度条件:

单向拉(压)受力状态 $\sigma_{max} \leq [\sigma]$

纯剪切受力状态 $\tau_{max} \leq [\tau]$

这对构件进行强度计算是必要的,可以保证构件不会沿横截面发生破坏。但对于进一步分析强度问题是远远不够的。工程上构件的破坏并不一定都是沿着横截面发生的,如铸铁在受压或受扭时,并不沿着横截面发生破坏,而是沿着与横截面大约成45°角的斜截面发生破坏(见图11-1);钢筋混凝土梁,除跨中底部产生竖向裂缝外,在支座附近还会发生斜向裂缝(见图11-2)。上述破坏现象说明,构件的破坏与斜截面上的应力有关。再比如,根据横截面上的应力分析和相应的试验结果,不能直接建立既有正应力、又有剪应力存在时的强度条件。所以,为了使受力构件不沿任何截面发生破坏,必须进一步研究所有斜截面上的应力,以便建立更普遍的强度条件,使构件的强度得到全面保证。

一般地,在受力构件的同一横截面内,点的位置不同应力就不同,而且在通过同一点

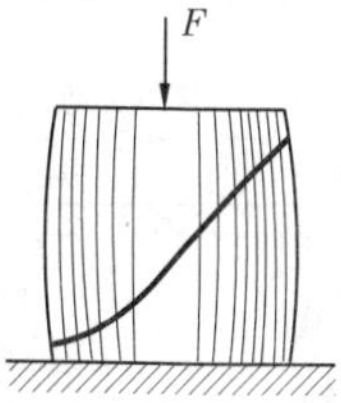

图 11-1

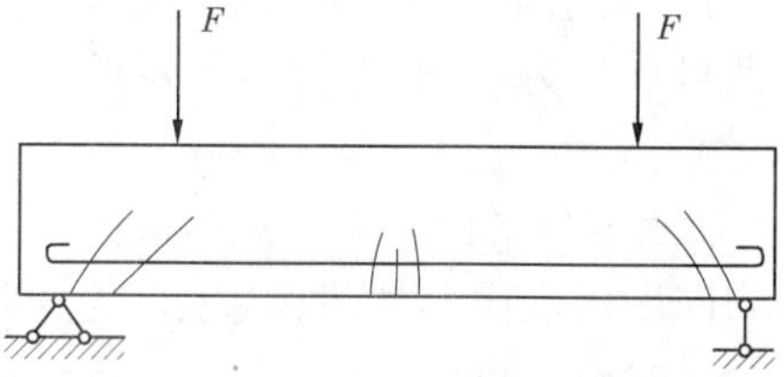

图 11-2

的不同截面上的应力也随截面的方位而变化。因此,需要全面研究受力构件内各点处的应力情况。确定构件受力时在哪一点沿哪个方位的应力最大,也就是要研究一点的应力状态,为进一步建立强度条件提供依据。

如上所述,为了分析破坏现象以及解决复杂受力构件的强度问题,必须首先研究通过受力构件内一点处所有截面上应力的变化规律。我们把通过受力构件内一点处各个不同方位截面上应力的大小和方向情况,称为一点处的应力状态。

二、应力状态的表示

为了研究受力构件内一点处的应力状态,可围绕该点取出一个微小的正六面体,称为单元体,并分析单元体六个面上的应力。由于单元体的边长无限小,可以认为在单元体的每个面上应力都是均匀分布的,且在单元体内相互平行的截面上应力都是相同的。如果知道了单元体的三个互相垂直平面上的应力,其他任意截面上的应力都可以通过截面法求得,则该点处的应力状态就可以确定了。因此,可用单元体的三个互相垂直平面上的应力来表示一点处的应力状态。

一般地,在受力构件内某一点处取单元体,总是将其一对面取为横截面,其他两对面则是互相垂直的纵截面。例如,在轴向受拉杆内任一点 A 处如图 11-3(a)所示,取出单元体如图 11-3(b)所示,其左、右两个横截面上只有正应力 $\sigma=\frac{F_N}{A}=\frac{F}{A}$,前、后、上、下四个面上没有应力存在,因此可简化为微小的正方形如图 11-3(c)所示。

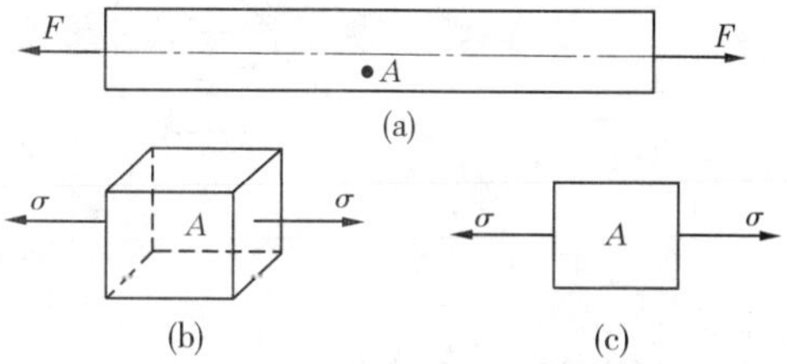

图 11-3

如图 11-4(a)所示为一受扭圆轴,其内表层任一点 A 处的单元体可用一对横截面、一对径向截面和一对同轴圆柱面来截取。单元体见图 11-4(b),左、右两个横截面上受切应力 $\tau=\frac{T}{W_P}=\frac{M_e}{W_P}$作用,根据切应力互等定律,单元体上、下两个面

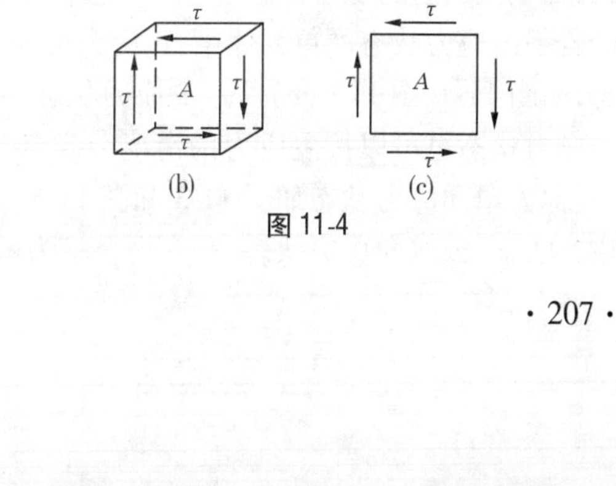

图 11-4

上也存在切应力。单元体前、后两个面上没有应力存在,因此可简化为如图 11-4(c)所示的微小正方形。

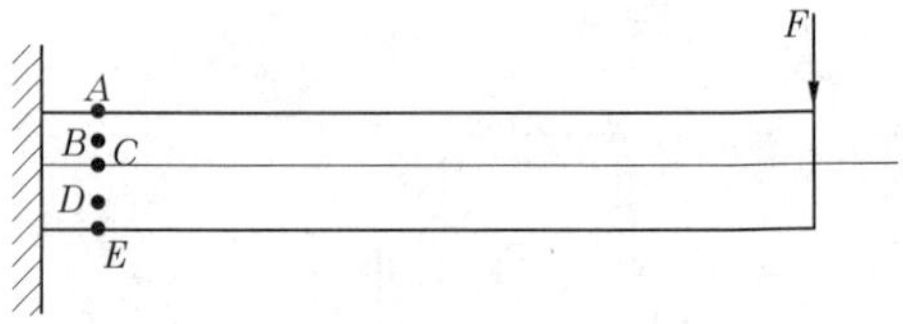

图 11-5

如图 11-5 所示发生平面弯曲的矩形截面悬臂梁,在梁内同一横截面上 A、B、C、D、E 各点处取出的单元体分别如图 11-6 所示。单元体各个面上的应力可根据弯曲应力计算公式和切应力互等定律确定。

当围绕一点所取单元体的方位不同时,单元体各个面上的应力也不同。理论分析证明,对于受力构件内任一点,总可以找到三对互相垂直的平面,在这些面上只有正应力而没有切应力,这些切应力为零的平面称为主平面,其上的正应力称为主应力。三个主应力分别用 σ_1、σ_2、σ_3 表示,并按代数值大小排序,即 $\sigma_1 \geqslant \sigma_2 \geqslant \sigma_3$。围绕一点按三个主平面取出的单元体称为主应力单元体,如图 11-3(b)、图 11-6(a)、(e)所示。

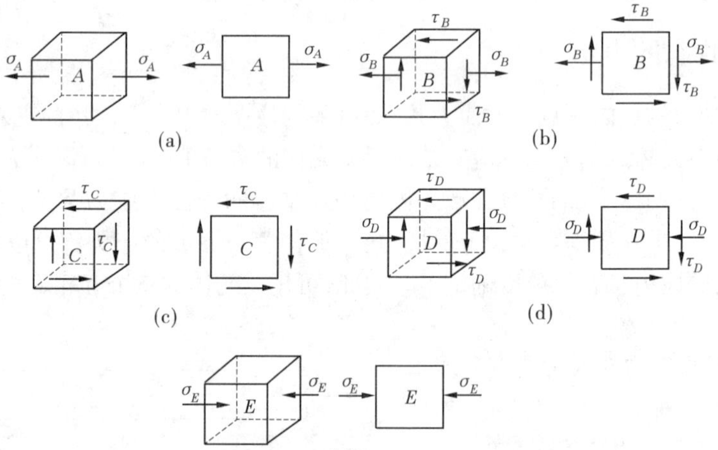

图 11-6

三、应力状态的分类

为了应力状态分析的方便,需要对应力状态进行分类。

如果单元体上的全部应力都位于同一平面内,则称为平面应力状态,如图 11-3、图 11-4和图 11-6 中各点处的应力状态。如果单元体上的全部应力不都位于同一平面内,则称为空间应力状态。例如,从地层深处某点取出的单元体,它在三个方向都受到压力的作用,处于空间应力状态。

若平面应力状态的单元体中,正应力都等于零,仅有切应力作用,则称为纯剪切应力状态,如图 11-4、图 11-6(c)所示的应力状态。

应力状态也可以按主应力的情况分类。若单元体的三个主应力中只有一个不等于零,则称为单向应力状态如图 11-3 和图 11-6(a)、(e)所示;若有两个不等于零,则称为二向应力状态,或双向应力状态;若三个全不为零,则称为三向应力状态。

从上面的分类可以看出，单向应力状态和二向应力状态属于平面应力状态，三向应力状态属于空间应力状态。有时把单向应力状态也称为简单应力状态，而把平面应力状态和空间应力状态统称为复杂应力状态。工程中常见的是平面应力状态，因此本章主要对平面应力状态进行分析。

第二节　平面应力状态分析

当单元体各个面上的应力都已知时，可确定斜截面上的应力，方法有两种：解析法和图解法。

一、任意斜截面上的应力

平面应力状态的单元体及其平面图形分别如图 11-7（a）、（b）所示，在单元体上建立直角坐标系，让 x、y 轴的正向分别与两个互相垂直的平面的外法线的方向一致。这两个平面分别称为 x 平面和 y 平面。设 x 平面和 y 平面上的应力分别为 σ_x、τ_x 和 σ_y、τ_y。设任一斜截面 ef 的外法线 n 与 x 轴的夹角为 α，该斜截面也称为截面。现在求单元体上任一斜截面 ef 上的应力。

在以下的计算中，规定从 x 轴正向到外法线 n 为逆时针转向时，角 α 为正，反之为负。应力的符号规定与以前相同，即对正应力，规定拉应力为正，压应力为负；对切应力，规定其对单元体内任一点的力矩为顺时针转动方向时为正，反之为负。图 11-7（c）中的 σ_x、σ_y、σ_α、τ_x 均为正值，τ_y 为负值。

用一假想的平面沿 α 截面将单元体截开，取左边部分 ebf 为研究对象，α 截面上的应力用 σ_α 和 τ_α 来表示，如图 11-7（c）所示。

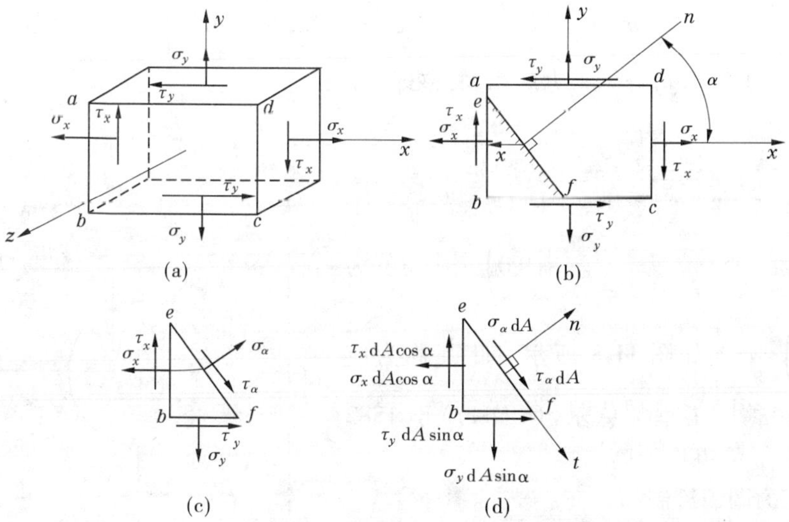

图 11-7

设斜截面 ef 的面积为 $\mathrm{d}A$，则 eb 面的面积为 $\mathrm{d}A\cos\alpha$，bf 面的面积为 $\mathrm{d}A\sin\alpha$。将作用

于楔形体上所有的力分别向 n 轴和 t 轴上投影，如图 11-7(d)所示，列出平衡方程

$$\sum N = 0, \sigma_{\alpha}\mathrm{d}A + (\tau_{x}\mathrm{d}A\cos\alpha)\sin\alpha - (\sigma_{x}\mathrm{d}A\cos\alpha)\cos\alpha + (\tau_{y}\mathrm{d}A\sin\alpha)\cos\alpha - (\sigma_{y}\mathrm{d}A\sin\alpha)\sin\alpha = 0$$

$$\sum T = 0, \tau_{\alpha}\mathrm{d}A - (\tau_{x}\mathrm{d}A\cos\alpha)\cos\alpha - (\sigma_{x}\mathrm{d}A\cos\alpha)\sin\alpha + (\tau_{y}\mathrm{d}A\sin\alpha)\sin\alpha + (\sigma_{y}\mathrm{d}A\sin\alpha)\cos\alpha = 0$$

利用三角关系

$$\cos^2\alpha = \frac{1+\cos2\alpha}{2}$$

$$\sin^2\alpha = \frac{1-\cos2\alpha}{2}$$

$$\sin2\alpha = 2\sin\alpha\cos\alpha$$

将上两式整理后，可以得到

$$\sigma_{\alpha} = \frac{\sigma_x+\sigma_y}{2} + \frac{\sigma_x-\sigma_y}{2}\cos2\alpha - \tau_x\sin2\alpha \tag{11-1}$$

$$\tau_{\alpha} = \frac{\sigma_x-\sigma_y}{2}\sin2\alpha + \tau_x\cos2\alpha \tag{11-2}$$

式(11-1)和式(11-2)就是平面应力状态下任意斜截面上正应力 σ_α 和切应力 τ_α 的计算公式。在应用这两个公式时，一定要注意式中各量的正负号。

二、应力圆

(一)应力圆的概念

将式(11-1)改写为

$$\sigma_{\alpha} - \frac{\sigma_x+\sigma_y}{2} = \frac{\sigma_x-\sigma_y}{2}\cos2\alpha - \tau_x\sin2\alpha$$

将上式和式(11-2)两边分别平方后相加，整理得

$$\left(\sigma_{\alpha} - \frac{\sigma_x+\sigma_y}{2}\right)^2 + \tau_{\alpha}^2 = \left(\frac{\sigma_x-\sigma_y}{2}\right)^2 + \tau_x^2 \tag{11-3}$$

在 $O\sigma\tau$ 直角坐标系中，式(11-3)表示一个圆，其圆心坐标为 $\left(\frac{\sigma_x+\sigma_y}{2},0\right)$，半径为 $\sqrt{\left(\frac{\sigma_x-\sigma_y}{2}\right)^2+\tau_x^2}$，如图 11-8 所示。此圆称为应力圆，它是由德国工程师莫尔(O. Mohr)于 1882 年首先提出的，故也称为莫尔圆。

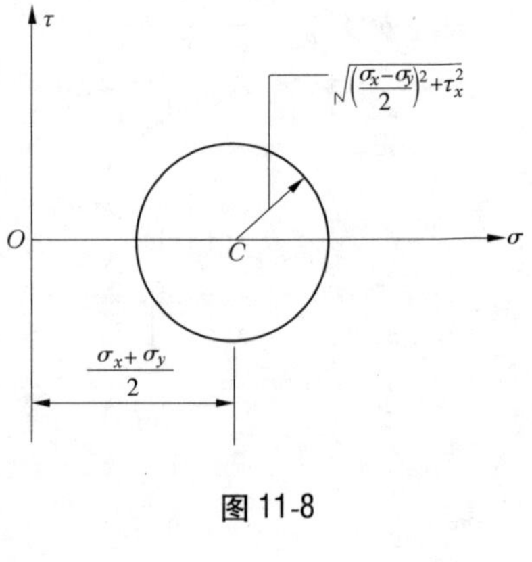

图 11-8

(二)应力圆的绘制

设单元体的应力状态如图 11-9(a)所示，并设 $\sigma_x > \sigma_y > 0$，$\tau_x > 0$。其应力圆的绘制方法如图 11-9(b)所示。

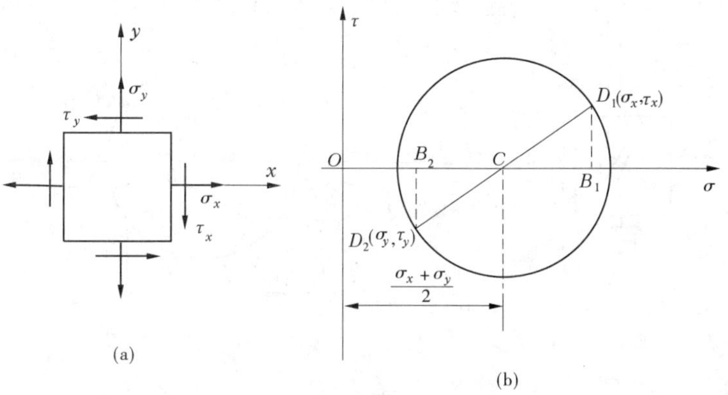

图 11-9

(1)以 σ 为横坐标轴,以 τ 为纵坐标轴,建立直角坐标系 $O\sigma\tau$,取定比例尺。

(2)取横坐标 $OB_1=\sigma_x$,纵坐标 $B_1D_1=\tau_x$,确定 $D_1(\sigma_x,\tau_x)$点;取横坐标 $OB_2=\sigma_y$,纵坐标 $B_2D_2=\tau_y$,确定 $D_2(\sigma_y,\tau_y)$点。

(3)连接 D_1 和 D_2 两点,连线与横坐标轴相交于 C 点,C 点即为圆心。

(4)以 C 点为圆心,以 CD_1 或 CD_2 为半径作圆,即为应力圆。

(三)单元体与相应的应力圆之间的对应关系

1. 点面对应

应力圆上某一点的坐标值对应着单元体某一方位面上的正应力和切应力值。如应力圆上 D_1 点坐标(σ_x,τ_x)对应着单元体 x 面上的应力值;应力圆上 D_2 点坐标(σ_y,τ_y)对应着单元体 y 面上的应力值(见图 11-9)。

2. 二倍角转向相同

当应力圆上 D_1 点的半径 CD_1 逆时针转过 180°时,到达 CD_2 的位置,而单元体上 x 面的法线只要逆时针转过 90°就到达 y 面法线的位置。可见,应力圆上对应点处半径转过的角度是其单元体对应面上法线转过角度的 2 倍,且转向相同(见图 11-9)。

(四)用应力圆求单元体任意斜截面上的应力

应力圆绘出后,欲求单元体图 11-10(a)任意 α 截面上的应力 σ_α、τ_α,只要将应力圆的半径 CD_1 按 α 的方向转动 2α 角,得到半径 CD_α,则圆周上 D_α 点的横、纵坐标的值就是 α 截面上的正应力 σ_α 和切应力 τ_α(见图 11-10(b)),即

$$OB_\alpha=\sigma_\alpha,B_\alpha D_\alpha=\tau_\alpha$$

【例 11-1】 从受力构件内某点处取出的单元体的应力状态如图 11-11(a)所示,求该点处 $\alpha=30°$斜截面上的应力。

解:根据符号规定,有 $\sigma_x=-100$ MPa,$\tau_x=-20$ MPa,$\sigma_y=-40$ MPa,代入式(11-1)和式(11-2),得

$$\sigma_{30°}=\frac{-100+(-40)}{2}+\frac{-100-(-40)}{2}\cdot\cos(2\times30°)-(-20)\cdot\sin(2\times30°)=-67.7(\text{MPa})$$

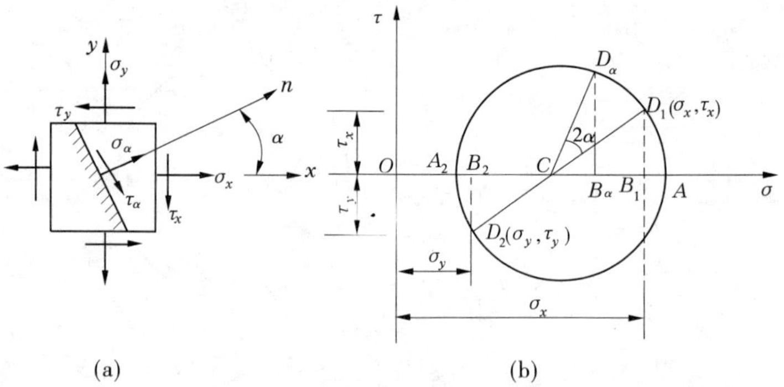

图 11-10

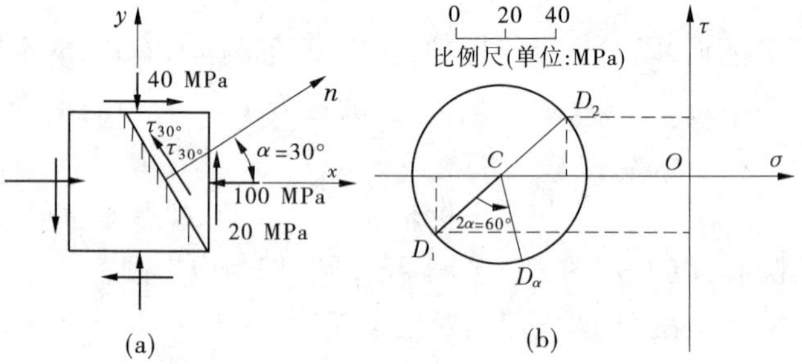

图 11-11

$$\tau_{30^\circ} = \frac{-100-(-40)}{2}\cdot\sin(2\times30^\circ)+(-20)\cdot\cos(2\times30^\circ)$$

$$= -36(\text{MPa})$$

将求得的 σ_{30° 和 τ_{30° 表示在单元体上,如图 11-11(a)所示。

若用应力圆求解,可先绘出单元体相应的应力圆,如图 11-11(b)所示。自半径 CD_1 按 α 转向(逆时针)转过 $2\alpha=60^\circ$ 角到达 D_α 点,按同一比例尺量得 D_α 的横坐标和纵坐标分别为 67.7 MPa 和 36 MPa,即

$$\sigma_{30^\circ} = -67.7\ \text{MPa},\tau_{30^\circ} = -36\ \text{MPa}$$

三、主平面和主应力

对于平面应力状态,因为单元体有一对面上没有剪应力,所以这一对面就是主平面,且必有一个数值为零的主应力。下面分析单元体的其余两个主平面和主应力。

(一)主平面的位置

由式(11-2),设在 $\alpha=\alpha_0$ 斜截面上,切应力 $\tau_\alpha=0$,则有

$$\tau_{\alpha_0} = \frac{\sigma_x-\sigma_y}{2}\sin2\alpha_0+\tau_x\cos2\alpha_0 = 0$$

得

$$\tan2\alpha_0 = -\frac{2\tau_x}{\sigma_x-\sigma_y} \tag{11-4}$$

式(11-4)就是确定主平面位置的方程,由此可确定两个相互垂直的主平面。为方便起见,设这两个主平面的位置角为 α_0 与 α_0',并限定它们为正的或负的锐角,见图 11-12(a)。

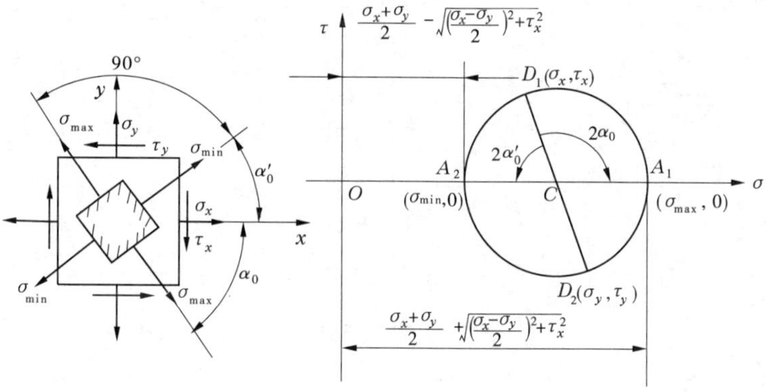

(a) (b)

图 11-12

(二)主应力的数值

设如图 11-12(a)所示单元体的应力圆(见图 11-12(b))与轴的交点为 A_1、A_2,由于点 A_1 与 A_2 的纵坐标均为零,故它们所对应的两个斜截面上的切应力为零,即对应于两个主平面。因此,A_1、A_2 两点的横坐标就是两个主应力的数值。

由图 11-12(b)容易看出,在应力圆上所有点的横坐标中,点 A_1 与 A_2 的横坐标分别为最大值与最小值,即两个主应力分别为正应力中的最大值和最小值。这两个主应力的数值为

$$\left.\begin{aligned}\sigma_{max} &= OA_1 = OC + CA_1 = \frac{\sigma_x + \sigma_y}{2} + \sqrt{\left(\frac{\sigma_x - \sigma_y}{2}\right)^2 + \tau_x^2}\\ \sigma_{min} &= OA_2 = OC - CA_2 = \frac{\sigma_x + \sigma_y}{2} - \sqrt{\left(\frac{\sigma_x + \sigma_y}{2}\right)^2 - \tau_x^2}\end{aligned}\right\} \tag{11-5}$$

若将式(11-5)中的两式相加,得

$$\sigma_{max} + \sigma_{min} = \sigma_x + \sigma_y \tag{11-6}$$

式(11-6)表明,单元体两个相互垂直的截面上的正应力之和为一定值。常用来检验主应力计算得正确与否。

(三)主应力与主平面之间的对应关系

理论分析证明,由单元体上 τ_x(或 τ_y)所在平面,顺 τ_x(或 τ_y)方向转动而得到的那个主平面上的主应力为 σ_{max};逆 τ_x(或 τ_y)方向转动而得到的那个主平面上的主应力为 σ_{min}(见图 11-12(a))。简述为:顺 τ 转最大,逆 τ 转最小。

上述法则称为 τ 判别法。在确定了两个主平面和主应力后,利用这个结论可以解决主应力与主平面之间的对应关系。

【例 11-2】 已知受力构件内危险点处单元体的应力状态如图 11-13(a)所示。

求:(1)主应力和主平面,并在单元体上表示出来;

(2)用应力圆校核计算结果。

解:(1)求主应力。根据应力的符号规定,有

$$\sigma_x = -10\ \text{MPa}, \sigma_y = -20\ \text{MPa}, \tau_x = 10\ \text{MPa}$$

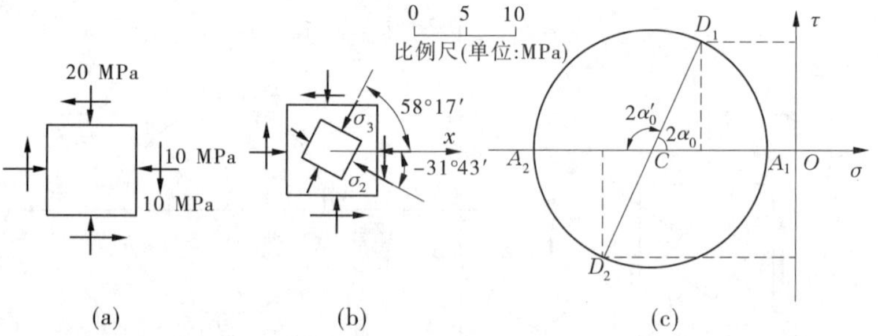

图 11-13

由式(11-5),得

$$\left.\begin{matrix}\sigma_{max}\\ \sigma_{min}\end{matrix}\right\} = \frac{\sigma_x + \sigma_y}{2} \pm \sqrt{\left(\frac{\sigma_x - \sigma_y}{2}\right)^2 + \tau_x^2} = \begin{matrix}-3.82\\ -26.18\end{matrix} \quad (\text{MPa})$$

于是,三个主应力为

$$\sigma_1 = 0, \sigma_2 = -3.82\ \text{MPa}, \sigma_3 = -26.18\ \text{MPa}$$

(2)求主平面。由式(11-4),得

$$\tan 2\alpha_0 = \frac{-2\tau_x}{\sigma_x - \sigma_y} = -2$$

故

$$2\alpha_0 = -63°26', \alpha_0 = -31°43'$$

$$\alpha_0' = 90° + \alpha_0 = 90° - 31°43' = 58°17'$$

第三对主平面与纸面平行。

主平面、主应力及两者之间的对应关系示于图 11-13(b)中。

(3)用应力圆校核计算结果。建立直角坐标系 $O\sigma\tau$,确定 $D_1(-10, -10)$ 和 $D_2(-20, -10)$ 两点,连接 D_1、D_2 交 σ 轴于 C 点,以 C 点为圆心,CD_1 为半径绘出应力圆,如图 11-13(c)所示。

应力圆上 A_1、A_2 两点的横坐标值即为两个主应力的数值,从图中量得

$$\sigma_{max} = -3.8\ \text{MPa}, \sigma_{min} = -26\ \text{MPa}$$

于是,三个主应力为

$$\sigma_1 = 0, \sigma_2 = -3.8\ \text{MPa}, \sigma_3 = -26\ \text{MPa}$$

再量取 $\angle D_1CA_1$ 与 $\angle D_1CA_2$,可得主平面的方位角为

$$\alpha_0 = -32°, \alpha_0' = 58°$$

【例 11-3】 如图 11-14(a)、(b)所示简支梁,长 $L = 2$ m,跨中 C 处受集中荷载 $F = 210$ kN 作用,梁由 45a 号工字钢制成。求危险截面上 a 点处的主应力。

解:梁跨中 C 左侧(或右侧)m—m 截面为危险截面,其上的弯矩和剪力分别为

$$M = FL/4 = 105(\text{kN}\cdot\text{m}), F_Q = F/2 = 105(\text{kN})$$

由型钢规格表查得

$$I_z = 32\ 240\ \text{cm}^4 = 32\ 240 \times 10^{-8}\text{m}^4$$

$$S_z^* = 150 \times 18 \times \left(\frac{450}{2} - \frac{18}{2}\right) \times 10^{-9} = 583.2 \times 10^{-6}(\text{m}^3)$$

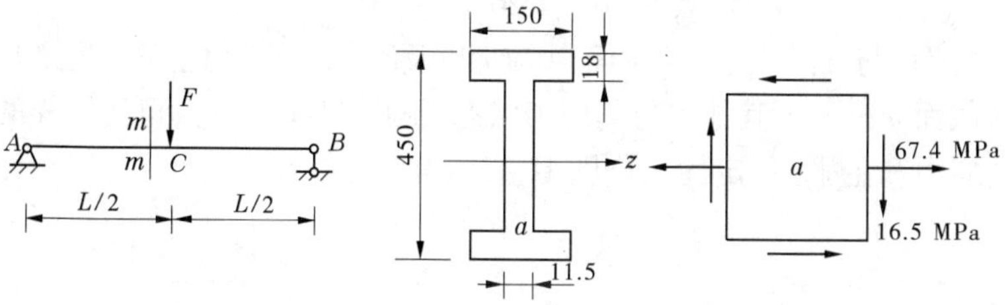

(a) (b) (c)

图 11-14 （单位:mm）

危险截面上 a 点处(见图 11-14(c))的正应力和切应力分别为

$$\sigma_x = \frac{My}{I_z} = \frac{105 \times 10^3 \times \left(\frac{450}{2} - 18\right) \times 10^{-3}}{32\ 240 \times 10^{-8}}$$

$$= 67.4 \times 10^6(\text{Pa}) = 67.4\ (\text{MPa})$$

$$\tau_x = \frac{F_Q S_z^*}{I_z b} = \frac{105 \times 10^3 \times 583.2 \times 10^{-6}}{32\ 240 \times 10^{-8} \times 11.5 \times 10^{-3}}$$

$$= 16.5 \times 10^6(\text{Pa}) = 16.5\ (\text{MPa})$$

由式(11-5),得

$$\begin{matrix}\sigma_{\max} \\ \sigma_{\min}\end{matrix} = \frac{\sigma_x + \sigma_y}{2} \pm \sqrt{\left(\frac{\sigma_x - \sigma_y}{2}\right)^2 + \tau_x^2}$$

$$= 33.7 \pm 37.5 = \begin{matrix}71.2(\text{MPa}) \\ -3.8(\text{MPa})\end{matrix}$$

故 a 点处的主应力为

$$\sigma_1 = 71.2\ \text{MPa}, \sigma_2 = 0, \sigma_3 = -3.8\ \text{MPa}$$

【例 11-4】 图 11-15(a)所示矩形截面简支梁,横截面 $m-m$ 上一点 B 处的弯曲正应力和切应力分别为 $\sigma = -60$ MPa, $\tau = 40$ MPa,见图 11-15(b)。求 B 点处的主应力和主平面,并讨论同一截面上其他点处的主应力和主平面。

解:B 点处单元体的上应力为

$$\sigma_x = -60\ \text{MPa}, \sigma_y = 0, \tau_x = 40\ \text{MPa}$$

由式(11-5),得

$$\begin{matrix}\sigma_{\max} \\ \sigma_{\min}\end{matrix} = \frac{\sigma_x + \sigma_y}{2} \pm \sqrt{\left(\frac{\sigma_x - \sigma_y}{2}\right)^2 + \tau_x^2} = \begin{matrix}20(\text{MPa}) \\ -80(\text{MPa})\end{matrix}$$

故 B 点处的主应力为

$$\sigma_1 = 20\ \text{MPa}, \sigma_2 = 0, \sigma_3 = -80\ \text{MPa}$$

由式(11-4),得

$$\tan 2\alpha_0 = \frac{-2\tau_x}{\sigma_x - \sigma_y} = 1.333$$

故
$$2\alpha_0 = 53.2°, \alpha_0 = 26.6°$$
$$\alpha_0' = \alpha_0 - 90° = 26.6° - 90° = -63.4°$$

第三对主平面与纸面平行。主平面、主应力以及两者之间的对应关系见图 11-15(c)。

根据横截面 $m—m$ 上其他点处的应力状态(见图 11-15(b)),可用同样的方法求出这些点处的主应力和主平面(定性),如图 11-15(c)所示。

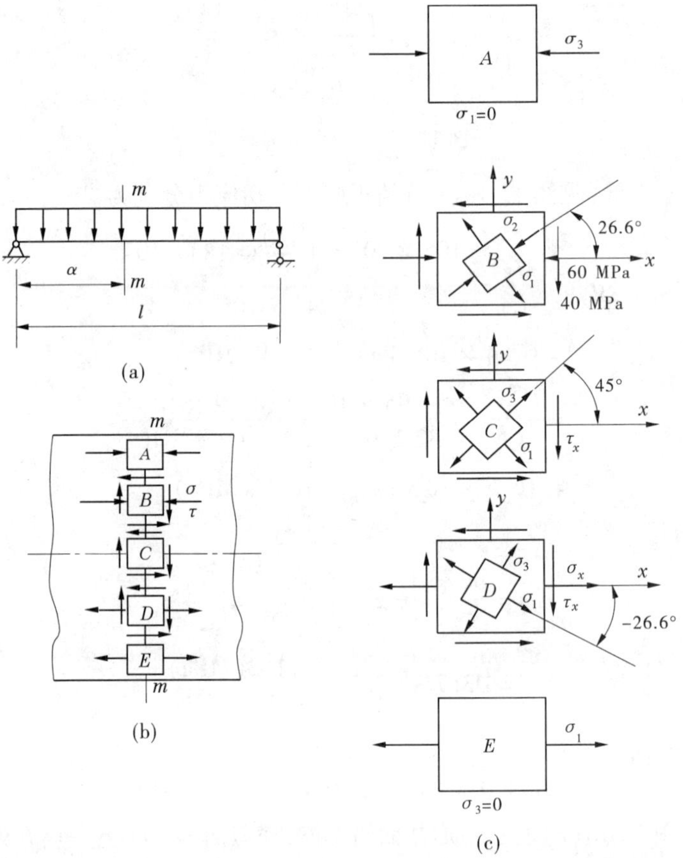

图 11-15

由上面的例题可以得到梁内主应力的特点是:除上、下边缘各点外,其他各点处的主应力必有一个主拉应力 σ_1 和一个主压应力 σ_3,两者的方向互相垂直。主拉应力 σ_1 与梁轴线的夹角从上到下由 90°连续减至 0°,在中性轴处为 45°;主压应力 σ_3 与梁轴线的夹角从上到下由 0°连续增至 90°,在中性轴处也为 45°。

为了显示梁内各点处主应力方向的变化规律,需要绘制主应力迹线。主应力迹线有两组:一组称为主拉应力迹线,其上各点的切线方向为该点处主拉应力 σ_1 的方向;另一组称为主压应力迹线,其上各点的切线方向为该点处主压应力 σ_3 的方向。图 11-16(a)、(b)分别绘出了受均布荷载作用的简支梁和在集中荷载作用下的悬臂梁的两组主应力迹线。图中实线表示主拉应力 σ_1 的迹线,虚线表示主压应力 σ_3 的迹线。

在钢筋混凝土梁中，由于混凝土的抗拉强度较低，故放置钢筋的目的是承受拉应力。因此，钢筋应大体上沿最大拉应力 σ_1 的方向布置，见图 11-17(a)、(b)。

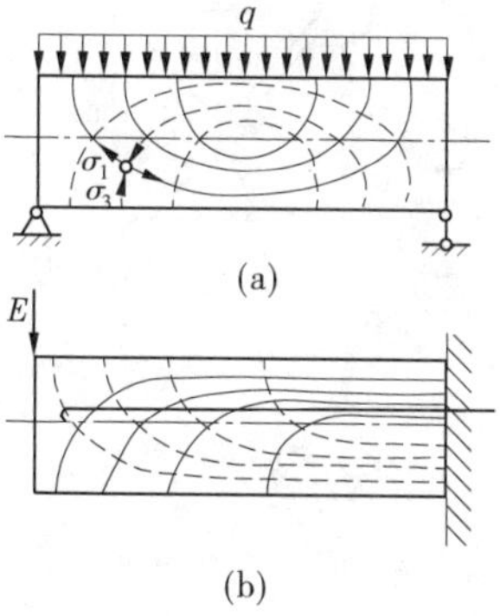

图 11-16

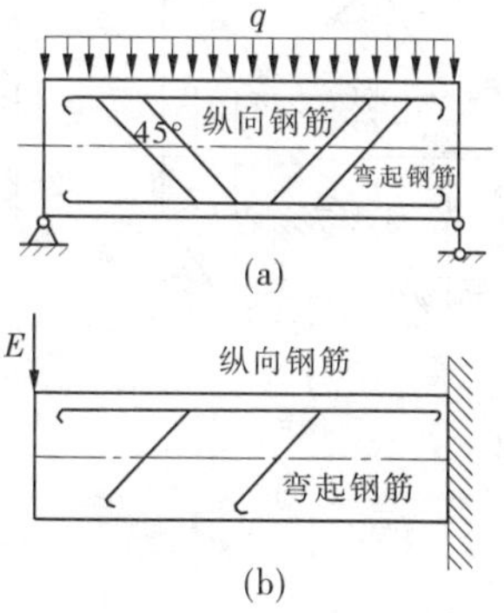

图 11-17

第三节　三向应力状态分析

当受力构件内一点处的三个主应力都不等于零时，该点就处于三向应力状态或空间应力状态。三向应力状态在工程问题中不像平面应力状态那么常见，而且研究起来比较复杂，故本节只对三向应力状态作简单介绍。我们只讨论当一点处的三个主应力 σ_1、σ_2、σ_3 为已知时，求该点处的最大正应力和最大切应力，为解决复杂应力状态下的强度问题提供理论依据。

一、三向应力圆

设构件内一点处的单元体处于空间应力状态，如图 11-18(a)所示。首先来求与 σ_2 平行的斜截面上的应力，为此截开单元体，取右边的三棱柱体作为研究对象，见图 11-18(b)。由于上、下两个平面的面积相等，故在 σ_2 方向上的力自成平衡，这样主应力 σ_2 对截开面上的应力没有影响。截开面上的应力只取决于 σ_1 和 σ_3，相当于平面应力状态，如图11-18(c)所示。可用以(σ_1,0)和(σ_3,0)两点间的线段为直径作出的应力圆①(见图 11-18(d))上各点的坐标来表示。

同理，与 σ_3 平行的斜截面上的应力只取决于 σ_1 和 σ_2，可用以(σ_1,0)和(σ_2,0)两点间的线段为直径作出的应力圆②(见图 11-18(d))上各点的坐标来表示。与 σ_1 平行的斜截面上的应力只取决于 σ_2 和 σ_3，可用以(σ_2,0)和(σ_3,0)两点间的线段为直径作出的应力圆③(见图 11-18(d))上各点的坐标来表示。

理论分析证明：对于与三个主应力均不平行的任意斜截面，其上的应力可用位于三个应力圆围成的阴影线区域里某一相应点的坐标来表示。

综上可知，单元体任意斜截面上的应力，总可以用三个应力圆的圆周上某点或由它们围成的阴影线区域内某点的坐标来表示。这三个应力圆称为三向应力圆，其中 σ_1 和 σ_3 绘出的应力圆①称为主应力圆。

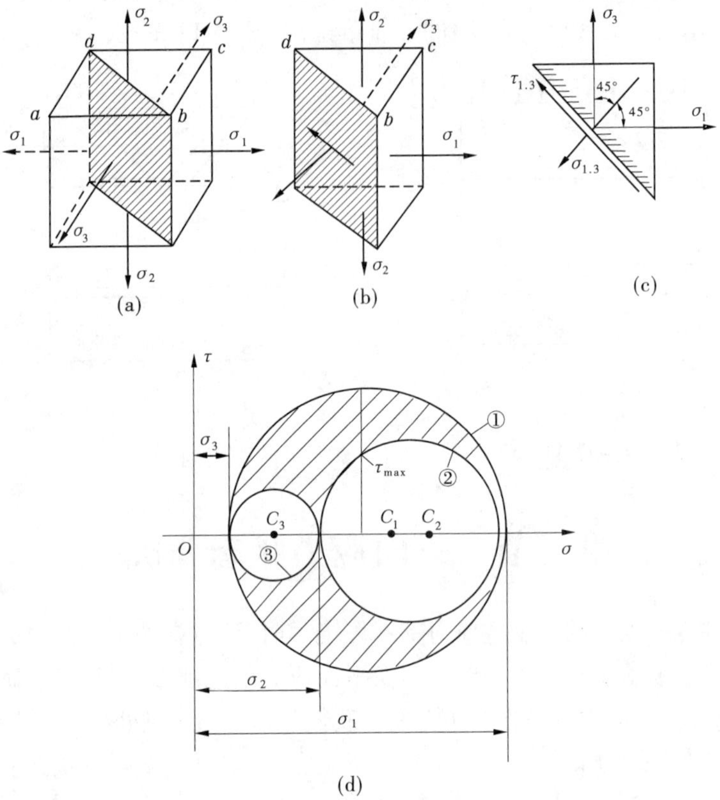

图 11-18

二、最大正应力和最大切应力

由图 11-18 所示的三向应力圆可见,在一点处的三个主应力中,σ_1 是通过该点的所有截面上的正应力中的最大值,σ_3 是通过该点的所有截面上的正应力中的最小值,即

$$\sigma_{\max} = \sigma_1, \sigma_{\min} = \sigma_3 \tag{11-7}$$

而通过该点的所有截面上的切应力中的最大值为

$$\tau_{\max} = \frac{\sigma_1 - \sigma_3}{2} \tag{11-8}$$

即最大切应力等于最大主应力与最小主应力之差的一半。最大切应力的作用平面与最大主应力 σ_1、最小主应力 σ_3 的作用平面分别成 45°角,且与主应力 σ_2 的作用平面垂直。可见,一点处最大正应力和最大切应力均由该点处的主应力圆决定。

式(11-7)与式(11-8)也适用于单向应力状态和平面应力状态。

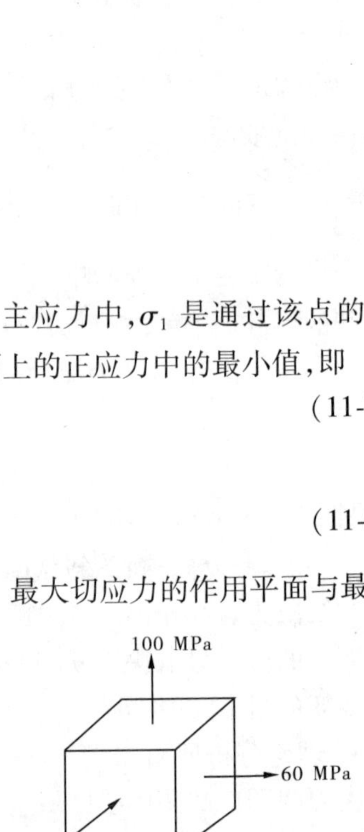

图 11-19

【例 11-5】 单元体三对面上的应力如图 11-19 所示,求此点处的主应力和最大切应力。

解:由图 11-19 知,单元体的三对面上均无切应力,因而它们都为主平面,故主应力为

$$\sigma_1 = 100 \text{ MPa}$$
$$\sigma_2 = 60 \text{ MPa}$$
$$\sigma_3 = -80 \text{ MPa}$$

由式(11-8)可得,最大切应力为

$$\tau_{\max} = \frac{\sigma_1 - \sigma_3}{2} = 90(\text{MPa})$$

【例 11-6】 单元体上各个面上的应力如图 11-20(a)所示。求主应力和最大切应力,并绘出三向应力圆。

解:该单元体有一个已知主应力,即 $\sigma_2 = 120$ MPa。单元体的 x 平面(左、右面)和 y 平面(上、下面)上的应力为

$$\sigma_x = 300 \text{ MPa}, \sigma_y = 140 \text{ MPa}, \tau_x = -150 \text{ MPa}$$

在 xy 平面内,由式(11-6)可得

$$\left.\begin{matrix}\sigma_{\max}\\ \sigma_{\min}\end{matrix}\right\} = \frac{\sigma_x + \sigma_y}{2} \pm \sqrt{\left(\frac{\sigma_x - \sigma_y}{2}\right)^2 + \tau_x^2}$$
$$= 220 \pm 170 = \begin{matrix}390(\text{MPa})\\ 50(\text{MPa})\end{matrix}$$

故单元体的三个主应力为

$$\sigma_1 = 390 \text{ MPa}, \sigma_2 = 120 \text{ MPa}, \sigma_3 = 50 \text{ MPa}$$

由式(11-8)可得,最大切应力为

$$\tau_{\max} = \frac{\sigma_1 - \sigma_3}{2} = 170(\text{MPa})$$

由单元体的三个主应力,绘出三向应力圆如图 11-20(b)所示。

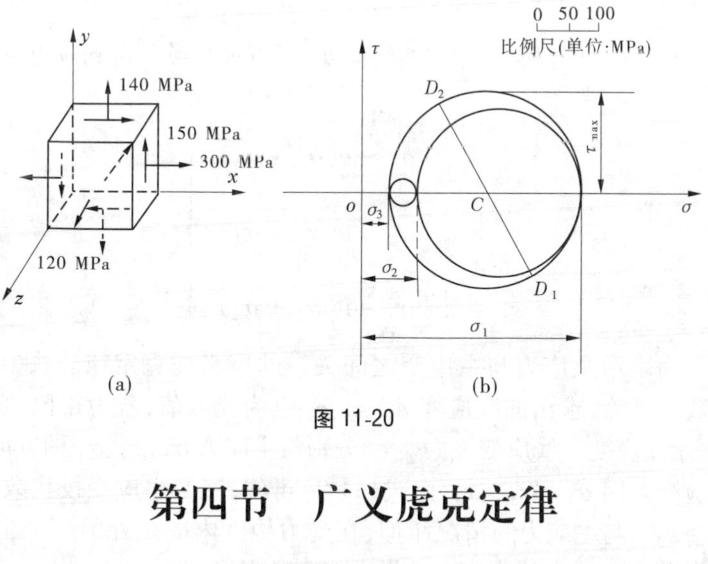

图 11-20

第四节 广义虎克定律

通过前面章节的学习,已经得到单向应力状态下的应力与应变关系,即虎克定律

$$\varepsilon = \frac{\sigma}{E} \text{ 或 } \sigma = E\varepsilon$$

现在来研究复杂应力状态下的应力与应变关系。为简单起见，取单元体三对面上都是主拉应力的三向应力状态来研究，见图 11-21(a)。

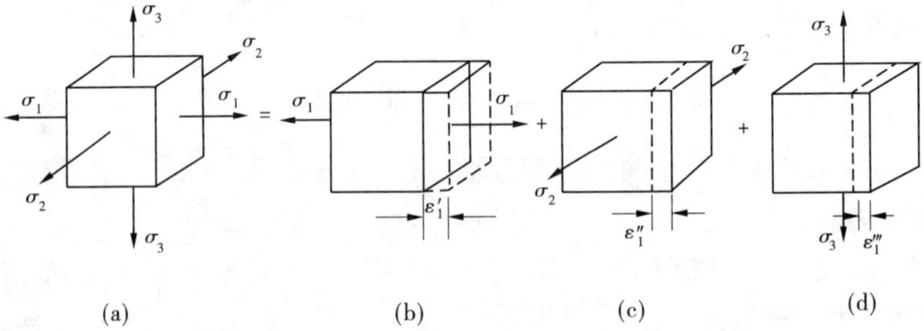

图 11-21

各向同性材料在弹性范围内发生小变形的条件下，三个主应力产生的同一方向的线应变可以叠加(见图 11-21)。

在 σ_1 单独作用下，单元体沿 σ_1 方向的线应变为

$$\varepsilon'_1 = \frac{\sigma_1}{E}$$

在 σ_2 和 σ_3 单独作用下，单元体沿 σ_1 方向的线应变分别用 ε''_1 和 ε'''_1 表示。由式(5-14)，得

$$\varepsilon''_1 = -\nu\frac{\sigma_2}{E}, \quad \varepsilon'''_1 = -\nu\frac{\sigma_3}{E}$$

因此，在三个主应力共同作用下，单元体沿 σ_1 方向的线应变，按叠加原理，有

$$\varepsilon_1 = \varepsilon'_1 + \varepsilon''_1 + \varepsilon'''_1 = \frac{\sigma_1}{E} - \nu\frac{\sigma_2}{E} - \nu\frac{\sigma_3}{E} = \frac{1}{E}[\sigma_1 - \nu(\sigma_2 + \sigma_3)]$$

同理，可求出沿 σ_2 方向和 σ_3 方向的线应变 ε_2 和 ε_3。最后得到应力与应变之间的下列关系：

$$\left.\begin{aligned} \varepsilon_1 &= \frac{1}{E}[\sigma_1 - \nu(\sigma_2 + \sigma_3)] \\ \varepsilon_2 &= \frac{1}{E}[\sigma_2 - \nu(\sigma_3 + \sigma_1)] \\ \varepsilon_3 &= \frac{1}{E}[\sigma_3 - \nu(\sigma_1 + \sigma_2)] \end{aligned}\right\} \tag{11-9}$$

式(11-9)称为表示主应力与主应变之间关系的广义虎克定律。式中的主应力 σ_1、σ_2、σ_3 均以代数值计算，求出的线应变 ε_1、ε_2、ε_3 也为代数值，若为正值，则表示拉应变；若为负值，则表示压应变。线应变 ε_1、ε_2、ε_3 分别与主应力 σ_1、σ_2、σ_3 的方向一致，称为一点处的三个主应变。因 $\sigma_1 \geqslant \sigma_2 \geqslant \sigma_3$，由式(11-9)可知，三个主应变按代数值大小排列的顺序为 $\varepsilon_1 \geqslant \varepsilon_2 \geqslant \varepsilon_3$。与主应力的情况相似，在受力构件内一点处的三个主应变中，ε_1 和 ε_3 分别是该点处沿各个方向线应变中的最大值和最小值，即

$$\varepsilon_{max} = \varepsilon_1, \varepsilon_{min} = \varepsilon_3 \tag{11-10}$$

在一般情况中，从受力构件内一点处取出的单元体，其各个面上既有正应力又有切应力。可以证明，对于各向同性材料在弹性范围内发生小变形的条件下，一点处的线应变仅与该点处的正应力有关，而切应变仅与该点处的切应力有关。因此，在式(11-9)中将 σ_1、σ_2、σ_3 换成 σ_x、σ_y、σ_z，就可以得到沿 x、y、z 方向的线应变 ε_x、ε_y、ε_z，即有

$$\left.\begin{aligned}\varepsilon_x &= \frac{1}{E}[\sigma_x - \nu(\sigma_y + \sigma_z)]\\ \varepsilon_y &= \frac{1}{E}[\sigma_y - \nu(\sigma_z + \sigma_x)]\\ \varepsilon_z &= \frac{1}{E}[\sigma_z - \nu(\sigma_x + \sigma_y)]\end{aligned}\right\} \tag{11-11}$$

式中的正应力 σ_x、σ_y、σ_z 和线应变 ε_x、ε_y、ε_z，均按代数值计算。至于切应力与切应变之间的关系，仍遵循剪切虎克定律，此处不再列出。式(11-11)称为表示正应力和线应变关系的广义虎克定律。

【例 11-7】 计算地压时，设地层由石灰石组成，其泊松比 $\nu = 0.2$，容重 $\gamma = 25\ \text{kN/m}^3$。试计算在离地面 400 m 深处的地压应力。

解：在 $h = 400$ m 深处取出的单元体如图 11-22 所示，单元体处于三向压缩的应力状态，其上、下面的地压应力 σ_3 为

$$\sigma_3 = -\gamma h = -25 \times 10^3 \times 400$$
$$= -1 \times 10^7(\text{Pa}) = -10\text{MPa}$$

单元体被周围岩石包围，侧向线应变为零，即

$$\varepsilon_1 = \varepsilon_2 = 0$$

代入式(11-9)，得

$$\sigma_1 - 0.2(\sigma_2 - 10) = 0$$
$$\sigma_2 - 0.2(-10 + \sigma_1) = 0$$

解得

$$\sigma_1 = \sigma_2 = -2.5(\text{MPa})$$

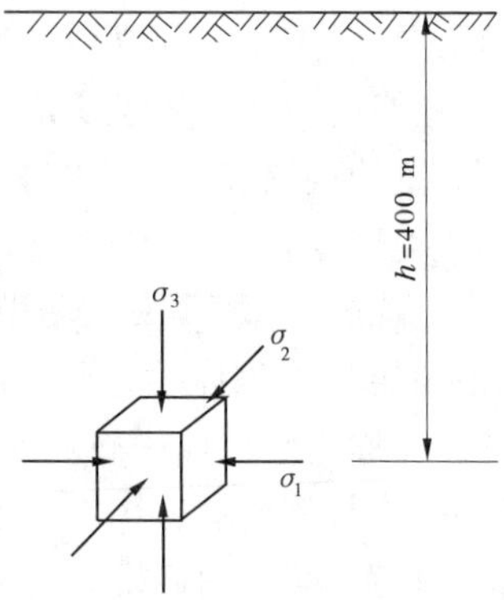

图 11-22

因此，该处三个方向的压应力分别为

$$\sigma_1 = \sigma_2 = -2.5\ \text{MPa}, \sigma_3 = -10\ \text{MPa}$$

第五节　强度理论及其应用

一、强度理论的概念

强度理论的提出是为了解决构件在复杂应力状态下的强度计算问题。

强度计算要依据强度条件才能进行，当杆件受力比较简单时，如轴向拉压或扭转，杆件的危险点处于单向应力状态或纯剪切应力状态，我们已经建立了强度条件，即

$$\sigma_{max} \leqslant [\sigma]$$

$$\tau_{max} \leqslant [\tau]$$

式中 σ_{max}、τ_{max}——杆件横截面上的最大正应力和最大切应力；

$[\sigma]$、$[\tau]$——材料的许用应力，它们是通过试验测出材料的极限应力除以适当的安全系数而得到的。

实践表明，这种直接根据试验结果建立的正应力强度条件和切应力强度条件，对材料处于单向应力状态和纯剪切应力状态下的构件是适宜的。然而在工程实际中，经常会遇到一些构件中的危险点既不是处于单向应力状态，也不是处于纯剪切应力状态，而是处于复杂应力状态。对这种危险点要建立强度条件，就不能照搬上述正应力强度条件和切应力强度条件来分别校正正应力和切应力。实践证明，构件上各处单元体的强度是与其各面上的正应力和切应力密切相关的，必须根据具体情况进行综合的分析研究。那么，是否能用前述直接试验的方法来建立复杂应力状态下危险点的强度条件呢？回答是，不能。因为在实际问题中存在着各种各样的复杂应力状态，而对任一种复杂应力状态，其三个主应力之间的比值有无穷多种，要对每一种比值都由试验来确定其极限应力，这显然是难以做到的。所以，解决这类问题不能再采用直接试验的方法。我们必须另辟途径来建立复杂应力状态下构件的强度条件。找出一个能够根据轴向拉（压）试验所测定的极限应力 σ_b 来建立复杂应力状态下危险点的强度条件的方法。

长期以来，人们不断地观察材料的破坏现象，研究影响材料破坏的因素，根据积累的经验资料，假定某一因素或几个因素是材料破坏的原因，提出了一些关于材料破坏的假说，这些假说及基于假说所建立的强度计算准则，称为强度理论。

大量的观察和研究表明，尽管材料的破坏现象比较复杂，但材料的破坏形式大体可分为两种类型：脆性断裂和塑性屈服。例如，铸铁试件在拉伸（或扭转）时，未产生明显的塑性变形，就沿横截面（或45°螺旋面）断裂，这种破坏称为脆性断裂破坏。低碳钢试件在拉伸（或扭转）时，当应力达到屈服极限后，会产生明显的塑性变形而失去正常的工作能力，这种破坏称为塑性屈服破坏。强度理论认为：不论材料处于何种应力状态，只要材料的破坏类型相同，材料的破坏就是由同一因素引起的。这样就可以将复杂应力状态与单向应力状态联系起来，利用轴向拉伸的试验结果，建立复杂应力状态下的强度条件。

相应于材料破坏的两种类型，强度理论也分为两类：第一类是关于脆性断裂破坏的强度理论，常用的有最大拉应力理论和最大拉应变理论；第二类是关于塑性屈服破坏的强度理论，常用的有最大切应力理论和形状改变比能理论，这四个基本的强度理论按提出的先后次序，又分别称为第一至第四强度理论。

二、四个基本的强度理论

（一）最大拉应力理论（第一强度理论）

最大拉应力理论认为：引起材料发生脆性断裂破坏的主要因素是最大拉应力。无论材料处于何种应力状态，只要构件内危险点处的最大拉应力 σ_1 达到材料在单向拉伸时发生脆性断裂的极限应力值 σ_b，材料就会发生脆性断裂。破坏条件为

$$\sigma_1 = \sigma_b$$

将极限应力 σ_b 除以安全系数，得到许用应力 $[\sigma]$。因此，按此理论建立的强度条件

为

$$\sigma_1 \leqslant [\sigma] \tag{11-12}$$

试验结果证明,此理论与砖、石、铸铁等脆性材料的脆性断裂破坏的结果相符。该理论能很好地解释铸铁材料在拉伸、扭转或在二向、三向应力状态下所产生的破坏现象。但是,它没有考虑其他两个主应力的影响,而且对于单向压缩、三向压缩等没有拉应力的应力状态,也无法应用。

(二)最大拉应变理论(第二强度理论)

最大拉应变理论认为:引起材料发生脆性断裂破坏的主要因素是最大拉应变。无论材料处于何种应力状态,只要构件内危险点处的最大拉应变 ε_1 达到材料在单向拉伸时发生脆性断裂的极限线应变 ε_b,材料就会发生脆性断裂。破坏条件为

$$\varepsilon_1 = \varepsilon_b$$

设材料在破坏前服从虎克定律,则有 $\varepsilon_b = \dfrac{\sigma_b}{E}$,而 ε_1 由广义虎克定律求出,故上式可写为

$$\frac{1}{E}[\sigma_1 - \nu(\sigma_2 + \sigma_3)] = \frac{\sigma_b}{E}$$

或

$$\sigma_1 - \nu(\sigma_2 + \sigma_3) = \sigma_b$$

考虑安全因数后,可得根据这一理论建立的强度条件

$$\sigma_1 - \nu(\sigma_2 + \sigma_3) \leqslant [\sigma] \tag{11-13}$$

该理论对石料或混凝土等脆性材料受压时沿纵向发生脆性断裂的现象能给予很好的解释。在试验机上进行砖、石、混凝土等脆性材料的轴向压缩试验,试件将沿垂直于压力的方向发生断裂破坏,这一方向正是最大拉应变的方向。但该理论与许多试验结果不相吻合,因此目前很少被采用。

(三)最大切应力理论(第三强度理论)

最大切应力理论认为:引起材料发生塑性屈服破坏的主要因素是最大切应力。无论材料处于何种应力状态,只要构件内危险点处的最大切应力达到材料在单向拉伸时发生塑性屈服的极限切应力 τ_s,材料就会发生塑性屈服破坏。破坏条件为

$$\tau_{max} = \tau_s$$

由单向拉伸试验可知,当横截面上的正应力达到 σ_s 时,与构件轴线成45°的斜截面上的切应力达到极限值 $\tau_{max} = \dfrac{\sigma_s}{2}$。另外,由上式知,在复杂应力状态下,一点处的最大切应力为

$$\tau_{max} = \frac{1}{2}(\sigma_1 - \sigma_3)$$

因此,破坏条件为

$$\sigma_1 - \sigma_3 = \sigma_s$$

考虑安全系数后,可得根据这一理论建立的强度条件

$$\sigma_1 - \sigma_3 \leqslant [\sigma] \tag{11-14}$$

该理论已被许多塑性材料的塑性屈服破坏的试验所证实，并且稍偏于安全。加之提供的算式较简单，因而得到广泛应用。

（四）形状改变比能理论（第四强度理论）

构件在外力作用下发生变形的同时，其内部也积储了能量，称为变形能。例如，用手拧紧钟表的发条，发条在变形的同时积储了能量，带动指针转动。构件单位体积内存储的变形能称为比能。比能可分为两部分，即体积改变比能和形状改变比能。

形状改变比能理论认为：引起材料发生塑性屈服破坏的主要因素是形状改变比能。无论材料处于何种应力状态，只要构件内危险点处的形状改变比能达到材料在单向拉伸时发生塑性屈服的极限形状改变比能，该点处的材料就会发生塑性屈服破坏。

可以证明，根据这一理论建立的强度条件为

$$\sqrt{\frac{1}{2}[(\sigma_1-\sigma_2)^2+(\sigma_2-\sigma_3)^2+(\sigma_3-\sigma_1)^2]}\leqslant[\sigma] \tag{11-15}$$

该理论与许多塑性材料的塑性屈服试验结果相符。由于它考虑了三个主应力对屈服破坏的综合影响，所以比第三强度理论更接近试验结果，更为经济。

按照上述四个强度理论所建立的强度条件可统一写成如下的形式：

$$\sigma_r\leqslant[\sigma] \tag{11-16}$$

式中　$[\sigma]$——材料的许用应力；

　　σ_r——主应力的某种组合。

这样，复杂应力状态下构件的强度条件与单向拉伸时杆件的强度条件在形式上完全相同，σ_r 在安全程度上与单向拉伸时的拉应力相当，故称为相当应力。四个强度理论的相当应力分别为

$$\left.\begin{aligned}\sigma_{r_1}&=\sigma_1\\ \sigma_{r_2}&=\sigma_1-\nu(\sigma_2+\sigma_3)\\ \sigma_{r_3}&=\sigma_1-\sigma_3\\ \sigma_{r_4}&=\sqrt{\frac{1}{2}[(\sigma_1-\sigma_2)^2+(\sigma_2-\sigma_3)^2+(\sigma_3-\sigma_1)^2]}\end{aligned}\right\} \tag{11-17}$$

三、莫尔强度理论

莫尔强度理论是在最大切应力理论基础上发展起来的一个理论。该理论认为：材料沿某一截面发生的剪切滑移破坏，主要是由于构件内某一个截面上的切应力达到了一定的限度，但还与该截面上的正应力有关。因为剪切的结果必然会使材料沿剪切面发生相对滑动，而相对滑动的表面之间会产生摩擦力。此摩擦力的大小则取决于该面上的正应力。当该截面上的正应力为压应力时，压应力越大，则材料越不容易沿该截面滑动（破坏）；反之，当该截面上的正应力为拉应力时，拉应力越大，材料越容易沿该截面发生滑动（破坏）。因此，材料的破坏并不一定沿最大切应力作用面发生，而是沿切应力与正应力达到某种最不利组合的截面发生的。

与前面所讨论的各种强度理论相比，莫尔强度理论并不是简单地假设材料的破坏是

由某个因素达到了其极限值而引起的，而是以各种应力状态下材料的破坏试验结果为依据，建立起来的具有一定经验性的强度理论。它是从莫尔应力圆出发，提出的一种判断材料破坏强度的图解方法。

(一)极限应力圆和强度极限曲线

由应力状态的知识可知，当受力构件内某一点处的三个主应力 σ_1、σ_2 和 σ_3 已知时，可绘出该点处的三向应力圆，其中由 σ_1 与 σ_3 绘出的主应力圆控制了一点处的主应力和切应力的变化范围，且最大、最小主应力和最大切应力都在这个圆上。

材料破坏时的主应力圆称为极限应力圆。若把某一材料做成一组试样，在不同的主应力比值($\sigma_1:\sigma_2:\sigma_3$)下进行破坏试验，每一个试样可得一个极限应力圆。把每一个试样极限应力圆都画在同一坐标系中，这样就能得到圆心同在 σ 轴上的一组极限应力圆。这些极限应力圆具有一条公共的包络线(见图 11-23)，称为材料的强度极限曲线。莫尔强度理论认为，当构件内危险点处的主应力圆与其材料的强度极限曲线相切时，该点处的材料就会发生破坏；当主应力圆在强度极限曲线内部时，则该点处的材料不会破坏。为安全起见，考虑安全系数，将强度极限曲线向 σ 轴平移若干倍，得到强度许用曲线，如图 11-23 中虚线所示。若构件内危险点的主应力圆不超过强度许用曲线的范围，则构件的强度是足够的。

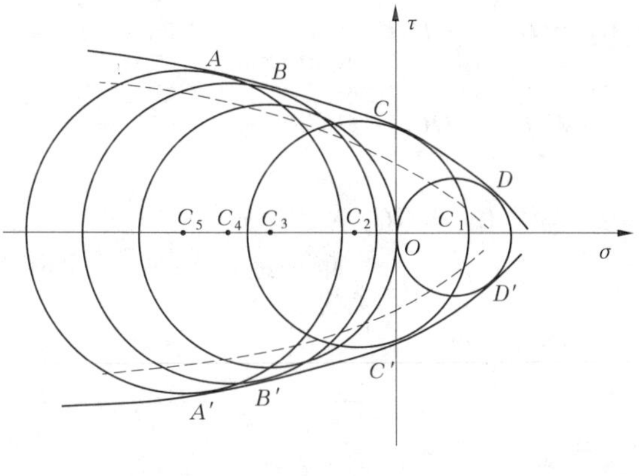

图 11-23

(二)强度条件

由上可知，在用莫尔强度理论判断构件是否安全之前，必须先确定构件材料的强度极限曲线。确定强度极限曲线需要做一系列的试验，这是一件繁杂的工作，而且莫尔强度理论不像前面介绍的四个基本的强度理论那样有简洁的强度条件表达式。因此，工程中常采用简化的方法来确定强度极限曲线，即只做单向拉伸和单向压缩试验，以所得到的两个极限应力圆的公切线作为强度极限曲线，如图 11-24 所示。莫尔强度理论经过上述简化后，可以用下面的方法得出它的强度条件表达式。

设构件内危险点处的主应力圆与公切线 D_1D_2 相切于点 D_3(见图 11-24)，由点 C_1 作公切线 D_1D_2 的平行线 C_1E_2。由图 11-24 可见，$\triangle C_1E_3C_3 \backsim \triangle C_1E_2C_2$，故有

$$\frac{E_3C_3}{E_2C_2} = \frac{C_1C_3}{C_1C_2} \tag{a}$$

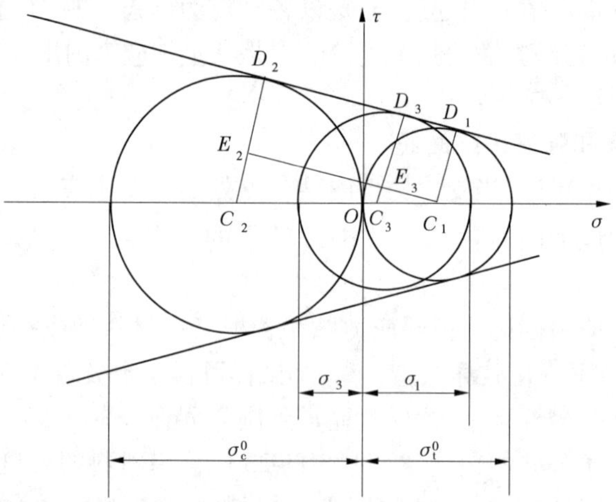

图 11-24

将

$$E_3C_3 = D_3C_3 - D_3E_3 = D_3C_3 - D_1C_1 = \frac{\sigma_1 - \sigma_3}{2} - \frac{\sigma_t^0}{2}$$

$$E_2C_2 = D_2C_2 - D_2E_2 = D_2C_2 - D_1C_1 = \frac{\sigma_c^0}{2} - \frac{\sigma_t^0}{2}$$

$$C_1C_3 = OC_1 - OC_3 = \frac{\sigma_t^0}{2} - \frac{\sigma_1 + \sigma_3}{2}$$

$$C_1C_2 = OC_1 + OC_2 = \frac{\sigma_t^0}{2} + \frac{\sigma_c^0}{2}$$

代入式(a),得

$$\frac{\sigma_1 - \sigma_3 - \sigma_t^0}{\sigma_c^0 - \sigma_t^0} = \frac{\sigma_t^0 - (\sigma_1 + \sigma_3)}{\sigma_t^0 + \sigma_c^0}$$

整理后得

$$\sigma_1 - \frac{\sigma_t^0}{\sigma_c^0}\sigma_3 = \sigma_t^0$$

式中 σ_t^0——材料在单向拉伸时的极限应力;

σ_c^0——材料在单向压缩时的极限应力(以绝对值计算)。

考虑安全系数后,得到莫尔强度理论的强度条件为

$$\sigma_1 - \frac{[\sigma_t]}{[\sigma_c]}\sigma_3 \leqslant [\sigma_t] \tag{11-18}$$

式中 $[\sigma_t]$——材料的许用拉应力;

$[\sigma_c]$——材料的许用压应力(以绝对值计算)。

莫尔强度理论的相当应力为

$$\sigma_{r_M} = \sigma_1 - \frac{[\sigma_t]}{[\sigma_c]}\sigma_3 \tag{11-19}$$

对于一般塑性材料，其$[\sigma_t]=[\sigma_c]$，式(11-18)即为

$$\sigma_1-\sigma_3 \leqslant [\sigma]$$

这就是最大切应力理论的强度条件。莫尔强度理论不但适用于塑性材料，而且也适用于脆性材料，特别适用于抗拉、抗压强度不同的材料。它还广泛应用于土力学、岩石力学的强度计算。

四、强度理论的选用原则

在实际工程中，究竟选择哪一个强度理论较为合适，是一个比较复杂的问题，这里仅作简单介绍。

前面介绍的几个强度理论都是对某种确定的破坏形式(断裂或屈服)才是适用的。因此，应当先根据材料的性能(塑性或脆性)和应力状态判断构件可能发生什么形式的破坏，然后选择相应的强度理论。

就一般情况而言，对于脆性材料，如混凝土、石料、铸铁等，通常发生脆性断裂破坏；对于塑性材料，如碳钢、铜、铝等，通常发生塑性屈服破坏。但应力状态对材料的破坏形式有很大影响。例如，低碳钢在单向拉伸时会发生明显的屈服现象，而用低碳钢制成的丝杆承受拉伸时，其螺纹根部由于应力集中处于三向拉伸的应力状态，而发生脆性断裂破坏，且断口平齐与铸铁拉伸试件的断口相仿。又如，当淬火钢球压在铸铁板上时，铸铁板上会出现明显的塑性凹坑，这是因为接触点附近的铸铁材料处于三向压缩的应力状态，尽管铸铁是脆性材料，但在该种情况下也会发生塑性变形。

由以上分析，可得到如下选择强度理论的一般性原则：

(1)对于混凝土、石料、铸铁等脆性材料，通常发生脆性断裂破坏，宜采用最大拉应力理论、最大拉应变理论或莫尔强度理论。

(2)对于碳钢、铜、铝等塑性材料，通常发生塑性屈服破坏，宜采用最大切应力理论或形状改变比能理论。最大切应力理论的算式简单，计算结果偏于安全；形状改变比能理论更符合实际。

(3)在三向拉伸应力状态下，不论是脆性材料还是塑性材料，通常发生脆性断裂破坏，宜采用最大拉应力理论或莫尔强度理论。

(4)在三向压缩应力状态下，不论塑性材料还是脆性材料，通常发生塑性屈服破坏，宜采用最大切应力理论或形状改变比能理论。

(5)目前土力学、岩石力学、地质力学大都采用莫尔强度理论。

五、复杂应力状态下强度计算实例

(一)钢梁的全面强度计算

对于一般截面的梁来说，在最大弯矩所在截面上距中性轴最远的各点处有最大正应力，而切应力等于零；在最大剪力所在截面的中性轴上各点处存在着最大切应力，而正应力等于零。因此，对这些危险点分别进行正应力和切应力强度计算，就可以保证梁的强度。但是，对截面宽度有突变的工字形或槽形截面梁，在危险截面上腹板与翼缘交界处各点的正应力和切应力都比较大，因而交界点也可能是梁的危险点。所以，对这种梁在进行

正应力和切应力强度计算后，还要对上述交界点进行补充强度计算（也称主应力强度校核）。上述三方面计算内容称为全面的强度计算。

梁的横截面上除离中性轴最远的两边缘上的各点和中性轴上各点以外，其他各点处的应力状态都是平面应力状态。当已知这些点处的 σ、τ 时，三个主应力为

$$\left.\begin{aligned}\sigma_1 &= \frac{\sigma}{2} + \sqrt{\left(\frac{\sigma}{2}\right)^2 + \tau^2}\\ \sigma_2 &= 0\\ \sigma_3 &= \frac{\sigma}{2} - \sqrt{\left(\frac{\sigma}{2}\right)^2 + \tau^2}\end{aligned}\right\}$$

对于钢梁，若按最大切应力理论建立强度条件，则相当应力为

$$\sigma_{r_3} = \sigma_1 - \sigma_3 = \sqrt{\sigma^2 + 4\tau^2} \tag{11-20}$$

若按形状改变比能理论建立强度条件，则相当应力为

$$\sigma_{r_4} = \sqrt{\frac{1}{2}[(\sigma_1 - \sigma_2)^2 + (\sigma_2 - \sigma_3)^2 + (\sigma_3 - \sigma_1)^2]} = \sqrt{\sigma^2 + 3\tau^2} \tag{11-21}$$

【例 11-8】 焊接工字钢梁，如图 11-25(a)、(b)所示，已知梁的许用应力 $[\sigma] = 150$ MPa，$[\tau] = 95$ MPa，试对梁进行全面的强度校核。

解：(1)确定危险截面，绘出梁的剪力图和弯矩图，如图 11-25(d)所示。由图可见，最大剪力和最大弯矩分别发生在 C 左侧或 D 右侧截面上，其值为

$$F_{Q_C}^{L} = |F_{Q_D}^{R}| = F_{Q_{max}} = 200(\mathrm{kN})$$

$$M_C = M_D = M_{max} = 80(\mathrm{kN\cdot m})$$

该两截面为危险截面。

(2)确定危险点。绘出危险截面上正应力和切应力的分布图，如图 11-25(c)所示。最大正应力发生在上、下边缘处，例如 a 点或 e 点，该点处于单向应力状态。最大切应力发生在中性轴上，例如 c 点，该点处于纯剪切应力状态。在腹板与翼缘的交界点，例如 d 点或 b 点处的正应力和切应力都比较大，该点处于平面应力状态。上述各点都是危险点，应分别对它们进行强度计算。

(3)校核正应力强度和切应力强度。以下计算中需用到的截面几何参数为

$$\begin{aligned}I_z &= \frac{120 \times 300^3}{12} - \frac{\frac{120 - 9}{2} \times 270^3}{12} \times 2\\ &= 270 \times 10^6 - 182 \times 10^6\\ &= 88 \times 10^6(\mathrm{mm}^4) = 88 \times 10^{-6}\mathrm{m}^4\end{aligned}$$

$$\begin{aligned}S_{zc}^* &= 120 \times 15 \times \left(135 + \frac{15}{2}\right) + 135 \times 9 \times \frac{135}{2}\\ &= 256.5 \times 10^3 + 82 \times 10^3 = 338.5 \times 10^3(\mathrm{mm}^3)\\ &= 338.5 \times 10^{-6}\mathrm{m}^3\end{aligned}$$

$$S_{zd}^* = 120 \times 15 \times \left(135 + \frac{15}{2}\right) = 256.5 \times 10^3(\mathrm{mm}^3)$$

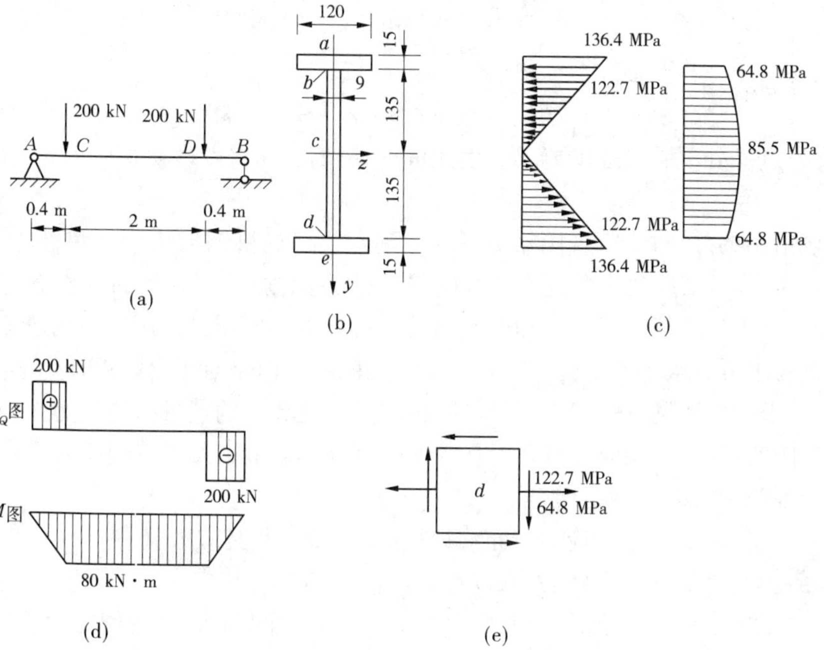

图 11-25

$$= 256.5 \times 10^{-6} \text{m}^3$$

梁内最大正应力为

$$\sigma_{\max} = \sigma_e = \frac{M_{\max} y_e}{I_z} = \frac{80 \times 10^3 \times (135 + 15) \times 10^{-3}}{88 \times 10^{-6}}$$

$$= 136.4 \times 10^6 (\text{Pa}) = 136.4 \text{ MPa} < [\sigma] = 150 \text{ MPa}$$

可见梁的正应力强度足够。

梁内最大切应力为

$$\tau_{\max} = \tau_c = \frac{F_{Q_{\max}} S_{zc}^*}{I_z b} = \frac{200 \times 10^3 \times 338.5 \times 10^{-6}}{88 \times 10^{-6} \times 9 \times 10^{-3}}$$

$$= 85.5 \times 10^6 (\text{Pa}) = 85.5 \text{ MPa} < [\tau] = 95 \text{ MPa}$$

可见梁的切应力强度也足够。

(4)校核主应力强度。腹板与翼板交界点处的正应力和切应力分别为

$$\sigma_d = \frac{M_{\max} y_d}{I_z} = \frac{80 \times 10^3 \times 135 \times 10^{-3}}{88 \times 10^{-6}}$$

$$= 122.7 \times 10^6 (\text{Pa}) = 122.7 \text{ MPa}$$

$$\tau_d = \frac{F_{S_{\max}} S_{zd}^*}{I_z b} = \frac{200 \times 10^3 \times 256.5 \times 10^{-6}}{88 \times 10^{-6} \times 9 \times 10^{-3}}$$

$$= 64.8 \times 10^6 (\text{Pa}) = 64.8 \text{ MPa}$$

在 d 点处取出的单元体如图 11-25(e)所示。利用式(11-20)和式(11-21)得

$$\sigma_{r_3} = \sqrt{\sigma^2 + 4\tau^2} = \sqrt{122.7^2 + 4 \times 64.8^2}$$

$$= 178.5(\text{MPa}) > [\sigma] = 150\ \text{MPa}$$

$$\sigma_{r_4} = \sqrt{\sigma^2 + 3\tau^2} = \sqrt{122.7^2 + 3 \times 64.8^2}$$

$$= 166.3(\text{MPa}) > [\sigma] = 150\ \text{MPa}$$

因此,交界点 d 处不满足强度要求。由此可见,梁的破坏将发生在正应力和切应力都较大的 d 点处。

应该指出的是,对于符合国家标准的型钢(工字钢、槽钢),由于其腹板与翼缘交界处不仅有圆弧,而且翼缘的内侧还有 1:6 的斜度,因而增加了交界处的截面宽度,这就保证了在截面上、下边缘处的正应力和中性轴处的切应力都不超过许用应力的情况下,腹板与翼缘交界处附近各点一般不会发生强度不够的问题。但是对于自行设计焊接而成的薄腹截面梁,还必须按本例题中的方法对其腹板与翼缘交界处的点进行主应力强度校核。

由本例题可知,复杂应力状态下杆件的强度计算一般可按以下几个步骤进行:

(1)绘制内力图,确定危险截面。

(2)考虑危险截面上的应力分布规律,确定危险点及其应力状态。

(3)计算危险点处应力状态中各应力分量。

(4)若危险点处于单向或纯剪切应力状态,则分别按正应力或切应力强度条件进行强度计算;若危险点处于复杂应力状态,则应选择合适的强度理论,计算相当应力,进行强度计算。

(二)薄壁圆筒的强度计算

工程中通常将 $t \leqslant d/20$ 的圆筒称为薄壁圆筒,其中 t 为壁厚,d 为圆筒的平均直径。薄壁圆筒形的容器,如输水或输气管道、蒸汽锅炉、液压缸等,在内压力的作用下筒壁处于两向或三向应力状态,其强度须用强度理论进行计算。

【例 11-9】 薄壁圆筒如图 11-26(a)、(b)、(c)所示,圆筒的平均直径 $d = 1\ 000$ mm,壁厚 $t = 10$ mm,内压力 $p = 3$ MPa。材料为 Q235 钢,许用应力 $[\sigma] = 160$ MPa。试校核圆筒的强度。

解:(1)筒壁内取出单元体并计算其各个面上的应力。从圆筒壁的内表层任一点处取出由横截面、径向截面以及与内表层平行的圆柱截面构成的单元体。

先计算径向截面(单元体上、下两个面)上的应力。取长为 l(也可取单位长度)的一段圆筒,并用通过圆筒直径的径向截面将其截为两半,取出下半部分为研究对象如图 11-26(b)所示。因内压力是对称荷载,故可认为内压力作用在该段圆筒的投影面积(直径平面)上,合力为 pdl,沿 y 轴方向。因此,径向截面上无切应力,且由于 $t = d$,可认为径向截面上的正应力 σ_1 是均匀分布的。列出平衡方程

$$\sum Y = 0, \sigma_1(2lt) - pdl = 0$$

得单元体的主应力为

$$\sigma_1 = \frac{pd}{2t} \tag{a}$$

再计算横向截面(单元体左、右两个面)上的应力,截取圆筒的右边部分为研究对象,如图 11-26(d)所示,内压力的合力 $F = p(\pi d^2/4)$,沿圆筒的轴向。设横截面上的正应力

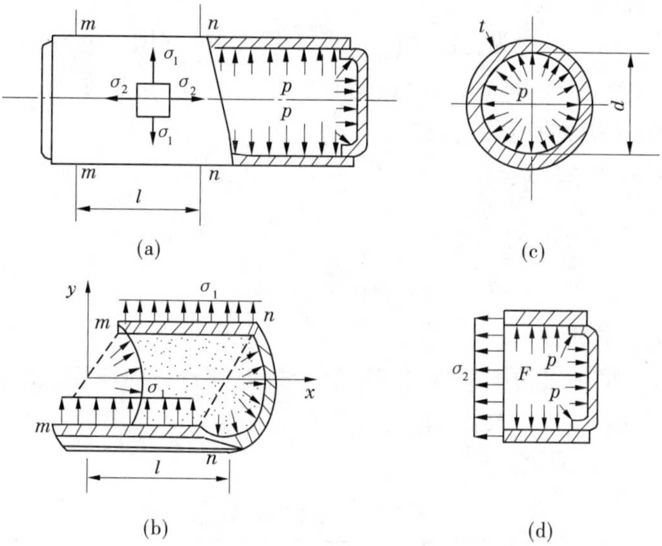

图 11-26

为 σ_2，列出平衡方程

$$\sum X = 0, \sigma_2(\pi dt) - p(\pi d^2/4) = 0$$

得单元体的另一个主应力为

$$\sigma_2 = \frac{pd}{4t} \tag{b}$$

在圆筒的内壁，作用着径向的内压力 p，故单元体前、后两个面上的主应力为

$$\sigma_3 = -p \tag{c}$$

由式(a)、式(b)和式(c)可知，由于 $t \ll d$，所以 σ_3 的绝对值与 σ_1 和 σ_2 相比，可忽略不计，即认为 $\sigma_3 = 0$。从圆筒壁内取出的单元体如图 11-26(a)所示。

(2)用强度理论对圆筒进行强度校核。圆筒一般由塑性材料制成，所以应按第三强度理论或第四强度理论进行强度校核。将得到的主应力代入式(11-14)和式(11-15)，可得

$$\sigma_{r_3} = \frac{pd}{2t} \leqslant [\sigma] \tag{d}$$

$$\sigma_{r_4} = \frac{pd}{2.3t} \leqslant [\sigma] \tag{e}$$

这就是按第三强度理论和第四强度理论校核薄壁圆筒强度的公式。利用式(d)、式(e)，还可以设计圆筒的壁厚和确定圆筒所能承受的内压力 p。

将本题中有关数据代入式(d)或式(e)，得

$$\sigma_{r_3} = \frac{pd}{2t} = \frac{3 \times 1\,000}{2 \times 10} = 150(\text{MPa}) < [\sigma] = 160 \text{ MPa}$$

或

$$\sigma_{r_4} = \frac{pd}{2.3t} = \frac{3 \times 1\,000}{2.3 \times 10} = 130(\text{MPa}) < [\sigma] = 160 \text{ MPa}$$

由上可知，无论用第三强度理论还是用第四强度理论进行校核，圆筒的强度都是足够的。

(三)岩土的强度计算

【例 11-10】 水库岸边为花岗岩体。已知花岗岩的许用拉应力$[\sigma_t]=2$ MPa,许用压应力$[\sigma_c]=16$ MPa,库岸岩体内危险点处的主应力 $\sigma_1=-4$ MPa,$\sigma_3=-26$ MPa,试用莫尔强度理论对岸边岩体进行强度校核。

解: 由莫尔强度条件式(11-18),得

$$\sigma_{r_M}=\sigma_1-\frac{[\sigma_t]}{[\sigma_c]}\sigma_3=-4-\frac{2}{16}\times(-26)$$
$$=-0.75(\text{MPa})\leqslant[\sigma_t]=2\text{ MPa}$$

可见水库岸边岩体强度足够。

【例 11-11】 将一组黏土试样在三轴试验机上进行三向压缩破坏试验,得出的试验数据如表 11-1 所示。求:(1)绘制黏土的强度极限曲线;(2)用莫尔强度理论校核地基土中 A、B、C、D 四点处的强度。

表 11-1 黏土试验数据 (单位:MPa)

土样编号		1	2	3	4	5
主应力	σ_3	-0.315	-0.580	-0.675	-0.879	-0.165
	σ_2	-0.085	-0.205	-0.265	-0.360	-0.105
	σ_1	0.085	-0.205	-0.265	-0.360	-0.105

A 点工作应力:$\sigma_3=-0.37$ MPa,$\sigma_1=\sigma_2=-0.04$ MPa

B 点工作应力:$\sigma_3=-0.57$ MPa,$\sigma_1=\sigma_2=-0.15$ MPa

C 点工作应力:$\sigma_3=-0.9$ MPa,$\sigma_1=\sigma_2=-0.04$ MPa

D 点工作应力:$\sigma_3=-0.26$ MPa,$\sigma_1=\sigma_2=-0.1$ MPa

解:在 $O\sigma\tau$ 坐标系中,根据表中五个土样绘出黏土的极限应力圆和强度极限曲线,如图 11-27 所示。再在图中绘出 A、B、C、D 四点处的主应力圆,由图可知,A 点和 B 点处的强度不足,C 点和 D 点处满足强度要求。

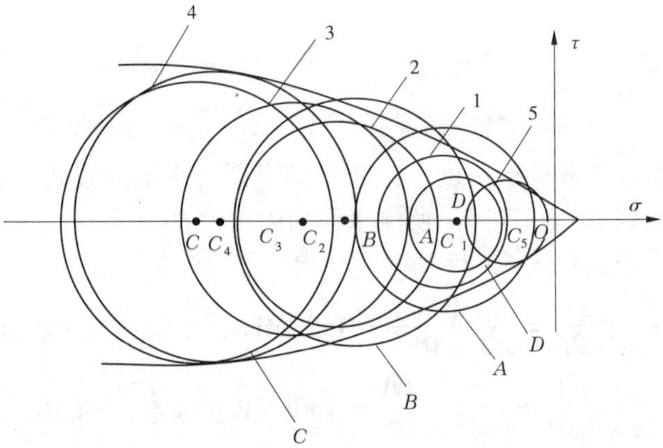

图 11-27

本章小结

本章讨论了应力状态理论和强度理论，目的是解决复杂应力状态下构件的强度计算问题。本章主要研究平面应力状态。

1. 一点处的应力状态

一点处的应力状态是指一点所取单元体的不同截面上的应力状况。

(1)一点处的应力(正应力、剪应力)随所取截面方位的不同而变化。平面应力单元体任意斜面上的应力计算公式为：

$$\sigma_{\alpha}=\frac{\sigma_x+\sigma_y}{2}+\frac{\sigma_x-\sigma_y}{2}\cos 2\alpha-\tau_x\sin 2\alpha$$

$$\tau_{\alpha}=\frac{\sigma_x-\sigma_y}{2}\sin 2\alpha+\tau_x\cos 2\alpha$$

(2)单元体的各个斜面中，剪应力为零的面称为主平面。主平面上的正应力称主应力。主应力是各斜面上正应力的最大值和最小值。主应力计算公式为

$$\sigma_{\max}=\sigma_1=\frac{\sigma_x+\sigma_y}{2}+\left(\sqrt{\frac{\sigma_x-\sigma_y}{2}+\tau_x^2}\right)$$

$$\sigma_{\max}=\sigma_3=\frac{\sigma_x+\sigma_y}{2}-\left(\sqrt{\frac{\sigma_x-\sigma_y}{2}+\tau_x^2}\right)$$

(3)最大剪应力计算公式为

$$\tau_{\max}=\frac{\sigma_1-\sigma_3}{2}$$

2. 复杂的应力状态

复杂应力状态下构件的强度条件与单向拉伸时杆件的强度条件在形式上完全相同，σ_{r} 在安全程度上与单向拉伸时的拉应力相当，故称为相当应力。四个强度理论的相当应力分别为

$$\left.\begin{aligned}&\sigma_{\mathrm{r}1}=\sigma_1\\&\sigma_{\mathrm{r}2}=\sigma_1-\nu(\sigma_2+\sigma_3)\\&\sigma_{\mathrm{r}3}=\sigma_1-\sigma_3\\&\sigma_{\mathrm{r}4}=\sqrt{\frac{1}{2}[(\sigma_1-\sigma_2)^2+(\sigma_2-\sigma_3)^2+(\sigma_3-\sigma_1)^2]}\end{aligned}\right\}$$

强条度条件为： $\sigma_{xd}\leqslant[\sigma]$

第一、第二强度理论适用于断裂破坏的脆性材料，而第三、第四强度理论适用于塑性材料。

思考题

11-1　何谓受力构件内一点处的应力状态？研究它有何意义？

11-2　应力状态是如何分类的？

11-3　何谓主平面和主应力？三个主应力排列顺序有何规定？

11-4　如何绘制应力圆？应力圆与单元体有何种对应关系？应力圆有哪些用途？

11-5　试用应力状态的理论解释铸铁圆轴扭转时的破坏现象。

11-6　何谓梁的主应力迹线？它有何特点？它有什么用途？

11-7　何谓三向应力圆和主应力圆？

11-8　如何理解在平面应力状态时，$\sigma_3=0$ 但 $\varepsilon_3\neq0$？

11-9　何谓强度理论？为什么要提出强度理论？

11-10　材料破坏的形式有哪些？试举例说明。

11-11　四个基本的强度理论和莫尔强度理论的内容是什么？它们各自的适用范围如何？

11-12　什么是相当应力？其含义是什么？

11-13　试用第二强度理论解释混凝土立方体试块压缩破坏的特征。

11-14　将沸水倒入厚玻璃杯中，玻璃杯内、外壁的受力情况如何？若因此而发生破裂，试问破裂是从内壁开始，还是从外壁开始？为什么？

11-15　试分析单向压缩混凝土圆柱与在钢管内灌注混凝土并凝固后，在其上端施加均匀压力的钢管混凝土圆柱，哪种情况下的强度大？为什么？

11-16　冬天自来水管结冰时，常因受内压力而胀裂。而水管中的冰也受到大小相等的反作用力，为什么水管破裂了而冰不破坏？试根据二者的应力状态及有关的强度理论作出解释。

习　题

11-1　构件受力情况如图 11-28 所示。指出危险点的位置，并用单元体表示危险点处的应力状态。

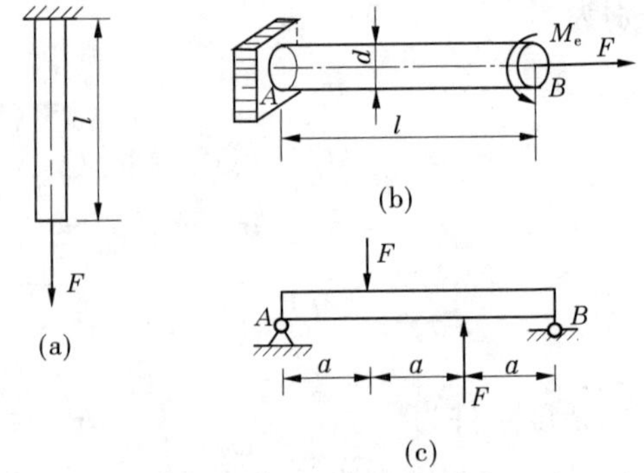

图 11-28

11-2　已知单元体的应力状态如图 11-29 所示，图中应力单位为 MPa。用解析法计算指定斜截面上的应力值。

11-3　单元体各个面上的应力如图 11-30 所示，图中应力单位为 MPa。求主应力和主平面，并在单元体上表示出来。

11-4　用应力圆求解习题 11-2 和习题 11-3。

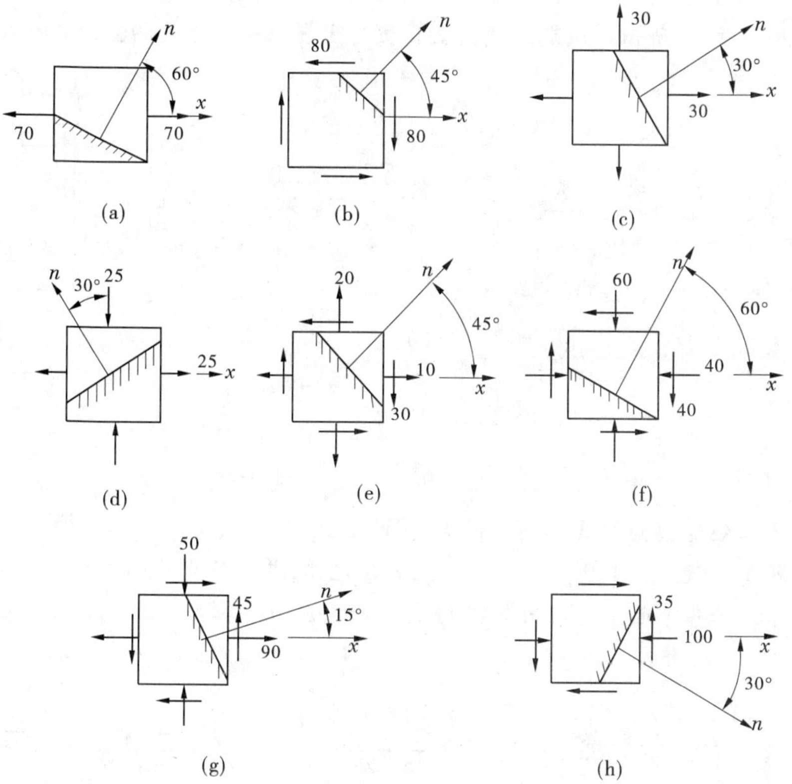

图 11-29

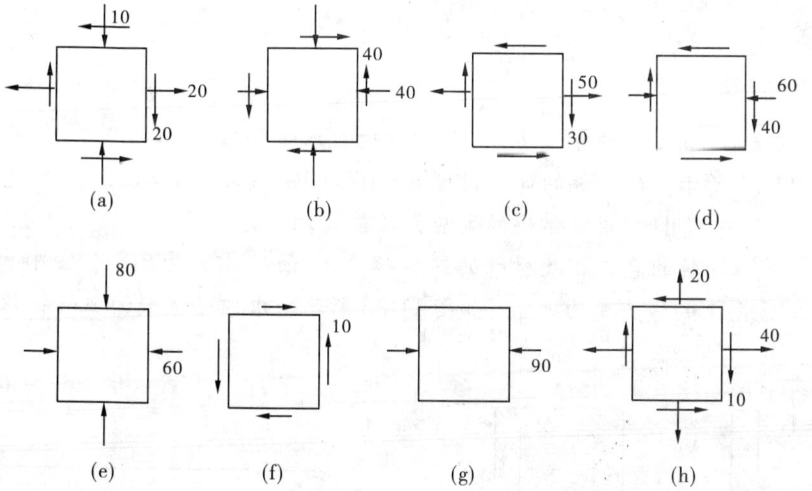

图 11-30

11-5　平面弯曲梁的工字形截面如图 11-31 所示。已求得截面上的弯矩 $M=375$ kN·m,剪力 $F_Q=75$ kN;截面的惯性矩 $I_z=6\ 500\ \mathrm{cm}^4$,翼缘对中性轴的面积矩 $S_z=940\times10^3\ \mathrm{mm}^3$,腹板高 $h=520$ mm,宽 $b=12.5$ mm。求腹板与翼缘交界点 a 处的主应力。

11-6　一简支梁，长 $L=1$ m，跨中点 C 处受集中荷载 $F=150$ kN 作用，梁由 20 b 工字钢制成，如图 11-32 所示。求危险截面上腹板与上翼缘交界点处的主应力及其方向。

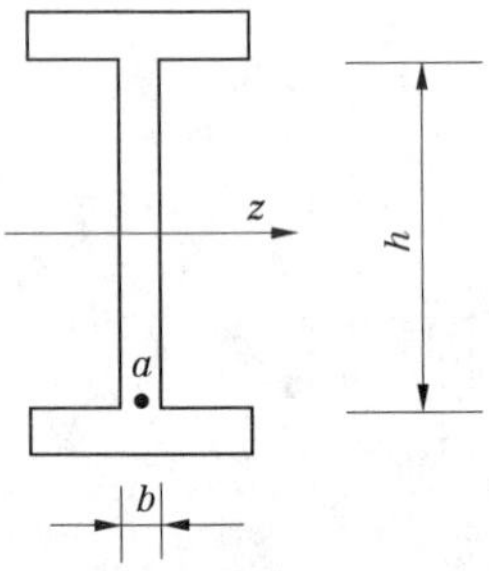

图 11-31

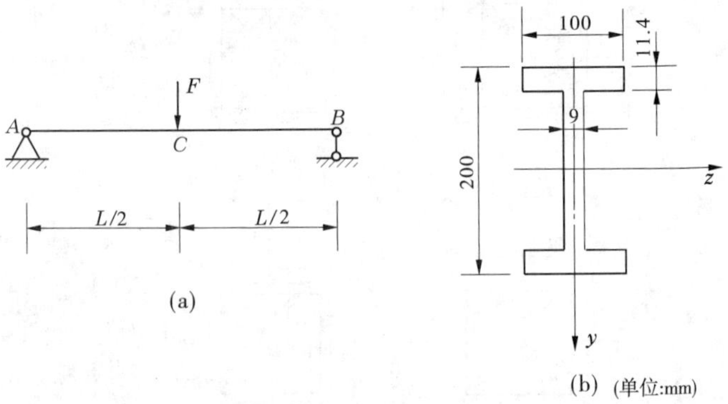

图 11-32

11-7　已知矩形截面梁某截面上的弯矩 $M=20$ kN · m，剪力 $F_Q=120$ kN；截面尺寸如图 11-33 所示。试绘出 1、2、3、4 点处的应力单元体，并求各点处的主应力。

11-8　单元体各个面上的应力如图 11-34 所示，应力单位为 MPa。求主应力和最大切应力，并绘出三向应力圆。

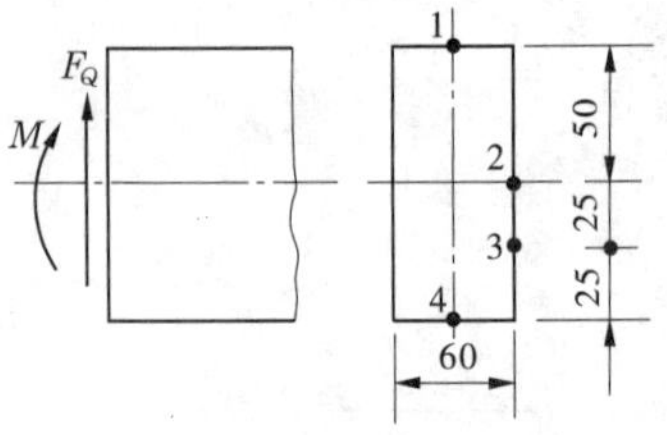

图 11-33

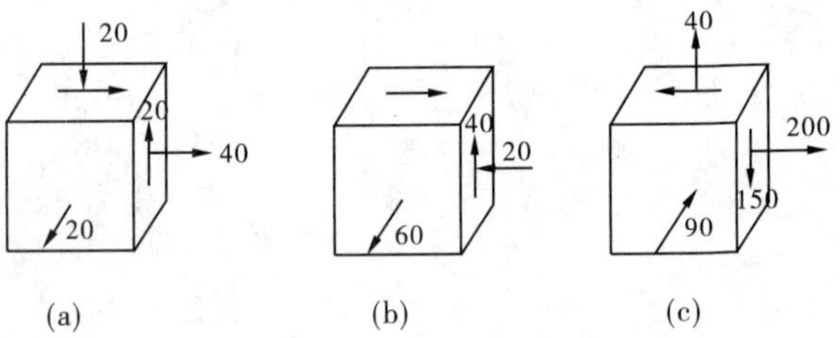

图 11-34

11-9　边长 $a=0.1$ m 的铜立方块，无间隙地放入体积较大、变形可略去不计的钢凹槽中，如图 11-35 所示。已知铜的弹性模量 $E=100$ GPa，泊松比 $\nu=0.34$。当受到合力为 $F=300$ kN 的压力作用时，求该铜块的主应力及最大切应力。

11-10　受扭圆轴的直径 d 及材料的弹性模量 E、泊松比 ν 为已知，又测得轴表面上一点处 $-15°$ 方向上的线应变为 $\varepsilon_{-15°}$，如图 11-36 所示。求该轴横截面上的扭矩 M_e。

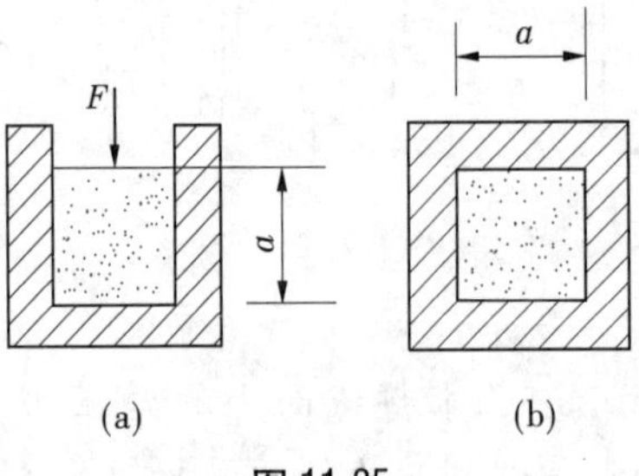

图 11-35

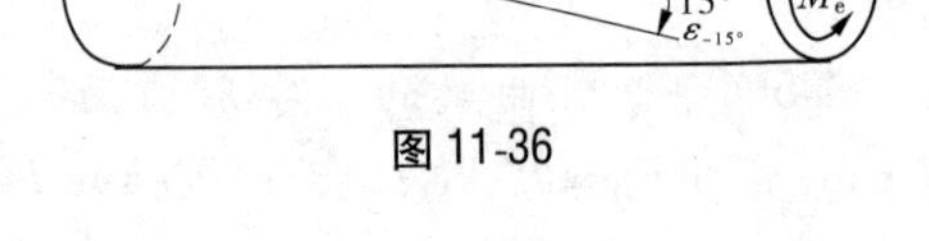

图 11-36

11-11 如图 11-37 所示悬臂梁由25a 工字钢制成，材料的弹性模量 $E=210$ GPa，泊松比 $\nu=0.3$，现测得中性层上 A 点处与轴线成45°方向的线应变 $\varepsilon_{45^\circ}=-2.6\times10^{-5}$。求荷载 F。

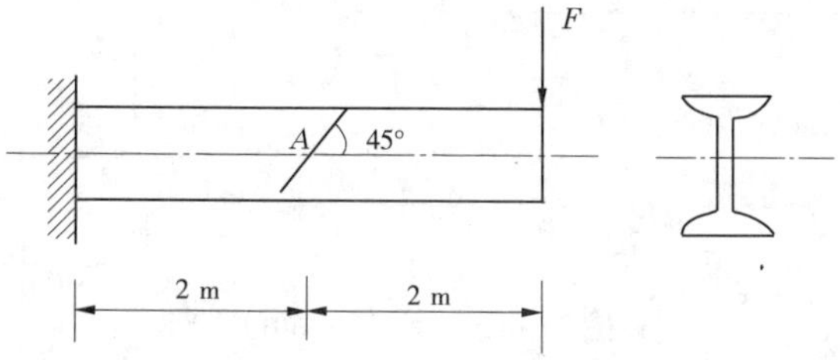

图 11-37

11-12 试对铸铁构件进行强度校核。已知材料的许用拉应力 $[\sigma_t]=30$ MPa，泊松比 $\nu=0.3$。危险点处的主应力为（单位：MPa）：(1) $\sigma_1=30,\sigma_2=20,\sigma_3=15$；(2) $\sigma_1=29,\sigma_2=20,\sigma_3=-20$；(3) $\sigma_1=29,\sigma_2=0,\sigma_3=-20$。

11-13 铸铁构件危险点处的应力状态如图 11-38 所示。已知材料的许用拉应力 $[\sigma_t]=35$ MPa，泊松比 $\nu=0.3$，试校核其强度。

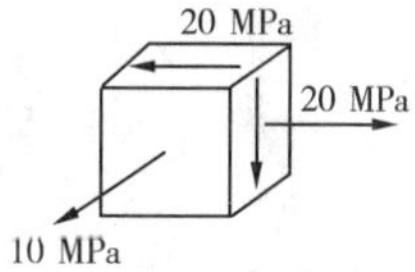

图 11-38

11-14 两种应力状态如图 11-39 所示，(1) 试按第三强度理论分别计算其相当应力（设 $|\sigma|>|\tau|$）；(2) 直接根据第四强度理论的概念判断哪一种较易发生屈服？并用第四强度理论进行校核。

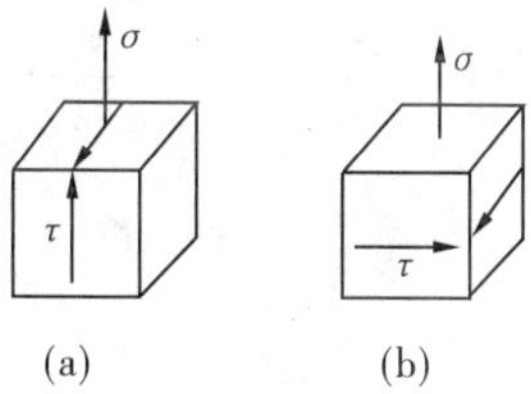

图 11-39

11-15 铸铁构件危险点处于复杂应力状态，其主应力 $\sigma_1=24$ MPa，$\sigma_2=0$，$\sigma_3=-36$ MPa，材料的许用拉应力 $[\sigma_t]=35$ MPa，许用压应力 $[\sigma_c]=120$ MPa，泊松比 $\nu=0.25$。试用第一、第二强度理论校核该构件的强度。

11-16 试对铝合金零件进行强度校核，已知材料的许用拉应力 $[\sigma_t]=120$MPa。危险点处的主应力如下（单位：MPa）：(1) $\sigma_1=80,\sigma_2=70,\sigma_3=-40$；(2) $\sigma_1=70,\sigma_2=30,\sigma_3=-20$；(3) $\sigma_1=60,\sigma_2=0,\sigma_3=-50$。

11-17 试全面校核如图 11-40 所示焊接工字形截面钢梁的强度。已知 $F=100$ kN，$a=0.6$ m，$L=5$ m 材料的许用应力 $[\sigma]=120$ MPa，$[\tau]=50$ MPa。

11-18 焊接工字形截面简支钢梁如图 11-41 所示，已知 $F=550$ kN，$q=40$ kN/m，$a=1$ m，$L=8$ m，材料的许用应力 $[\sigma]=160$ MPa，试按第四强度理论全面校核此梁的强度。

11-19 图 11-42 所示铸铁构件的中段为一内径 $d=200$ mm，壁厚 $t=10$ mm 圆筒，圆筒的内压力 $p=20$ MPa，两端受轴向外力 $F=100$ kN 的作用，材料的许用应力 $[\sigma_t]=40$ MPa，$[\sigma_c]=160$ MPa，泊松比 $\nu=0.25$，试按第二强度理论校核其强度。

11-20 如图 11-43 所示为一天然气管道（两端开口）。管道的平均直径 $D=1$ m，壁厚 $t=30$ mm，自重 $q=60$ kN/m，材料为钢，许用应力 $[\sigma]=100$ MPa，试按第三强度理论求该管道的许用内压力。

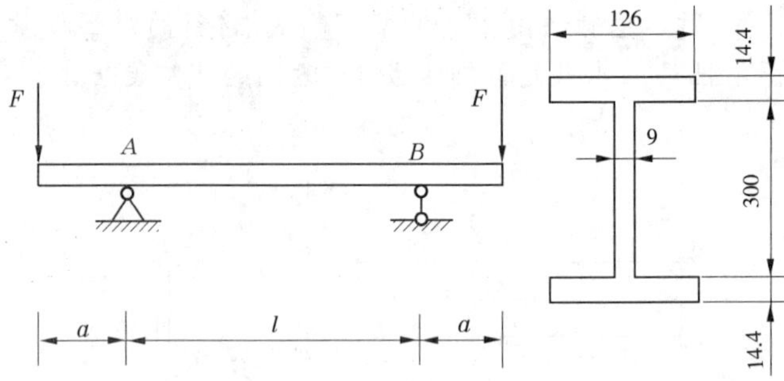

图 11-40 （单位：mm）

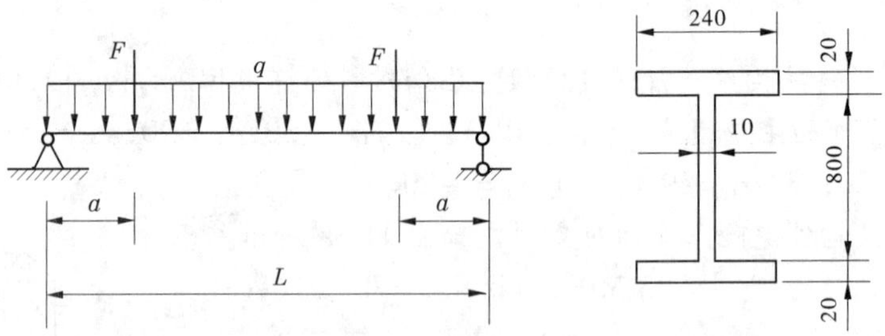

图 11-41 （单位：mm）

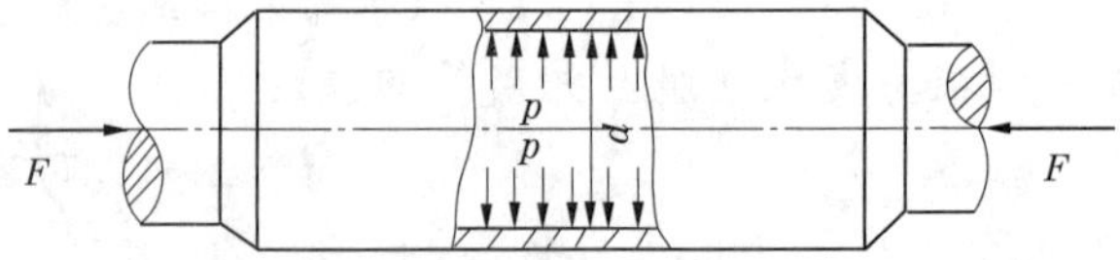

图 11-42

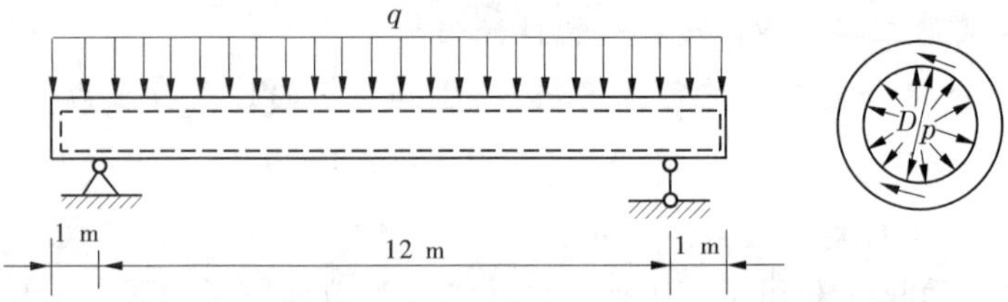

图 11-43

11-21 建筑物地基中某点处的主应力 $\sigma_1 = -0.05$ MPa，$\sigma_3 = -0.2$ MPa。已知地基中土的许用拉应力$[\sigma_t] = 0.04$ MPa，许用压应力$[\sigma_c] = 0.12$ MPa，试用莫尔强度理论校核该点处的强度。

11-22 为了判断某地下工程围岩的强度，现从该工程的围岩中取出 6 个岩芯试样，并把它们放在三轴试验机上做三向压缩破坏试验，其结果列于表 11-2 中。另外，根据理论计算知道，在围岩中有 A、B、C、D、E、F 等点比较危险，这些点处的应力计算结果列于表 11-3 中。试用莫尔强度理论对这些危险点进行强度校核。

表 11-2　试样破坏试验结果　　（单位：MPa）

试样	1	2	3	4	5	6
σ_1	+4	0	-8	-23	-45	-64
σ_2	0	0	-8	-23	-45	-64
σ_3	0	-74	-97	-133	-167	-191

表 11-3　危险点处的工作应力　　（单位：MPa）

试样	*A*	*B*	*C*	*D*	*E*	*F*
σ_1	0	0	-10	-10	-10	-160
σ_2	0	0	-10	-10	-10	-160
σ_3	-5	-84	-50	-110	-120	-200

第十二章　组合变形

【内容要点】

(1)斜弯曲梁的应力分析和强度计算。

(2)拉伸(压缩)与弯曲应力分析和强度计算。

(3)偏心压缩应力分析和强度计算。

【知识链接】

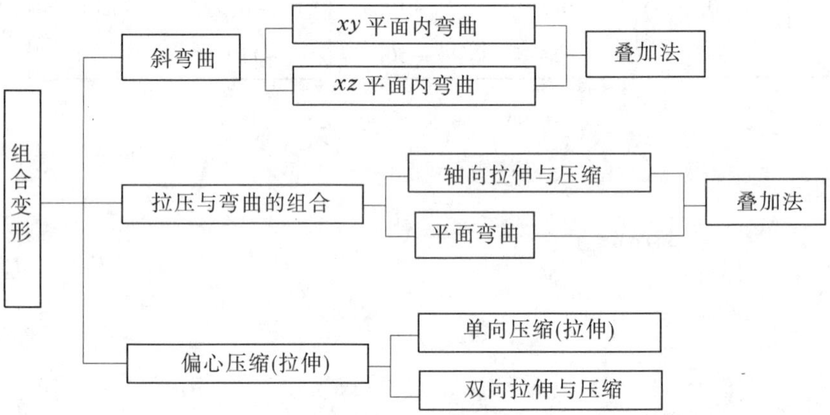

第一节　概　述

在工程实际中,构件在荷载作用下往往发生两种或两种以上的基本变形。若其中有一种变形是主要的,其余变形所引起的应力(或变形)很小,则构件可按主要的基本变形进行计算。若几种变形所对应的应力(或变形)属于同一数量级,则构件的变形称为组合变形。如图 12-1(a)所示屋架上的檩条,在竖向力 q 作用下,分别在 y、z 两个垂直方向产生平面弯曲变形,称为斜弯曲;如图 12-1(b)所示挡土墙,除因自重引起的压缩变形外,还由于土壤的水平压力作用而引起弯曲变形,因而挡土墙产生压缩与弯曲的组合变形。如图 12-1(c)所示厂房排架柱,在不沿柱轴线的纵向力 F_1、F_2 作用下,产生偏心压缩;如图 12-1(d)所示平台梁在扶梯梁荷载作用下,产生弯曲与扭转的组合变形;如图 12-1(e)所示电动机的转轴和轮轴在皮带拉力作用下,也产生弯曲与扭转的组合变形。

对于组合变形下的构件,在线弹性范围内、小变形条件下,可按构件的原始形状和尺寸进行计算。因此,可先将荷载简化为符合基本变形外力作用条件的外力系,分别计算构件在每一种基本变形下的内力、应力或变形。然后,利用叠加原理,综合考虑各基本变形的组合情况,以确定构件的危险截面、危险点的位置及危险点的应力状态,并据此进行强度计算。

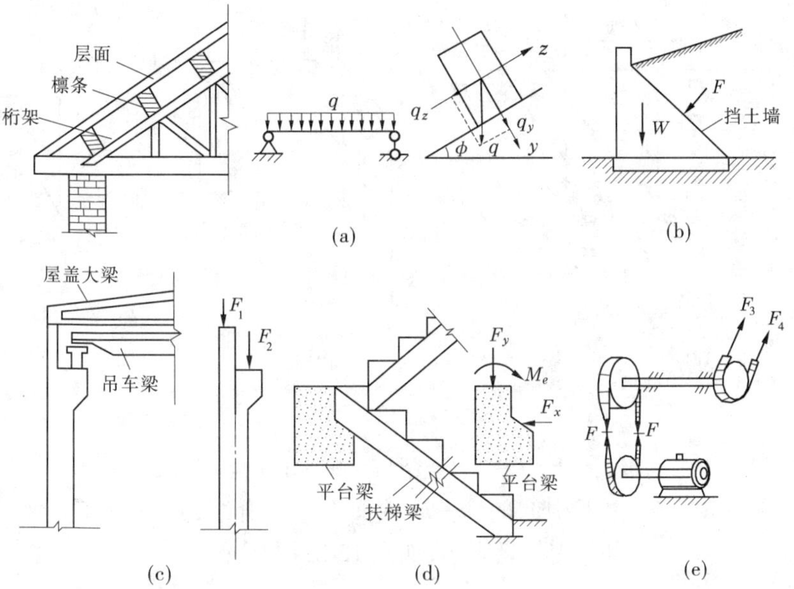

图 12-1

若构件的组合变形超出了线弹性范围，或虽在线弹性范围内但变形较大，则不能按其初始形状或尺寸进行计算，必须考虑各基本变形之间的相互影响，而不能应用叠加原理。

本章介绍工程中常见的斜弯曲、拉伸（压缩）与弯曲、偏心压缩（拉伸）的组合变形，这也是工程中最常遇到的几种情况。其他形式的组合变形，分析处理方法与此类似。

第二节　斜弯曲

一、斜弯曲梁的应力和强度计算

矩形截面悬臂梁的自由端处作用一个垂直于梁轴线并通过截面形心的集中荷载 F，力 F 与对称轴 y 成 φ 角，如图 12-2(a)所示。现以该梁为例，分析斜弯曲时的应力和强度计算问题。

（一）荷载分解

将荷载 F 沿截面的两个对称轴 y、z 分解为两个分量：

$$F_y = F\cos\varphi, F_z = F\sin\varphi$$

由图 12-2(a)可知，F_y 将使梁在 Oxy 纵向对称面内发生平面弯曲，z 轴为中性轴；F_z 将使梁在 Oxz 纵向对称面内发生平面弯曲，y 轴为中性轴。

（二）内力分析

梁的横截面上存在着剪力和弯矩两种内力，由于剪力的影响较小，在此忽略剪力的影响，只计算弯矩。

F_y 和 F_z 在距固定端为 x 处横截面 $m—m$ 上引起的弯矩如图 12-2(b)所示，分别为

$$M_z = F_y(l - x) = F(l - x)\cos\varphi = M\cos\varphi$$

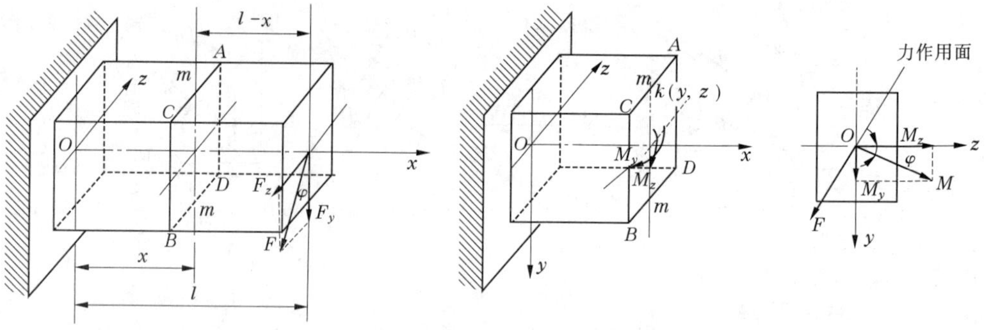

(a) (b) (c)

图 12-2

$$M_y = F_z(l-x) = F(l-x)\sin\varphi = M\sin\varphi$$

式中　$M=F(l-x)$——力 F 引起的 m—m 截面上的总弯矩，其与分弯矩 M_z、M_y 的关系也可用矢量表示，如图 12-2(c)所示。

(三)应力分析

现在来求横截面 m—m 上任一点 $k(y,z)$ 处的应力。

利用弯曲正应力公式，求得由 M_z 和 M_y 引起的 k 点处的正应力分别为

$$\sigma' = -\frac{M_z}{I_z}y,\sigma'' = \frac{M_y}{I_y}z$$

为方便下面的分析，规定式中的 M_z、M_y 均以正值代入，y、z 以代数值代入，求得的 σ' 或 σ''，若为正，则为拉应力；若为负，则为压应力。

根据叠加原理，k 点处的正应力 σ 等于 σ' 和 σ'' 的代数和，即

$$\sigma = \sigma' + \sigma'' = -\frac{M_z}{I_z}y + \frac{M_y}{I_y}z = -M\left(\frac{y\cos\varphi}{I_z} - \frac{z\sin\varphi}{I_y}\right) \tag{12-1}$$

(四)强度计算

为了进行强度计算，需要确定梁的危险截面和危险点。本例中梁的固定端截面弯矩最大，为危险截面。危险点则是该截面上离中性轴最远的那些点。因此，必须先确定中性轴的位置，再求危险点处的最大正应力，然后建立强度条件并进行强度计算。

1. 中性轴的位置

中性轴是截面上正应力等于零的点的轨迹。设中性轴上任一点的坐标为(y_0,z_0)，将它们代入式(12-1)中，并令 $\sigma=0$，可得中性轴方程为

$$\frac{y_0}{I_z}\cos\varphi - \frac{z_0}{I_y}\sin\varphi = 0 \tag{12-2}$$

由式(12-2)可知，中性轴是通过截面形心$(y_0=0,z_0=0)$的一条直线，如图 12-3(a)所示，中性轴的位置可用它与 z 轴之间的夹角来确定。由图 12-3 看出：

$$\tan\alpha = \frac{y_0}{z_0}$$

利用式(12-2)，得

$$\tan\alpha = \frac{y_0}{z_0} = \frac{I_z}{I_y}\tan\varphi \tag{12-3}$$

中性轴有如下特点：

(1)中性轴的位置与荷载 F 无关，只取决于 F 与 y 轴之间的夹角 φ 及截面的形状和尺寸。

(2)由式(12-3)可知，y_0 与 z_0 的符号必相同，即中性轴通过一、三象限。中性轴与外力的方位线分列于 y 轴两侧，如图 12-3(a)所示。

(3)一般情况下，$I_z \neq I_y$，故 $\alpha \neq \varphi$，即中性轴不垂直于外力作用平面。这是斜弯曲和平面弯曲的区别。但若截面为正多边形或圆形，则 $I_z = I_y$，有 $\alpha = \varphi$，亦即中性轴垂直于外力作用平面，梁将发生平面弯曲。因此，对正多边形或圆形截面梁，无论横向外力作用在通过形心的哪一个纵向平面内，都将发生平面弯曲而不发生斜弯曲。

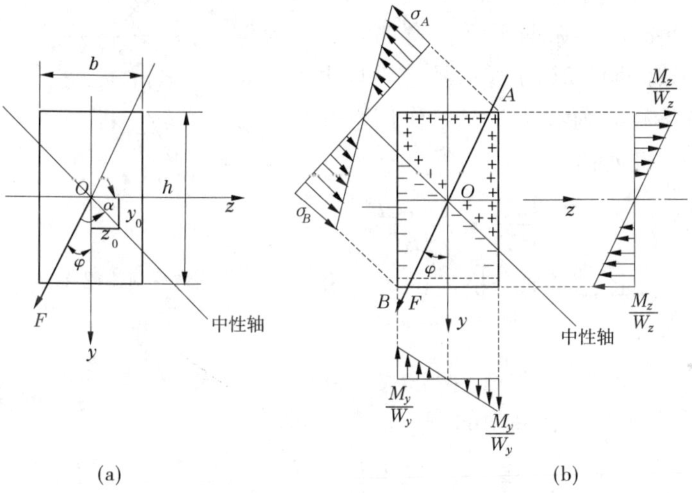

图 12-3

2. 最大正应力

确定了中性轴的位置以后，可作两条与中性轴平行并与截面周边相切的直线，其切点 A 和 B 就是离中性轴最远的点，如图 12-3(b)所示，此处正应力最大。梁任意截面上的最大正应力 $\sigma_{\max}$($\sigma_{t_{\max}}$或 $\sigma_{c_{\max}}$)为

$$\sigma_{\max} = \frac{M_z}{I_z}y_{\max} + \frac{M_y}{I_y}z_{\max} = \frac{M_z}{W_z} + \frac{M_y}{W_y} \tag{12-4}$$

式(12-4)中各量均用绝对值代入，根据截面上正应力的分布规律，如图 12-3(b)所示，确定其为拉应力还是压应力。

对于矩形、工字形等截面，最大正应力一定发生在 σ' 与 σ'' 具有相同符号的角点处。

3. 强度计算

设梁危险截面上的最大弯矩为 $M_{\max}$，两个弯矩分量为 $M_{z\max}$ 和 $M_{y\max}$，代入式(12-4)中可得整个梁的最大正应力 $\sigma_{\max}$，若梁的材料抗拉压能力相同，则可建立斜弯曲梁的强度条件如下：

$$\sigma_{\max} = \frac{M_{z\max}}{W_z} + \frac{M_{y\max}}{W_y} \leqslant [\sigma] \tag{12-5}$$

应当注意的是，如果材料的抗拉、压强度不同，则须分别对拉、压强度进行计算。

上述强度条件可以解决工程实际中的三类问题：校核强度、设计截面尺寸、确定许用荷载。但是在设计截面尺寸时，会出现弯曲截面系数 W_z 和 W_y 两个未知量，所以必须先假设一个 W_z/W_y 的比值，然后由式(12-5)计算出 W_z(或 W_y)值，并进一步确定杆件所需的截面形状和尺寸，再按式(12-5)进行强度校核，这样逐次渐进才能得出最后的合理尺寸。对于矩形截面，因为 $W_z/W_y = h/b$，所以在设计截面时，先假设一个 h 与 b 的比值(一般取 1.2 ~ 2)；对于工字钢截面，从型钢表可知 W_z/W_y 的比值在 5 ~ 15 之间，可在此范围内假设一个比值(一般先取 8 ~ 10)。

二、斜弯曲梁的挠度和刚度计算

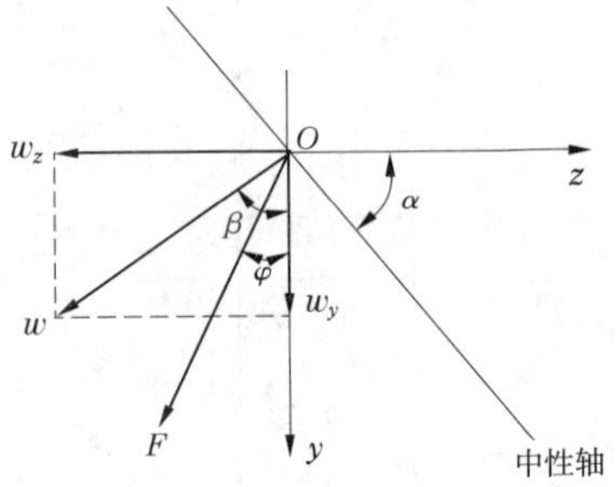

图 12-4

斜弯曲梁的挠度也可看做两个平面弯曲的挠度叠加。例如要计算如图 12-2(a)所示悬臂梁自由端的挠度，可先计算出在分荷载 F_y 和 F_z 作用下在自由端引起的挠度 w_y 和 w_z：

$$w_y = \frac{F_y l^3}{3EI_z} = \frac{F\cos\varphi l^3}{3EI_z},\quad w_z = \frac{F_z l^3}{3EI_y} = \frac{F\sin\varphi l^3}{3EI_y}$$

自由端的总挠度为上述两个分挠度的矢量和(见图 12-4)，其大小为

$$w = \sqrt{w_y^2 + w_z^2} \tag{12-6}$$

总挠度的方向可由 w 与 y 轴夹角的正切来表示，即

$$\tan\beta = \frac{w_z}{w_y} = \frac{\sin\varphi I_z}{\cos\varphi I_y} = \frac{I_z}{I_y}\tan\varphi \tag{12-7}$$

一般地，$I_y \neq I_z$，由上式知，$\beta \neq \varphi$，故总挠度方向与外力方向不一致，即外力作用平面与挠曲线平面不重合，这正是斜弯曲的特点。只有当 $I_y = I_z$，$\beta = \varphi$ 时，外力作用平面与挠曲线平面重合，才是平面弯曲。

求出了斜弯曲梁的最大挠度后，其刚度条件和刚度计算就与以前一样，此处不再赘述。

以上讨论虽然是以图 12-2(a)所示悬臂梁为例，但其原理同样适用于其他支承形式的梁和荷载情况。

【例 12-1】 跨长 $l = 4$ m 的简支梁，用 32a 号工字钢制成。作用于梁跨中点的集中力 $F = 33$ kN，其与横截面竖向对称轴 y 的夹角 $\varphi = 15°$，如图 12-5(a)、(c)所示。已知钢的弹性模量 $E = 200 \times 10^3$ MPa，许用应力 $[\sigma] = 170$ MPa，梁的许用挠跨比 $\left[\frac{w}{l}\right] = \frac{1}{200}$，试校核此梁的强度和刚度。

解：(1)外力分析和内力分析。将力 F 沿两个对称轴 y 和 z 分解，分别求出两个弯矩

M_y 和 M_z。也可求出总弯矩 M 以后再分解见图 12-5(c)。现采用后一种方法。由梁的弯矩图(见图 12-5(b))可知,梁跨中截面是危险截面,其上弯矩的大小为

$$M_{max} = \frac{Fl}{4} = \frac{33 \times 4}{4} = 33(kN \cdot m)$$

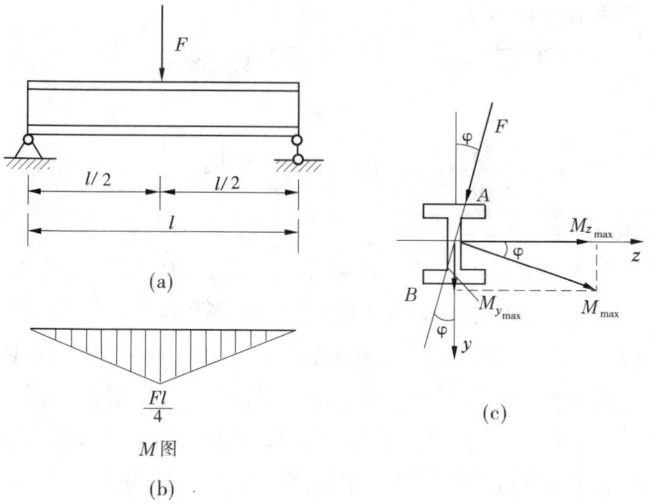

图 12-5

沿 z、y 轴的分弯矩的大小分别为

$$M_{zmax} = M_{max}\cos\varphi = 33 \times \cos 15° = 31.88(kN \cdot m)$$

$$M_{ymax} = M_{max}\sin\varphi = 33 \times \sin 15° = 8.54(kN \cdot m)$$

(2)应力分析和强度校核。工字钢截面上角点 A 和 B 处是最大正应力所在的点。因为钢的抗拉和抗压强度相同,所以只取其中点 A 进行强度校核。由型钢规格表查得,32a 号工字钢的弯曲截面系数为

$$W_z = 692.2 \times 10^3 \ mm^3, W_y = 70.758 \times 10^3 \ mm^3$$

将以上数据代入式(12-5),得危险点 A 处的正应力为

$$\sigma_{max} = \frac{31.88 \times 10^3}{692.2 \times 10^3 \times 10^{-9}} + \frac{8.54 \times 10^3}{70.758 \times 10^3 \times 10^{-9}} = 166.75 \times 10^6(Pa)$$

$$= 166.75(MPa) < [\sigma] = 170 \ MPa$$

可见此梁满足强度要求。

(3)刚度校核。由型钢规格表查得,32a 号工字钢的惯性矩为

$$I_z = 11\ 075.5 \times 10^4 \ mm^4, I_y = 459.93 \times 10^4 \ mm^4$$

梁跨中截面沿 y 轴正向的挠度为

$$w_{ymax} = \frac{F_y l^3}{48EI_z} = \frac{F\cos\varphi l^3}{48EI_z}$$

$$= \frac{33 \times 10^3 \times \cos 15° \times 4^3}{48 \times 200 \times 10^9 \times 11\ 075.5 \times 10^{-8}} = 0.001\ 92(m) = 1.92 \ mm$$

梁跨中截面沿 z 轴负向的挠度为

$$w_{z\max} = \frac{F_z l^3}{48EI_y} = \frac{F\sin\varphi l^3}{48EI_y}$$

$$= \frac{33 \times 10^3 \times \sin 15° \times 4^3}{48 \times 200 \times 10^9 \times 459.93 \times 10^{-8}} = 0.012\ 38(\text{m}) = 12.38\ \text{mm}$$

由式(12-6),梁的最大挠度为

$$w_{\max} = \sqrt{w_{y\max}^2 + w_{z\max}^2} = \sqrt{1.92^2 + 12.38^2} = 12.53(\text{mm})$$

因为

$$\frac{w_{\max}}{l} = \frac{12.53}{4 \times 10^3} = 0.003\ 13 < \left[\frac{w}{l}\right] = \frac{1}{200} = 0.005$$

可见此梁也满足刚度要求。

讨论:在此例题中,若力 F 作用线与 y 轴重合,即 $\varphi = 0$,则梁的最大正应力 $\sigma = 33 \times 10^3/692.2 \times 10^{-6} = 47.67 \times 10^6\ \text{Pa} = 47.67\ \text{MPa}$,仅为上述最大正应力的28.6%;梁的最大挠度 $w_{\max} = w_{y\max} = 33 \times 10^3 \times 4^3/(48 \times 200 \times 10^9 \times 11\ 075.5 \times 10^{-8}) = 0.001\ 986(\text{m}) = 1.986\ \text{mm}$,仅为上述最大挠度的15.9%。由此可知,对于工字钢截面梁,当外力偏离 y 轴一个很小的角度时,就会使最大正应力和最大挠度增加很多。其原因是由于工字钢截面的 I_y 远小于 I_z。因此,对于截面的 I_y 与 I_z 相差很大的梁,应该使外力尽可能作用在梁的纵向对称面 xy 内,以防止因斜弯曲而产生过大的应力和变形。

第三节 拉伸(压缩)与弯曲的组合变形

如果杆件除在通过其轴线的纵向平面内受到横向外力的作用外,还受到轴向外力的作用,则杆件将发生拉伸(压缩)与弯曲的组合变形。

现以受横向力 F_1 和轴向力 F_2 作用的矩形截面简支梁(见图12-6(a)、(d))为例,说明杆件在拉伸(压缩)与弯曲组合变形时的强度计算问题。

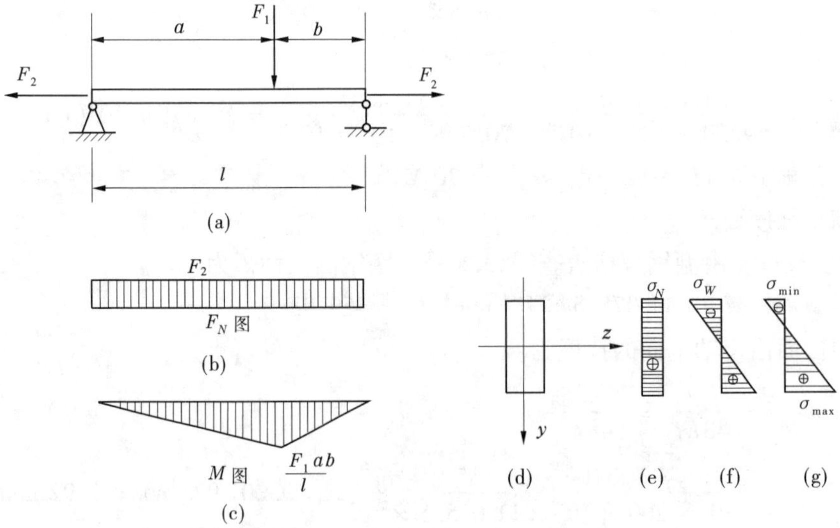

图12-6

一、内力分析

拉伸(压缩)与弯曲的组合变形杆件,其内力一般有轴力 F_N、弯矩 M 和剪力 F_Q。通常情况下,剪力对强度的影响较小,可不予考虑。只需绘出杆件的 F_N 图和 M 图,见图 12-6(b)、(c)。

二、应力分析

轴力 F_N 引起的正应力在横截面上均匀分布,见图 12-6(e),其值为

$$\sigma_N = \frac{F_N}{A}$$

式中　A——横截面面积,F_N、σ_N 均以拉为正,压为负。

弯矩 M 引起的正应力在横截面上呈线性分布,见图 12-6(f),其值为

$$\sigma_W = \pm \frac{M}{I_z}y$$

式中的 M、y 均以绝对值代入,正应力 σ_W 的符号通过观察变形判断,以拉应力为正,压应力为负。

横截面上离中性轴为 y 处的总的正应力为两项应力的叠加,其值为

$$\sigma = \sigma_N + \sigma_W = \frac{F_N}{A} \pm \frac{M}{I_z}y \tag{12-8}$$

横截面上的最大(最小)正应力为

$$\sigma_{\substack{\max\\ \min}} = \frac{F_N}{A} \pm \frac{M}{W_z}$$

若设 $\sigma_{W_{\max}} > \sigma_N$,则横截面上的正应力分布如图 12-6(g)所示。

三、强度计算

梁的最大正应力和最小正应力将发生在最大弯矩所在截面(即危险截面)上离中性轴最远的边缘各点处。因为这些点均处于单向应力状态,所以拉伸(压缩)与弯曲组合变形杆件的强度条件可表示为

$$\sigma_{\max} = \left|\frac{F_N}{A} \pm \frac{M_{\max}}{W_z}\right|_{\max} \leqslant [\sigma] \tag{12-9}$$

若材料的抗拉、压强度不同,则须分别对拉、压强度进行计算。

应当指出的是,上述计算中假定杆的弯曲刚度较大,引起的挠度较小,因而由轴力 F_N 乘以挠度 w 所得附加弯矩 F_{N_w} 的影响可不加考虑。若杆的弯曲刚度较小,则必须考虑附加弯矩,请读者参考有关书籍。

【例 12-2】　一简易起重机见图 12-7(a),横梁 AB 长 $l = 3$ m,用 18 号工字钢制成,电动滑车可沿 AB 移动,滑车与重物共重 $W = 30$ kN,拉杆 BC 与梁轴线成30°角。梁 AB 的材料的许用应力$[\sigma] = 170$ MPa。当滑车移动到梁 AB 的中点时,试校核梁的强度。

解:(1)外力分析。梁 AB 的受力图如图 12-7(b)所示。列出平衡方程

$$\sum M_A = 0, F_{BC}\sin 30° l - W\frac{l}{2} = 0$$

得 $$F_{BC} = W = 30(\text{kN})$$

$$\sum X = 0, F_{A_x} - F_{BC}\cos 30° = 0$$

得 $$F_{A_x} = F_{BC}\cos 30° = 26(\text{kN})$$

可见梁 AB 在外力作用下发生轴向压缩和弯曲的组合变形。

(2)内力计算。绘出梁的轴力图和弯矩图，见图 12-7(c)、(d)。由图可知，危险截面为梁的跨中截面，其上的轴力和弯矩分别为

$$F_N = -F_{BC_x} = -F_{A_x} = -26(\text{kN})$$

$$M_{\max} = \frac{Wl}{4} = 22.5(\text{kN}\cdot\text{m})$$

(3)校核梁的强度。梁的最大正应力为压应力，发生在危险截面的上边缘各点处，其值为

$$\sigma_{\max} = \left|\frac{F_N}{A} - \frac{M_{\max}}{W_z}\right|$$

由型钢规格表查得 18 号工字钢的横截面面积 $A = 30.6\times10^{-4}\ \text{m}^2$，弯曲截面系数 $W_z = 185\times10^{-6}\text{m}^3$，代入上式得

$$\sigma_{\max} = \left|\frac{-26\times10^3}{30.6\times10^{-4}} - \frac{22.5\times10^3}{185\times10^{-6}}\right|$$

$$= |-8.50 - 121.62| \times 10^6$$

$$= 130.12(\text{MPa}) < [\sigma] = 170\ \text{MPa}$$

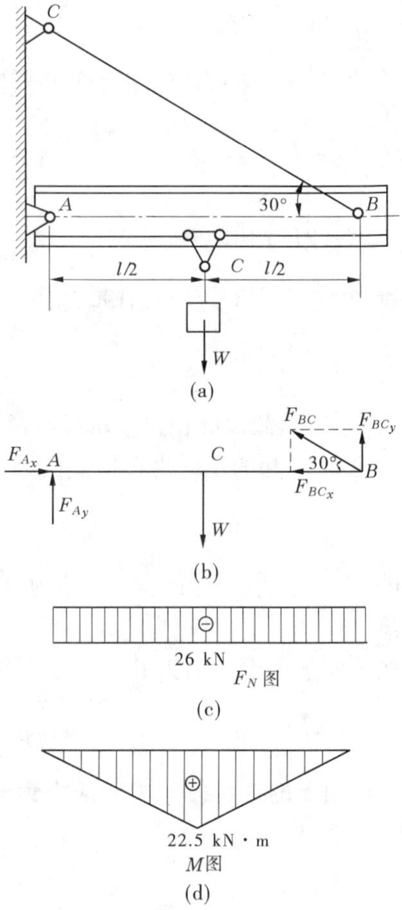

图 12-7

所以该横梁强度足够。

【例 12-3】 在例 12-2 中，横梁 AB 采用工字钢，若其他条件不变，试选择工字钢的型号。

解：强度条件式(12-12)中包含 A 和 W_z 两个未知量。从例 12-2 看出，由弯曲引起的正应力远比由压缩引起的正应力大，故在设计截面时，可先按弯曲正应力强度条件选择工字钢型号，然后同时考虑由弯曲和轴向压缩(或拉伸)引起的正应力。校核最大正应力是否满足强度条件，若不能满足强度条件，再另行选择。

(1)按弯曲正应力强度条件设计截面。由弯曲正应力强度条件，得

$$W_z \geqslant \frac{M_{\max}}{[\sigma]} = \frac{22.5\times10^3}{170\times10^6} = 132.35\times10^{-6}(\text{m}^3)$$

查型钢规格表，取 16 号工字钢，其弯曲截面系数 $W_z = 141\times10^{-6}\ \text{m}^3$，横截面面积 $A = 26.1\times10^{-4}\ \text{m}^2$。

(2)校核强度。梁的最大正应力为

$$\sigma_{max} = \left|\frac{-26\times10^{3}}{26.1\times10^{-4}} - \frac{22.5\times10^{3}}{141\times10^{-6}}\right|$$

$$= \left|-9.96 - 159.57\right| \times 10^{6}$$

$$= 169.53(\text{MPa}) < [\sigma] = 170\ \text{MPa}$$

选用 16 号工字钢能满足强度要求。

第四节　偏心压缩(拉伸)

一、偏心压缩(拉伸)时的应力和强度计算

图 12-8(a)所示为矩形截面柱,承受的压力 F 的作用线不沿着柱轴线,但与柱轴线平行,这种受力情况称为偏心压缩。偏心压力 F 的作用点到截面形心 C 的距离 e 称为偏心距。下面以图 12-8(a)所示柱为例,讨论偏心压缩(拉伸)时的应力和强度计算问题。

(一)荷载简化

将偏心压力 F 向截面的形心 C 简化,得到一个通过轴线的压力 F 和两个弯曲力偶矩 $M_{e_y} = Fe_z$、$M_{e_z} = Fe_y$,如图 12-8(b)所示。可见,偏心压缩实质上是轴向压缩和弯曲的组合变形。

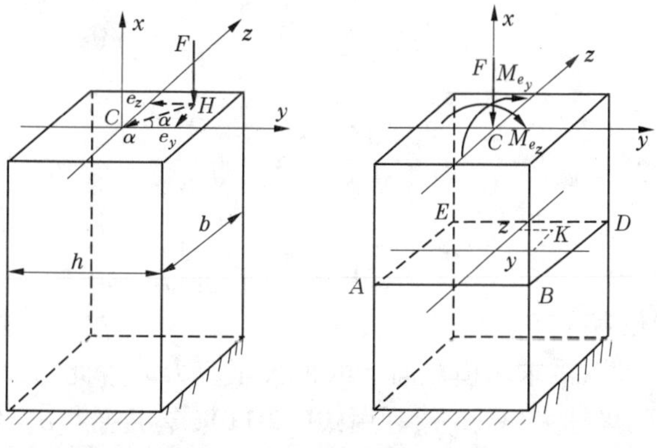

图 12-8

(二)内力分析

由截面法可求得任意横截面上的内力为

$$F_N = -F, M_y = M_{e_y} = Fe_z, M_z = M_{e_z} = Fe_y$$

(三)应力分析

由于柱各横截面上的内力相同,它又是等直杆,所以各横截面上的应力也相同。因此,取任一横截面,例如 $ABCD$ 来分析。

由轴力 F_N、弯矩 M_y 和 M_z 引起的横截面上任一点 K 处的应力分别为

$$\sigma_N = \frac{F_N}{A}, \sigma_{M_y} = -\frac{M_y}{I_y}z, \sigma_{M_z} = -\frac{M_z}{I_z}y$$

为方便下面的分析，规定式中的 F_N 以拉力为正，压力为负；M_y、M_z 用绝对值代入；y、z 用代数值代入。求得的正应力若为正，则为拉应力；若为负，则为压应力。各项应力在截面上的分布情况如图 12-9(a)、(b)、(c)所示。

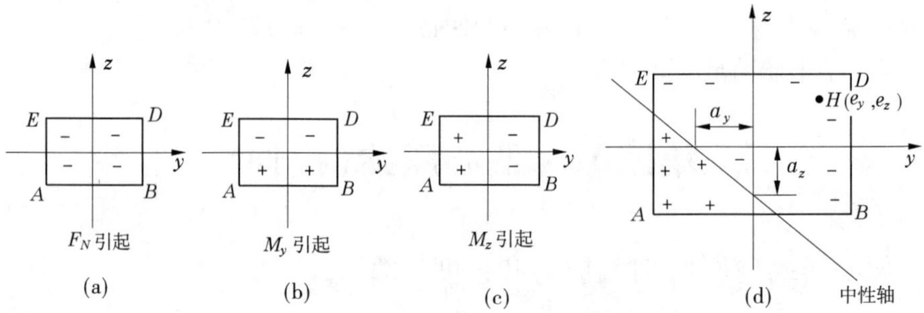

图 12-9

根据叠加原理，可得到柱任一横截面上任一点 K 处的正应力为

$$\sigma = \frac{F_N}{A} - \frac{M_y}{I_y}z - \frac{M_z}{I_z}y = -\frac{F}{A} - \frac{M_y}{I_y}z - \frac{M_z}{I_z}y \tag{12-10}$$

式(12-10)还可以写为

$$\sigma = -\frac{F}{A} - \frac{Fe_z}{I_y}z - \frac{Fe_y}{I_z}y$$

$$= -\frac{F}{A}\left(1 + \frac{Ae_z z}{I_y} + \frac{Ae_y y}{I_z}\right)$$

若引进惯性半径 $i_y = \sqrt{\frac{I_y}{A}}$, $i_z = \sqrt{\frac{I_z}{A}}$

则有 $$\sigma = -\frac{F}{A}\left(1 + \frac{e_z z}{i_y^2} + \frac{e_y y}{i_z^2}\right) \tag{12-11}$$

(四)中性轴的位置

为了进行强度计算，需求出横截面上的最大正应力。为此，先来确定中性轴的位置。设中性轴上任一点的坐标为(y_0, z_0)，利用式(12-11)，令正应力 $\sigma = 0$，可得中性轴方程为

$$1 + \frac{e_z z_0}{i_y^2} + \frac{e_y y}{i_{z0}^2} = 0 \tag{12-12}$$

中性轴有如下特点：

(1)式(12-12)是直线方程，且由于形心坐标 $y_0 = 0$、$z_0 = 0$ 不满足式(12-12)，故中性轴为不通过横截面形心的直线，如图 12-9(d)所示。

(2)将 $z_0 = 0$ 和 $y_0 = 0$ 分别代入式(12-12)，可得中性轴在坐标轴 y 和 z 上的截距为

$$\left.\begin{aligned} a_y &= -\frac{i_z^2}{e_y} \\ a_z &= -\frac{i_y^2}{e_z} \end{aligned}\right\} \tag{12-13}$$

由式(12-13)可知，截距 a_y 和偏心距 e_y、截距 a_z 和偏心距 e_z 的正负号相反，说明中性

轴与偏心压力 F 的作用点分别处于截面形心的相对两边，见图 12-9(d)。中性轴把截面分成拉应力和压应力两个区域。

(3)由式(12-13)可以看出，e_y、e_z 越小，则 a_y、a_z 就越大，即偏心压力 F 的作用点越向截面形心靠近，中性轴就越远离截面形心。当中性轴与截面周边相切或在截面以外时，整个截面上只产生压应力而不出现拉应力。

(五)最大正应力

中性轴位置确定以后，离中性轴最远的点就是最大正应力所在的危险点。对于矩形、工字形等截面，其最大正应力发生在截面的角点处，如图 12-9(d)所示，最大拉应力发生在 A 点处，最大压应力发生在 D 点处。利用式(12-10)，可得

$$\left.\begin{aligned}\sigma_{t_{max}} &= -\frac{F}{A}+\frac{M_y}{W_y}+\frac{M_z}{W_z}\\ \sigma_{c_{max}} &= -\frac{F}{A}-\frac{M_y}{W_y}-\frac{M_z}{W_z}\end{aligned}\right\} \tag{12-14}$$

(六)强度计算

偏心受压杆的强度条件为

$$\sigma_{max} = \left|-\frac{F}{A}-\frac{M_y}{W_y}-\frac{M_z}{W_z}\right| \leqslant [\sigma] \tag{12-15}$$

若材料的抗拉、压能力不同，则须分别对拉、压强度进行计算。

【例 12-4】 最大起吊重量 $F_1=80$ kN 的起重机，安装在混凝土基础上(见图 12-10)，起重机支架的轴线通过基础的中心，平衡锤重 $F_2=50$ kN。起重机自重 $F_3=180$ kN(不包含 F_1 和 F_2)，其作用线通过基础底面的 y 轴，且偏心距 $e=0.6$ m。已知混凝土的容重为 22 kN/m^3，混凝土基础的高为 2.4 m，基础截面的尺寸 $b=3$ m。求：(1)基础截面的尺寸 h 应为多少才能使基础截面上不产生拉应力；(2)若地基的许用压应力$[\sigma_c]=0.2$ MPa，在所选的 h 值下，试校核地基的强度。

解：(1)求尺寸 h。

将各力向基础截面中心简化，得到轴向压力 F 及对 z 轴的力矩 M_z。基础底部截面上的轴力和弯矩分别为

$$\begin{aligned}F_N &= -F = -(F_1+F_2+F_3+G)\\ &= -(80+50+180+2.4\times3\times h\times22)\\ &= -(310+158.4h)(\text{kN})\\ M_z &= -50\times4+180\times0.6+80\times8 = 548(\text{kN}\cdot\text{m})\end{aligned}$$

根据式(12-14)，要使基础截面上不产生拉应力，必须满足 $\sigma_{t_{max}} = -\frac{F}{A}+\frac{M_z}{W_z}\leqslant 0$，将 $A=3h$、$W_z=\frac{3h^2}{6}$及有关数据代入，可得

$$\sigma_{t_{max}} = \frac{310+158.4h}{3h}+\frac{548}{\frac{3h^2}{6}}\leqslant 0$$

由此解得 $h\geqslant3.68$ m，取 $h=3.7$ m。

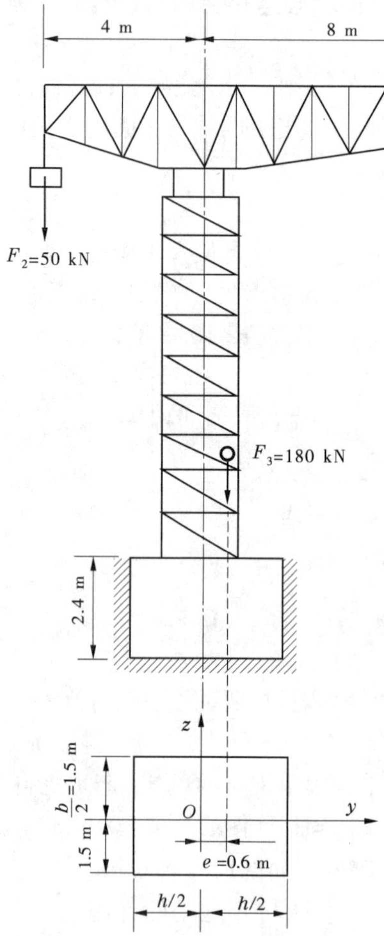

图 12-10

(2)校核地基的强度。

由式(12-14),可得与地基接触的基础底面上的最大压应力为

$$\sigma_{c_{max}} = \left| -\frac{F}{A} - \frac{M_z}{W_z} \right|$$

$$= \left| -\frac{(310 + 158.4 \times 3.7) \times 10^3}{3 \times 3.7} - \frac{548 \times 10^3}{\frac{3 \times 3.7^2}{6}} \right|$$

$$= 161 \times 10^3 (\text{Pa}) = 0.161 \text{ MPa} < [\sigma_c] = 0.2 \text{ MPa}$$

可见地基的强度是足够的。

二、截面核心

前面曾经提到,当偏心压力 F 的作用点向截面形心靠近时,杆的横截面上的应力全部为压应力而不出现拉应力。工程中常用的一些材料,如砖、石、混凝土、铸铁等,其抗压能力远比抗拉能力高。对于这类材料制成的偏心受压构件,不希望在截面上出现拉应力。

这就要求偏心压力只能作用在形心附近的某个区域内，这个区域称为截面核心。

现研究矩形截面(见图 12-11)的截面核心。先将右边界看做中性轴，它在 y、z 轴上的截距分别为 $a_{y_1}=\frac{h}{2}$、$a_{z_1}=\infty$，利用式(12-13)，求出与中性轴(右边界)相对应的偏心压力作用点 1 的坐标分别为

$$e_{y_1}=-\frac{i_y^2}{a_{y_1}}=-\frac{\frac{h^2}{12}}{\frac{h}{2}}=-\frac{h}{6},e_{z_1}=-\frac{i_y^2}{a_{z_1}}=-\frac{i_y^2}{\infty}=0$$

同理，分别以左边界和上、下边界为中性轴，可求得相对应的偏心压力作用点 2、3、4 的位置分别为 $\left(\frac{h}{6},0\right)$、$\left(0,-\frac{b}{6}\right)$、$\left(0,\frac{b}{6}\right)$。由中性轴方程式(12-12)容易看出，当中性轴从截面的一边绕截面角点旋转到其相邻边时，相对应的偏心压力作用点移动的轨迹是直线。因此，矩形截面的截面核心是截面对称轴的“三分点”连结而成的菱形区域。

圆形截面(见图 12-12)的截面核心是一个圆，这是因为圆形截面对于圆心 O 是中心对称的，所以截面核心的周界也应该是中心对称于圆心 O 的一个圆。现将一条与截面周边相切的直线①看做中性轴，它在坐标轴上的截距分别为 $a_{y_1}=\frac{d}{2}$，$a_{z_1}=\infty$，利用式(12-13)，求出中性轴①相对应的偏心压力作用点 1 的坐标分别为

$$e_{y_1}=-\frac{i_z^2}{a_{y_1}}=-\frac{\left(\frac{d}{4}\right)^2}{\frac{d}{2}}=-\frac{d}{8},e_{z_1}=-\frac{i_y^2}{a_{e_1}}=0$$

由上可知，圆形截面的截面核心是一个直径为 $\frac{d}{4}$ 的圆形区域。

同理可绘出工字形和槽形截面的截面核心，它们也为菱形(见图 12-13)。各种形状截面的截面核心可从有关设计手册中查得。

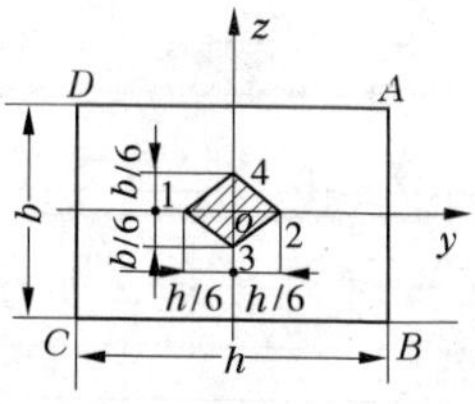

图 12-11

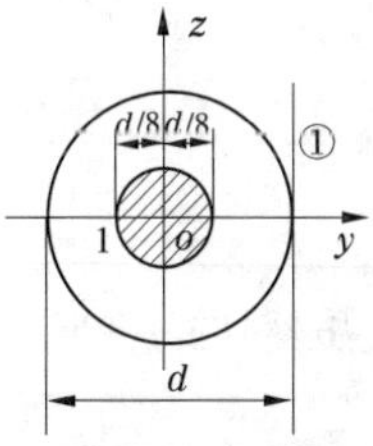

图 12-12

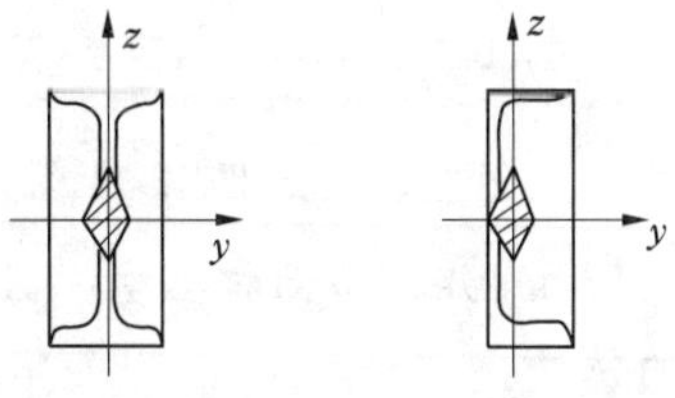

图 12-13

本章小结

组合变形是实际工种构件最常见的变形形式，本章介绍构件在斜弯曲、拉伸(压缩)与弯曲、偏心压缩(拉伸)等组合变形时的应力分析和强度计算。分析组合变开的方法是

建立在叠加原理基础上的。

拉伸(压缩)与弯曲的应力公式为

$$\sigma_{\max} = \left| \frac{F_N}{A} - \frac{M_{\max}}{W_z} \right|$$

偏心受压杆的强度条件为

$$\sigma_{\max} = \left| -\frac{F}{A} - \frac{M_y}{W_y} - \frac{M_z}{W_z} \right| \leqslant [\sigma]$$

思考题

12-1 试判别图 12-14 所示曲杆 $ABCD$ 上杆 AB、BC、CD 将产生何种变形?

12-2 矩形截面直杆上对称地作用着两个力 F,如图 12-15 所示,杆件将发生什么变形? 若去掉其中一个力后,杆件又将发生什么变形?

12-3 简述用叠加原理解决组合变形强度问题的步骤。

12-4 斜弯曲梁的挠曲线平面与荷载作用平面是否重合?

12-5 拉(压)弯组合杆件危险点的位置如何确定? 建立强度条件为什么不必利用强度理论?

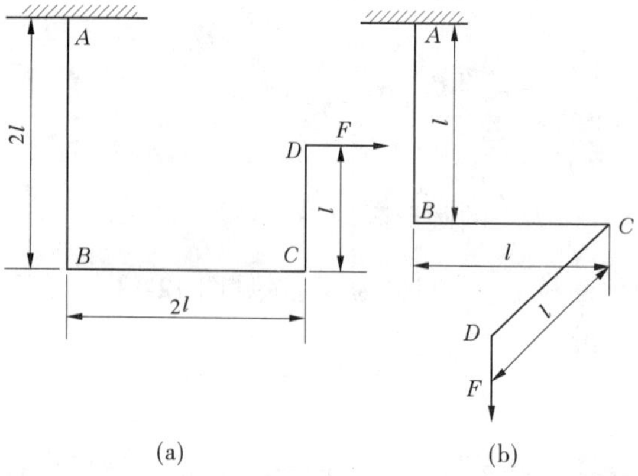

图 12-14

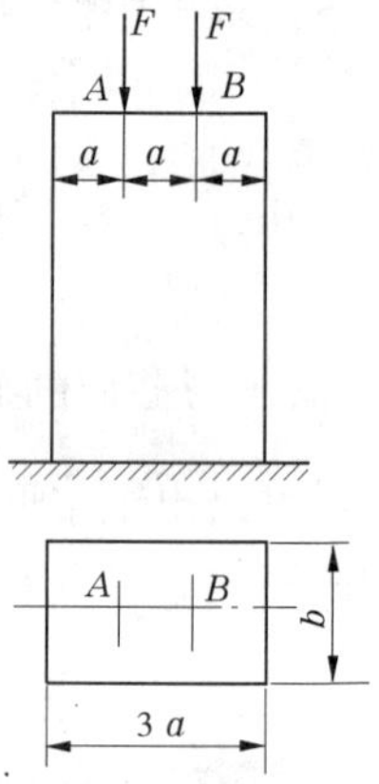

图 12-15

12-6 矩形截面杆上受一力 F 作用,如图 12-16 所示。试指出各杆内最大正应力所在的位置。

12-7 什么叫截面核心? 它在工程中有什么用途?

12-8 圆截面杆发生弯扭组合变形,在建立强度条件时,为什么要用强度理论?

习 题

12-1 悬臂梁长 $l = 3$ m,见图 12-17,由 25b 工字钢制成,作用在梁上的均布荷载 $q = 5$ kN/m,集中荷载 $F = 2$ kN,力 F 与轴的夹角 $\varphi = 30°$。求:(1)梁内的最大拉应力和最大压应力；(2)自由端的总挠度。

12-2　矩形截面的悬臂木梁，见图12-18，承受 $F_1=0.8\ \mathrm{kN}$，$F_2=1.6\ \mathrm{kN}$ 的作用。已知材料的许用应力 $[\sigma]=10\ \mathrm{MPa}$，弹性模量 $E=10\times10^3\ \mathrm{MPa}$。求：(1)设计截面尺寸 b、h（设 $h/b=2$）；(2)自由端的总挠度。

12-3　截面为矩形 $b\times h=0.11\ \mathrm{m}\times0.16\ \mathrm{m}$ 的木檩条，跨长 $l=4\ \mathrm{m}$，见图12-19，承受均布荷载作用，$q=1.6\ \mathrm{kN/m}$，木材为杉木，许用应力

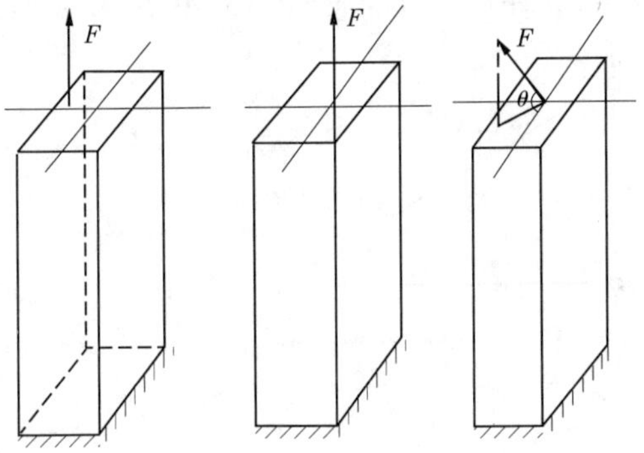

图 12-16

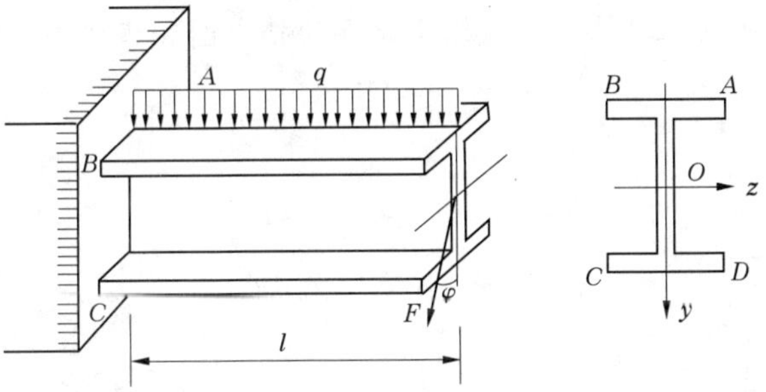

图 12-17

$[\sigma]=12\ \mathrm{MPa}$，$E=9\times10^3\ \mathrm{MPa}$，许用挠度为 $\dfrac{l}{200}$，试校核檩条的强度和刚度。

12-4　悬臂吊车的横梁采用25a工字钢，梁长 $l=4\ \mathrm{m}$，见图12-20，$\alpha=30^\circ$，横梁重 $F_1=20\ \mathrm{kN}$，电动葫芦重 $F_2=4\ \mathrm{kN}$，横梁材料的许用应力 $[\sigma]=100\ \mathrm{MPa}$，试校核横梁的强度。

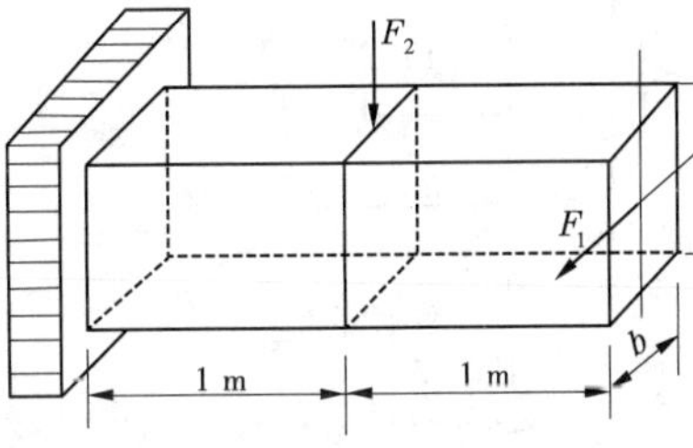

图 12-18

12-5　起重机的最大吊重 $F=8\ \mathrm{kN}$，AB 杆

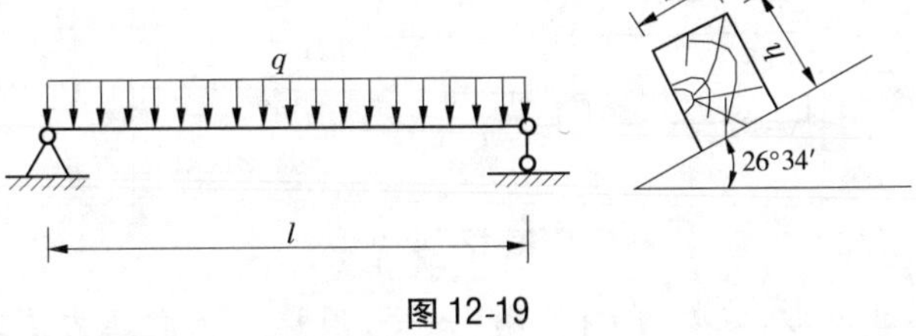

图 12-19

为工字钢，见图12-21，材料的许用应力 $[\sigma]=100\ \mathrm{MPa}$，试选择工字钢的型号。

12-6　某水塔水箱盛满水连同基础共重 $W=2\,000\ \mathrm{kN}$，见图12-22，离地面 $H=15\ \mathrm{m}$ 处受水平风力的合力 $F=60\ \mathrm{kN}$ 的作用。已知圆形基础的直径 $d=6\ \mathrm{m}$，埋深 $h=3\ \mathrm{m}$，地基为

红黏土，其许用应力$[\sigma]=0.15$ MPa。试校核基础底部地基土的强度。

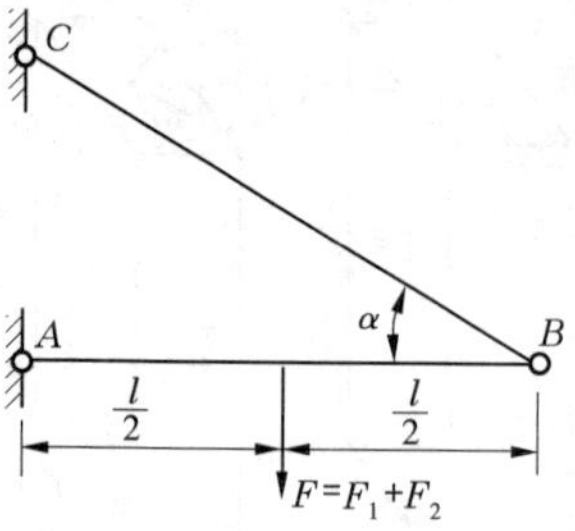

图 12-20

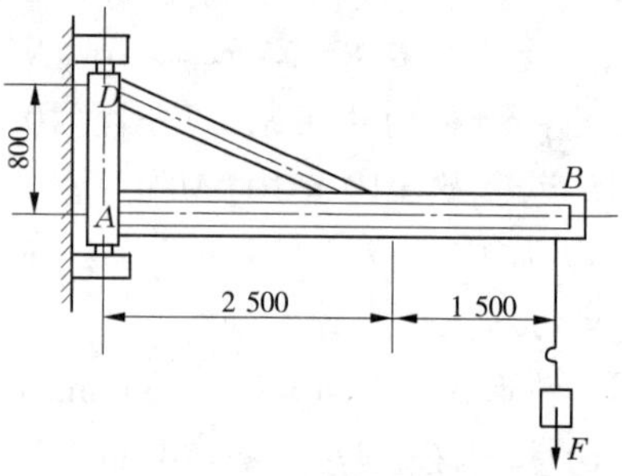

图 12-21 （单位：mm）

12-7 一楼梯木斜梁与水平线成角$\alpha=30°$，其长度$l=4$ m，见图 12-23，截面为 0.2 m×0.1 m 的矩形，$q=2$ kN/m。试绘出此梁的轴力图和弯矩图，并求横截面上的最大拉应力和最大压应力。

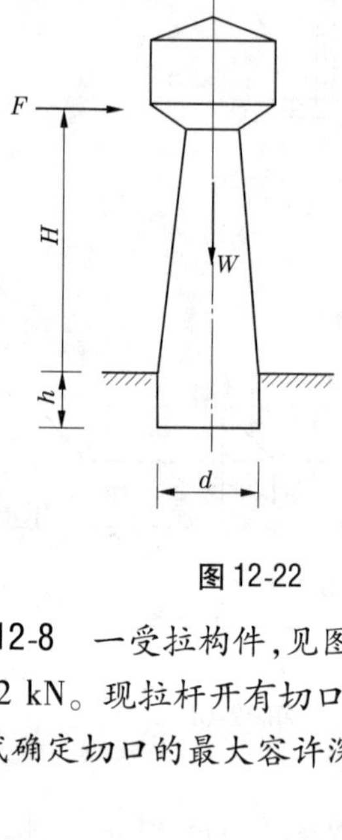

图 12-22

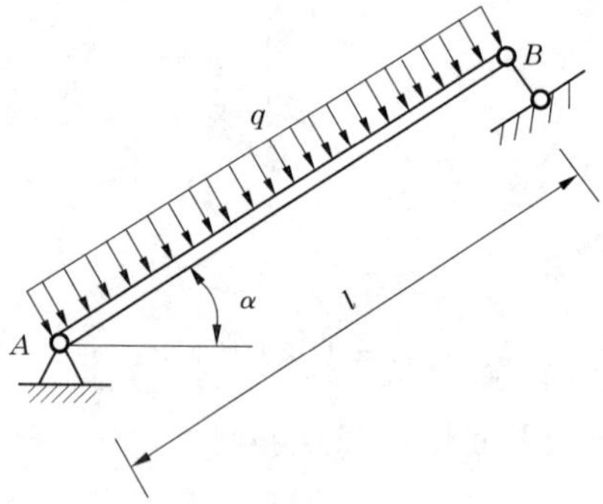

图 12-23

12-8 一受拉构件，见图 12-24，已知截面为 40 mm×5 mm 的矩形，通过轴线的拉力$F=12$ kN。现拉杆开有切口，若不计应力集中的影响，当材料的许用应力$[\sigma]=100$ MPa 时，试确定切口的最大容许深度 x。

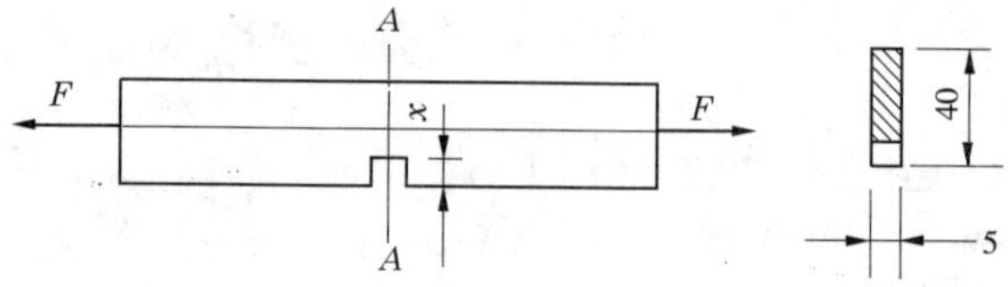

图 12-24

12-9 柱截面为正方形，边长为 a，见图 12-25，顶端受轴向压力 F 作用，在右侧中部开一个深为 $a/4$ 的槽。求：(1) 开槽前后柱内最大压应力值及所在位置；(2) 若在柱的左侧对称位置再开一个相同的槽，则应力有何变化。

12-10 如图 12-26 所示为一矩形截面厂房立柱，受压力$F_1=100$ kN、$F_2=45$ kN 的作

用，F_2 与柱轴线的偏心距 $e=200$ mm，截面宽 $b=180$ mm，如要求柱截面上不出现拉应力，问截面高度 h 应为多少？此时最大压应力为多大？

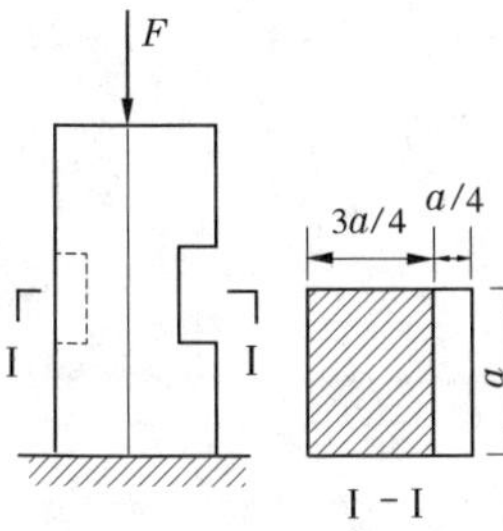

图 12-25

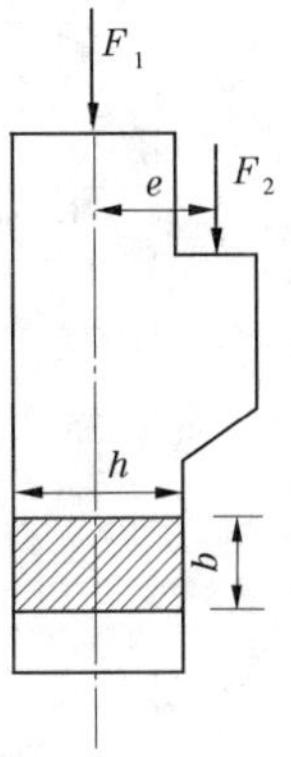

图 12-26

12-11　如图 12-27 所示为一浆砌块石挡土墙，墙高 4 m。已知浆砌块石的容重 $\gamma=23$ kN/m^3，墙背承受的土压力 $F=137$ kN，并与铅垂线成角 $\alpha=45.7°$；其他尺寸如图所示。试取 1 m 长的墙体作为研究对象，计算基础底截面上 C 点和 D 点处的正应力，若地基的许用压应力 $[\sigma_c]=0.25$ MPa，试作强度校核。

12-12　如图 12-28 所示混凝土重力坝，高 $H=30$ m，底宽 $B=18$ m。已知混凝土容重 $\gamma=24$ kN/m^3，许用压应力 $[\sigma_c]=10$ MPa，坝底不容许出现拉应力。(1)试校核坝底正应力强度；(2)如果不满足要求，则重新设计底宽 B(提示：取 1 m 长的坝段进行计算，不考虑坝底的浮力)。

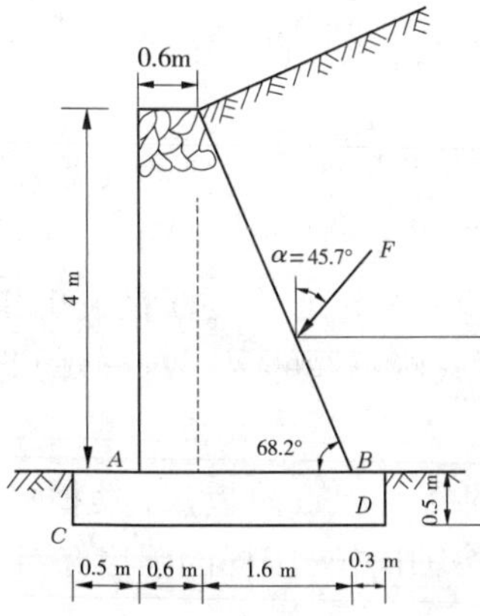

图 12-27

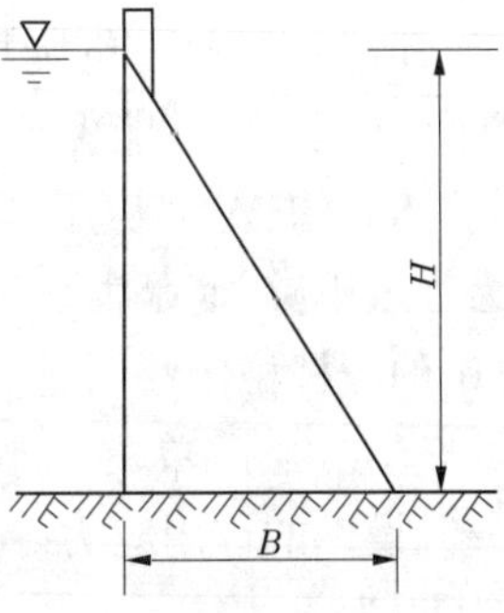

图 12-28

第十三章　压杆稳定

【内容要点】

(1)压杆稳定的概念。

(2)压杆的临界应力计算。

(3)压杆稳定性计算。

【知识链接】

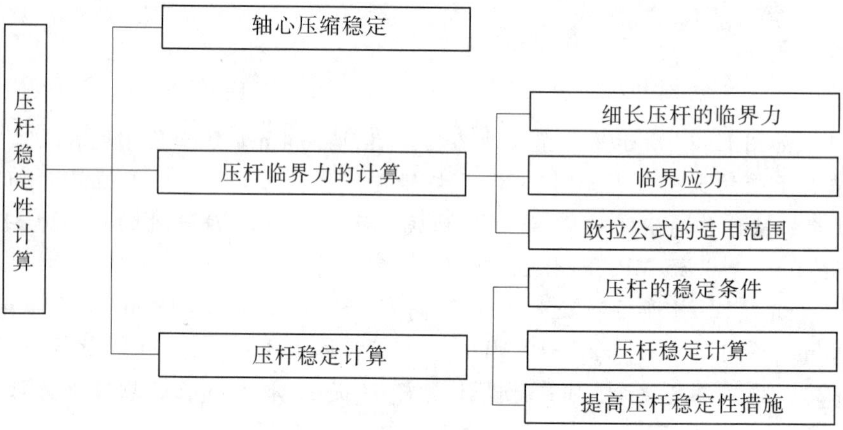

第一节　压杆稳定的概念

在轴向拉伸(压缩)杆件的强度计算中,曾讨论过受压杆件的强度问题,并且认为只要压杆满足了强度条件,就能保证其正常工作。但是,实践与理论证明,这个结论仅对短粗的压杆才是正确的,对细长压杆不能应用上述结论,因为细长压杆丧失工作能力的原因,不是因为强度不够,而是由于出现了与强度问题截然不同的另一种破坏形式,这就是本章将要讨论的压杆稳定性问题。

让我们来看一个简单的试验。取一根长为 300 mm 的钢板尺,其横截面尺寸为 20 mm×1 mm。设钢的许用应力$[\sigma]$为 196 MPa,则按轴向拉、压杆的强度条件,钢尺能够承受的轴向压力为

$$F = A[\sigma] = 20 \times 1 \times 10^{-6} \times 196 \times 10^{6} = 3\,920(\mathrm{N})$$

但若将钢尺竖立在桌面上,用手压其上端,则不到 40 N 的压力,钢尺就会突然变弯而失去承载能力,如图 13-1 所示。这时钢尺横截面上的正应力仅为 2 MPa,其承载能力仅为许用承载能力的 1/98。这个试验说明:细长压杆丧失工作能力并不是由于其强度不够,而是由于它突然产生显著的弯曲变形、轴线不能维持原有直线形状的平衡状态所造成的。

为了研究上的方便,我们将实际的压杆抽象为如下的力学模型,即将压杆看做轴线为

直线，且压力作用线与轴线重合的均质等直杆，称为中心受压直杆或理想柱。而把杆轴线存在的初曲率、压力作用线稍微偏离轴线及材料不完全均匀等因素，抽象为使杆产生微小弯曲变形的微小的横向干扰。采用上述中心受压直杆的力学模型后，可以发现：①当压杆所受的压力 F 不大时，若给杆一微小的横向干扰，使杆发生微小的弯曲变形，在干扰撤去后，杆经若干次振动后仍会回到原来的直线形状的平衡状态，如图 13-2(a)所示，我们把压杆原有直线形状的平衡状态称为稳定的平衡状态。②当增大压力 F 至某一极限值 F_{cr} 时，若再给杆一微小的横向干扰，使杆发生微小的弯曲变形，则在干扰撤去后，杆不再恢复到原来直线形状的平衡状态，而是仍处于微弯形状的平衡状态，如图 13-2(b)所示，我们把受干扰前杆的直线形状的平衡状态称为临界平衡状态，压力 F_{cr}称为压杆的临界力。临界平衡状态实质上是一种不稳定的平衡状态，因此此时杆一经干扰后就不能维持原有直线形状的平衡状态了。由此可见，当压力 F 达到临界力 F_{cr}时，压杆就从稳定的平衡状态转变为不稳定的平衡状态，这种现象称为丧失稳定性，简称失稳。③当压力 F 超过 F_{cr}时，杆的弯曲变形将急剧增大，甚至最后造成弯折破坏，如图 13-2(c)所示。

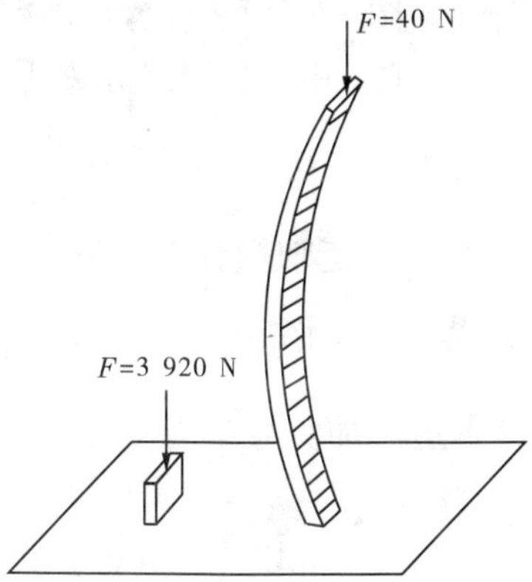

图 13-1

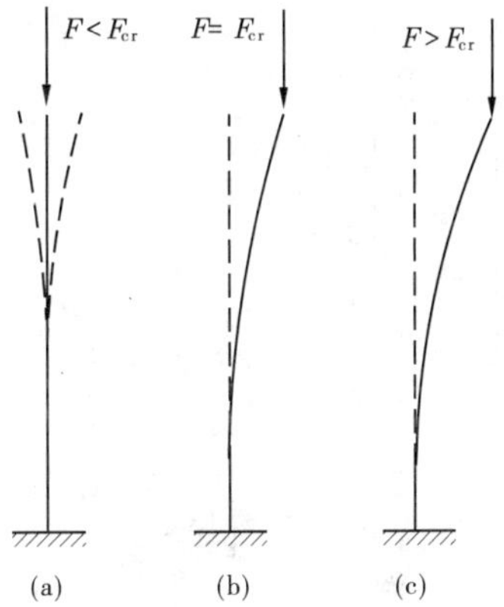

图 13-2

临界力 F_{cr}是压杆保持直线形状平衡状态所能承受的最大压力，因而压杆在开始失稳时杆的应力仍可按轴向拉、压杆的应力公式计算，即

$$\sigma_{cr} = \frac{F_{cr}}{A} \tag{13-1}$$

式中 A——压杆的横截面面积；

σ_{cr}——压杆的临界应力。

显然，为了保证压杆能够安全地工作，应使压杆承受的压力或杆的应力小于压杆的临界力 F_{cr}或临界应力 σ_{cr}。因此，确定压杆的临界力和临界应力是研究压杆稳定问题的核心内容。

临界力 F_{cr}也是压杆处于微弯形状平衡状态所需的最小压力，由此我们得到确定压杆临界力的一个方法：假定压杆处于微弯形状的平衡状态，求出此时所需的最小压力即为压杆的临界力。

由于杆件失稳是在远低于强度许用承载能力的情况下骤然发生的，所以往往造成严重的事故。例如，在 1907 年，加拿大长达 548 m 的魁北克大桥在施工中突然倒塌，就是由于两根受压杆件的失稳引起的。因此，在设计杆件(特别是受压杆件)时，除进行强度计算外，还必须进行稳定计算，以满足其稳定性方面的要求。本章仅讨论压杆的稳定计算问题。

第二节　细长压杆临界力的欧拉公式

一、两端铰支细长压杆的临界力

首先考虑两端铰支细长压杆的临界力计算。假定在临界力 F_{cr} 作用下压杆处于微弯形状的平衡状态，如图 13-3(a)所示，并假设中心受压直杆失稳时只发生平面弯曲变形。这样，通过建立并求解压杆挠曲线的近似微分方程就可以确定临界力 F_{cr}。

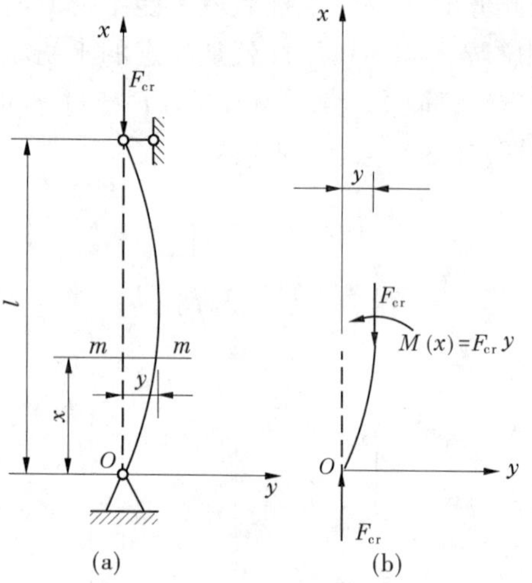

图 13-3

设压杆任意横截面 $m—m$ 的挠度为 y。挠度的正负号规定为：与 y 轴正向一致的挠度为正，反之为负。利用截面法，可求得横截面 $m—m$ 上的内力：轴向压力 F_{cr} 和弯矩 $M(x)=F_{cr}y$，如图 13-3(b)所示。规定轴向压力 F_{cr} 总为正值。由于挠度 y 亦为正值，故弯矩 $M(x)$ 为正。在 Oxy 坐标系中，$\frac{d^2y}{dx^2}$ 为负，因此压杆挠曲线的近似微分方程为

$$EI\frac{d^2y}{dx^2} = -M(x) = -F_{cr}y \quad (a)$$

式(a)等号右边添加负号是为了保持等号两边的符号一致。

将式(a)两边同除以 EI，并令

$$\sqrt{\frac{F_{cr}}{EI}} = k \quad (b)$$

移项后得到

$$\frac{d^2y}{dx^2} + k^2y = 0 \quad (c)$$

此微分方程的通解为

$$y = A\sin kx + B\cos kx \quad (d)$$

式中　A、B——待定常数。

根据压杆的杆端约束情况，它有两个边界条件，即

$$x = 0, y = 0$$

$$x = l, y = 0$$

将第一个边界条件代入式(d)，得 $B=0$。

再将第二个边界条件代入式(d)，得

$$A\sin kl = 0$$

由上式推出 $A=0$ 或 $\sin kl=0$，如果 $A=0$，由式(d)，$y=0$，这与压杆处于微弯形状平衡状态

的假定相矛盾，故 $A\neq 0$，而必须

$$\sin kl = 0$$

由此得

$$kl = n\pi \text{ 或 } k = \frac{n\pi}{l} \quad (n = 1,2,3,\cdots)$$

代入式(b)得

$$F_{cr} = \frac{n^2\pi^2 EI}{l^2} \quad (n = 1,2,3,\cdots)$$

因为临界力 F_{cr} 是使压杆处于微弯形状平衡状态所需的最小压力(但 F_{cr} 不能等于零)，所以上式中的 n 应取 $n=1$，于是得到

$$F_{cr} = \frac{\pi^2 EI}{l^2} \tag{13-2}$$

式(13-2)为两端铰支细长压杆临界力的计算公式。

二、不同约束情况下的欧拉公式

仿照两端铰支细长压杆临界力的推导方法，可以求得其他杆端约束下细长压杆的临界力。各种细长压杆的临界力可用下面的统一公式表示：

$$F_{cr} = \frac{\pi^2 EI}{(\mu l)^2} \tag{13-3}$$

式(13-3)通常称为欧拉公式。式中 μ 称为压杆的长度因数，它与杆端约束有关，杆端约束越强，μ 值越小；μl 称为压杆的相当长度，它是压杆的挠曲线为半个正弦波(相当于两端铰支细长压杆的挠曲线形状)所对应的杆长度。表 13-1 列出了 4 种典型的杆端约束下细长压杆的临界力，以备查用。

表 13-1　4 种典型细长压杆的临界力

杆端约束	两端铰支	一端铰支 一端固定	两端固定	一端固定 一端自由
失稳时挠曲线形状	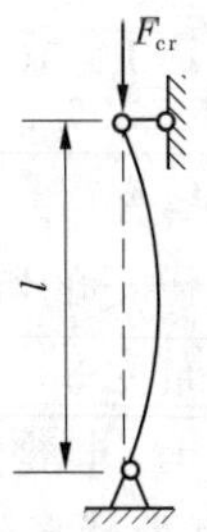	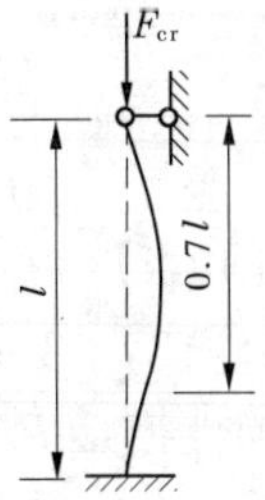	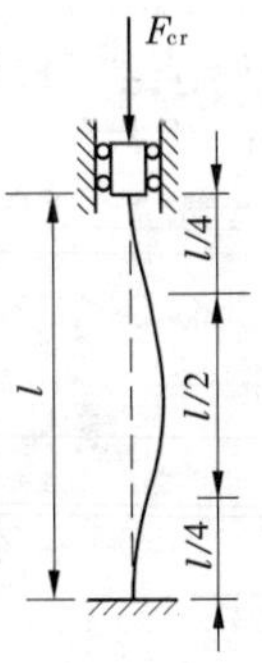	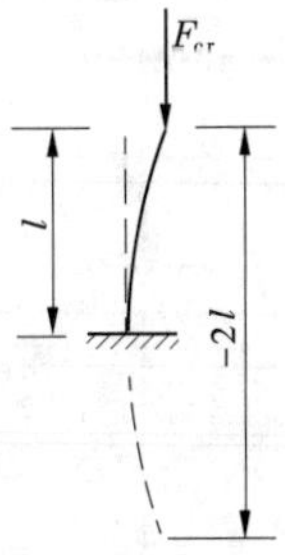
临界力	$F_{cr}=\frac{\pi^2 EI}{l^2}$	$F_{cr}=\frac{\pi^2 EI}{(0.7l)^2}$	$F_{cr}=\frac{\pi^2 EI}{(0.5l)^2}$	$F_{cr}=\frac{\pi^2 EI}{(2l)^2}$
长度因数	$\mu=1$	$\mu=0.7$	$\mu=0.5$	$\mu=2$

应当指出的是：工程实际中压杆的杆端约束情况往往比较复杂，应对杆端支承情况作具体分析，或查阅有关的设计规范，定出合适的长度因数。

【例 13-1】 一长 $l=4$ m，直径 $d=100$ mm 的细长钢压杆，支承情况如图 13-4 所示，在 xy 平面内为两端铰支，在 xz 平面内为一端铰支、一端固定。已知钢的弹性模量 $E=200$ GPa，求此压杆的临界力。

解： 钢压杆的横截面是圆形，圆形截面对其任一形心轴的惯性矩都相同，均为

$$I=\frac{\pi d^4}{64}=\frac{\pi\times 100^4\times 10^{-12}}{64}=0.049\times 10^{-4}(\text{m}^4)$$

因为临界力是使压杆产生失稳所需要的最小压力，而钢压杆在各纵向平面内的弯曲刚度 EI 相同，所以式(13-3)中的 μ 应取较大的值，即失稳发生在杆端约束最弱的纵向平面内。由已知条件，钢压杆在 xy 平面内的杆端约束为两端铰支，如图 13-4(a)所示，$\mu=1$；在 xz 平面内杆端约束为一端铰支、一端固定，如图 13-4(b)所示，$\mu=0.7$，故失稳将发生在 xy 平面内，应取 $\mu=1$ 进行计算。临界力为

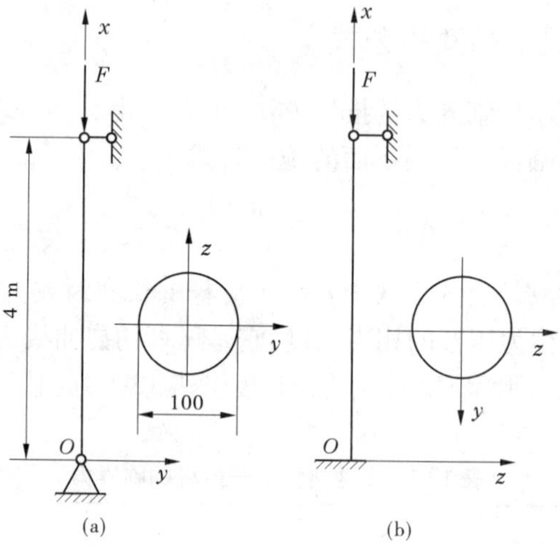

图 13-4

$$F_{\text{cr}}=\frac{\pi^2 EI}{(\mu l)^2}=\frac{\pi^2\times 200\times 10^9\times 0.049\times 10^{-4}}{(1\times 4)^2}$$

$$=0.6\times 10^6(\text{N})=600\text{ kN}$$

【例 13-2】 有一两端铰支的细长木柱，如图 13-5 所示，已知柱长 $l=3$ m，横截面为 80 mm×140 mm 的矩形，木材的弹性模量 $E=10$ GPa。求此木柱的临界力。

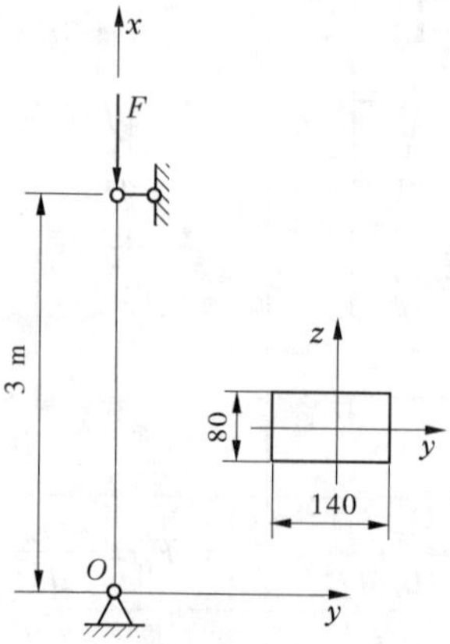

图 13-5

解： 由于木柱两端约束为球形铰支，故木柱两端在各个方向的约束都相同（都是铰支）。因为临界力是使压杆产生失稳所需要的最小压力，所以式(13-3)中的 I 应取 $I_{\min}$。由图 13-5 知，$I_{\min}=I_y$，其值为

$$I_y=\frac{140\times 80^3}{12}=597.3\times 10^4(\text{mm}^3)$$

故临界力为

$$F_{cr}=\frac{\pi^2 EI_y}{(\mu l)^2}=\frac{\pi^2\times 10\times 10^9\times 597.3\times 10^4\times 10^{-12}}{(1\times 3)^2}$$
$$=655\times 10^2(\text{N})=65.5\text{ kN}$$

在临界力 F_{cr}作用下，木柱将在弯曲刚度最小的 xz 平面内发生失稳。

三、欧拉公式的适用范围

在欧拉公式的推导中使用了压杆失稳时挠曲线的近似微分方程，该方程只有当材料处于线弹性范围内时才成立，这就要求在压杆的临界应力 σ_{cr}不大于材料的比例极限的情况下，方能应用欧拉公式。下面具体表达欧拉公式的适用范围。

将式(13-1)改写为

$$\sigma_{cr}=\frac{F_{cr}}{A}=\frac{\pi^2 EI}{A(\mu l)^2}=\frac{\pi^2 E}{(\mu l/i)^2}$$

式中　i——压杆横截面的惯性半径，$i=\sqrt{\frac{I}{A}}$。

则

$$\sigma_{cr}=\frac{\pi^2 E}{\lambda^2} \tag{13-4}$$

其中

$$\lambda=\frac{\mu l}{i} \tag{13-5}$$

式中 λ 为压杆的柔度或长细比。柔度 λ 综合地反映了压杆的杆端约束、杆长、杆横截面的形状和尺寸等因素对临界应力的影响。λ 越大，临界应力越小，使压杆产生失稳所需的压力越小，压杆的稳定性越差。反之，λ 越小，压杆的稳定性越好。

根据式(13-4)，欧拉公式的适用范围为

$$\frac{\pi^2 E}{\lambda^2}\leqslant\sigma_p$$

或

$$\lambda\geqslant\sqrt{\frac{\pi^2 E}{\sigma_p}} \tag{13-6}$$

令

$$\lambda_p=\sqrt{\frac{\pi^2 E}{\sigma_p}} \tag{13-7}$$

λ_p 是对应于比例极限的柔度值。由上可知，只有对柔度 $\lambda\geqslant\lambda_p$ 的压杆，才能用欧拉公式计算其临界力。柔度 $\lambda\geqslant\lambda_p$ 的压杆称为大柔度压杆或细长压杆。

为了直观地表示欧拉公式的适用范围，可以利用式(13-4)绘出临界应力 σ_{cr}与柔度 λ 的关系曲线，称为欧拉曲线，如图 13-6 所示。图中欧拉曲线上 B 点以右部分是适用的，B 点以左部分是不适用的。

由式(13-7)可知，λ_p 的值仅与压杆的材料有关。例如，由 Q235 钢材制成的压杆，E、σ_p 的平均值分别为 206 GPa 与 200 MPa，代入式(13-7)后算得 $\lambda_p\approx 100$。对于木压杆，

$\lambda_p \approx 110$。

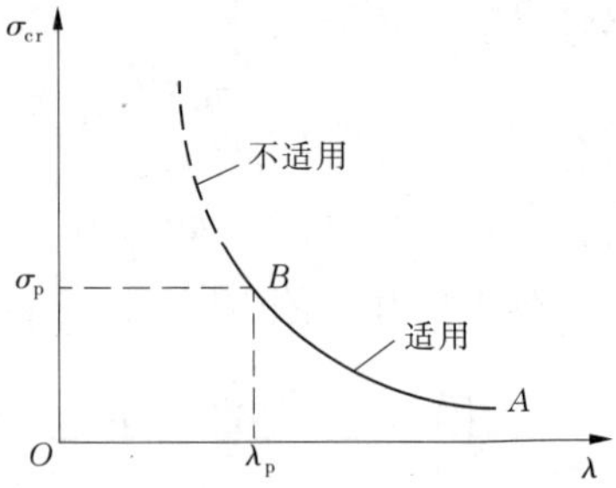

图 13-6

四、经验公式

$\lambda < \lambda_p$ 的压杆称为中、小柔度压杆。这类压杆的临界应力通常采用经验公式进行计算。经验公式是根据大量试验结果建立起来的，目前常用的有直线公式和抛物线公式两种。本书仅介绍抛物线公式，其表达式为

$$\sigma_{cr} = \sigma_s - a\lambda^2 \qquad (13\text{-}8)$$

式中 σ_s——材料的屈服极限，MPa；

a——与材料有关的常数，MPa，例如，Q235 钢 $a = 0.006\ 68$；16 锰钢 $a = 0.001\ 42$。

实际压杆的柔度值不同，临界应力的计算公式将不同。为了直观地表达这一点，可以绘出临界应力随柔度的变化曲线，这种图线称为压杆的临界应力总图。

如图 13-7 所示为 Q235 钢压杆的临界应力总图。图中抛物线和欧拉曲线在 C 处光滑连接，C 点对应的柔度 $\lambda_C = 123$，临界应力为 134 MPa。由于经验公式更符合压杆的实际情况，故在实用中，对 Q235 钢制成的压杆，当 $\lambda \geqslant \lambda_C = 123$ 时才按欧拉公式计算临界应力，当 $\lambda < \lambda_C = 123$ 时，采用抛物线公式计算临界应力。

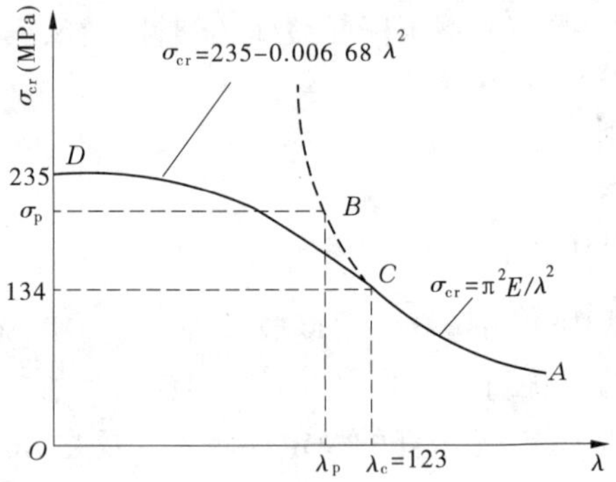

图 13-7

【例 13-3】 如图 13-8 所示压杆的横截面为矩形，$h = 80$ mm，$b = 50$ mm，杆长 $l = 2$ m，材料为 Q235 钢，$\sigma_s = 235$ MPa，$\lambda_c = 123$。在如图 13-8(a) 所示平面内，杆端约束为两端铰支；在如图 13-8(b) 所示平面内，杆端约束为两端固定。求此压杆的临界力。

解：(1) 判断压杆的失稳平面。

因为压杆在各个纵向平面内的杆端约束和弯曲刚度都不相同，故须计算压杆在两个纵向对称面内的柔度值。压杆在 xy 平面内，杆端约束为两端铰支，$\mu = 1$。惯性半径为

$$i_z = \frac{h}{\sqrt{12}} = \frac{80 \times 10^{-3}}{\sqrt{12}} = 23.09 \times 10^{-3}(\text{m})$$

由式(13-5)得柔度为

$$\lambda_z = \frac{\mu l}{i_z} = \frac{1 \times 2}{23.09 \times 10^{-3}} = 86.6$$

压杆在 xz 平面内，杆端约束为两端固定，$\mu = 0.5$。惯性半径为

$$i_y = \frac{b}{\sqrt{12}} = \frac{50 \times 10^{-3}}{\sqrt{12}} = 14.43 \times 10^{-3}(\text{m})$$

由式(13-5)得柔度为

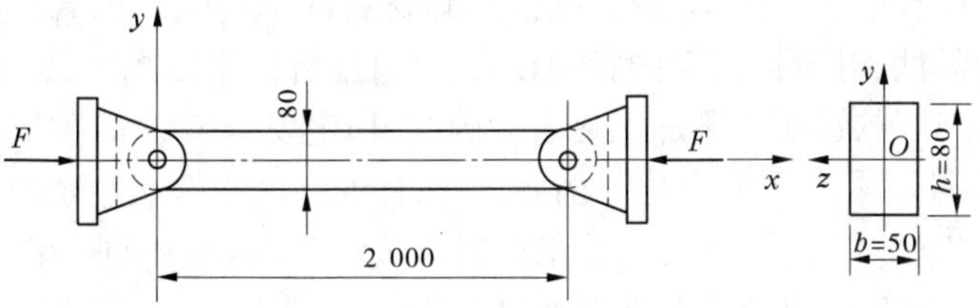

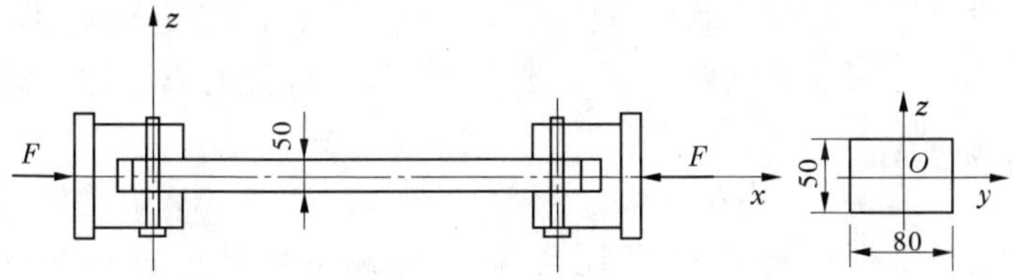

图 13-8 （单位：mm）

$$\lambda_y = \frac{\mu l}{i_y} = \frac{0.5 \times 2}{14.43 \times 10^{-3}} = 69.3$$

由于 $\lambda_z > \lambda_y$，故压杆将在 xy 平面内失稳。

（2）计算压杆的临界力。

因 $\lambda_z = 86.6 < \lambda_c = 123$，故采用抛物线公式计算压杆的临界应力：

$$\sigma_{cr} = 235 - 0.006\,68\lambda^2 = 185(\text{MPa})$$

由式(13-1)得压杆的临界力为

$$\begin{aligned} F_{cr} &= \sigma_{cr}A = 185 \times 10^6 \times 80 \times 10^{-3} \times 50 \times 10^{-3} \\ &= 740 \times 10^3(\text{N}) = 740\ \text{kN} \end{aligned}$$

第三节 压杆稳定性计算

一、安全系数法

为了保证压杆能够安全地工作，要求压杆承受的压力 F 应满足下面的条件：

$$F \leqslant \frac{F_{cr}}{n_{st}} = [F]_{st} \tag{13-9}$$

或者将式(13-9)两边同时除以横截面面积 A，得到压杆横截面上的应力 σ 应满足的条件：

$$\sigma = \frac{F}{A} \leqslant \frac{\sigma_{st}}{n_{st}} = [\sigma]_{st} \tag{13-10}$$

式中 n_{st}——稳定安全系数；

$[F]_{st}$——稳定许用压力；

$[\sigma]_{st}$——稳定许用应力。

式(13-9)、式(13-10)称为压杆的稳定条件。

稳定安全系数 n_{st} 的取值除考虑在确定强度安全系数时的因素外，还应考虑实际压杆不可避免地存在杆轴线的初曲率、压力的偏心和材料的不均匀等因素。这些因素将使压杆的临界力显著降低，对压杆稳定的影响较大，并且压杆的柔度越大，影响也越大。但是，这些因素对压杆强度的影响就不那么显著。因此，稳定安全系数 n_{st} 的取值一般地大于强度安全系数 n，并且随柔度 λ 而变化。例如，钢压杆的强度安全系数 $n=1.4\sim1.7$，而稳定安全系数 $n_{st}=1.8\sim3.0$，甚至更大。常用材料制成的压杆，在不同工作条件下的稳定安全系数 n_{st} 的值，可在有关的设计手册中查到。

利用稳定条件式(13-9)或式(13-10)，可以解决压杆的稳定校核、设计截面尺寸和确定许用荷载等三类稳定计算问题。这样进行压杆稳定计算的方法称为安全系数法。

二、折减系数法

在工程中，对压杆的稳定计算还常采用折减系数法。这种方法是将稳定条件式(13-10)中的稳定许用应力 $[\sigma]_{st}$ 写成材料的强度许用应力 $[\sigma]$ 乘以一个随压杆柔度 λ 而改变且小于 1 的系数 $\varphi=\varphi(\lambda)$，即

$$[\sigma]_{st} = \varphi[\sigma] \tag{13-11}$$

式中 φ——压杆的折减系数或稳定系数。

于是得到按折减系数法的稳定条件为

$$\sigma = \frac{F}{A} \leqslant \varphi[\sigma] \tag{13-12}$$

对于 Q235 钢制成的压杆的折减系数 φ，在我国的钢结构设计规范中，给出了计算用表 13-2。对于木压杆的折减系数 φ，在我国的木结构设计规范中，给出了如下的表达式：

$$\left.\begin{aligned} &\text{当柔度 } \lambda \leqslant 80 \text{ 时} \quad \varphi = 1.02 - 0.55\left(\frac{\lambda+20}{100}\right)^2 \\ &\text{当柔度 } \lambda > 80 \text{ 时} \quad \varphi = \frac{3\,000}{\lambda^2} \end{aligned}\right\} \tag{13-13}$$

表 13-2 Q235 钢中心受压直杆的折减系数 φ

λ	0	1	2	3	4	5	6	7	8	9
0	1.000	1.000	1.000	1.000	0.999	0.999	0.998	0.998	0.997	0.996
10	0.995	0.994	0.993	0.992	0.991	0.989	0.988	0.987	0.985	0.983
20	0.981	0.979	0.977	0.975	0.973	0.971	0.969	0.966	0.963	0.961
30	0.958	0.956	0.953	0.950	0.947	0.944	0.941	0.937	0.934	0.931
40	0.927	0.923	0.920	0.916	0.912	0.908	0.904	0.900	0.896	0.892
50	0.888	0.884	0.879	0.875	0.870	0.866	0.861	0.856	0.851	0.847
60	0.842	0.837	0.832	0.826	0.821	0.816	0.811	0.805	0.800	0.795
70	0.789	0.784	0.778	0.772	0.767	0.761	0.755	0.749	0.743	0.737
80	0.731	0.725	0.719	0.713	0.707	0.701	0.695	0.688	0.682	0.676
90	0.669	0.663	0.657	0.650	0.644	0.637	0.631	0.624	0.617	0.611

续表 13-2

λ	0	1	2	3	4	5	6	7	8	9
100	0.604	0.597	0.591	0.584	0.577	0.570	0.563	0.557	0.550	0.543
110	0.536	0.529	0.522	0.515	0.508	0.501	0.494	0.487	0.480	0.473
120	0.466	0.459	0.452	0.445	0.439	0.432	0.426	0.420	0.413	0.407
130	0.401	0.396	0.390	0.384	0.379	0.374	0.369	0.364	0.359	0.354
140	0.349	0.344	0.340	0.335	0.331	0.327	0.322	0.318	0.314	0.310
150	0.306	0.303	0.299	0.295	0.292	0.288	0.285	0.281	0.278	0.275
160	0.272	0.268	0.265	0.262	0.259	0.256	0.254	0.251	0.248	0.245
170	0.243	0.240	0.237	0.235	0.232	0.230	0.227	0.225	0.223	0.220
180	0.218	0.216	0.214	0.212	0.210	0.207	0.205	0.203	0.201	0.199
190	0.197	0.196	0.194	0.192	0.190	0.188	0.187	0.185	0.183	0.181
200	0.180	0.178	0.176	0.175	0.173	0.172	0.170	0.169	0.167	0.166
210	0.164	0.163	0.162	0.160	0.159	0.158	0.156	0.155	0.154	0.152
220	0.151	0.150	0.149	0.147	0.146	0.145	0.144	0.143	0.142	0.141
230	0.139	0.138	0.137	0.136	0.135	0.134	0.133	0.132	0.131	0.130
240	0.129	0.128	0.127	0.126	0.125	0.125	0.124	0.123	0.122	0.121
250	0.120									

在稳定计算中，当遇到压杆局部截面被削弱的情况（例如钉孔、沟槽等）时，仍按没有被削弱的截面尺寸进行计算。这是因为压杆的临界力是由压杆整体的弯曲变形决定的，局部截面的削弱对整体弯曲变形的影响很小，也就是说对压杆临界力的影响很小，故可以忽略。但是，对这类压杆，除进行稳定计算外，还应针对削弱了的横截面进行强度校核。

【例 13-4】 如图 13-9 所示木屋架中 *AB* 杆的截面为边长 $a=110$ mm 的正方形，杆长 $l=3.6$ m，承受的轴向压力 $F=25$ kN。材料是松木，许用应力 $[\sigma]=10$ MPa。试校核 *AB* 杆的稳定性（只考虑在桁架平面内的失稳）。

解：正方形截面的惯性半径为

$$i=\frac{a}{\sqrt{12}}=\frac{110}{\sqrt{12}}=31.75(\text{mm})$$

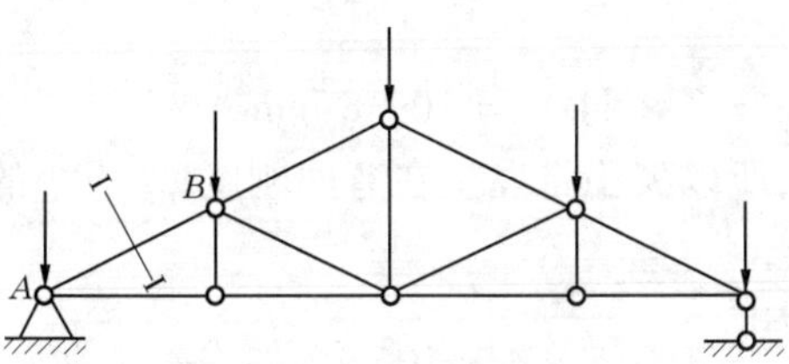

图 13-9

由于在桁架平面内 AB 杆两端为铰支，故 $\mu=1$。AB 杆的柔度为

$$\lambda=\frac{\mu l}{i}=\frac{1\times3.6\times10^3}{31.75}=113.4$$

利用式(13-13)算得折减系数 φ 为

$$\varphi=\frac{3\,000}{\lambda^2}=0.233$$

AB 杆的工作应力为

$$\sigma=\frac{F}{A}=\frac{25\times10^3}{110^2\times10^{-6}}=2.066(\text{MPa})<\varphi[\sigma]=2.33\text{ MPa}$$

满足稳定条件式(13-12)，因此 AB 杆是稳定的。

【例 13-5】 钢柱由两根 10 号槽钢组成，长 $l=4$ m，两端固定。材料为 Q235 钢，许用应力 $[\sigma]=160$ MPa。现用两种方式组合：另一种是将两根槽钢结合成为一个工字形，如图 13-10(a)所示，另一种是使用缀板将两根槽钢结合成如图 13-10(b)所示形式，图中间距 $a=44$ mm。试计算两种情况下钢柱的许用荷载。

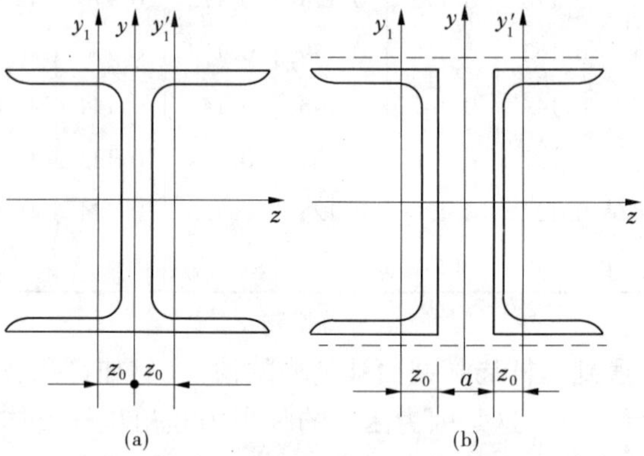

图 13-10

解：由型钢规格表查得 10 号槽钢截面的面积、形心位置和惯性矩分别为

$$A=12.74\text{ cm}^2, z_0=1.52\text{ cm}$$

$$I_z=198.3\text{ cm}^4, I_y=25.6\text{ cm}^4$$

(1)求图 13-10(a)中钢柱的许用荷载。

组合截面对 z 轴的惯性矩为

$$I_z=2\times198.3=396.6(\text{cm}^4)$$

由型钢规格表查得 10 号槽钢对其侧边的惯性矩为 54.9cm^4，故组合截面对 y 轴的惯性矩为

$$I_y=2\times54.9=109.8(\text{cm}^4)$$

因为杆端约束为两端固定，所以失稳将发生在弯曲刚度 EI 最小的形心主惯性平面 xz 内。该平面内钢柱的柔度为

$$\lambda_y=\frac{\mu l}{i_y}=\mu l\sqrt{\frac{2A}{I_y}}=0.5\times4\times10^2\times\sqrt{\frac{2\times12.74}{109.8}}=96.3$$

由表 13-2 并利用直线插值法得到折减系数 φ 为

$$\varphi = 0.631 - (0.631 - 0.624) \times \frac{3}{10} = 0.629$$

根据稳定条件式(13-12),钢柱的许用荷载为

$$[F]_{st} = 2A\varphi[\sigma] = 2 \times 12.74 \times 10^{-4} \times 0.629 \times 160 \times 10^{6} = 256\ 430(N) = 256.4\ kN$$

(2)求图 13-10(b)情况中钢柱的许用荷载。

组合截面对 z 轴的惯性矩为

$$I_z = 2 \times 198.3 = 396.6(cm^4)$$

利用惯性矩的平行移轴公式(截面对任一轴的惯性矩等于截面对与该轴平行的形心轴的惯性矩,加上截面面积与两轴间距离平方的乘积),求得组合截面对 y 轴的惯性矩为

$$\begin{aligned} I_y &= 2[I_{y_1} + \left(z_0 + \frac{a}{2}\right)^2 A] \\ &= 2 \times [25.6 + \left(1.52 + \frac{4.4}{2}\right)^2 \times 12.74] = 403.8(cm^4) \end{aligned}$$

可见失稳平面为 xy 平面,该平面内钢柱的柔度为

$$\lambda_z = \frac{\mu l}{i_z} = \mu l \sqrt{\frac{2A}{I_z}} = 0.5 \times 4 \times 10^2 \times \sqrt{\frac{2 \times 12.74}{396.6}} = 50.7$$

由表 13-2 查得折减系数为

$$\varphi = 0.888 - (0.888 - 0.884) \times \frac{7}{10} = 0.885$$

因此,钢柱的许用荷载为

$$\begin{aligned} [F]_{st} &= 2A\varphi[\sigma] = 2 \times 12.74 \times 10^{-4} \times 0.885 \times 160 \times 10^{6} \\ &= 360\ 797(N) = 360.8\ kN \end{aligned}$$

由本例题可知,虽然两个钢柱的长度、支承情况以及所用材料的数量均相同,但当采用不同的截面形状时,钢柱的许用荷载有很大差别。显然,采用如图 13-10(b)所示截面比采用如图 13-10(a)所示截面好。

当用折减系数法设计压杆的截面尺寸时,须将稳定条件式(13-12)变换成如下的形式:

$$A \geqslant \frac{F}{\varphi[\sigma]} \tag{13-14}$$

由于折减系数 φ 与压杆的柔度 λ 有关,而柔度 λ 又与截面面积 A 有关,故当 A 为未知时,φ 也是未知的。因此,压杆的截面设计目前普遍采用试算法,其计算步骤如下:

(1)先假定 φ 的一个近似值 φ_1(一般可取 $\varphi_1 = 0.5$),由式(13-14)算出截面面积的第一次近似值 A_1,并由 A_1 初选一个截面(这一步也可以根据经验初选型钢号码或截面尺寸)。

(2)计算初选截面的惯性矩 I_1、惯性半径 i_1 和柔度 λ_1,由折减系数表查得(或由公式算得)相应的 φ 值。

(3)若查得的 φ 值与原先假定的 φ_1 值相差较大,则可在这两个值之间再假定一个近似值 φ_2,并重复上述(1)、(2)两步。如此进行下去,直到从表中查得的 φ 值与假定的 φ 值非常接近。

(4)对所选得的截面进行压杆稳定校核。若满足稳定条件,则所选得的截面就是所求

之截面。否则,应在所选截面的基础上适当放大尺寸后再进行校核,直到满足稳定条件。

【例 13-6】 如图 13-11 所示,有一长 $l=4$ m 的工字钢柱,上、下端都是固定支承,承受的轴向压力 $F=230$ kN。材料为 Q235 钢,许用应力 $[\sigma]=140$ MPa。在上、下端面的工字钢翼缘上各有 4 个直径的螺栓孔。试选择此钢柱的截面。

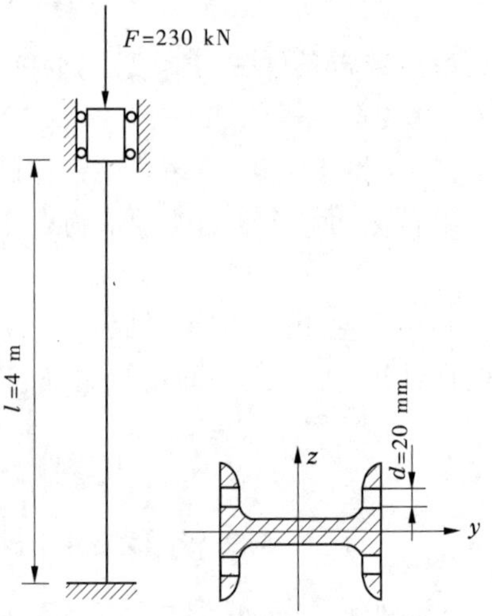

图 13-11

解:(1)第一次试算。

假定 $\varphi_1=0.5$,由式(13-14)得到

$$A_1=\frac{F}{\varphi_1[\sigma]}=\frac{230\times10^3}{0.5\times140\times10^6}$$

$$=32.88\times10^{-4}(\mathrm{m}^2)$$

查型钢规格表,初选 20a 工字钢。其截面面积和惯性半径分别为

$$A=35.5\ \mathrm{cm}^2$$
$$i_1=i_y=2.12\ \mathrm{cm}$$

柔度为

$$\lambda=\frac{\mu l}{i_1}=\frac{0.5\times400}{2.12}=94.3$$

由表 13-2 查得相应的 $\varphi=0.642$。由于 φ 值与假定的 φ_1 相差较大,必须再进行试算。

(2)第二次试算。

假定 $\varphi_2=\frac{1}{2}\times(0.5+0.642)=0.571$,由式(13-14)算得

$$A_2=\frac{F}{\varphi_2[\sigma]}=\frac{230\times10^3}{0.571\times140\times10^6}=28.77\times10^{-4}(\mathrm{m}^2)=28.77\ \mathrm{cm}^2$$

查型钢规格表,再选 18 号工字钢,其截面面积 $A=30.6\ \mathrm{cm}^2$,惯性半径 $i_2=i_y=2$ cm,柔度为

$$\lambda_2=\frac{\mu l}{i_2}=\frac{0.5\times400}{2}=100$$

由表 13-2 查得相应的 $\varphi=0.604$,这与假定的 $\varphi_2=0.571$ 非常接近,因而可以试用 18 号工字钢。

(3)稳定校核。

若采用 18 号工字钢,则钢柱的工作应力为

$$\sigma=\frac{F}{A}=\frac{230\times10^3}{30.6\times10^{-4}}=75.16\times10^6(\mathrm{Pa})=75.16\ \mathrm{MPa}$$

而

$$\varphi[\sigma]=0.604\times140=84.56(\mathrm{MPa})$$

可见满足稳定条件。

(4)强度校核。

由于钢柱的上、下端截面被螺栓孔削弱,所以还须对端截面进行强度校核。由型钢规

格表查得 18 号工字钢的翼板平均厚度 $t = 10.7$ mm,故端截面的净面积为

$$A_n = A - 4td = 3\,060 - 4 \times 10.7 \times 20 = 2\,204(\mathrm{mm}^2)$$

端截面上的应力为

$$\sigma = \frac{F}{A_n} = \frac{230 \times 10^3}{2\,204 \times 10^{-6}} = 104.36 \times 10^6\mathrm{Pa} = 104.36(\mathrm{MPa}) < [\sigma] = 140\ \mathrm{MPa}$$

可见强度条件也满足。因此,决定采用 18 号工字钢。

本章小结

本章的重点是:

(1)建立压杆稳定的概念,明确解决稳定问题的关键是计算临界力;

(2)应用折减系数法进行压杆稳定性计算。

各种细长压杆的临界力可用下面的统一公式表示 $F_{\mathrm{cr}} = \dfrac{\pi^2 EI}{(\mu l)^2}$

折减系数法的稳定条件为 $\sigma = \dfrac{F}{A} \leqslant \varphi[\sigma]$

思考题

13-1 以压杆为例,说明什么是稳定平衡和不稳定平衡?什么叫失稳?

13-2 何谓压杆的临界力和临界应力?

13-3 有人说临界力是使压杆丧失稳定所需的最小荷载,又有人说临界力是使压杆维持直轴线形状平衡状态所能承受的最大荷载。这两种说法对吗?两种说法一致吗?

13-4 如图 13-12 所示各细长压杆均为圆杆,它们的直径、材料都相同,试判断哪根压杆的临界力最大,哪根压杆的临界为最小(如图 13-12(f)所示压杆在中间支承处不能转动)?

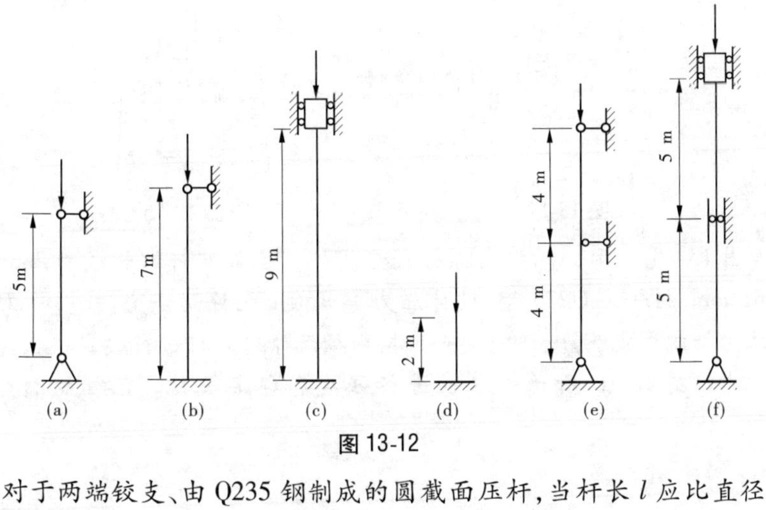

图 13-12

13-5 对于两端铰支、由 Q235 钢制成的圆截面压杆,当杆长 l 应比直径 d 大多少倍

时，才能用欧拉公式计算临界力？

13-6　若在计算中、小柔度压杆的临界力时使用了欧拉公式，或在计算大柔度压杆的临界力时使用了经验公式，则后果将会怎样？试用临界应力总图加以说明。

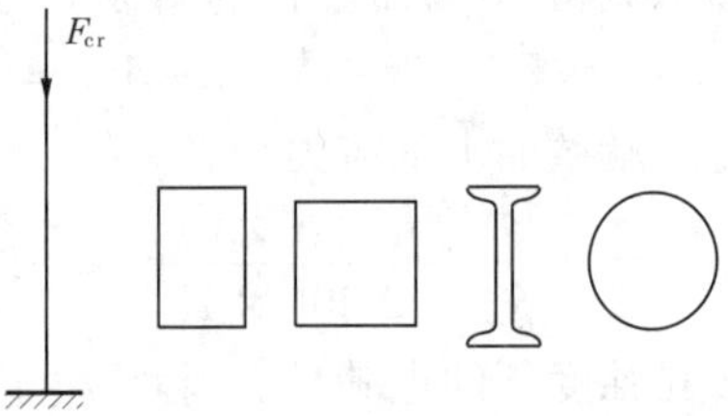

图 13-13

13-7　如何判断压杆的失稳平面？有根一端固定、一端自由的压杆，如图 13-13 所示形式的横截面，试指出失稳平面？失稳时横截面绕哪个轴转动？

13-8　怎样进行压杆的截面设计？

13-9　用安全系数法计算的结果与用折减系数法计算的结果是否完全一致？为什么？

习　题

13-1　如图 13-14 所示两端铰支的细长压杆，材料的弹性模量 $E=200$ GPa，试用欧拉公式计算其临界力 F_{cr}。(1)圆形截面 $d=25$ mm，$l=1.0$ m；(2)矩形截面 $h=2b=40$ mm，$l=1.0$ m；(3)22a 工字钢，$l=5.0$ m；(4)200 mm×125 mm×18 mm 不等边角钢，$l=5.0$ m。

13-2　直径 $d=25$ mm、长为 l 的细长钢压杆，材料的弹性模量 $E=200$ GPa，试用欧拉公式计算其临界力 F_{cr}。(1)两端铰支，$l=600$ mm；(2)两端固定，$l=1\ 500$ mm；(3)一端固定、一端铰支，$l=1\ 000$ mm。

13-3　三根两端铰支的圆截面压杆，直径均为 $d=160$ mm，长度分别为 l_1、l_2 和 l_3，且 $l_1=2l_2=4l_3=5$ m，材料为 Q235 钢，弹性模量 $E=200$ GPa，求三杆的临界力 F_{cr}。

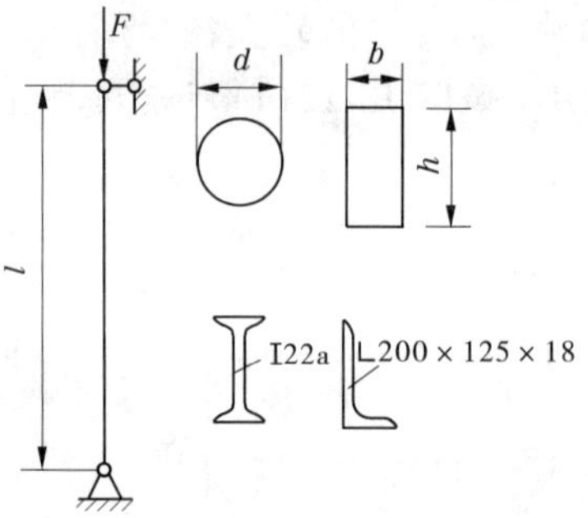

图 13-14

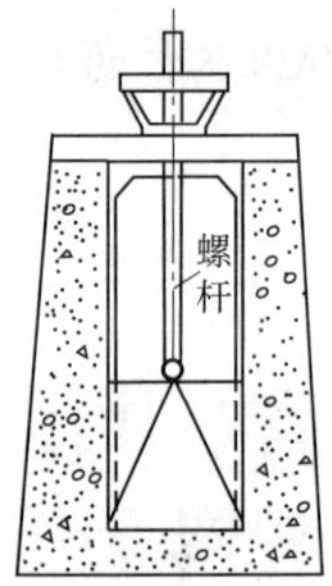

图 13-15

13-4　如图 13-15 所示一闸门的螺杆式启闭机。已知螺杆的长度为 3 m，外径为 60 mm，内径为 51 mm，材料为 Q235 钢，设计压力 $F=50$ kN，许用应力$[\sigma]=120$ MPa，杆端支承情况可认为一端固定、另一端铰接。试按内径尺寸对此杆进行稳定校核。

13-5　试对如图 13-16 所示的木柱进行强度和稳定校核。已知材料的许用应力$[\sigma]=10$ MPa。

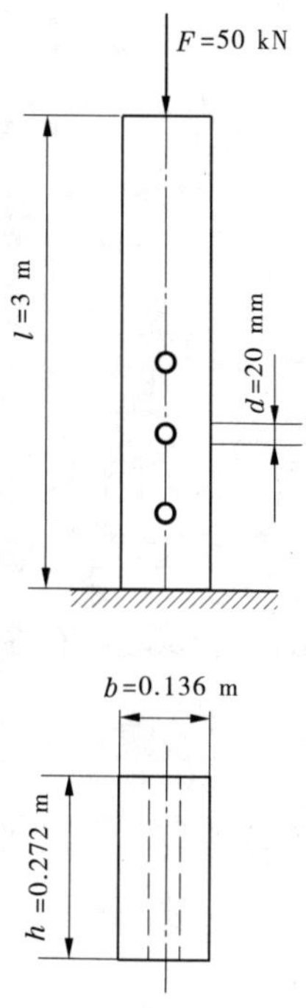

图 13-16

13-6 一两端铰支的钢管柱，长 $l=3$ m，截面外径 $D=100$ mm，内径 $d=70$ mm。材料为 Q235 钢，许用应力 $[\sigma]=160$ MPa，求此柱的许用荷载。

13-7 如图 13-17 所示，起重机的起重臂由两个不等边角钢 100 mm×80 mm×8 mm 组成，二角钢用缀板连成整体。杆在 xz 平面内，两端可看做铰支；在 xy 平面内，可看做弹性约束，取 $\mu=0.75$。材料为 Q235 钢，许用应力 $[\sigma]=160$ MPa。求起重臂的最大轴向压力。

13-8 如图 13-18 所示桁架，$F=100$ kN，二杆均为用 Q235 钢制成的圆截面杆，许用应力 $[\sigma]=180$ MPa，试确定它们的直径。

13-9 压杆长 4 m，两端都为铰支，承受轴向压力 $F=800$ kN，材料为 Q235 钢，许用应力 $[\sigma]=170$ MPa。试选择合适的槽钢截面(如图 13-19 所示两槽钢间的距离 a 是为了使截面的 $I_y=I_z$)。

13-10 结构如图 13-20 所示。已知 $F=25$ kN，$\alpha=30°$，$a=1.25$ m，$l=0.55$ m，$d=20$ mm，材料为 Q235 钢，许用应力 $[\sigma]=160$ MPa。问此结构是否安全？

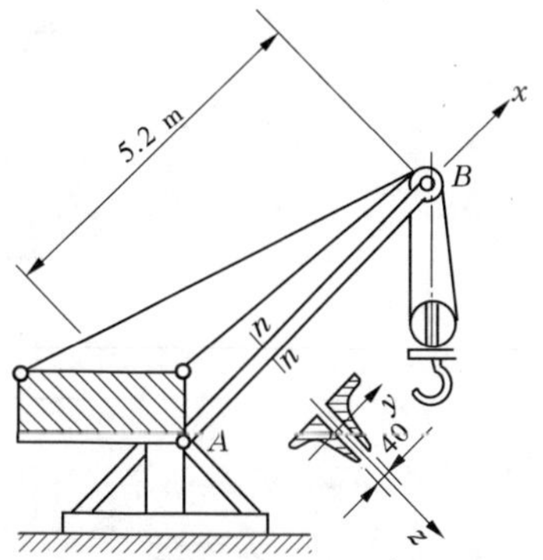

图 13-17

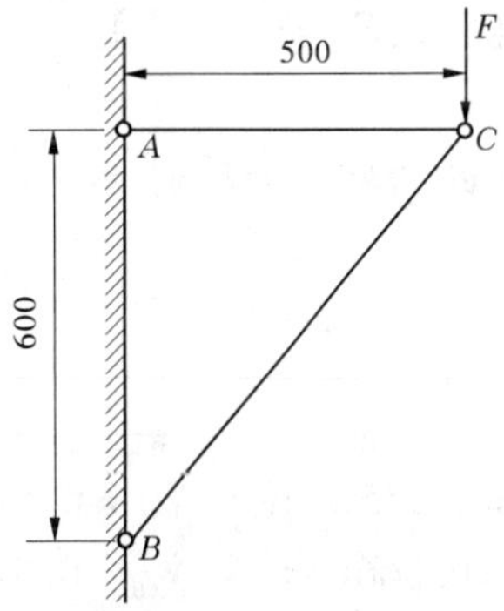

图 13-18

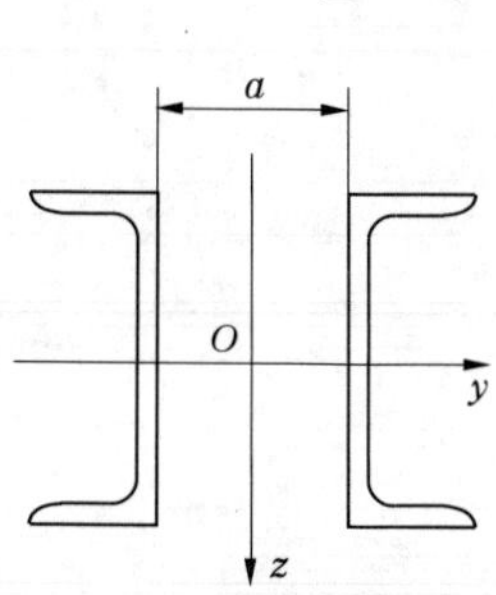

图 13-19

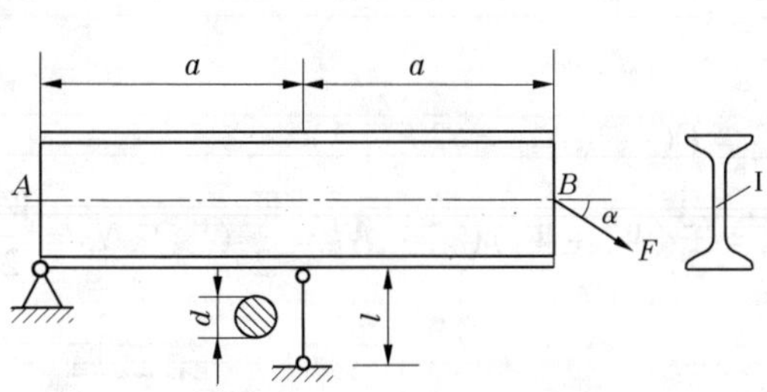

图 13-20

习题答案

上篇

第二章

2-1 $X_1 = 86.6\ \text{N}$, $Y_1 = 50\ \text{N}$; $X_2 = 30\ \text{N}$, $Y_{21} = -40\ \text{N}$; $X_3 = 0\ \text{N}$, $Y_3 = 60\ \text{N}$; $X_4 = -56.6\ \text{N}$, $Y_4 = 56.6\ \text{N}$

2-2 $X = 115.4\ \text{N}$

2-3 (a)0;(b) $Pl\sin\alpha$(逆);(c)$Pl\sin(\theta-\alpha)$(逆);(d) Pa(顺);(e) $P(l+r)$(逆);(f) $P\sqrt{l^2+b^2}\sin\alpha$(逆)

2-4 $R = 161.2\ \text{N}$, $\angle(R, F_1) = 29°44'$

2-5 $R = 5\ 000\ \text{N}$, $\angle(R, F_1) = 38°28'$

2-6 $F_A = \frac{\sqrt{5}}{2}F(\swarrow)$, $F_D = \frac{1}{2}F(\uparrow)$

2-7 $F_A = \frac{\sqrt{3}}{2}F(\swarrow)$, $F_B = \frac{1}{2}F(\uparrow)$

2-8 同2-4

2-9 同2-5

2-10 同2-6

2-11 (a)$N_{AC} = 1.155G$(拉), $N_{AB} = 0.577G$(压);
(b)$N_{AC} = 0.866G$(压), $N_{AB} = 0.5G$(拉);
(c)$N_{AC} = N_{AB} = 0.577G$(拉)

2-12 $F_A = F_B = \frac{M}{\sqrt{2}}$

2-13 $N_{AC} = F(\leftarrow)$, $N_{BC} = \sqrt{2}F(\nearrow)$

2-14 $N_D = \frac{\sqrt{3}}{2}(W_1 + W_2)(\nearrow)$, $N_E = \frac{W_1}{2}(\nwarrow)$, $N_G = \frac{W_2}{2}(\nwarrow)$

第三章

3-1 $R' = 466.5\ \text{N}$, $\alpha = 20.3°$, $M_O = 21.44\ \text{N}\cdot\text{m}$

3-2 $R' = 150\ \text{N}\ (\leftarrow)$, $M_O = 900\ \text{N}\cdot\text{m}$, $y = -6\ \text{mm}$

3-3 (a)$R_{Ax} = 20\ \text{kN}(\leftarrow)$, $R_{Ay} = 28.78\ \text{kN}(\uparrow)$, $R_B = 25.86\ \text{kN}(\uparrow)$;

(b) $R_{Ax}=7.07$ kN(→), $R_{Ay}=12.07$ kN(↑), $M_A=38.3$ kN·m(逆);

(c) $R_{Ax}=3$ kN(→), $R_{Ay}=1.875$ kN(↑), $R_B=0.125$ kN(↑)

3-4 (a) $R_{Ax}=3$ kN(←), $R_{Ay}=0.25$ kN(↓), $R_B=4.25$ kN(↑);

(b) $R_{Ax}=0$, $R_{Ay}=6$ kN(↑), $M_A=5$ kN·m(逆)

3-5 $R_A=7.35$ kN, $R_B=5.6$ kN, $R_C=3.96$ kN

3-6 $R_{Ax}=10$ kN(→), $R_{Ay}=0.66$ kN(↑); $R_B=80.66$ kN(↑); $R_D=18$ kN(↑); $R_{Cx}=10$ kN, $R_{Cy}=8.66$ kN(↑)

3-7 $R_{Ax}=0$, $R_{Ay}=15$ kN(↓); $R_B=40$ kN(↑); $R_D=15$ kN(↑); $F_{Cx}=0$, $F_{Cy}=5$ kN

3-8 $R_{Ax}=\dfrac{F_1(l-a)+F_2(l-b)}{2H+h}$(→), $R_{Ay}=\dfrac{F_1(3lH+lh-aH)+F_2(l-b)(H+h)}{l(2H+h)}$(↑);

$R_{Bx}=\dfrac{F_1(l-a)+F_2(l-b)}{2H+h}$(←), $R_{By}=\dfrac{F_1(l-a)H+F_2(lH+bH+bh)}{l(2H+h)}$(↑);

$R_{Cx}=\dfrac{F_1(l-a)+F_2(l-b)}{2H+h}$, $F_{Cy}=\dfrac{F_1(l-a)H+F_2(l-b)(H+h)}{l(2H+h)}$

3-9 $P_{\min}=333.3$ kN, $x_{\max}=6.75$ m

3-10 $R_{Ax}=2\ 400$ N(→), $R_{Ay}=1200$ N(↑); $F_{BC}=848.5$ kN

3-11 (1) $R_A=41$ kN(↑), $R_{BA}=49$ kN(↑);

(2) $x=4.33$ m

3-12 (1) $F=2$ N(↗);

(2) F = 0.66 N(↙)

3-13 100 N

3-14 $\theta \geqslant 66.89°$

3-15 $F<F_{\max}$,墙体不会滑动

3-16 $N_A=4.8$ kN, $N_B=2.87$ kN, $N_C=4.93$ kN

3-17 $F_1=30$ kN, $F_2=5$ kN, $F_3=15$ kN

3-18 $F_1=F_2=F_3=\dfrac{2M}{3a}$ (拉), $F_4=F_5=F_6=-\dfrac{4M}{3a}$ (压)

3-19 $R_x=345.4$ N, $R_y=249.6$ N, $R_z=10.56$ N; $M_x=-51.78$ N·m, $M_y=-36.65$ N·m, $M_z=103.6$ N·m

3-20 $R=20$ N, $x_C=60$ mm, $y_C=32.5$ mm

3-21 $N_{AD}=N_{BD}=26.39$ kN(压), $N_{CD}=33.46$ kN(拉)

3-22 $N_{AC}=-\sqrt{2}G$(压), $N_{BC}=G$(拉), $N_{BD}=G(\cos\theta-\sin\theta)$, $N_{BE}=G(\cos\theta+\sin\theta)$, $N_{AB}=-\sqrt{2}G\cos\theta$

3-23 $N_1=N_2=-5$ kN(压), $N_3=-7.07$ kN(压), $N_4=N_5=5$ kN(拉), $N_6=-10$ kN(压)

3-24 $a=350$ mm

3-25 $x_C=90$ mm

3-26 $x_C=-19.1$ mm

3-27　$h=\frac{\sqrt{2}}{2}r$

3-28　$x_C=57.7\ \text{mm}, y_C=-95.5\ \text{mm}, z_C=161.8\ \text{mm}$

下篇

第四章

4-1　变形固体的性质是十分复杂的，各学科研究的角度、范围不同，其侧重面也不一样。为了简化计算，在建筑力学中常略去一些与强度、刚度和稳定性等问题关系不大的因素，将具有多种复杂属性的变形固体模型化，从而建立建筑力学所研究对象的理想化模型。为此，建筑力学对变形固体作下列假设：

①连续性假设；②均匀性假设；③各向同性假设；④小变形假设

4-2　①轴向拉伸或轴向压缩；②剪切；③扭转；④弯曲

第五章

5-1　(a) $F_{N1}=P$（拉力），$F_{N2}=0$；

(b) $F_{N1}=P$（拉力），$F_{N2}=-P$（压力）；

(c) $F_{N1}=-2\ \text{kN}$（压力），$F_{N2}=1\ \text{kN}$（拉力），$F_{N3}=3\ \text{kN}$（拉力）；

(d) $F_{N1}=1\ \text{kN}$（拉力），$F_{N2}=-1\ \text{kN}$（压力）

5-2　(a) $\sigma_{max}=191\ \text{MPa}$；

(b) $\sigma_{max}=255\ \text{MPa}$；

(c) $\sigma_{max}=255\ \text{MPa}$

5-3　$F\leqslant 97\ \text{kN}$

5-4　$d\geqslant 27.7\times 10^{-2}\ \text{m}$

5-5　$F\leqslant 8\,400\ \text{N}$

第六章

6-1　(a) $T_{AB}=M, T_{BC}=0$；

(b) $T_{AB}=M, T_{BC}=-M$；

(c) $T_{AB}=20\ \text{kN}\cdot\text{m}$；

(d) $T_{BC}=10\ \text{kN}\cdot\text{m}$

6-2　BA 段：$T_{AB}=0.076\ \text{kN}\cdot\text{m}$；$BC$ 段：$T_{BC}=0.115\ \text{kN}\cdot\text{m}$

6-3　$T_1=3\ \text{kN}\cdot\text{m}, T_2=-3\ \text{kN}\cdot\text{m}, T_3=-1\ \text{kN}\cdot\text{m}$；$T_1=6\ \text{kN}\cdot\text{m}, T_2=1\ \text{kN}\cdot\text{m}, T_3=-3\ \text{kN}\cdot\text{m}$

6-4　$T_1=1.59\ \text{kN}\cdot\text{m}, T_2=0.796\ \text{kN}\cdot\text{m}$

6-5　$M=10.53\ \text{N}\cdot\text{m}$

6-6　(1) $\tau_{max}=162\ \text{MPa}$；

(2) $\theta_{max} = 0.0815$ rad/m;

(3) $\varphi_{CA} = 0.0194$ rad(方向与 BC 段扭矩)

第七章

7-1 (a) $Q_1 = \frac{1}{3}$ kN, $M_1 = 11$ kN · m, $Q_2 = -\frac{17}{3}$kN, $M_2 = \frac{17}{3}$kN · m;

(b) $Q_1 = 8$ kN, $Q_2 = -12$ kN, $M_1 = M_2 = 16$ kN · m;

(c) $Q_1 = -\frac{1}{2}qL, M_1 = -\frac{qL^2}{8}$;

(d) $Q_1 = -\frac{5}{3}$ kN, $M_1 = -\frac{5}{3}$ kN · m, $Q_2 = -\frac{5}{3}$ kN, $M_2 = \frac{10}{3}$ kN · m

7-2 (a) $Q(x) = 2 - qx, M(x) = 2x - x^2$;

(b) $Q(x) = P,\ M(x) = Px - pL$;

(c) $M_B = -8$ kN · m;

(d) $M_C = 20$ kN · m

7-3 (a)3;(b)2;(c)3;(d)2

7-4 (a) $M_B = -8$ kN · m;

(b) $M_C = 20$ kN · m;

(c) $M_A = 20$ kN · m;

(d) $M_C = -4$ kN · m

第八章

8-2 $y_C = 0.365$ m, $S_z = 2 \times 10^{-2}$ m^3

8-3 $I_z = 143 \times 10^6$ mm^4, $I_y = 282 \times 10^5$ mm^4

8-4 $I_z = \frac{bh^3}{12} - \frac{\pi d^2}{32}(d^2 + h^2)$

8-5 $I_z = \frac{a^4}{3}$

第九章

9-1 中性轴是截面的形心主轴,用公式 $y_C = \frac{\sum A \times y_{Ci}}{\sum A_i}$ 确定中性轴的位置.

9-2 $W_z = \frac{I_z}{y_{max}} = \frac{\frac{1}{12}(BH^3 - bh^3)}{\frac{H}{2}} = \frac{1}{6}(BH^2 - \frac{bh^3}{H})$

9-3 $\sigma_a = 9.76$ MPa, $\sigma_k = 4.88$ MPa

9-4 $\sigma_{max} = 9.05$ MPa

9-5 $\sigma_{max} = 3.82$ MPa $< [\sigma] = 10$ MPa,满足强度条件

9-6 略

9-7 $[P]=29.6\ \text{MN}$

9-8 $b=83\ \text{mm}, h=124.5\ \text{mm}$

9-9 $\tau_a=0.23\ \text{MPa}, \tau_c=0.3\ \text{MPa}$

9-10 $\sigma_{max}=8.79\ \text{MPa}, \tau_{max}=0.469\ \text{MPa}$

9-11 数选 32a

9-12 4

9-13 $\frac{1}{4}$

第十章

10-1 (a) $x=0, y_A=0, x=L, y_B=0$;

(b) $x=0, y_A=0, \theta_A=0$;

(c) $x=0, y_A=0, x=L, y_B=0, \theta_{B左}=\theta_{B右}$;

(d) $x=0, y_A=0, x=L, y_B=0$

10-2 $\theta_A=-\frac{PL^2}{2EI}, y_A=\frac{PL^3}{3EI}$

10-3 $\theta_B=-\frac{mL}{3EI}, x=\frac{L}{\sqrt{3}}$处 $y_{max}=\frac{mL^2}{9\sqrt{3}EI}$

10-4 $\theta_C=\frac{7PL}{24EI}, y_C=\frac{PL^3}{8EI}$

10-5 $\theta_C=\frac{mL}{2EI}, y_C=\frac{5mL^2}{8EI}$

10-6 $\theta_A=-\frac{PL^2}{16EI}+\frac{mL}{6EI}, y_C=\frac{PL^3}{48EI}+\frac{mL^2}{16EI}$

10-7 $\theta_B=\frac{PL^2}{8EI}+\frac{mL}{EI}, y_B=\frac{PL^3}{48EI}+\frac{mL^2}{2EI}$

10-8 选 14 号

第十一章　应力状态和强度理论

11-1 (a)单向应力状态；

(b)危险点的位置在圆周上，危险点应力状态为双向应力状态；

(c) 危险点的位置在 F 作用面上下边缘

11-2 (a) $\sigma_{60°}=17.5\ \text{MPa}, \tau_{60°}=30.31\ \text{MPa}$;

(b) $\sigma_{45°}=-80\ \text{MPa}, \tau_{45°}=0$;

(c) $\sigma_{30°}=30\ \text{MPa}, \tau_{30°}=0$;

(d) $\sigma_{120°}=-12.5\ \text{MPa}, \tau_{120°}=-21.65\ \text{MPa}$;

(e) $\sigma_{45°}=-15\ \text{MPa}, \tau_{45°}=-5\ \text{MPa}$;

(f) $\sigma_{60°}=-89.64\ \text{MPa}, \tau_{60°}=-11.34\ \text{MPa}$;

(g) $\sigma_{15^\circ}=103.12$ MPa, $\tau_{15^\circ}=-3.97$ MPa;

(h) $\sigma_{-30^\circ}=-105.31$ MPa, $\tau_{-30^\circ}=20.8$ MPa

11-3 (a) $\sigma_1=30$ MPa, $\sigma_2=0$, $\sigma_3=-20$ MPa, $\alpha_0=-26.6^\circ$, $\alpha'_0=63.4^\circ$;

(b) $\sigma_1=11.23$ MPa, $\sigma_2=0$, $\sigma_3=-71.23$ MPa, $\alpha_0=52^\circ$, $\alpha'_0=-38^\circ$;

(c) $\sigma_1=64.05$ MPa, $\sigma_2=0$, $\sigma_3=-14.05$ MPa, $\alpha_0=-15.5^\circ$, $\alpha'_0=74.5^\circ$;

(d) $\sigma_1=20$ MPa, $\sigma_2=0$, $\sigma_3=-80$ MPa, $\alpha_0=-73.16^\circ$, $\alpha'_0=16.84^\circ$;

(e) $\sigma_1=0$, $\sigma_2=-60$ MPa, $\sigma_3=-80$ MPa, $\alpha_0=0^\circ$, $\alpha'_0=-90^\circ$;

(f) $\sigma_1=10$ MPa, $\sigma_2=0$, $\sigma_3=-10$ MPa, $\alpha_0=45^\circ$, $\alpha'_0=-45^\circ$;

(g) $\sigma_1=0$, $\sigma_2=0$, $\sigma_3=-90$ MPa, $\alpha_0=-90^\circ$, $\alpha'_0=0^\circ$;

(h) $\sigma_1=44.14$ MPa, $\sigma_2=15.86$ MPa, $\sigma_3=0$; $\alpha_0=-22.5^\circ$, $\alpha'_0=67.5^\circ$

11-5 $\sigma_1=150.5$ MPa, $\sigma_2=0$, $\sigma_3=-0.5$ MPa

11-6 $\sigma_1=9.45$ MPa, $\sigma_2=0$, $\sigma_3=-100$MPa

11-7 1 点：$\sigma_1=\sigma_2=0$, $\sigma_3=-142.3$ MPa;

2 点：$\sigma_1=30$ MPa, $\sigma_2=0$, $\sigma_3=-30$ MPa;

3 点：$\sigma_1=58.8$ MPa, $\sigma_2=0$, $\sigma_3=-8.8$ MPa;

4 点：$\sigma_1=100$ MPa, $\sigma_2=\sigma_3=0$

11-8 (a) $\sigma_1=46$ MPa, $\sigma_2=20$ MPa, $\sigma_3=-26$ MPa, $\tau_{max}=36$ MPa;

(b) $\sigma_1=60$ MPa, $\sigma_2=31.23$ MPa, $\sigma_3=-51.23$ MPa, $\tau_{max}=55.6$ MPa;

(c) $\sigma_1=290$ MPa, $\sigma_2=-50$ MPa, $\sigma_3=-90$ MPa, $\tau_{max}=190$ MPa

11-9 $\sigma_1=\sigma_2=-15.5$ MPa, $\sigma_3=-30$ MPa; $\tau_{max}=7.25$ MPa

11-10 $T=\dfrac{E\pi d^3\varepsilon_{-15^\circ}}{8(1+v)}$

11-11 $F=7.3$ kN

11-12 (1)安全;

(2)安全;

(3)用第一强度理论校核安全,用第二强度理论校核不安全

11-13 $\sigma_{r1}=32.36$ MPa, $\sigma_{r2}=33.07$ MPa

11-14 (1) $\sigma_{r3}=\sqrt{\sigma^2+4\tau^2}$;

(2) $\sigma_{r4}=\sigma+\tau$

11-15 $\sigma_{r1}=24$ MPa $<[\sigma_t]$,安全;$\sigma_{r2}=33$ MPa $<[\sigma_c]$,安全

11-16 (1)安全;

(2)安全;

(3)安全

11-17 安全

11-18 不安全

11-19 不安全

11-20 $p=3.34$ MPa

11-21 $\sigma_{rM}=-0.017$ MPa $<[\sigma_t]$,安全

第十二章

12-1 (1)$\sigma_{tmax}=129$ MPa,$\sigma_{cmax}=129$ MPa,$\sigma_{A、C}=\pm129$ MPa,$\sigma_{B、D}=\pm9.8$ MPa;

(2)$w=16.6$mm

12-2 (1)$b=90$mm,h=180mm;

(2)$w=19.7$mm

12-3 $\sigma_{max}=10.55$ MPa,$w=20.5$ mm

12-4 $\sigma_{max}=64.3$ MPa

12-5 16号工字钢

12-6 $\sigma_{max}=-0.0198$ MPa,$\sigma_{min}=-0.121$ MPa

12-7 $\sigma_{tmax}=5.09$ MPa,$\sigma_{cmax}=5.29$ MPa

12-8 $x=5.2$ mm

12-9 (1)开槽前 $\sigma_{cmax}=\frac{F}{a^2}$,开槽后 $\sigma_{cmax}=\frac{8F}{3a^2}$,开槽后柱内最大压应力在位置在构件上、下边缘;

(2)对称开槽后 $\sigma_{cmax}=\frac{2F}{a^2}$

12-10 $h=372$ mm,$\sigma_{max}=4.33$ MPa

12-11 $\sigma_C=-0.146$ MPa,$\sigma_D=-0.02$ MPa

12-12 (1)$\sigma_{max}=0.113$ MPa,$\sigma_{min}=0.833$ MPa 不符合要求;

(2)$B=19.4$m

第十三章

13-1 (1)$F_{cr}=37$ kN;

(2)$F_{cr}=52.6$ kN;

(3)$F_{cr}=178$ kN;

(4)$F_{cr}=320$ kN

13-2 (1)$F_{cr}=105$ kN;

(2)$F_{cr}=67.3$ kN;

(3)$F_{cr}=59.1$ kN

13-3 $F_{cr1}=2\ 682.5$ kN,$F_{cr2}=4\ 200.1$ kN,$F_{cr3}=4\ 593.6$ kN

13-4 $\sigma=24.5$ MPa,$\varphi[\sigma]=31$ MPa

13-5 满足强度条件,不满足稳定条件

13-6 $[F]_{st}=395.4$ kN

13-7 $F_{max}=114.2$ kN

13-8 $d_{AC}=24.2$ mm,$d_{BC}=37.2$ mm

13-9 20a号槽钢,间距 $a=300$ mm

13-10 梁 $\sigma_{max}=163$ MPa;柱 $\sigma=79.6$ MPa,$\varphi[\sigma]=86.4$ MPa 小于容许应力,结构安全

附录　型钢规格表

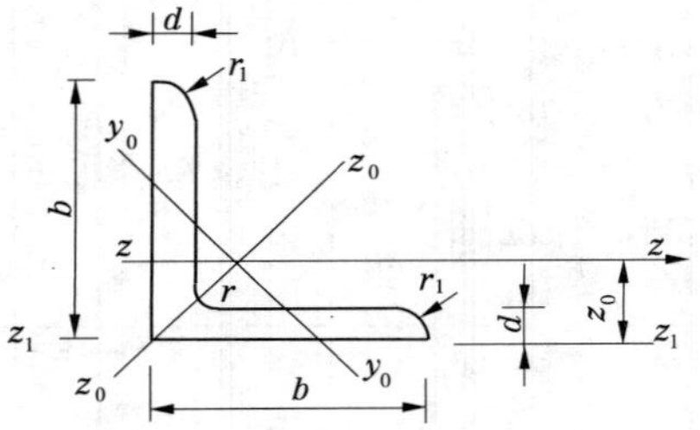

附表 1　热轧等边角钢(GB 9787—88)

符号意义：

b——边宽度；　　I——惯性矩；

d——边厚度；　　i——惯性半径；

r——内圆弧半径；　　W——截面系数；

r_1——边端内圆弧半径；　　z_0——重心距离。

角钢号数	尺寸(mm)			截面面积	理论重量	外表面积	参考数值										z_0
							$x-x$			x_0-x_0			y_0-y_0			x_1-x_1	
	b	d	r				I_x	i_x	W_x	I_{x0}	i_{x0}	W_{x0}	I_{y0}	i_{y0}	W_{y0}	I_{x1}	
				(cm^2)	(kg/m)	(m^2/m)	(cm^4)	(cm)	(cm^3)	(cm^4)	(cm)	(cm^3)	(cm^4)	(cm)	(cm^3)	(cm^4)	(cm)
2	20	3	3.5	1.132	0.889	0.078	0.40	0.59	0.29	0.63	0.75	0.45	0.17	0.39	0.20	0.81	0.60
		4		1.459	1.145	0.077	0.50	0.58	0.36	0.78	0.73	0.55	0.22	0.38	0.24	1.09	0.64
2.5	25	3		1.432	1.124	0.098	0.82	0.76	0.46	1.29	0.95	0.73	0.34	0.49	0.33	1.57	0.73
		4		1.859	1.459	0.097	1.03	0.74	0.59	1.62	0.93	0.92	0.43	0.48	0.40	2.11	0.76
3.0	30	3	4.5	1.749	1.373	0.117	1.46	0.91	0.68	2.31	1.15	1.09	0.61	0.59	0.51	2.71	0.85
		4		2.276	1.786	0.117	1.84	0.90	0.87	2.92	1.13	1.37	0.77	0.58	0.62	3.63	0.89
3.6	36	3	4.5	2.109	1.656	0.141	2.58	1.11	0.99	4.09	1.39	1.61	1.07	0.71	0.76	4.68	1.00
		4		2.756	2.163	0.141	3.29	1.09	1.28	5.22	1.38	2.05	1.37	0.70	0.93	6.25	1.04
		5		3.382	2.654	0.141	3.95	1.08	1.56	6.24	1.36	2.45	1.65	0.70	1.09	7.84	1.07
4.0	40	3	5	2.359	1.852	0.157	3.59	1.23	1.23	5.69	1.55	2.01	1.49	0.79	0.96	6.41	1.09
		4		3.086	2.422	0.157	4.60	1.22	1.60	7.29	1.54	2.58	1.91	0.79	1.19	8.56	1.13
		5		3.791	2.976	0.156	5.53	1.21	1.96	8.76	1.52	3.01	2.30	0.78	1.39	10.74	1.17
4.5	45	3	5	2.659	2.088	0.177	5.17	1.40	1.58	8.20	1.76	2.58	2.14	0.90	1.24	9.12	1.22
		4		3.486	2.736	0.177	6.65	1.38	2.05	10.56	1.74	3.32	2.75	0.89	1.54	12.18	1.26
		5		4.292	3.369	0.176	8.04	1.37	2.51	12.74	1.72	4.00	3.33	0.88	1.81	15.25	1.30
		6		5.076	3.985	0.176	9.33	1.36	2.95	14.76	1.70	4.64	3.89	0.88	2.06	18.36	1.33

续附表 1

角钢号数	尺寸(mm)			截面面积	理论重量	外表面积	参考数值										
							$x-x$			x_0-x_0			y_0-y_0			x_1-x_1	z_0
	b	d	r	(cm^2)	(kg/m)	(m^2/m)	I_x (cm^4)	i_x (cm)	W_x (cm^3)	I_{x0} (cm^4)	i_{x0} (cm)	W_{x0} (cm^3)	I_{y0} (cm^4)	i_{y0} (cm)	W_{y0} (cm^3)	I_{x1} (cm^4)	(cm)
5	50	3	5.5	2.971	2.332	0.197	7.18	1.55	1.96	11.37	1.96	3.22	2.98	1.00	1.57	12.50	1.34
		4		3.897	3.059	0.197	9.26	1.54	2.56	14.70	1.94	4.16	3.82	0.99	1.96	16.69	1.38
		5		4.803	3.770	0.196	11.21	1.53	3.13	17.79	1.92	5.03	4.64	0.98	2.31	20.90	1.42
		6		5.688	4.465	0.196	13.05	1.52	3.68	20.68	1.91	5.85	5.42	0.98	2.63	25.14	1.46
5.6	56	3	6	3.343	2.624	0.221	10.19	1.75	2.48	10.14	2.20	4.08	4.24	1.13	2.02	17.56	1.48
		4		4.390	3.446	0.220	13.18	1.73	3.24	20.92	2.18	5.28	5.46	1.11	2.52	23.43	1.53
		5		5.415	4.251	0.220	16.02	1.72	3.97	25.42	2.17	6.42	6.61	1.10	2.98	29.33	1.57
		8		8.369	6.568	0.219	23.63	1.68	6.03	37.37	2.11	9.44	9.89	1.09	4.16	47.24	1.68
6.3	63	4	7	4.978	3.907	0.248	19.03	1.96	4.13	30.17	2.46	6.78	7.89	1.26	3.29	33.35	1.70
		5		6.143	4.822	0.248	23.17	1.94	5.08	36.77	2.45	8.25	9.57	1.25	3.90	41.73	1.74
		6		7.288	5.721	0.247	27.12	1.93	6.00	43.03	2.43	9.66	11.20	1.24	4.46	50.14	1.78
		8		9.515	7.469	0.247	34.46	1.90	7.75	54.56	2.40	12.25	14.33	1.23	5.47	67.11	1.85
		10		11.657	9.151	0.246	41.09	1.88	9.39	64.85	2.36	14.56	17.33	1.22	6.36	84.38	1.93
7	70	4	8	5.570	4.372	0.275	26.39	2.18	5.14	41.80	2.74	8.44	10.99	1.40	4.17	45.74	1.86
		5		6.875	5.397	0.275	32.21	2.16	6.32	51.08	2.73	10.32	13.34	1.39	4.95	57.21	1.91
		6		8.160	6.406	0.275	37.77	2.15	7.48	59.93	2.71	12.11	15.61	1.38	5.67	68.73	1.95
		7		9.424	7.398	0.275	43.09	2.14	8.59	68.35	2.69	13.81	17.82	1.38	6.34	80.29	1.99
		8		10.667	8.373	0.274	48.17	2.12	9.68	76.37	2.68	15.43	19.98	1.37	6.98	91.92	2.03
7.5	75	5	9	7.367	5.818	0.295	39.97	2.33	7.32	63.30	2.92	11.94	16.67	1.50	5.77	70.56	2.04
		6		8.797	6.905	0.294	46.95	2.31	8.64	74.38	2.90	14.02	19.51	1.49	6.67	84.55	2.07
		7		10.160	7.976	0.294	53.57	2.30	9.97	84.96	2.89	16.02	22.18	1.48	7.44	98.71	2.11
		8		11.503	9.030	0.294	59.96	2.28	11.20	95.07	2.88	17.93	24.86	1.47	8.19	112.97	2.15
		10		14.126	11.089	0.293	71.98	2.26	13.64	113.92	2.84	21.48	30.05	1.46	9.56	141.71	2.22

续附表 1

角钢号数	尺寸(mm)			截面面积	理论重量	外表面积	参考数值									
							$x-x$			x_0-x_0			y_0-y_0			x_1-x_1	z_0
	b	d	r	(cm^2)	(kg/m)	(m^2/m)	I_x (cm^4)	i_x (cm)	W_x (cm^3)	I_{x0} (cm^4)	i_{x0} (cm)	W_{x0} (cm^3)	I_{y0} (cm^4)	i_{y0} (cm)	W_{y0} (cm^3)	I_{x1} (cm^4)	(cm)
8	80	5	9	7.912	6.211	0.315	48.79	2.48	8.34	77.33	3.13	13.67	20.25	1.60	6.66	85.36	2.15
		6		9.397	7.376	0.314	57.35	2.47	9.87	90.98	3.11	16.08	23.72	1.59	7.65	102.50	2.19
		7		10.860	8.525	0.314	65.58	2.46	11.37	104.07	3.10	18.40	27.09	1.58	8.58	119.70	2.23
		8		12.303	9.658	0.314	73.49	2.44	12.83	116.60	3.08	20.61	30.39	1.57	9.40	136.97	2.27
		10		15.126	11.874	0.313	88.43	2.42	15.64	140.09	3.04	24.76	36.77	1.56	11.08	171.74	2.35
9	90	6	10	10.637	8.350	0.354	82.77	2.79	12.61	131.26	3.51	20.63	34.28	1.80	9.95	145.87	2.44
		7		12.301	9.656	0.354	94.83	2.78	14.54	150.47	3.50	23.64	39.18	1.78	11.19	170.30	2.48
		8		13.944	10.946	0.353	106.47	2.76	16.42	168.97	3.48	26.55	43.97	1.78	12.35	194.80	2.52
		10		17.167	13.476	0.353	128.58	2.74	20.07	203.90	3.45	32.04	53.26	1.76	14.52	244.07	2.59
		12		20.306	15.940	0.352	149.22	2.71	23.57	236.21	3.41	37.12	62.22	1.75	16.49	293.76	2.67
10	100	6	12	11.932	9.366	0.393	114.95	3.10	15.68	181.98	3.90	25.74	47.92	2.00	12.69	200.07	2.67
		7		13.796	10.830	0.393	131.86	3.09	18.10	208.97	3.89	29.55	54.74	1.99	14.26	233.54	2.71
		8		15.638	12.276	0.393	148.24	3.08	20.47	235.07	3.88	33.24	61.41	1.98	15.75	267.09	2.76
		10		19.261	15.120	0.392	179.51	3.05	25.06	284.68	3.84	40.26	74.35	1.96	18.54	334.48	2.84
		12		22.800	17.898	0.391	208.90	3.03	29.48	330.95	3.81	46.80	86.84	1.95	21.08	402.34	2.91
		14		26.256	20.611	0.391	236.53	3.00	33.73	374.06	3.77	52.90	99.00	1.94	23.44	470.75	2.99
		16		29.627	23.257	0.390	262.53	2.98	37.82	414.16	3.74	58.57	110.89	1.94	25.63	539.80	3.06
11	110	7	12	15.196	11.928	0.433	177.16	3.41	22.05	280.94	4.30	36.12	73.38	2.20	17.51	310.64	2.96
		8		17.238	13.532	0.433	199.46	3.40	24.95	316.49	4.28	40.69	82.42	2.19	19.39	355.20	3.01
		10		21.261	16.690	0.432	242.19	3.38	30.60	384.39	4.25	49.42	99.98	2.17	22.91	444.65	3.09
		12		25.200	19.782	0.431	282.55	3.35	36.05	448.17	4.22	57.62	116.93	2.15	26.15	534.60	3.16
		14		29.056	22.809	0.431	320.71	3.32	41.31	508.01	4.18	65.31	133.40	2.14	29.14	625.16	3.24

续附表 1

角钢号数	尺寸(mm)			截面面积	理论重量	外表面积	参考数值										z_0
							$x-x$			x_0-x_0			y_0-y_0			x_1-x_1	
	b	d	r	(cm^2)	(kg/m)	(m^2/m)	I_x (cm^4)	i_x (cm)	W_x (cm^3)	I_{x0} (cm^4)	i_{x0} (cm)	W_{x0} (cm^3)	I_{y0} (cm^4)	i_{y0} (cm)	W_{y0} (cm^3)	I_{x1} (cm^4)	(cm)
12.5	125	8	14	19. 750	15. 504	0. 492	297. 03	3. 88	32. 52	470. 89	4. 88	53. 28	123. 16	2. 50	25. 86	521. 01	3. 37
		10		24. 373	19. 133	0. 491	361. 67	3. 85	39. 97	573. 89	4. 85	64. 93	149. 46	2. 48	30. 62	651. 93	3. 45
		12		28. 912	22. 696	0. 491	423. 16	3. 83	41. 17	671. 44	4. 82	75. 96	174. 88	2. 46	35. 03	783. 42	3. 53
		14		33. 367	26. 193	0. 490	481. 65	3. 80	54. 16	763. 73	4. 78	86. 41	199. 57	2. 45	39. 13	915. 61	3. 61
14	140	10	14	27. 373	21. 488	0. 551	514. 65	4. 34	50. 58	817. 27	5. 46	82. 56	212. 04	2. 78	39. 20	915. 11	3. 82
		12		32. 512	25. 522	0. 551	603. 68	4. 31	59. 80	958. 79	5. 43	96. 85	248. 57	2. 76	45. 02	1 099. 28	3. 90
		14		37. 567	29. 490	0. 550	688. 81	4. 28	68. 75	1 093. 56	5. 40	110. 47	284. 06	2. 75	50. 45	1 284. 22	3. 98
		16		42. 539	33. 393	0. 549	770. 24	4. 26	77. 46	1 221. 81	5. 36	123. 42	318. 67	2. 74	55. 55	1 470. 07	4. 06
16	160	10	16	31. 502	24. 729	0. 630	779. 53	4. 98	66. 70	1 237. 30	6. 27	109. 36	321. 76	3. 20	52. 76	1 365. 33	4. 31
		12		37. 441	29. 391	0. 630	916. 58	4. 95	78. 98	1 455. 68	6. 24	128. 67	377. 49	3. 18	60. 74	1 639. 57	4. 39
		14		43. 296	33. 987	0. 629	1 048. 36	4. 92	90. 95	1 665. 02	6. 20	147. 17	431. 70	3. 16	68. 24	1 914. 68	4. 47
		16		49. 067	38. 518	0. 629	1 175. 08	4. 89	102. 63	1 865. 57	6. 17	164. 89	484. 59	3. 14	75. 31	2 190. 82	4. 55
18	180	12	16	42. 241	33. 159	0. 710	1 321. 35	5. 59	100. 82	2 100. 10	7. 05	165. 00	542. 61	3. 58	78. 41	2 332. 80	4. 89
		14		48. 896	38. 388	0. 709	1 514. 48	5. 56	116. 25	2 407. 42	7. 02	189. 14	625. 53	3. 56	88. 38	2 723. 48	4. 97
		16		55. 467	43. 542	0. 709	1 700. 99	5. 54	131. 13	2 703. 37	6. 98	212. 40	698. 60	3. 55	97. 83	3 115. 29	5. 05
		18		61. 955	48. 634	0. 708	1 875. 12	5. 50	145. 64	2 988. 24	6. 94	234. 78	762. 01	3. 51	105. 14	3 502. 43	5. 13
20	200	14	18	54. 642	42. 894	0. 788	2 103. 55	6. 20	144. 70	3 343. 26	7. 82	236. 40	863. 83	3. 98	111. 82	3 734. 10	5. 46
		16		62. 013	48. 680	0. 788	2 366. 15	6. 18	163. 65	3 760. 89	7. 79	265. 93	971. 41	3. 96	123. 96	4 270. 39	5. 54
		18		69. 301	54. 401	0. 787	2 620. 64	6. 15	182. 22	4 164. 54	7. 75	294. 48	1 076. 74	3. 94	135. 52	4 808. 13	5. 62
		20		76. 505	60. 056	0. 787	2 867. 30	6. 12	200. 42	4 554. 55	7. 72	322. 06	1 180. 04	3. 93	146. 55	5 347. 51	5. 69
		24		90. 661	71. 168	0. 785	2 338. 25	6. 07	236. 17	5 254. 97	7. 64	374. 41	1 381. 53	3. 90	166. 55	6 457. 16	5. 87

注: 截面图中的 $r_1=d/3$ 及表中 r 值的数据用于孔型设计,不作交货条件。

附表 2　热轧不等边角钢(GB 9788—88)

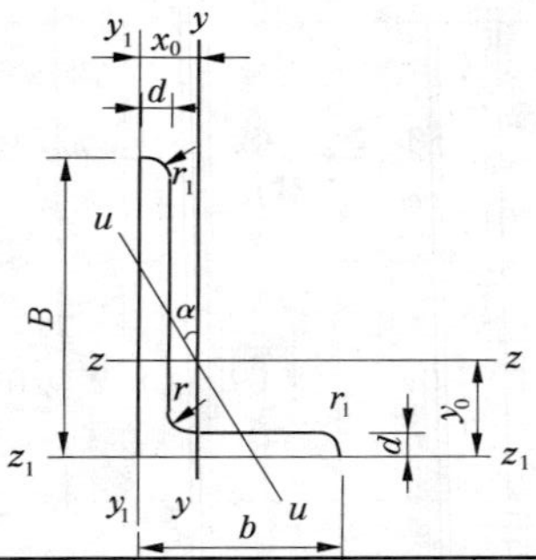

符号意义：

B——长边宽度；　　b——短边宽度；

d——边厚度；　　r——内圆弧半径；

r_1——边端内圆弧半径；　　I——惯性矩；

i——惯性半径；　　W——截面系数；

x_0——重心距离；　　y_0——重心距离。

角钢号数	尺寸(mm)				截面面积	理论重量	外表面积	参考数值													
								$x-x$				$y-y$			x_1-x_1		y_1-y_1		$u-u$		
	B	b	d	r	(cm^2)	(kg/m)	(m^2/m)	I_x (cm^4)	i_x (cm)	W_x (cm^3)	I_y (cm^4)	i_y (cm)	W_y (cm^3)	I_{x1} (cm^4)	y_0 (cm)	I_{y1} (cm^4)	x_0 (cm)	I_u (cm^4)	i_u (cm^3)	W_u (cm^3)	$\tan\alpha$
2.5/1.6	25	16	3	3.5	1.162	0.912	0.080	0.70	0.78	0.43	0.22	0.44	0.19	1.56	0.86	0.43	0.42	0.14	0.34	0.16	0.392
			4		1.499	1.176	0.079	0.88	0.77	0.55	0.27	0.43	0.24	2.09	0.90	0.59	0.46	0.17	0.34	0.20	0.381
3.2/2	32	20	3		1.492	1.171	0.101	1.53	1.01	0.72	0.46	0.55	0.30	3.27	1.08	0.82	0.49	0.28	0.43	0.25	0.382
			4		1.939	1.522	0.101	1.93	1.00	0.93	0.57	0.54	0.39	4.37	1.12	1.12	0.53	0.35	0.42	0.32	0.374
4/2.5	40	25	3	4	1.890	1.484	0.127	3.08	1.28	1.15	0.93	0.70	0.49	6.39	1.32	1.59	0.59	0.56	0.54	0.40	0.386
			4		2.467	1.936	0.127	3.93	1.26	1.49	1.18	0.69	0.63	8.53	1.37	2.14	0.63	0.71	0.54	0.52	0.381
4.5/2.8	45	28	3	5	2.149	1.687	0.143	4.45	1.44	1.47	1.34	0.79	0.62	9.10	1.47	2.23	0.64	0.80	0.61	0.51	0.383
			4		2.806	2.203	0.143	5.69	1.42	1.91	1.70	0.78	0.80	12.13	1.51	3.00	0.68	1.02	0.60	0.66	0.380
5/3.2	50	32	3	5.5	2.431	1.908	0.161	6.24	1.60	1.84	2.02	0.91	0.82	12.49	1.60	3.31	0.73	1.20	0.70	0.68	0.404
			4		3.177	2.494	0.160	8.02	1.59	2.39	2.58	0.90	0.06	16.65	1.65	4.45	0.77	1.53	0.69	0.87	0.402
5.6/3.6	56	36	3	6	2.743	2.153	0.181	8.88	1.80	2.32	2.92	1.03	1.05	17.54	1.78	4.70	0.80	1.73	0.79	0.87	0.408
			4		3.590	2.818	0.180	11.45	1.79	3.03	3.76	1.02	1.37	23.39	1.82	6.33	0.85	2.23	0.79	1.13	0.408
			5		4.415	3.466	0.180	13.86	1.77	3.71	4.49	1.01	1.65	29.25	1.87	7.94	0.88	2.67	0.78	1.36	0.404
6.3/4	63	40	4	7	4.058	3.185	0.202	16.49	2.02	3.87	5.23	1.14	1.70	33.30	2.04	8.63	0.92	3.12	0.88	1.40	0.398
			5		4.993	3.920	0.202	20.02	2.00	4.74	6.31	1.12	2.71	41.63	2.08	10.86	0.95	3.76	0.87	1.71	0.396
			6		5.908	4.638	0.201	23.36	1.96	5.59	7.29	1.11	2.43	49.98	2.12	13.12	0.99	4.34	0.86	1.99	0.393
			7		6.802	5.339	0.201	26.53	1.98	6.40	8.24	1.10	2.78	58.07	2.15	15.47	1.03	4.97	0.86	2.29	0.389

续附表2

角钢号数	尺寸(mm)				截面面积	理论重量	外表面积	参考数值														
								x − x			y − y			x_1-x_1		y_1-y_1		u − u				
	B	b	d	r	(cm^2)	(kg/m)	(m^2/m)	I_x (cm^4)	i_x (cm)	W_x (cm^3)	I_y (cm^4)	i_y (cm)	W_y (cm^3)	I_{x1} (cm^4)	y_0 (cm)	I_{y1} (cm^4)	x_0 (cm)	I_u (cm^4)	i_u (cm)	W_u (cm^3)	tanα
7/4.5	70	45	4	7.5	4.547	3.570	0.226	23.17	2.26	4.86	7.55	1.29	2.17	45.92	2.24	12.26	1.02	4.40	0.98	1.77	0.410
			5		5.609	4.403	0.225	27.95	2.23	5.92	9.13	1.28	2.65	57.106	2.28	15.39	1.06	5.40	0.98	2.19	0.407
			6		6.647	5.218	0.225	32.54	2.21	6.95	10.62	1.26	3.12	68.35	2.32	18.58	1.09	6.35	0.98	2.59	0.404
			7		7.657	6.011	0.225	37.22	2.2	8.03	12.01	1.25	3.57	79.99	2.36	21.84	1.13	7.16	0.97	2.94	0.402
(7.5/5)	75	50	5	8	6.125	4.808	0.245	34.86	2.39	6.83	12.61	1.44	3.30	70.00	2.40	21.04	1.17	7.41	1.10	2.74	0.435
			6		7.260	5.699	0.245	41.12	2.38	8.12	14.70	1.42	3.88	84.30	2.44	25.37	1.21	8.54	1.08	3.19	0.435
			8		9.467	7.431	0.244	52.39	2.35	10.52	18.53	1.40	4.99	112.50	2.52	34.23	1.29	10.87	1.07	4.10	0.429
			10		11.590	9.098	0.244	62.71	2.33	12.79	21.96	1.38	6.04	140.80	2.60	43.43	1.36	13.10	1.06	4.99	0.423
8/5	80	50	5	8	6.375	5.005	0.255	41.96	2.56	7.78	12.82	1.42	3.32	85.21	2.60	21.06	1.14	7.66	1.10	2.74	0.388
			6		7.560	5.935	0.255	49.49	2.56	9.25	14.95	1.41	3.91	102.53	2.65	25.41	1.18	8.85	1.08	3.20	0.387
			7		8.724	6.848	0.255	56.16	2.54	10.58	16.96	1.39	4.48	119.53	2.69	29.82	1.21	10.18	1.08	3.70	0.384
			8		9.867	7.745	0.254	62.83	2.52	11.92	18.85	1.38	5.03	136.41	2.73	34.32	1.25	11.38	1.07	4.16	0.381
9/5.6	90	56	5	9	7.212	5.661	0.287	60.45	2.90	9.92	18.32	1.59	4.21	121.32	2.91	29.53	1.25	10.98	1.23	3.49	0.385
			6		8.557	6.717	0.286	71.03	2.88	11.74	21.42	1.58	4.96	145.59	2.95	35.58	1.29	12.90	1.23	4.18	0.384
			7		9.880	7.756	0.286	81.01	2.86	13.49	24.36	1.57	5.70	169.66	3.00	41.71	1.33	14.67	1.22	4.72	0.382
			8		11.183	8.779	0.286	91.03	2.85	15.27	27.15	1.56	6.41	194.17	3.04	47.93	1.36	16.34	1.21	5.29	0.380
10/6.3	100	63	6	10	9.617	7.550	0.320	99.06	3.21	14.64	30.94	1.79	6.35	199.71	3.24	50.50	1.43	18.42	1.38	5.25	0.394
			7		11.111	8.722	0.320	113.45	3.20	16.88	35.26	1.78	7.29	233.00	3.28	59.14	1.47	21.00	1.38	6.02	0.393
			8		12.584	9.878	0.319	127.37	3.18	19.08	39.39	1.77	8.21	266.32	3.32	67.88	1.50	23.50	1.37	6.78	0.391
			10		15.467	12.142	0.319	153.81	3.15	23.32	47.12	1.74	9.98	333.06	3.40	85.73	1.58	28.33	1.354	8.24	0.387
10/8	100	80	6	10	10.637	8.850	0.354	107.04	3.17	15.19	61.24	2.40	10.16	199.83	2.95	102.68	1.97	31.65	1.72	8.37	0.627
			7		12.301	9.656	0.354	122.73	3.16	17.52	70.08	2.39	11.71	233.20	3.00	119.98	2.01	36.17	1.72	9.60	0.626
			8		13.944	10.946	0.353	137.92	3.14	19.81	78.58	2.37	13.21	266.61	3.04	137.37	2.05	40.58	1.71	10.80	0.625
			10		17.167	13.476	0.353	166.87	3.12	24.24	94.65	2.35	16.12	333.63	3.12	172.48	2.132	49.10	1.69	13.12	0.622

续附表2

角钢号数	尺寸(mm)				截面面积	理论重量	外表面积	参考数值													
								$x-x$			$y-y$			x_1-x_1		y_1-y_1		$u-u$			
	B	b	d	r	(cm^2)	(kg/m)	(m^2/m)	I_x (cm^4)	i_x (cm)	W_x (cm^3)	I_y (cm^4)	i_y (cm)	W_y (cm^3)	I_{x1} (cm^4)	y_0 (cm)	I_{y1} (cm^4)	x_0 (cm)	I_u (cm^4)	i_u (cm)	W_u (cm^3)	$\tan\alpha$
11/7	110	70	6	10	10.637	8.350	0.354	133.37	3.54	17.85	42.92	2.01	7.90	265.78	3.53	69.08	1.57	25.36	1.54	6.53	0.403
			7		12.301	9.656	0.354	153.00	3.53	20.60	49.01	2.00	9.09	310.07	3.57	80.82	1.61	28.95	1.53	7.50	0.402
			8		13.944	10.946	0.353	172.04	3.51	23.30	54.87	1.98	10.25	354.39	3.62	92.70	1.65	32.45	1.53	8.45	0.401
			10		17.167	13.476	0.353	208.39	3.48	28.54	65.88	1.96	12.48	443.13	3.70	116.83	1.72	39.20	1.51	10.29	0.397
12.5/8	125	80	7	11	14.096	11.066	0.403	277.98	4.02	26.86	74.42	2.30	12.01	454.99	4.01	120.32	1.80	43.81	1.76	9.92	0.408
			8		15.989	12.551	0.403	256.77	4.01	30.41	83.49	2.28	13.56	519.99	4.06	137.85	1.84	49.15	1.75	11.18	0.407
			10		19.712	15.474	0.402	312.04	3.98	37.33	100.67	2.26	16.56	650.09	4.14	173.40	1.92	59.45	1.74	13.64	0.404
			12		23.351	18.330	0.402	364.41	3.95	44.01	116.67	2.24	19.43	780.39	4.22	209.67	2.00	69.35	1.72	16.01	0.400
14/9	140	90	8	12	18.038	14.160	0.453	365.64	4.50	38.48	120.69	2.59	17.34	730.53	4.50	195.79	2.04	70.83	1.98	14.31	0.411
			10		22.261	17.475	0.452	445.50	4.47	47.31	146.03	2.56	21.22	913.20	4.58	245.92	2.12	85.82	1.96	17.48	0.409
			12		26.400	20.724	0.451	521.59	4.44	55.87	169.79	2.54	24.95	1 096.09	4.66	296.89	2.19	100.21	1.95	20.54	0.406
			14		30.456	23.908	0.451	594.10	4.42	64.18	192.10	2.51	28.54	1 279.26	4.74	348.82	2.27	114.13	1.94	23.52	0.403
16/10	160	100	10	13	25.315	19.872	0.512	668.69	5.14	62.13	205.03	2.85	26.56	1 362.89	5.89	447.22	2.44	166.50	2.42	26.88	0.376
			12		30.054	23.592	0.511	784.91	5.11	73.49	239.06	2.82	31.28	1 635.56	5.98	538.94	2.52	194.87	2.40	31.66	0.374
			14		34.709	27.247	0.510	896.30	5.08	84.56	271.20	2.80	35.83	1 908.50	6.06	631.95	2.59	222.30	2.39	36.32	0.372
			16		39.281	30.835	0.510	1 003.04	5.05	95.33	301.60	2.77	40.24	3 105.15	6.14	726.46	2.67	248.94	2.38	40.87	0.369
18/11	180	110	10	14	28.373	22.273	0.571	956.25	5.80	78.96	278.11	3.13	32.49	1 940.40	5.89	447.22	2.44	166.50	2.42	26.88	0.376
			12		33.712	26.464	0.571	1 124.72	5.78	93.53	325.03	3.10	38.32	2 328.38	5.98	538.94	2.52	194.87	2.40	31.66	0.374
			14		38.967	30.589	0.570	1 286.91	5.75	107.76	369.55	3.08	43.97	2 716.60	6.06	631.95	2.59	222.30	2.39	36.42	0.372
			16		44.139	34.649	0.569	1 443.06	5.72	121.64	411.85	3.06	49.44	3 105.15	6.14	726.46	2.67	248.94	2.38	40.87	0.369
20/12.5	200	125	12		37.912	29.761	0.641	1 570.90	6.44	116.73	483.16	3.57	49.99	3 193.85	6.54	787.74	2.83	285.79	2.74	41.23	0.392
			14		43.867	34.436	0.640	1 800.97	6.41	134.65	550.83	3.54	57.44	3 726.17	6.62	922.47	2.91	326.58	2.73	47.34	0.390
			16		49.739	39.045	0.639	2 023.35	6.38	152.18	615.44	3.52	64.69	4 258.86	6.70	1 058.86	2.99	366.21	2.71	53.32	0.388
			18		55.52	43.588	0.639	2 238.30	6.35	169.33	677.19	3.49	71.74	4 792.00	6.78	1 197.13	3.06	404.83	2.70	59.18	0.385

注:1. 括号内型号不推荐使用;

2. 截面图中的注:截面图中的 $r=d/3$ 及表中 r 值的数据用于孔型设计,不作交货条件。

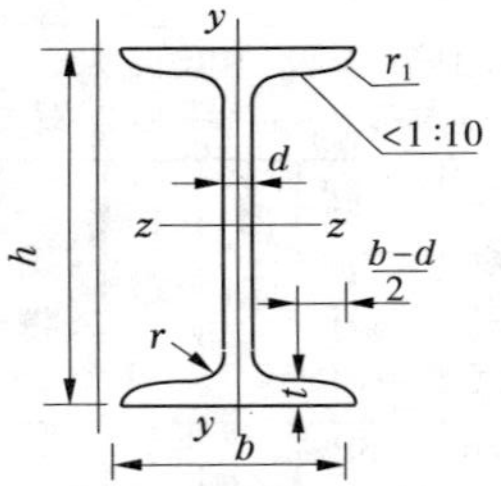

附表 3　热轧工字钢(GB 706—88)

符号意义：

h——高度；
b——腿宽度；
d——腰厚度；
t——平均腿厚度；
r——内圆弧半径；
r_1——腿端圆弧半径；
I——惯性矩；
W——截面系数；
i——惯性半径；
S——半截面的静矩。

型号	尺寸(mm)						截面面积 (cm^2)	理论重量 (kg/m)	参考数值						
									$x-x$				$y-y$		
	h	b	d	t	r	r_1			I_x (cm^4)	W_x (cm^3)	i_x (cm)	$I_x:S_x$ (cm)	I_y (cm^4)	W_y (cm^3)	i_y (cm)
10	100	68	4.5	7.6	6.5	3.3	14.3	11.2	245.0	49.00	4.14	8.59	33.0	9.72	1.52
12.6	126	74	5.0	8.4	7.0	3.5	18.1	14.2	488.4	77.53	5.20	10.85	46.9	12.68	1.61
14	140	80	5.5	9.1	7.5	3.8	21.5	16.9	712.0	102.00	5.76	12.00	64.4	16.10	1.73
16	160	88	6.0	9.9	8.0	4	26.1	20.5	1 130.0	141.00	6.58	13.80	93.1	21.20	1.89
18	180	94	6.5	10.7	8.5	4.3	30.6	24.1	1 660	185.00	7.36	15.40	122.0	26.00	2.00
20a	200	100	7.0	11.4	9.0	4.5	35.5	27.9	2 370.0	237.00	8.15	17.20	158.0	31.50	2.12
20b	200	102	9.0	11.4	9.0	4.5	39.5	31.1	2 500.0	250.00	7.96	16.90	169.0	33.10	2.06
22a	220	110	7.5	12.3	9.5	4.8	42.0	33.0	3 400.0	309.00	8.99	18.90	225.0	40.90	2.31
22b	220	112	9.5	12.3	9.5	4.8	46.4	36.4	3 570.0	325.00	8.78	18.70	239.0	42.70	2.27
25a	250	116	8.0	13.0	10.0	5.0	48.5	38.1	5 023.5	401.88	10.18	21.58	280.046	48.28	2.40
25b	250	118	10.0	13.0	10.0	5.0	53.5	42.0	5 284.0	422.72	9.94	21.27	309.3	52.42	2.40
28a	280	122	8.5	13.7	10.5	5.3	55.5	43.4	7 114.1	508.15	11.32	24.62	345.1	56.57	2.50
28b	280	124	10.5	13.7	10.5	5.3	61.1	47.9	7 480.0	534.29	11.08	24.24	379.5	61.21	2.49
32a	320	130	9.5	15.0	11.5	5.8	67.1	52.7	11 075.5	692.20	12.84	27.46	459.9	70.76	2.62
32b	320	132	11.5	15.0	11.5	5.8	73.5	57.7	11 621.4	726.33	12.58	27.09	501.5	75.99	2.61
32c	320	134	13.5	15.0	11.5	5.8	80.0	62.7	12 167.5	760.47	12.34	26.77	543.8	81.17	2.61

续附表 3

型号	尺寸(mm)						截面面积(cm^2)	理论重量(kg/m)	参考数值						
									$x-x$				$y-y$		
	h	b	d	t	r	r_1			I_x(cm^4)	W_x(cm^3)	i_x(cm)	$I_x:S_x$(cm)	I_y(cm^4)	W_y(cm^3)	i_y(cm)
36a	360	136	10.0	15.8	12.0	6.0	76.3	59.9	15 760	875	14.40	30.7	552	81.2	2.69
36b	360	136	12.0	15.8	12.0	6.0	83.5	65.6	16 530	919	14.10	30.3	582	84.3	2.64
36c	360	140	14.0	15.8	12.0	6.0	90.7	71.2	17 310	962	13.80	29.9	612	87.4	2.60
40a	400	142	10.5	16.5	12.5	6.3	86.1	67.6	21 720	1 090	15.90	34.1	660	93.2	2.77
40b	400	144	12.5	16.5	12.5	6.3	94.1	73.8	22 780	1 140	15.60	33.6	692	96.2	2.71
40c	400	146	14.5	16.5	12.5	6.3	102.0	80.1	23 850	1 190	15.20	33.2	727	99.6	2.65
45a	450	150	11.5	18.0	13.5	6.8	102.0	80.4	32 240	1 430	17.70	38.6	855	114	2.89
45b	450	152	13.5	18.0	13.5	6.8	111.0	87.4	33 760	1 500	17.40	38.0	894	118	2.84
45c	450	154	15.5	18.0	13.5	6.8	120.0	94.5	35 280	1 570	17.10	37.6	938	122	2.79
50a	500	158	12.0	20.0	14.0	7.0	119.0	93.6	46 470	1 860	19.70	42.8	1 120	142	3.07
50b	500	160	14.0	20.0	14.0	7.0	129.0	101	48 560	1 940	19.40	42.4	1 170	146	3.01
50c	500	162	16.0	20.0	14.0	7.0	139.0	109	50 640	2 080	19.00	41.8	1 220	151	2.96
56a	560	166	12.5	21.0	14.5	7.3	135.3	106.2	65 585.6	2 342.31	22.02	47.7	1 370.16	165.08	3.182
56b	560	168	14.5	21.0	14.5	7.3	146.5	115.0	68 512.5	2 446.69	21.63	47.2	1 486.75	174.25	3.162
56c	560	170	16.5	21.0	14.5	7.3	157.9	123.9	71 439.4	2 551.41	21.27	46.7	1 558.39	183.34	3.158
63a	630	176	13.0	22.0	15.0	7.5	154.9	121.6	93 916.2	2 981.47	24.62	54.2	1 700.55	193.24	3.314
63b	630	178	15.0	22.0	15.0	7.5	167.5	131.5	98 083.6	3 163.38	24.2	53.5	1 812.07	203.60	3.289
63c	630	180	17.0	22.0	15.0	7.5	180.1	141.0	102 251.1	3 298.42	23.82	52.9	1 924.91	213.88	3.268

注:截面图和表中标注的圆弧半径 r、r_1 的数据用于孔型设计,不作交货条件。

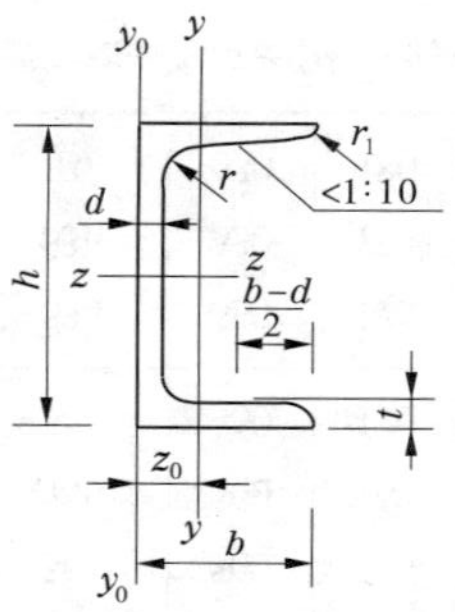

附表 4　热轧槽钢(GB 707—88)

符号意义：

- h——高度；
- b——腿宽度；
- d——腰厚度；
- t——平均腿厚度；
- r——内圆弧半径；
- r_1——腿端圆弧半径；
- I——惯性矩；
- W——截面系数；
- i——惯性半径；
- z_0——$y-y$ 轴与 y_0-y_0 轴间距。

型号	尺寸(mm)						截面面积(cm^2)	理论重量(kg/m)	参考数值							
									$x-x$			$y-y$			y_1-y_1	z_0(cm)
	h	b	d	t	r	r_1			W_x(cm^3)	I_x(cm^4)	i_x(cm)	W_y(cm^3)	I_y(cm^4)	i_y(cm)	I_{y1}(cm^4)	
5	50	37	4.5	7.0	7.0	3.5	6.93	5.44	10.4	26	1.94	3.55	8.3	1.1	20.9	1.35
6.3	63	40	4.8	7.5	7.5	3.75	8.44	6.63	16.1	50.9	2.45	4.50	11.9	1.19	28.4	1.36
8	80	43	5.0	8.0	8.0	4.00	10.24	8.04	25.3	101.3	3.15	5.79	16.6	1.27	37.4	1.43
10	100	48	5.3	8.5	8.5	4.25	12.74	10.00	39.7	198.3	3.95	7.80	25.6	1.41	54.9	1.52
12.6	126	53	5.5	9.0	9.0	4.50	15.69	12.37	62.1	391.5	4.95	10.24	38.0	1.57	77.1	1.59
14a	140	58	6.0	9.5	9.5	4.75	18.51	14.53	80.5	563.7	5.52	13.01	53.2	1.70	107.1	1.71
14b	140	60	8.0	9.5	9.5	4.75	21.31	16.73	87.1	609.4	5.53	14.12	61.1	1.69	120.6	1.67
16a	160	63	6.5	10.0	10.0	5.00	21.95	17.23	108.3	866.2	6.28	16.30	73.3	1.83	144.1	1.8
16b	160	65	8.5	10.0	10.0	5.00	25.15	19.74	116.8	934.5	6.10	17.55	83.4	1.82	160.8	1.75
18a	180	68	7.0	10.5	10.5	5.25	25.69	20.17	141.4	1 272.7	7.04	20.03	98.6	1.96	189.7	1.88
18b	180	70	9.0	10.5	10.5	5.25	29.29	22.99	152.2	1 369.9	6.84	21.52	111.0	1.95	210.1	1.84
20a	200	73	7.0	11.0	11.0	5.50	28.83	22.63	178.0	1 780.4	7.86	24.20	128.0	2.11	244.0	2.01
20b	200	75	9.0	11.0	11.0	5.50	32.83	25.77	191.4	1 913.7	7.64	25.88	143.6	2.09	268.4	1.95

续附表 4

型号	尺寸(mm)						截面面积(cm^2)	理论重量(kg/m)	参考数值							
									$x-x$			$y-y$			y_1-y_1	
	h	b	d	t	r	r_1			W_x(cm^3)	I_x(cm^4)	i_x(cm)	W_y(cm^3)	I_y(cm^4)	i_y(cm)	I_{y1}(cm^4)	z_0(cm)
22a	220	77	7	11.5	11.5	5.75	31.84	24.99	217.6	2 393.9	8.67	28.17	157.8	2.23	298.2	2.10
22b	220	79	9	11.5	11.5	5.75	36.24	28.45	233.8	2 571.4	8.42	30.05	176.4	2.21	326.3	2.03
25a	250	78	7	12	12	6	34.91	27.47	269.597	3 369.62	9.823	30.607	175.529	2.243	322.256	2.065
25b	250	80	9	12	12	6	39.91	31.39	282.402	3 530.04	9.405	32.657	196.421	2.218	353.187	1.982
25c	250	82	11	12	12	6	44.91	35.32	295.236	3 690.45	9.065	35.926	218.415	2.206	384.133	1.921
28a	280	82	7.5	12.5	12.5	6.25	40.02	31.42	340.328	4 764.59	10.91	35.718	217.989	2.333	387.566	2.097
28b	280	84	9.5	12.5	12.5	6.25	45.62	35.81	366.46	5 130.45	10.6	37.929	242.144	2.304	427.589	2.016
28c	280	86	11.5	12.5	12.5	6.25	51.22	40.21	392.594	5 496.32	10.35	40.301	267.602	2.286	426.597	1.951
32a	320	88	8	14	14	7	48.7	38.22	474.879	7 598.06	12.49	46.473	304.787	2.502	552.31	2.242
32b	320	90	10	14	14	7	55.1	43.25	509.012	8 144.20	12.15	49.157	336.332	2.471	592.933	2.158
32c	320	92	12	14	14	7	61.5	48.28	543.145	8 690.33	11.88	52.642	374.175	2.467	643.299	2.092
36a	360	96	9	16	16	8	60.89	47.8	659.7	11 874.2	13.97	63.54	455	2.73	818.4	2.44
36b	360	98	11	16	16	8	68.09	53.45	702.9	12 651.8	13.63	66.85	496.7	2.7	880.4	2.37
36c	360	100	13	16	16	8	75.29	50.1	746.1	13 429.4	13.36	70.02	536.4	2.67	947.9	2.34
40a	400	100	10.5	18	18	9	75.05	58.91	878.9	17 577.9	15.30	78.83	592	2.81	1 067.7	2.49
40b	400	102	12.5	18	18	9	83.05	65.19	932.2	18 644.5	14.98	82.52	640	2.78	1 135.6	2.44
40c	400	104	14.5	18	18	9	91.05	71.47	985.6	19 711.2	14.71	86.19	687.8	2.75	1 220.7	2.42

注：截面图和表中标注的圆弧半径 r、r_1 的数据用于孔型设计，不作交货条件。

参 考 文 献

[1] 北京科技大学,东北大学.工程力学:材料力学[M].北京:高等教育出版社,1997.
[2] 陈位宫.工程力学[M].北京:高等教育出版社,2000.
[3] 范钦珊.工程力学教程[M].北京:高等教育出版社,1998.
[4] 干光瑜,秦惠民.材料力学[M].北京:高等教育出版社,1992.
[5] 顾玉林.材料力学[M].北京:高等教育出版社,1993.
[6] 洪次坤,沈养中,徐文善.材料力学[M]. 北京:中国水利电力出版社,1995.
[7] 刘鸿文.材料力学[M]. 北京:高等教育出版社,1992.
[8] 粟一凡.材料力学[M].北京:高等教育出版社,1983.
[9] 孙训方,方孝淑,关来泰.材料力学[M].北京:高等教育出版社,2002.
[10] 沈养中,董平.材料力学[M].北京:科学出版社,2005.